하천변화와 적응

River Change and Adaptation

하천변화와 적응

우효섭 · 장창래 · 지운 · 김진관 지음

교문사

이 책은 기존의 국내외 하천관련 기술서적에서 상대적으로 소홀히 다룬 하천의 물리적, 생태적 변화과정에 초점을 맞춘 것이다. 구체적으로 이 책은, 유량과 유사량의 인위적 변화에 따른 하천의 장단기 변화, 구조물 주위의 장단기 하상변동, 식생과 하천의 상호작용, 그리고 하구변화 등을 주 대상으로 한다.

이 책의 발간동기는 지난 1960년대 이후 하천 개발과 정비에 따른 다양한 하천변화가 진행되었고, 특히 근래 들어 하천에 식생이입 현상이 가속화되어 사실상 전국의 하천이 물리적, 생태적으로 변화하였으나, 이러한 변화 요인 및 과정, 결과 및 문제, 나아가 예측 및 평가 등에 대해 구체적으로 접근한 기술서적이 없다는 점에서 시작하였다. 이러한 하천변화에는 기후변화로 인한 시간적으로 느리지만 공간적으로 광범위한 영향을 비롯하여, 전통적인 하천변화 현상 중 하나인 댐 상하류 하상변동, 사주이동 및 최심선 변화, 가속적인 식생이입에 의한 홍수위험 및 환경이슈, 지류유입부 하상퇴적, 두부침식 등을 들 수 있다. 이러한 다양한 하천변화 현상을 이해하고 적절한 해법을 구하기 위해서는 하천변화 원인과 과정의 기본적인 이해부터 시작하여 과학적 해석방법과 평가가 요구된다. 즉 하천변화 현상의 피상적 평가, 진단이 아닌 근본적이고 과학적인 지식과 기술이 요구된다.

이 책은 기후변화와 하천이라는 내용으로 시작한다. 하천기술자들이 상대적으로 잘 모르는 지구의 고기후 변화부터 시작하여 최근 화두가 된 인간 활동에 의한 가속화된 기후변화와 그에 따른 하천반응 현상을 설명한다. 다음, 하천시스템에 대한 이해부터 시작하여 하천수리기하, 하도형태, 하도안정성 및 하도진화모형 등 하천지형학의 기초부분을 설명한다. 위 두 내용은 특히 하천기술자들이 인위적인 영향에 의한 장단기 하천변화를 이해하는데 기초적인 지식이다.

다음, 하천의 종적변화와 평면변화에 대해 설명한다. 종적변화에서는 특히 유사이송 특성과 하천의 종단형태 관계를 알아보고, 충적하천에서 가장 두드러지게 나타나는 종적 하상변동 현상을 물리적으로 이해하고 수학적으로 해석하는 방법론을 소개한다. 평면변화에서는 하안침식(강턱침식) 현상과 사주이동에 따른 하도변화, 그에 따른 하도의 평면변화에 대해 설명한다. 이어서 이러한 하천지형변화를 모의하는 기법에 대해 알아본다.

다음, 인위적인 하천변화에서 가장 두드러지고 그만큼 중요한 댐이나 보 상하류 하천변화에 대해 설명한다. 이를 위해 댐상류 하천변화 즉 저수지 퇴사로 인한 하상상승 현상부터 시작하여 댐하류 하천변화 즉 하상저하 현상을 망라한다. 마지막으로, 1990년대 말부터 구미를 중심으로 시작된 댐 가동종료 이슈를 설명한다.

다음, 다양한 하천교란 요인과 그에 따른 반응현상을 설명한다. 이 같은 교란에 의한 문제를 해결하기 위한 적응관리에 대해서도 설명한다. 여기에는 근래 전 세계적으로 화두가 되고 있는 자연기반해법(Nature-based Solution, NbS)을 하천관리에 적용하는 방법론에 대해 설명한다.

다음은 식생과 하천 흐름, 유사이송, 지형 간 상호작용을 다룬다. 이를 위해 하천기술자들이 잘 접하지 못한 분야인 하천식생의 이해부터 시작하여, 식생에 의한 흐름저항 효과를 설명한다. 이어서 근래 들어 국내는 물론 전 세계적으로 자갈과 모래로 덮인 이른바 화이트리버가 식생으로 덮이는 그린리버로 변화하는 현상에 대해 관련인자 간 상호작용의 개념화, 사례, 수치모형 등에 대해 설명한다.

이 책의 마지막은 하구수리이다. 이 분야는 그 중요성에 비추어 하천기술자들이 쉽게 접할 수 있는 기술서가 별로 없는 실정을 감안하여 추가한 것으로서, 하천변화 현상의 연장선상에서 접근하였다. 구체적으로, 하구분류와 생태환경부터 시작하여 하구의 수리특성, 하구변화에 그에 따른 염수침입 등을 설명한다. 마지막으로, 국내에서 중요한 이슈인 하굿둑에 대해 소개한다.

이 책은 하천지형학자, 하천모델러, 하천공학 전문가가 각 장을 나누어 집필하고 교차검증을 통해 보완한 것이다. 구체적으로, 1장은 김진관/장창래, 2장은 김진관/지운, 3장은 지운, 4장은 장창래, 5장은 지운/우효섭/장창래, 6장은 장창래/우효섭, 그리고 7장은 우효섭/지운, 8장은 우효섭이 각각 집필하였다.

이 책은 일차적으로 하천 기술자들과 관리자들을 위한 것이다. 동시에 대학 학부에서 하천관련 교육과정의 부교재로 사용할 수 있을 것이다. 대학원에서 단독교재로 사용할 경우 모든 장이 대상이 될 수 있을 것이다. 이 책의 각 장에 관련 현안이슈를 수록하여 독자들의 관심도를 높이도록 하였으며, 또한 중간 중간에 예제를 수록하여 독자들의 이해를 돕게 하였다. 나아가 대학교재로서 효용성을 높이기 위해 각 장 말미에 연습문제를 수록하였다. 말미의 용어설명은 다학제 분야에서 귀중한 참고자료가 될 것이다.

이 책은 그 제목에서 알 수 있듯이 수리학, 수문학, 하천공학 책만큼 보편적이지 않다. 그러나 이 책은 특히 자연적, 인위적 하천변화 현상에 초점을 맞추었다는 점에서, 나아가 하천변화 현상을 원인별, 과정별, 기간별로 체계적으로 구분하여 접근하였다는 점에서 국내외 하천관련 기술서적과 차별된다. 특히 기후변화 시대에 자연에 기반을 둔 해법과 기술을 강조하는 시대적 요구에 맞는 전문서적이라고 감히 이야기할 수 있다. 이 같이 다학제적 접근을 위해 집필진도 위에서 장별 집필진을 구체적으로 소개하였듯이 하천관련 다양한 분야의 전문가들로 구성하였다. 부족하지만 이 책이 하천공학도와 일반 하천기술자들은 물론 하천변화에 관심이 있는 독자들, 특히 기후변화시대에 자연기반기술을 추구하는 관심자들에게 조금이라도 도움이 되었으면 한다.

2022년 5월
우효섭, 장창래, 지운, 김진관

차례

이 장에서는 기후변화란 무엇이고, 과거에는 기후변화가 어떠했는지, 그리고 기후변화로 인한 하천변동을 다룬다. 지구상 기후는 지구가 형성된 이래 계속 변화하여왔다. 여기서는 우선 기후변화를 정의하고, 기후변화 요인, 그리고 과거기후 상태와 기록을 확인하는 방법을 알아본다. 그리고 지질시대부터 최근까지 주요 기후변화에 대해 시간순서로 알아본다. 기후변화는 지역별로 매우 다양하게 진행하므로 쉽게 일반화하기 어렵다. 또한 유역에 따라 수문현상에 영향을 미치는 인자도 다양할 뿐만 아니라 기후인자의 반응 또한 다양하게 나타난다. 마지막 절에서는 기후변화에 따른 하천반응을 이해하기 위해서 먼저 기후변화와 고(古) 수문/홍수에 대해 간단히 설명한다.

1958 2003

1

기후변화와
하천

1.1 기후변화란?

기후변화(climate change)란 기온과 기상상태가 장기간에 걸쳐 변동하는 것을 말한다. 이러한 변동은 태양주기의 변화와 같은 자연적인 요인은 물론, 1800년도 이후 석탄, 석유, 가스 등과 같은 화석연료의 소비로 인한 이른바 지구온난화(global warming) 현상을 망라한다.

여기서 기상은 강수, 바람, 구름 등 대기 중에서 일어나는 각종 물리현상 또는 순간적으로 나타나는 대기의 상태를 말한다. 반면에 기후는 기상상태를 누적한 장기적, 평균적 상태를 말한다. 즉, 기상은 순간적이고 개별적인 대기상황을, 기후는 평균적이고 종합적인 대기상태를 일컫는다. 통계적 의미에서 기후는 특정지역에 대해 누년에 걸쳐 관측된 기상요소의 통계특성으로서, 평균과 극값 및 발생빈도를 말한다. 이는 통상 30년 동안 기상요소에 대한 평균과 변동성으로 설명될 수 있다. 세계기상기구(WMO)에서 권고하는 기후표준평년값(Climatological Standard Normal)은 고정된 30년간의 누년 평균값을, 기후평년값(Climatological Normal)은 임의의 30년간 누년 평균값을 말한다.

약 45억 년 전 지구가 탄생한 이후로 기후는 지속적으로 지역별로 다양하게 변화하여 왔다. 최근에는 지구온난화와 세계 곳곳에서 발생하는 '이상기상' 현상에 따라 기후변화에 더욱 관심이 높아지고 있다. 여기서 기후변화를 조금 구체적으로 정의하면, 자연적 내부과정이나 외부 강제력, 또는 인위적인 대기조성과 토지이용의 변화로 인해 기후상태가 변동하는 것으로서, 수 십 년 이상 장기간 지속되는 평균이나 변동성의 변화에 의해서 인지가 가능한 것을 말한다(김범영, 2014). 극한기후사상(ECE, extreme climatic events), 또는 극값은 일반적으로 평균값으로부터 현저한 편차를 보이는 기상 또는 기후 변수라 할 수 있다. IPCC(2012)의 기후학적 정의는 관측된 변수들의 기록범위에서 상단(하단) 주변의 임계값을 초과(미만)하는 날씨 또는 기후변수의 발생을 의미한다. 여기서 임계값의 정의는 다양할 수 있지만, 기준기간에서 일반적으로 10%, 5% 또는 1%이다.

그림 1.1은 온도의 정규분포에서 평균의 변화(a), 분산의 변화(b), 그리고 평균과 분산이 모두 변화하여 대칭축이 변화(c)한 기후변화의 예이다. 분산의 변화 없이 평균이 변화하는 경우(a)에는 고온의 신기록 및 극고온의 발생빈도가 증가한다. 평균의 변화 없이 분산에 의한 변동성이 증가하는 경우(b)에는 고온과 저온의 발생빈도의 증가 및 극값 또한 변화한다. 평균과 분산이 변하는 여러 경우 중 평균은 감소하였으나 분포가 변형되어 고온의 발생빈도가 높아진 경우(c)도 있다. 평균과 분산이 동시에 증가하면 고온의 극값과 극고온의 발생빈도 모두 증가한다.

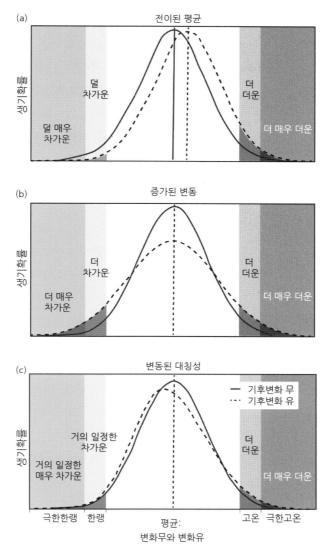

그림 1.1 **기후변화에 따른 온도분포와 극값 발생빈도 변화:**
(a) 단순 평균 변화, (b) 단순 변동성 증가, (c) 변형된 분포형태 (Ummenhofer와 Meehl, 2017)

기후요소와 기후인자

기후요소는 기후를 특징짓는 측정 요소들로서, 기상요소의 장기간 평균상태를 말한다. 이에는 기온, 수분함량, 기압, 바람, 복사 증발, 일조시간, 구름 양 등이 있다. 기후요소는 시공간적으로 계속 변화한다. 기후요소의 변화는 기상과 기후인자(요인)에 의해 영향을 받고 발생한다. 주요 기후인자는 위도, 수륙분포, 대기 대순환, 해양 대순환, 고도, 지형장벽 그리고 폭풍 등이 있다(윤순옥 등, 2013).

위도는 지구와 태양의 위치적 변화에 따라 지표면에서 복사에너지 양의 차이를 가져온다.

지구의 온도분포는 위도의 영향을 크게 받기 때문에 위도는 기온요소에 큰 영향을 미친다.

수륙분포는 해양성기후와 대륙성기후 간의 차이를 발생시키는 주요 기후인자이다. 이는 해양과 대륙의 비열과 열용량의 차이이다. 비열은 물질 1g의 온도를 1℃ 높이는 데 필요한 열량(단위: J/g · ℃)이다. 한편, 열용량은 물질의 온도를 1℃ 높이는데 필요한 열량(단위: J/℃)이다. 해양은 대륙에 비해 비열과 열용량이 크다. 이에 따라 육지에 비해 해양은 느린 속도로 가열되고 냉각되며, 수온의 변화도 육지에 비해 상대적으로 작다. 이는 해양이 대륙보다 상대적으로 여름에 시원하고 겨울에 더 온화함을 의미한다. 또한, 대륙에 비해 해양은 방대한 양의 수분을 대기로 공급하므로, 해양성기후는 대륙성기후에 비해 상대적으로 습하다.

바람은 일시적, 지속적으로, 또는 좁거나, 넓은 지역에 걸쳐 움직인다. 대기 대순환, 즉 지구규모에서 반영구적으로 지속적인 주요 바람 및 기압시스템이 대류권을 지배하면서 기후에 큰 영향을 미친다. 해양 대순환도 대기 대순환과 유사하지만 영향은 상대적으로 적다. 해양 대순환은 따뜻한 물을 극지방으로, 차가운 물을 적도지방으로 수송하는 역할을 한다. 대륙의 동안에서 난류가, 서안에서 한류가 흐르면서 해안기후에 영향을 미친다.

대류권 내에서 고도가 높아질수록 기압, 기온, 그리고 수분함량이 감소한다. 이에 따라 고원 및 산지 지역에서는 고도에 따른 기압, 기온, 그리고 수분함량의 관계가 크게 영향을 받는다. 이와 더불어 산맥과 고원과 같은 지형장벽은 바람의 이동을 변화시켜 여러 기후요소에 영향을 준다. 예를 들어, 바람받이 사면과 비그늘 지역의 기후양상을 다르게 만들기도 한다.

마지막으로, 폭풍우는 기후요인들의 상호작용에 의해 나타나지만, 특이 기상상태를 만들어 기후변화 요인처럼 작용하기도 한다.

기후시스템과 기후변화 외부동인

기후시스템은 그림 1.2와 같이 대기, 해양, 육지, 빙상(ice sheet), 그리고 식생의 5가지 주요 요소로 구성된다. 이들 주요 구성요소는 복사, 대류, 강수, 증발 등과 같은 기후시스템에서 상호 연관된 과정을 통하여 기후를 변화시킨다. 기후시스템의 변화를 강제하는 외부동인들이 있으며, 이에 의해 기후시스템 내의 주요 요소들은 상호작용하면서 반응하여 최종적으로 각각의 요소변화를 가져온다(그림 1.2).

기후변화의 원인이 되는 외부동인은 크게 세 가지, 즉 판구조변화, 지구궤도변화, 그리고 태양강도변화로 알려져 있다. 첫 번째 판구조변화는 대륙의 이동과 관련하여 지구표면의 형태를 바꾸는 과정이다. 판구조변화 과정과 이산화탄소 수준의 변화가 지난 약 5억년 동안의 주요 빙하기와 간빙기에 지구기후에 영향을 미친 것으로 알려졌다. 두 번째 지구궤도 변화는 태양을 공전하는 지구의 궤도 및 자전축의 변화로 인하여 계절과 위도에 따라 지표면에 도달하는 태양 복사에너지가 다르게 된다. 이로 인한 영향은 대륙이동에 의해 대륙과 해양이 비교적 현 위치에 있게 되었던 시기 이후, 지난 약 300만 년에 집중되었다. 마지막으로, 태양강도의 변화는 지구에 도달하는 태양 복사에너지의 변화에 영향을 준다. 태양강도는 지구의 역사와 함께하는 장기간의 변화뿐만이 아니라 수십 년 동안에 일어나는 단기간의 변화가 있다.

이와 더불어 최근에는 인간활동이 기후시스템의 주요 요소들에 미치는 영향이 커짐에 따라 기후변화에 강제력을 나타내는 새로운 인자로 부각되었다. 인간에 의한 기후변화와 관련해서는 이 장의 뒷부분인 '산업혁명 이후의 기후변화'에서 다룬다.

기후변화를 일으키는 외부동인이 발생하여 기후시스템의 구성요소들에 영향을 미칠 때 구성요소들이 외부동인에 대한 반응시간은 다양하게 나타난다. 예를 들어 대기의 가열과 냉각은 수 시간에서 수 주 내에 반응을 나타내지만, 반면에 빙상 전체의 성장과 후퇴는 수 백 년에서 수 천 년에 걸쳐 반응하기도 한다. 그리하여 기후변화 외부동인의 강제력이 주기적으로 나타날 때, 반응시간이 다른 구성요소들의 주기적 반응은 시간적 차이를 만들고, 그 시간적인 차이가 나타나는 동안에는 구성요소 간 서로 영향을 미친다.

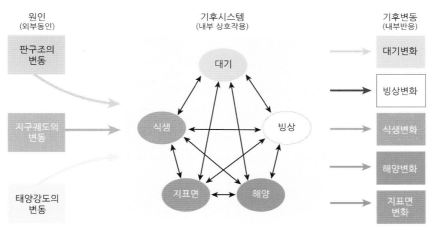

그림 1.2 **기후시스템과 상호작용** (Ruddiman, 2008)

과거 기후변화 기록

기후변화를 연구하기 위한 자료는 최근의 기상관측장비를 통해 측정된 관측기록과 과거의 고기후를 재구축하기 위해 활용되는 기록물이 있다. 이러한 기록물은 크게 퇴적물, 빙하얼음, 종유석, 나무, 산호, 그리고 역사기록물 등이 있다.

퇴적물은 크게 해양퇴적물과 육지퇴적물로 구분할 수 있다. 해양퇴적물은 상대적으로 퇴적작용이 지속적이고 퇴적된 물질이 안정적인 심해저의 퇴적물을 시추하여 활용한다. 이는 육상퇴적물 보다 양질의 기후변화 기록을 제공할 수 있기 때문이다. 일반적으로 해양퇴적물은 육지와 가까울수록 퇴적속도가 빠르다.

육상퇴적물은 물에 의해 이동되어 호수, 분지, 내해에 퇴적된 퇴적물을 이용하거나, 바람에 의해 미세한 퇴적물 입자(주로 실트)가 이동하였다가 바람이 약해진 지역에서 퇴적된 뢰스(loess)라는 퇴적층을 이용한다.

빙하얼음의 활용은 빙하가 존재하는 고위도나 높은 고도의 지역에서 가능하다. 빙하의 형성은 온난빙하와 한랭빙하에 따라 빙하형성시간과 빙하두께도 다르게 나타난다. 한랭하고 건조한 지역의 한랭빙하는 퇴적속도는 느리나 온난빙하보다는 오랜 기간의 기록을 보유할 수 있다. 구체적으로, 남극 및 그린란드 빙상에서 획득한 빙하 시추코어의 연대기록이 산악빙하의 것보다 오래전까지 연장된다.

그 밖에 고기후 기록물에는 종유석, 나무, 산호 및 역사기록물 등이 있다. 석회동굴에서 종유석은 현재부터 수십만 년 전까지 기록을 가지고 있으며, 나무는 최대 수천 년 전까지 기록을 가지고 있다. 저위도 지역의 따뜻하고 얕은 바다에서 산호는 수백 년 정도까지 기록을 가지고 있다. 마지막으로 역사기록물은 인류가 기후현상과 관련된 내용을 기록한 것으로서, 수천 년 내의 범위를 아우른다.

이러한 고기후 기록물로부터 기후변화를 알아내기 위해서 필요한 다음 단계는 연대측정이다. 연대측정은 크게 지층의 대비를 통하여 지층이나 암석의 선후관계 및 지질학적 사건의 순서를 밝히는 상대연대 측정과 지질학적 사건의 발생시기를 정확히 숫자로 구하는 절대연대 측정으로 구분한다.

상대연대 측정법에는 퇴적암 지층에서 아래층이 더 오래 된 것이라는 지층누중의 법칙, 진화가 덜 된 생물을 포함한 아래 지층일수록 더 오래 된 것이라는 동물군 천이의 법칙, 부정합 기준으로 큰 시간간격이 존재하며 지질시대 구분에 이용되는 부정합의 법칙, 그리고 화성암의 생성시기는 관입된 지층들보다 더 오래된 것이라는 관입의 법칙 등이 있다. 이와 같은 방법을 통해 동일 지층 및 지형의 상대적인 순위와 연대를 추정한다.

절대연대 측정법에는 동위원소법, 방사기원법, 그리고 화학적·생물학적 방법이 있다. 동위원소법은 방사성 붕괴에 의한 동위원소 조성의 변화를 측정하는 것으로서, '어미' 핵종이 α 입자, β 입자, 또는 γ 선을 방출하며 붕괴되어 '딸' 핵종을 생성하는 것을 의미한다. 이에는 크게 표준동위원소법과 우주기원핵종법이 있다. 표준동위원소법은 지질시료 형성시기에 포함된 어미핵종과 딸핵종의 상대적인 수에 기초하여 연대측정을 하는 것이다. 이에는 대표적으로 널리 알려진 방사성 탄소법을 포함하여, K-Ar, Ar-Ar, U-series, ^{210}Pb, U-Pb와 Th-Pb 법 등이 있다. 우주기원핵종법은 ^{10}Be, ^{26}Al, ^{36}Cl, ^{3}He 등을 이용하여 지질시료가 표면에 노출된 시기, 즉 우주선에 노출된 시기를 측정하는 것이다.

방사기원법은 자연방사붕괴의 비동위원소적 효과가 광물에 미치는 영향을 측정하여 연대를 알아내는 것으로서, 피션트랙(Fission track), 루미네센스(Luminescence), 그리고 전자스핀공명(ESR, Electron spin resonance) 방법 등이 있다. 우라늄 붕괴 시 알파선을 방출하며 붕괴되는데, 분열 시 물질내부를 손상하게 되며, 이를 피션트랙이라 한다. 이 방법은 우라늄 함유출량, 분열 분량을 통해 암석형성 후의 경과를 추정하는데 사용된다. 루미네센스 방법은 퇴적물의 열발광(TL)과 빛발광(OSL)을 이용한다. 열방광은 마지막 가열 연대를, 빛발광은 마지막으로 빛에 노출된 연대를 측정하는데 사용된다. ESR 방법은 전자결함의 집중도는 쬐어진 방사선량에 비례한다는 점을 전제로 전자회전공명에 의해 전자결함의 집중도(농도)를 측정하여 연대를 알아내는 것이다.

화학적·생물학적 방법에는 연륜연대학(Dendrochronology)이라 불리는 나이테 연대측정과 아미노산 연대측정이 있다. 나이테 연대측정은 나무의 나이테 패턴을 분석하여 연대를 측정하는 방법으로서, 나무의 나이테가 언제 형성되었는지에 대한 연도를 알아낸다. 아미노산 측정법은 단백질 속의 아미노산 D형과 L형을 이용한다. 살아있는 유기체는 L형만 존재하는데, 유기체가 죽으면 L형이 D형으로 변화하게 된다. D형 아미노산과 L형 아미노산의 비율을 측정하여 유기체가 죽은 연대를 측정한다.

마지막으로 연대를 파악한 기후기록물로부터 특정 기후요소의 변화로 활용할 수 있는 기후 시그널을 추출하는 과정이다. 이는 과거 기후요소의 변화를 해독하기 위한 대용지표를 이용하는 것으로서, 기후대용자료와 이의 작용원리의 이해를 통해 과거의 기후변화를 구축하게 된다. 가장 일반적으로 이용되는 기후대용물은 생물학적 대용물과 지화학적 대용물이 있다.

생물학적 대용물에는 화석, 화분, 그리고 플랑크톤 등이 있다. 화석 대용자료는 과거에 존재하였던 생물로부터 얻어지는 정보로서, 크게 식물화석과 동물화석으로 구분한다. 일반적으로 식물화석은 동물화석에 비해 상대적으로 더 많이 발견된다. 따라서 과거 기후를 복원하는데 식물화석이 주로 사용된다. 화분(花粉)은 주로 산소가 부족한 물에서 잘 보존된다. 이는 주로 호소나 습지 퇴적물에서 획득하여 과거 식생의 상대적 분포를 확인하는데 이용된다. 플랑크톤은 탄산칼슘으로 이뤄진 껍질을 형성하는 것을 이용하는데, 주로 유공충, 규조, 그리고 방산충을 이용하여 수심, 수온, 염도 등을 포함한 지역적인 특징을 분석한다. 이 밖에 나무의 성장과 나이테의 밀도와 같은 나이테의 특징을 분석하여 나무가 성장하였던 지역의 고기후를 추정한다.

지화학적 대용물은 앞서 전술하였던 기후기록물에서 이산화탄소의 함량을 측정하거나 동위원소의 비를 측정하여 과거의 기후를 추정하는데 이용된다. 이산화탄소나 메탄과 같은 온실가스는 이들이 포획된 얼음코어의 기포에서 추출하거나, 최근에는 화석 잎 기공으로부터 이산화탄소를 검출하여 이용한다. 동위원소는 주로 산소를 이용하는데, ^{16}O와 ^{18}O 등이다. ^{18}O는 ^{16}O 보다 두 개의 중성자를 더 가지고 있어 더 무겁고, 증발이 상대적으로 더 어렵다. 즉, 수증기가 공급되는 곳에서는 ^{18}O가 풍부해지고, 수증기가 액체로 응축될 때는 ^{18}O가 먼저 액체로 돌아가는 것을 의미한다. ^{16}O와 ^{18}O의 비율을 이용하여 샘플이 형성되는 온도에 대한 정보를 얻을 수 있다. 이러한 샘플은 빙하코어, 해저퇴적물, 산호 등을 이용하여 분석된다.

빙상은 과거 지구환경을 반영하는 여러 가지 기록을 간직하고 있기 때문에 냉동 타임캡슐이라 불린다. 당시의 기온과 관련된 기록을 지니고 있으며, 빙상 속 미세기포 및 얼음자체의 화학성분을 분석하면 당시의 대기환경을 유추할 수 있다. 1998년 1월 러시아의 남극 보스토크(Vostok) 기지에서 시추한 코어는 세계 최장인 3,623 m로서, 현세부터 약 42만 년 BP (Before Present, 여기서 'present'는 AD 1950년임) 동안의 기록을 지니고 있다(Petit 등, 1999).

눈에서 무거운 O-18 (^{18}O)과 중수소(D)의 동위원소 비율은 온도에 따라 다르며 연간 평균기온과 강수량의 평균 동위원소 비율 (^{18}O 또는 δ D) 사이에 강력한 공간적 상관관계가 존재하기 때문에 빙상코어로부터 기후기록의 도출이 가능하다.

약 42만 년 BP 이후의 보스토크 온도 기록은 코어를 따라 연속하여 측정된 중수소 프로파일로부터 재구성되었다. 측정은 길이 0.5~2 m에서 깊이 2,080 m까지 얼음을 따라 취해졌고, 빙상코어의 상부 3,310 m의 나머지 부분에 대해 1 m마다 측정되었다. 이를 통해 지난 약 40만 년 동안 10만 년 주기로 4번의 빙하기와 간빙기가 반복되었다는 사실이 밝혀졌다. 또한, 이산화탄소와 메탄의 현재 대기농도가 지난 40만 년 동안 전례 없이 높은 것으로 보인다고 결론지었다(Petit 등, 1999). 아래 그림에서 주목할 만한 것은 지난 40만여 년 동안 지구상 기온과 이산화탄소 농도의 최대, 최소치는 평균 약 800년의 지체 시간(기온변화가 앞섬)을 두고 동시적으로 변화하였다는 점이다.

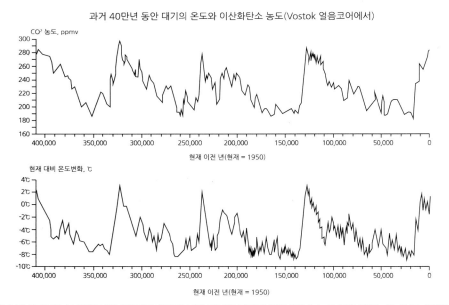

Bostok 빙상코어를 분석하여 얻어진 지난 40만여 년간 지구의 기온과 이산화탄소 농도 변화 (출처 : Petit 등, 1999)

1.2 지구의 과거 기후변화

기후는 지구가 형성된 이후 현재까지 계속해서 변화해왔다. 최근에 가까운 과거의 기후요소에 대한 자료는 직접 측정된 자료로서 매우 세밀하다. 하지만 보다 먼 과거로 갈수록 기후기록의 세밀함이 줄어든다. 과거로 갈수록 직접적인 기후요소에 대한 측정치는 더 이상 존재하지 않으므로 앞서 설명하였던 기후요소의 변화를 내포하는 기후대용자료를 활용하여 연대측정자료와 함께 과거의 기후변화를 복원하게 된다. 이 절에서는 가장 오래된 지구의 시작부터 현재에 이르기까지 기후변화를 지질시대, 역사시대, 그리고 산업혁명 이후로 구분하여 간략하게 설명한다.

지질시대의 기후변화

지구의 온도는 지구가 탄생한 이후 약 45억 5천만 년 동안 계속해서 변화해왔다. 지구 역사는 누대(Eon), 대(Era), 기(Period) 및 세(Epoch)로 구분한다. 지구생성부터 생물화석이 지층에서 나타나지 않은 시기, 즉 5억 4천만 년까지를 시원생대, 또는 선캄브리아시대(Precambrian)라 하고, 이후부터 현재까지를 현생이언(Phanerozoic Eon)이라 한다(표 1.1). 지구탄생 이후로 5번의 주요 빙하기가 있었다. 시원생대에 2번(휴로니아와 크라이오제니아 빙기), 고생대에 2번(안데스–사하라와 카루 빙기), 그리고 신생대 제4기(Quaternary Ice Age)에 1번 있었다. 이 시대를 벗어난 지구는 고위도에서도 빙하가 없었던 것으로 추정된다. 이에 반해 빙하기 동안에 빙하가 적도 쪽으로 확장되는 단주기 빙하기가 있다.[1]

태양의 광도는 현재까지 느리게 증가했으며, 최초의 태양은 오늘날의 태양보다 25~30% 정도 어두웠다. 그리고 대기가 주로 질소로 이루어져 있었던 약 20억 년 전까지도 지구의 평균온도가 영하로 추정되어 지구상의 모든 지표수가 초기에는 고체 상태로 존재했다. 하지만 태양이 약했음에도 불구하고 지구가 형성된 이후 약 30억 년 동안 물이 완전히 얼었다는 증거가 없기에 이를 "젊을수록 어두운 태양의 역설(The faint young Sun paradox)"이라 불린다.

---

[1] 일부 자료에서는 Ice Age를 빙기, Glacial Period를 빙하기로 구분하기도 하는데, 이 책에서는 전자를 장주기 빙하기, 후자를 단주기 빙하기로 구분한다. 장주기 빙하기는 지구상에 빙하가 있는 기간이며, 없는 기간은 온실 기후기(Greenhouse climate state)로 간주된다. 단주기 빙하기는 장주기 빙하기 동안에 상대적으로 더 추워 빙하가 전진하는 시기이며, 반면에 단주기 간빙기는 빙하기 사이에 상대적으로 따뜻한 기후의 기간이다.

표 1.1 **지질시대 구분** (Cohen 등, 2013)

누대(Eon)/대(Era)	기(Period)	세(Epoch)
신생대 (현재-66.0 Mya)	제4기 (현재-2.58 Mya)	홀로세 (present-11.7 kya) 플라이스토세 (11.7 kya-2.58 Mya)
	신제3기 (2.58-23.03 Mya)	플리오세 (2.58-5.333 Mya) 마이오세 (5.333-23.03 Mya)
	고제3기 (23.03-66.0 Mya)	올리고세 (23.03-33.9 Mya) 에오세 (33.9-56.0 Mya) 팔레오세 (56.0-66.0 Mya)
중생대 (66.0-252.17 Mya)	백악기 (66.0-145.0 Mya)	후세 (66.0-100.5 Mya) 전세 (100.5-145.0 Mya)
	쥐라기 (145.0-201.3 Mya)	후세 (145.0-163.5 Mya) 중세 (163.5-174.1 Mya) 전세 (174.1-201.3 Mya)
	트라이아스기 (201.3-251.9 Mya)	후세 (201.3-237 Mya) 중세 (237-247.2 Mya) 전세 (247.2-251.9 Mya)
고생대 (252.17-541.0 Mya)	페름기 (251.9-298.9 Mya)	러핑세 (251.9-259.1 Mya) 과달루페세 (259.1-272.9 Mya) 시수랄리아세 (272.9-298.9 Mya)
	석탄기 (298.9-358.9 Mya)	펜실베이니아세 (298.9-323.2 Mya) 미시시피세 (323.2-358.9 Mya)
	데본기 (358.9-419.2 Mya)	후세 (358.9-382.7 Mya) 중세 (382.7-393.3 Mya) 전세 (393.3-419.2 Mya)
	실루리아기 (419.2-443.8 Mya)	프리돌리세 (419.2-423.0 Mya) 루드로세 (423.0-427.4 Mya) 웬록세 (427.4-433.4 Mya) 슬란도버리세 (433.4-443.8 Mya)
	오르도비스기 (443.8-485.4 Mya)	후세 (443.8-458.4 Mya) 중세 (458.4-470.0 Mya) 전세 (470.0-485.4 Mya)
	캄브리아기 (485.4-541.0 Mya)	푸룽세 (485.4-497 Mya) 제3세(497-509 Mya) 제2세 (509-521 Mya) 테르뇌브세 (521-541.0 Mya)
선캄브리아초누대 (541.0 Mya-4.6 Gya)	원생누대 (541.0 Mya-2.5 Gya)	신원생대 (541.0 Mya-1 Gya) 중원생대 (1-1.6 Gya) 고원생대 (1.6-2.5 Gya)
	시생누대 (2.5-4 Gya)	신시생대 (2.5-2.8 Gya) 중시생대 (2.8-3.2 Gya) 고시생대 (3.2-3.6 Gya) 초시생대 (3.6-4 Gya)
	명왕누대 (4-4.6 Gya)	

kya = 1,000년 전, Mya = 100만 년 전, Gya = 10억 년 전

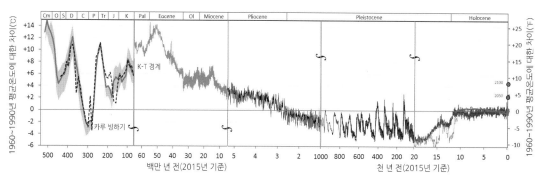

그림 1.3 지난 5억 4천만 년 동안의 지구의 평균온도 추정치 (출처 : URL #2)

지난 약 5억 4천만 년 동안의 지구의 역사는 처음 약 40억 년 동안보다 잘 알려졌다. 이 시기부터 대륙과 해양분지의 형상이 뚜렷해졌으며, 퇴적암 기록으로부터 빙기와 간빙기 등의 과거 기후기록을 추정하게 되었다. 그림 1.3은 지난 5억 4천만 년 동안의 지구의 평균온도 추정치를 나타낸 것이다. 현재는 2015년부터 과거로 5개의 구역으로 구분되어 있다. 6천 5백만 년 전 중생대와 신생대 경계인 "K-T 경계"는 공룡이 멸종한 시기이다. 그 다음으로 530만 년 전으로 마이오세와 플라이오세 경계, 그리고 약 100만 년 전부터 약 10만 년 주기로 빙하가 나타났으며, 약 2만 년 전에 마지막 최대 빙하기가 나타났다.

첫 번째 기간(약 5억 4천만 년 전~6천5백만 년 전) 동안은 지표의 평균기온 변화라기보다는 현재를 기준으로 보아서, 상대적으로 "더 더움", "더 추움"이라는 질적 지표로 보는 것이 좋다. 현재보다 더 추움으로 나타난 약 3억 2천5백만 년 전부터 2억 4천만 년 사이의 페르미안 빙하기는 후기 고생대 카루 빙하기라고 알려져 있으며, 이 기간 동안 지구표면에 큰 빙상이 존재하였다. 그리고 이 시기는 곤드와나 대륙이 남극을 가로지르고 있었으며, 현재의 남극대륙, 남아프리카에 중심을 둔 빙상이 남아메리카, 오스트레일리아, 인도 지역에 영향을 미쳤다. 빙하의 영향을 받은 곤드와나 대륙 지역과 자남극(자기 기준의 남극)의 위치가 유사하게 일치하였다.

지금부터 1억 년 전에는 매우 온난했던 시기로서, 판게아 대륙이 6개의 작은 대륙으로 분리되었으며, 해수면은 오늘날 보다 약 100 m 가량 높아 대륙의 가장자리는 대부분 침수되었다. 그리고 이 시기에는 남극대륙에 빙상이 존재하지 않았다. 이 시기는 전 지구적으로 온난한 기후로서, 오늘날보다 높은 CO_2 농도(약 1,000 ppm 이상)에 기인한 것으로 설명된다. 백악기 시대의 기후연구는 지금의 기후변화 연구에 있어 중요하다. 왜냐하면, 이 시기는 산업혁명 이후 CO_2 농도가 증가함에 따라(현재 약 400 ppm) 지구의 온도가 앞으로 어떻게 변할 것인가에 대한 실마리를 제시하기 때문이다. CO_2 농도가 낮은 수준에서는 지구온도가 빠르게 상승하나, CO_2 농도가 높은 수준에서는 지구온도가 느리게 상승한다(그림 1.4). 주요 이유로는 얼음에 의한 양의 피드백 효과가 적어지고, CO_2 농도가 증가함에 따라 역복사를 잡아두는 효과가 적어지기 때문이다. 일반적으로 기후변화를 증폭하거나 축소하는 상호작용을 기후 피드백기구라고 하며, 기후변화를 증폭하는 과정을 양의 피드백, 기후변화를 축소하는 과정을 음의 피드백이라 한다. 얼음에 의한 양의 피드백은 지표의 반사율과 온도에 대한 피드백으로서, 눈과 얼음이 얼면 지표의 반사율을 증가시켜 태양에너지의 흡수량이 감소하게 되어 기온이 감소하게 된다. 반대로 눈과 얼음이 녹으면 기온이 상승한다.

역복사효과는 지표에서 방출되는 열에너지를 이산화탄소나 메탄 같은 온실가스들이 흡수하였다가 이를 다시 지표로 되돌려 보내는 것으로서, 이와 같은 작용을 반복하면서 지구의 온도를 높이는 것이다. 높은 CO_2 농도에서 CO_2 농도가 상승함에 따라 역복사효과의 증가가 거의 없는 상태에 점진적으로 다다르게 된다.

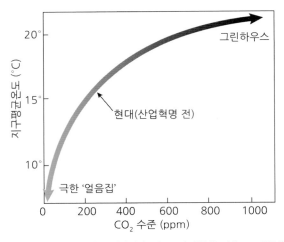

그림 1.4 **지구 기온에 미치는 이산화탄소 농도의 영향** (Ruddiman, 2008)

판게아의 형성과 대륙이동

1912년 독일 기상학자 Alfred Wegener는 처음 대륙이동 개념을 제시하였다. 판구조론이 대륙이동과 동의어는 아니지만, 판구조론은 대륙이동의 아이디어를 포함하고 그 영향을 받았다. 당시에는 대륙이동을 발생시키는 원동력을 규명하지 못하여 학계에 인정을 받지 못했다.

그는 지구의 대륙은 한 때 하나의 큰 대륙(판게아)이었다가 서로 분리되었다고 제안하였다. 현재의 아프리카, 아라비아, 남극 대륙, 오스트레일리아, 남아메리카, 인도 등을 포함하는 초대륙 곤드와나는 판게아 형성 이전에는 판게아의 지구 반대편에 위치했었다. 4억 5천만 년 전 이후 판구조 활동은 곤드와나 대륙을 남극을 가로질러 운반하여 약 2억 6천만 년 전후에 북반구에 흩어져있는 대륙과 합쳐져 판게아를 형성하였다(그림 좌상단).

판게아는 고생대 페름기와 중생대 트라이아스기(약 2억 6천만 년~1억 8천만 년)에 존재했던 초대륙으로서, 적도를 끼고 초승달 형태로 퍼져 있었던 것으로 추정되었다. 대륙이 하나로 연결되어 있었기 때문에 동식물의 이동이 활발하여 생물 다양성은 현재보다 적었을 것으로 추정된다. 1억

8천만 년 전후 쥐라기가 시작되면서 북쪽은 로라시아 대륙, 남쪽은 곤드와나 대륙으로 분리되었다 (그림 위 가운데). 이후 지속적인 지각운동에 의해 오늘날의 대륙으로 분리되었다.

대륙이동

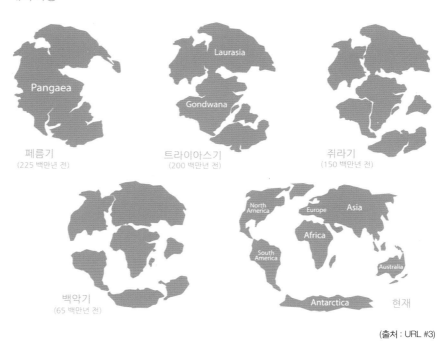

(출처 : URL #3)

K-T 경계 이후 신생대 제3기에 들어서는 에오세까지 온난하였다. 에오세 초기의 기온이 가장 높게 나타났고, 점점 기온이 낮아지다가 마이오세에 이르러 급격히 떨어진다. 즉, 지구는 지난 약 5천만 년 동안에 점진적인 한랭화를 겪어왔다(그림 1.3). 신생대 제4기 플라이스토세(홍적세) 동안에는 마이오세(중신세) 이후에 기온이 급격히 낮아진 후 제4기/플라이스토세 빙하기가 약 100만 년 동안 지속되었다. 이 기간 동안에 11번의 주요 빙하기와 여러 번의 작은 빙하기가 반복적으로 나타났다. 플라이스토세 동안의 빙하기와 간빙기의 반복적인 주기가 약 4만 년에서 10만 년으로 나타난다. 이러한 빙하기와 간빙기는 지구운동에 여러 번 반복되는 변화로 인해 지구에 도달하는 지역 및 행성 태양복사의 주기적인 변화로 설명되며, 그 바탕이론을 밀란코비치 주기(Milankovitch cycle)라 한다.

밀란코비치 주기는 플리오-플라이스토세에 대한 장기 냉각경향이나 그린란드 아이스코어의 밀레니엄 변동을 설명하지 못하기 때문에 기후변화의 원인이 되는 유일한 요인이 될 수 없음에도 불구하고, 플라이스토세의 주기적 빙하사건(예: 뷔름빙기, 리스빙기, 민델빙기 등)을 가장 잘 설명하고 있다. 밀란코비치 주기는 지구 자전축의 경사도, 세차운동, 그리고 공전궤도의 이심률 변화가 각각 4만 1천 년, 2만 6천 년, 그리고 2만 3천 년으로 주기로 바뀌며 이로 인해 공명하는 주기는 대략적으로 10만 년으로서, 지구에 도달하는 태양 복사에너지의 변화를 설명한다.

플라이스토세의 마지막 간빙기는 약 11만 년 전에 있었으며, 약 2만 년 전 최종 빙기 최성기(Last Glacial Maximum)라 불리는 가장 큰 마지막 빙하기가 있었다. 최종 빙기 최성기 이후 기온은 상승하다가 플라이스토세 말기에 기온이 다시 낮아졌던 시기인 영거드라이아스(Younger Dryas)기가 있다. 영거드라이아스기 동안의 한랭기는 짧았지만 국지적이 아닌 세계적인 현상으로 나타났다. 그 원인에 대한 가설로는 대서양 해류순환으로서, 저위도에서 고위도로 열수송의 약화로 인한 것이다.

역사시대의 고기후 변화

신생대 제4기 홀로세는 약 1만 2천 년 BP부터 현재까지 시대를 말하며, 충적세 또는 현세라고도 한다. 홀로세 동안의 기온의 변화는 그림 1.5와 같다. 이 시기는 플라이스토세의 빙하가 쇠퇴하면서 시작된 시기로서, 플라이스토세 말기에 기온이 다시 일시적으로 하강하였던 영거드라이아스기 이후 다시 기온이 빠른 속도로 상승하면서 부터이다. 영거드라이아스 이후 급격한 기온상승 원인은 잘 알려져 있지 않다.

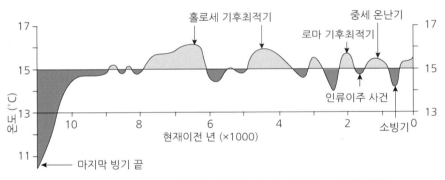

그림 1.5 **지난 1만 1천 년 동안 북반구에서 평균지표온도** (Bakhram과 Lali, 2016)

이후 약 천년 가량 기온이 상승하면서 오늘날보다 몇 도 정도 더 따뜻해졌다. 약 8000년 BP 부터 약 4000년 BP 기간 동안의 온난하였던 시기를 홀로세 기후최적기(HCO)라고 한다. 홀로세 기후 최적기는 전 세계적으로 균일하지는 않으며, 지역에 따라 다른 시기에 나타나거나 그 영향도 차이가 있는 것으로 알려져 있다. 8000년 BP 이래로 현재까지 전체적인 온도변화는 비교적 안정적으로 나타나고 있다. 중간에 온난기 기간과 추운 기간이 여러 번 반복되어 나타나지만, 전반적으로는 점차 낮아지고 있는 경향이 나타난다. 현재까지 홀로세의 기온변화는 다른 빙하기 및 간빙기 동안의 기온변화보다는 작은 것으로 나타났다. 이러한 특징적인 기온변화의 안정성은 농업의 발전, 문명의 발전을 이끄는 토대로 작용하였다.

홀로세 동안에는 6번의 추운 기간이 있었는데, 그 중에서는 8200년 전의 추운 기간 (HCO 이전), 중세 온난기(MWP), 중세 기후최적기(MCO) 이전의 추운 기간이었던 4세기부터 6세기경에 걸친 게르만족의 대이동 시기, 그리고 중세온난기 이후 14~19세기 동안에 추웠던 소빙기라 불리는 시기들이 상대적으로 추웠던 기간으로 알려져 있다. 소빙기 기간 중에 가장 추웠던 약 1645 AD~1715 AD 기간에는 태양의 흑점수가 가장 적었던 시기로서, '마운더 극소기'라고도 한다.

태양 복사에너지의 일반적인 시간변화 형태가 보통은 합의되지만, 100년의 시간규모에서 변화의 크기는 논쟁의 여지가 있다. 그림 1.6은 빙하 시추코어에서 ^{10}Be 농도를 기반으로 수천 년 동안의 총 태양복사량의 두 개의 극한 추정치를 재구성한 것으로서, 태양일사량은 약 7000~6000 BC 동안에 정점을 이루었고 그 효과는 따뜻한 온도, 식생피복의 확장 기록을 남겼다. 이 기간 동안 발트해 유역은 홀로세 동안 가장 따뜻했지만, 최대온도에 이른 시간은 다른 지역들과 동기화되지 않는다. 태양복사량의 변화주기가 한랭기 또는 온난기와 일치하더라도 여전히 불확실한 부분이 있다. 나아가 지난 천년 동안에 마운더 극소기와 '달톤 극소기'[2]의 우연의 일치가 해석을 더 복잡하고 어렵게 만들고 있다.

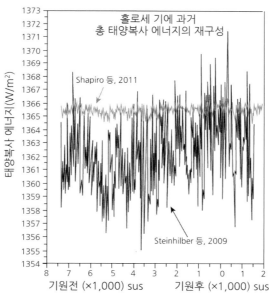

그림 1.6 **지난 태양복사 에너지의 재구성** (Borzenkova 등, 2015)

홀로세 동안 온난기로는 미노안, 로만, 중세(MWP), 그리고 소빙기 이후 현재 진행 중인 근대온난기가 있다. 미노안 온난기는 홀로세 기간 동안에 습한 조건에서 건조한 조건이 발생한 것으로서, 약 1450 BC~1200 BC 동안 계속되었으며, 엘니뇨의 강한 영향에

---

2) 약 1790~1830년 사이에 발생한 흑점활동 감소기간으로서, 마운더 극소기에 비해 흑점활동은 다소 많았다.

의한 것으로 추정된다. 미노안 온난기가 끝나면서 인류문명은 청동기시대가 끝나고 철기시대에 접어들게 된다. 로만 온난기는 약 250 BC에서 약 400 AD 사이의 유럽과 북대서양의 온난기로서, 로마제국과 중국의 한 왕조가 번성하였던 시기이다. 중세 온난기는 약 950 AD에서 약 1250 AD 사이의 북대서양 주변의 따뜻한 시기를 의미한다. 이 시기에는 바이킹의 그린란드 식민지 건설과 뉴펀들랜드 정착 등이 있었다.

발트해 유역의 기후변화 연구

홀로세 기간 동안 기후변화와 관련한 연구로서 발트해 유역에서 집중적으로 연구된 결과가 있다(The BACCⅡ Author Team, 2015). 이 책은 2008년에 처음 발간된 이후 2015년에 두 번째 발간되었다. 여기에는 마지막 빙하기 이후의 기후변화(약 12000년 전), 최근 과거(지난 200년)의 변화, 최첨단 지역기후모델을 사용한 2100년까지 기후예측 및 기후가 육지, 담수 및 해양 생태계에 미치는 영향을 포함하고 있다. BACC II 연구팀은 기후연구 및 관련영향과 관련된 다양한 분야를 다루는 12개국의 141명의 과학자로 구성되어 있다. BACC II는 발트해를 중심으로 하는 지구연구 네트워크 프로젝트이며, 세계 기후연구 프로그램에 중요한 역할을 하고 있다.
   기후변화에 따라 상대적으로 춥고 강수가 감소하였던 시기에는 정치적 혼란, 문화적 변화 및 인구 불안정의 시기가 나타났다. 그러나 상대적으로 온화하고 강수가 증가했던 시기에는 인구증가, 경제번영 및 사회안정의 시기가 나타났다(Niedźwied 등, 2015).

산업혁명 이후 기후변화

산업혁명 이후 기후변화는 IPCC(Intergovernmental Panel on Climate Change)에서 주로 연구되어왔다. IPCC는 기후변화와 관련된 과학을 평가하기 위한 유엔기구이다. 1988년에 WMO와 UNEP에 의해 설립된 IPCC의 목표는 모든 수준의 정부에 기후정책개발에 사용할 수 있는 과학정보를 제공하는 것이다. IPCC 보고서는 국제 기후변화 협상에 대한 주요정보이기도 하며, 이를 통해 IPCC는 기후변화의 과학적 근거, 그 영향 및 미래위험, 적응 및 완화 대안에 대한 정기적인 평가를 제공한다.
   그림 1.7a는 산업혁명 시기인 1850년대 이래 평균대비 연간 지구평균 육지-해양 표면온도 편차의 합을 보여준다. 선형경향을 이용하여 계산하였을 때, 1880~2012년까지 기간 동안 0.85(0.65~1.06)℃의 온난화가 나타났다. 1850~1900년의 평균기온 대비 2003~2012년의 평균기온은 총 0.78(0.72~0.85)℃ 상승하였다. 1901~2012년에는 거의 지구전체가 표면온난화를 경험했다(그림 1.7a). 10년 단위로 보았을 때, 지난 30년간 지구표면

은 1850년 이후 그 어떤 10년보다 따뜻했다. 지구표면 온도에 대한 평가가 과거 1400년 간 가능한 북반구에서, 1983~2012년까지 기간은 지난 800년 기간 중 가장 따뜻한 30년 일 가능성이 매우 높았고, 지난 1400년 중 가장 따뜻한 30년일 가능성이 높다(IPCC, 2014).

마지막 간빙기 동안(129,000~116,000년 전)의 전지구 평균해수면의 최댓값은 수천 년 동안의 현재보다 최소한 5 m 높았으나 10 m 이상 초과하지는 않았다. 19세기 중반 이후의 해수면 상승률은 19세기 이전 2000년 동안의 평균상승률보다 크다. 1901~2010년 기간 동 안 전지구 평균해수면은 0.19(0.17~0.21) m 상승했다(그림 1.7b). 전지구 평균해수면 상 승률은 1901~2010년에 1.7(1.5~1.9) mm/yr, 1993~2010년에 3.2(2.8~3.6) mm/yr로 나타났다. 1993~2010년 동안의 전지구 평균 해수면상승은 온난화로 인한 빙하, 그린란 드 빙상, 남극 빙상, 육지 물 저장소에서 변화와 해양 열팽창으로부터 관측된 기여분들의 합과 일관성이 있으며, 1970년대 초반 이후 온난화로 인한 빙하량 손실과 해양의 열팽창 은 관측된 전지구 평균해수면 상승의 약 75%를 설명한다(IPCC, 2014).

산업화 시대 이전부터 인위적 온실가스 배출이 주원인이 되어 이산화탄소, 메탄, 아산 화질소의 대기 중 농도가 크게 증가하였다(그림 1.7c). 1750~2011년 대기 중 누적 인위적 이산화탄소 배출량은 2040±310 Gt CO_2이었다. 배출량의 약 40%는 대기(880±35 Gt CO_2)에 남아있으며, 나머지는 대기에서 제거되어 육지(식물과 토양)와 바다에 저장되었 다. 1750~2011년 동안의 인위적 이산화탄소량 중 절반가량은 지난 40년 중 배출된 것이 다(그림 1.7d). 경제 및 인구 성장이 주원인이 되어 나타난 산업화시대 이전부터 인위적 온실가스 배출량은 계속 증가해왔고, 현재 가장 높은 수준을 보이고 있다. 현재 이산화탄 소, 메탄, 아산화질소의 대기 중 농도는 인위적 배출로 인해 지난 80만년 내 최고수준이 다. 기타 인위적 기후변화요인과 함께 전례 없던 수준의 온실가스 배출이 전체 기후시스 템에 영향을 주는 것은 계속해서 탐지되어 왔고, 이는 20세기 중반 이후 관측된 온난화의 주원인일 가능성이 대단히 높다고 평가된다(IPCC, 2014).

산업혁명 이후의 전세계 평균 연간강수량의 강도규모 변동 및 경향에 대한 자료를 확인 하기는 쉽지 않다. 그림 1.8은 5개의 자료세트, 즉 CRU(Climatic Research Unit), GHCN (Global Historical Climatology Network), GPCC(Global Precipitation Climatology Centre), 그리고 GPCP(Global Precipitation Climatology Project) 자료세트를 사용하여 전 세계 및 지역 평균 연간강수량의 강도규모 변동 및 경향을 나타낸 것이다. 현장관찰에 기초한 자료세트는 1901년에 시작하지만 Smith 등(2012)의 자료세트는 2008년에 끝나고 나머지 3개 자료세트는 2010년까지 자료를 포함한다. 공통기록기간(1901~2008) 동안 모 든 자료집합은 전 세계 평균강수량이 증가한 것으로 나타났으며, 이 중 4개 중 3개는 통 계적으로 유의한 변화를 나타냈다. 1900~2005년 동안 북위도 30° 북쪽의 육지에서 강수 가 일반적으로 증가한 반면에, 1970년 중반부터 1990년대 중반 동안에는 열대지방은 감소추세로 보인다. 전 세계 토지면적에 대한 평균강수량 변화에 대한 신뢰는 1950년 이전에는 낮았으며, 그 이후에는 특히 기록의 초기부분에서 자료가 충분하지 않기 때문에 중간 정도이다. 이에 따라 논의된 지구강수량의 장기적 증가는 부분적으로 20세기 초 자료 문제로 인해 불확실하다(Hartmann 등, 2013).

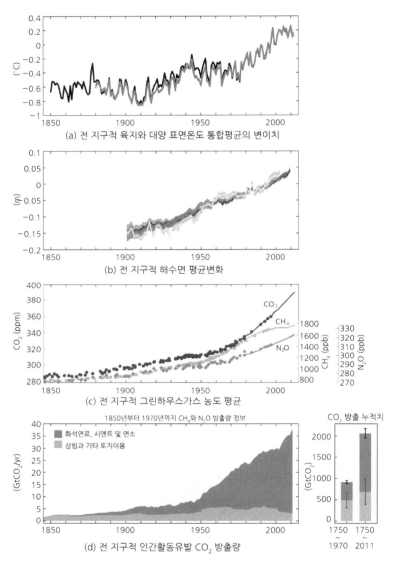

(a) 전 지구적 육지와 대양 표면온도 통합평균의 변이치

(b) 전 지구적 해수면 평균변화

(c) 전 지구적 그린하우스가스 농도 평균

(d) 전 지구적 인간활동유발 CO_2 방출량

그림 1.7 **산업혁명 이후 지구기후시스템 변화지표** (IPCC, 2014)

(a) 1986~2005년 평균대비 연간 지구평균 육지-해양 표면온도 편차(색상은 각기 다른 데이터 세트를 나타냄)
(b) 1986년 평균대비 연간 전지구 평균해수면 변화(색상은 각기 다른 데이터 세트를 나타냄, 불확실성은 회색면으로 표시됨)
(c) 빙하코어 자료(점)와 직접적 대기측정(선)에 의한 온실가스의 대기 중 농도
(d) 전지구 규모에서 인위적 이산화탄소 배출량

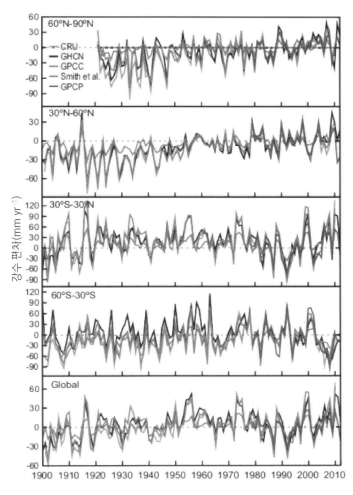

그림 1.8 **4개의 위도별 지역과 지구 전체에서 육지역의 연 강수량 편차** (Hartmann 등, 2013)

Hartmann 등(2013)은 CRU, GHCN 및 GPCC 자료세트를 사용하여 육상의 연 강수량의 110년간 장기추세(1901~2010)와 60년간 최근추세(1951~2010)의 공간적 변동성을 나타내었다. 1901~2010년의 증가는 4개의 위도별 지역에서 보고된 변화(그림 1.8)와 일치하게 북반구와 남반구의 중위도 및 고위도에서 나타났다. 일부 호주 남동부와 같은 지역을 예외로 제외하고, 대부분의 영역에서는 1901~2010 기간과 1951~2010 기간 사이에 유사한 경향을 나타내었다. 북반구 중위도의 육지지역에 대해 평균은 전반적으로 강수량 증가를 보여주었다.

1.3 기후변화와 하천반응

기후변화는 강우강도와 빈도 등의 변화를 통해 하천 흐름(regime)과 과정(process)에 영향을 준다. 기후변화의 양대 인자인 기온과 강수 중에서 하천에 영향을 주는 것은 기온변화보다는 강수변화이다. 특히 홍수량의 크기-빈도 분포는 하천지형과 안정 변화에 큰 영향을 준다.

최근의 기후변화를 보면 전 지구적으로 기온이 전반적으로 상승하고 있는 경향이지만, 강수특성은 지역에 따라 다르게 나타난다. 그리고 유역에서 토지이용 및 식생피복, 인위적 영향 등에 의하여 실제 하천에서 유출량변화도 다양하게 나타난다. 이에 따라 기후변화에 따른 하천시스템 및 하도 변화를 전 지구적 규모에서 일반화할 수 없으며, 지역규모에서 기후변화로 인해 발생한 그 지역의 수문특성 변화를 우선적으로 분석해야 한다. 그다음 유역의 자연생태계 변화, 마지막으로 하천유역의 유출량, 유사량, 그리고 하천형태의 변화를 분석한다.

기후변화에 따른 수문변화

기후변화로 인한 하천변화를 이해하기에 앞서 우선적으로 과거의 수문현상이 어떻게 변했는지를 알아야 한다. 고수문학(paleo-hydrology)이란 지구 물과학의 한 분야로서, 역사 이전의 시대에 지구상 물의 이동, 분포 및 질에 관한 연구이다. 이 학문은 자연과학의 복합연구로서, 1954년에 처음으로 정의되었다(Leopold와 Miller, 1954). 처음에는 과거와 현재의 물수지 상황을 비교하는 것으로 시작하였으며, 이후 수질, 물성분, 지하수위 등을 연구하였고, 대상도 호소퇴적물을 이용하여 범위를 넓혀나갔다.

그림 1.9는 발트해 지역에서 모의된 연간 강수량(검은색)을 나타낸 것이다. 이 그림에서 50년 이동평균으로 통계적으로 추정된 유출량(runoff)은 파란색으로 나타내었다. 중세온난기 동안 연간강수량은 전이기간과 소빙기보다 더 많은 것으로 나타났고, 15세기(1400년대) 후반의 매우 건조한 기간은 특징적으로 나타났다. 그러나 Hansson 등(2011)의 1500~1995년 기간 동안 하천유출량 모의결과에서는 장기적 유의미한 변화가 없는 것으로 나타났다(그림 1.10).

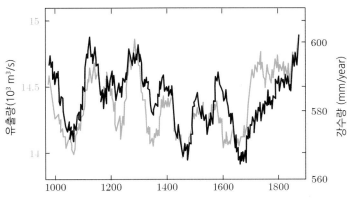

그림 1.9 발트해 유역의 연간 강수량(검은색)과 50년 이동평균한 통계적 추정 유출량(파란색) (Niedźwied 등, 2015)

Hansson 등(2011)은 1500년 이후의 온도 및 대기순환 지수에 근거하여 발트해 연안의 유출이 북부지역과 핀란드만의 온도, 바람 및 회전순환 구성요소와 밀접한 관련이 있는 것으로 보고하였다. 대조적으로, 남부지역의 유출은 저기압 또는 고기압 시스템의 강도와 더 관련이 있다. 시간적, 지역적 변동성은 크지만 지난 500년 동안 발트해로 유입하는 총 유출량은 통계적으로 유의미한 장기적 변화는 발견되지 않았다(그림 1.10). 온도에 대한 유출량의 민감도 분석결과는 남부지역이 기온상승에 따라 더 건조해질 수 있음을 시사한 반면에, 핀란드 북부와 주변의 기온상승은 더 많은 유출량과 관련이 있는 것으로 나타났다. 전체적으로 지난 500년 동안 발트해로 유입하는 총 유출량은 1℃ 온도상승에 따라 3% 또는 450 m³/s 정도 감소한 것으로 나타났다.

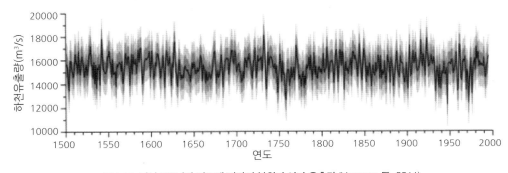

그림 1.10 지난 500년간 발트해 연안의 복원된 연간 유출량 (Hansson 등, 2011)

Hartmann 등(2013)은 일부 예외를 제외하고 지난 20세기 동안에 고위도 지역에서 유출량이 일반적으로 증가했다고 결론지었다. 하지만, 세계 주요하천에 대한 장기간의 전 세계적인 유출량 변화경향은 아직 보고되지 않고 있다. 최근의 연구(Milliman 등, 2008; Dai 등, 2009)에 따르면 20세기 동안 지구온난화와 관련하여 유출량이 증가하는 경향으로 보고된 초기연구들은 더 이상 인정받고 있지 않다. 왜냐하면, 대부분의 큰 강, 특히 장기간의 유출량기록이 있는 강은 댐 건설이나 토지이용과 같은 인간활동에 영향을 받았으므로 그 결과는 주의해서 해석되어야 하기 때문이다.

Dai 등(2009)은 세계적으로 대하천에 있는 925개의 하류관측소 자료세트를 수집하여 전 세계 해양유출 토지면적의 80%를 모니터링하고, 대륙유출 토지면적의 73%를 검토하였다. 그들은 콩고, 미시시피, 예니세이, 파라나, 갠지스, 콜롬비아, 우루과이, 니제르를 포함하여 200개 대하천 중 3분의 1에 해당하는 하천에서 유출량은 1948~2004년 동안 통계적으로 유의미한 감소경향을 보였는데, 이는 유출량이 증가하는 추세를 보인 사례 수를 능가하였다. 강수가 감소한 1960년대 이후 중국북부 황하와 같은 많은 저위도 및 중위도 하천유역에서 유출량의 감소가 확인되었다(Piao 등, 2010). 그러나 미국의 일부 (Groisman 등, 2004) 및 중국 남부의 양쯔강(Piao 등, 2010) 등에서 20세기 후반 강수의 증가와 함께 유출량이 증가 되었다고 보고되었다. 또한, 아마존 유역에서는 최근 수십 년간 유출량 극값의 증가가 관찰되었다(Espinoza Villar 등, 2009).

최근 Stahl 등(2010), Stahl와 Tallaksen(2012)은 1962년에서 2004년까지 유럽 전역 15개국에서 400개가 넘는 작은 하천유역에서 유출량 기록자료를 기반으로 유출량변동 경향을 조사했다. 그 결과 남부 및 동부 지역에서 연간유출량의 지역적인 일관성은 부정적으로 나타났으며, 다른 일부에서만 긍정적으로 나타났다.

기후변화로 인한 기온과 강수량의 변화, 그에 따른 유출량과 유사유출량(sediment yield)의 변화는 Schumm(1968)의 도표를 이용한 표 1.2를 통해 정성적으로 추정할 수 있다. Schumm은 호주의 하천유역 자료를 이용하여 유출량과 유사유출량을 각각 강수량에 독립적으로 연관시킨 곡선표를 제시하였다. 표 1.2에서는 초기 기후를 세 가지, 즉 연평균 기온 10℃에 연평균 강수량 750 mm의 온대기후, 연평균 기온 12.5℃에 연평균 강수량 500 mm의 아습윤기후, 그리고 연평균 기온 15℃에 연평균 강수량 350 mm의 반건조기후로 구분하였다. 기후변화로 인한 새로운 기후는 연평균 기온이 2.5℃와 5℃가 각각 오르거나 낮아지거나, 연평균 강수량이 125 mm와 250 mm가 각각 증가하거나 감소하거나 한 경우의 조합으로 제시하였다. 예를 들어 원래 기후가 온대기후에서 연평균 기온이 2.5℃ 증가하여 따뜻해지고, 연평균 강수량이 125 mm 감소하여 좀 더 건조한 상황이 되면(표 1.2의 맨 우측 열), 연평균 유출량은 감소하고 연평균 유사량은 증가할 것이라고 추측할 수 있다.

표 1.2를 우리나라에 적용한다면 우리나라 기후는 일반적으로 온난기후에 속하며(표의 맨 좌측 열의 첫 번째 행), 앞으로 기온이 점차 상승하고(+2.5℃) 강수량도 증가한다면(+250 mm), 이 표에서와 같이 유출량은 증가하고 유사유출량은 증가하거나 감소할 것으로 나타난다. 그러나 기온은 상승하지만 강수량이 감소한다면(표의 맨 우측 열), 위에서 예를 든 것과 같이 연평균 유출량은 감소하고 연평균 유사량은 증가할 것이라고 추측할 수 있다.

표 1.2 **기후변화가 연평균 유량과 유사량에 미칠 수 있는 영향** (Knighton, 1998)

원 기후	새 기후			
	더 한랭 ($T_m-5℃$), 더 습윤 ($P_m+250\,\mathrm{mm}$)	더 온난 ($T_m+2.5℃$), 더 습윤 ($P_m+250\,\mathrm{mm}$)	더 한랭 ($T_m-5℃$), 더 건조 ($P_m-125\,\mathrm{mm}$)	더 온난 ($T_m+2.5℃$), 더 건조 ($P_m-125\,\mathrm{mm}$)
온도와 강수 $T_m = 10℃$ $P_m = 750mm$	R_u^+ S_y^-	R_u^+ S_y^- or S_y^0	R_u^0 S_y^0	R_u^- S_y^+
아습윤 $T_m = 12.5℃$ $P_m = 500mm$	R_u^+ S_y^-	R_u^+ S_y^-	R_u^0 S_y^0	R_u^- S_y^0
반건조 $T_m = 15℃$ $P_m = 350mm$	R_u^+ S_y^+	R_u^+ S_y^+	R_u^- S_y^0	R_u^- S_y^-

부호 : T_m, 연평균 온도; P_m, 연평균 강수량; R_u, 연평균 유출량; S_y, 연평균 유사유출

그러나 표 1.2는 단지 일반적인 경향을 보여줄 뿐이며, 더욱이 주로 미국의 자료를 사용하였기 때문에 적용성에 한계가 있다. 나아가 평균치를 이용한 기후와 흐름 요인지표는 그 자체로서 분명한 한계가 있다(Knighton, 1998).

초기기후는 하천환경 변화의 방향에 중요한 영향을 미친다. 예를 들어 영국과 같은 온대기후에서 상대적으로 더 춥고 습한 조건으로 가는 기후변화는 유출량은 증가하나 유사량은 감소할 것으로 보이지만, 만약에 반건조기후인 경우 더 춥고 습한 조건으로 가는 기후변화는 유출량과 유사량 모두 증가할 수 있다. 왜냐하면, 반건조기후의 특징적인 강수량에 대해 유사량이 크게 변하기 때문이다(그림 1.11). 특히, 반복되는 기후변동에 민감할 가능성이 높으며, 작은 변화조차도 뚜렷한 반응을 유도할 수 있다.

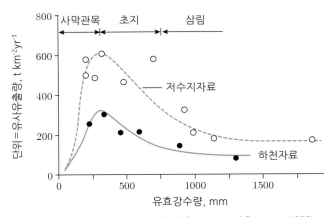

그림 1.11 **유효강수량과 유사량과의 관계** (Langbein와 Schumm, 1958)

기후변화에 따른 하천시스템 반응

기후변화가 하천유역의 지형변화에 미치는 영향에 대해서는 Verhoog(1987)의 연구가 돋보인다. Verhoog는 지구온난화로 인해 연간 강우량과 증발산량이 변화하고 유역 내 다른 특성, 즉, 식생 및 토지이용 등의 변화가 없다고 가정하고 유출량을 통계적으로 산출하였다. 산출된 유출량을 Schumm(1971)의 자료를 이용하여 당시 습윤 정도에 따라 지역을 구분하고, 지구 온난화로 인하여 앞으로 변화가능한 습윤도에 따른 유출량과 유사량이 어떻게 변화할 것인지에 대하여 표 1.3과 표 1.4로 각각 제시하였다. 그 결과 당시 기준으로 습윤한 지역과 반건조 지역에서 유출량과 유사량이 가장 큰 변화가 있을 것으로 예측하였다(표 1.3). 만약 이러한 지역이 좀 더 습윤해진다면 유출량은 크게 증가할 것이나, 앞으로 길게 보았을 때 유사량은 결국에 현재보다 감소하게 될 것으로 예측하였다. 왜냐하면, 표 1.4에 따라 하도깊이는 증가하고, 하도경사는 감소하고, 곡률도는 증가할 것으로 예측되기 때문이다. 반면에 만약 현재 아습윤 지역에서 강수량이 감소한다면, 유출량은 감소할 것이고, 유사량은 반대로 크게 증가할 것이다(표 1.3). 이는 하도깊이가 감소하고, 하도경사는 증가하고, 곡률도가 감소할 것으로 예측되기 때문이다(표 1.4).

표 1.3 **지구 온난화로 인한 유량과 유사량의 변화** (Verhoog, 1987)

현재상태	가능한 미래상태	가능한 유출량 변화(Qw) (n%)	가능한 유사량 변화(Qs)
습윤	더 습윤	++	+
	더 건조	−	++
아습윤	더 습윤	++	−
	더 건조	−	++
반건조	더 습윤	+	+
	더 건조	−	++

표 1.4 **지구 온난화로 인한 유역 내 하천지형의 변화** (Verhoog, 1987)

가능한 미래상태	하도폭	하도깊이	사행파장	경사(지질)	사행도(만곡도)	폭/깊이 비
더 습윤 습윤	+	+/−	+	+/−	−	+
더 건조	+/−	−	+/−	+	−	+
더 습윤 아습윤	+/−	+	+/−	−	+	−
더 건조	+/−	−	+/−	+	+	+
더 습윤 반건조	+	+/−	+	+/−	−	+
더 건조	+/−	−	+/−	+	+	+

전술하였듯이 수문학적 특성이 지역적으로 다양하여 기후변화 영향이 불확실한 상황에서는 Verhoog(1987)가 도출한 상대적인 변화, 즉, 변화의 경향을 분석하는 것이 본격적인 수치모델링 적용의 선행연구로서 좋은 사례가 될 것이다. 하지만 전술한 Knighton의 방법론과 마찬가지로 이러한 방법론은 광범위한 변화방향만을 나타내며, 또한 특정지역의 자료를 기반으로 하므로 전반적인 적용가능성은 제한적일 수 있다. 더욱이 연평균 강수량과 연평균 유출량은 각각 기후 및 흐름 체계의 한 요소로서 제한된 가치를 가지고 있다. 또한 충적하천은 평균 기후뿐만 아니라 기후요소의 크기–빈도 특성의 변화에 반응하여 하천시스템에 상당한 변화가 발생할 수 있다. 실제로 홀로세 동안의 상대적으로 작은 기후변화가 하천변화에 많은 영향을 미쳤을 것으로 추정된다(Knox, 1993).

기후변동으로 인한 하천반응은 다양한 시간 척도에서 고려될 수 있다. 예를 들어 지난 마지막 빙하기(약 115~10 ka BP) 동안에 지구냉각이 일반적이었지만, 때때로 단기간의 따뜻한 기간으로 인해 지구냉각이 중단되었다. 호주 뉴사우스웨일즈 지방의 Riverline Plain에서 하천퇴적층을 연구한 Page와 Nanson(1996)은 105~12 ka BP 사이에 상대적으로 건조한 기간인 4개의 뚜렷한 고 하도(paleo-channel) 활동단계를 확인하였다(그림 1.12). 처음 세 단계는 혼합유사가 우세하고 측면으로 이동하는 사행 고하도를 특징으로 하는데, 마지막 단계에서는 좀 더 직선에 가까운 하도에 소류사가 우세한 시스템으로 전환되었다. '하상이 상승하는 고 하도'라 일컫는 이 하천시스템은 일반적으로 소류사가 우세한 수직적 하상상승으로 종료되는데, 상류계곡으로부터 운반되는 유사와 물의 비율 변화에 대한 반응으로 만곡도가 점차 감소하였다. 최종빙기 최성기(약 18 ka BP) 이후의 마지막 단계에서는 혼합유사가 우세한 고 하도의 이동이 나타나고, 더 이상의 소류사가 우세한 하상상승은 나타나지 않았다. 이후 홀로세 기후조건으로 접근하면서 홍수의 첨두유량은 감소하였고, 상류유역으로부터 소류사의 공급이 크게 감소하여 결과적으로 현재까지 사행도가 크지만 하도이동은 느리고, 주로 부유사가 우세한 하천이 형성되었다.

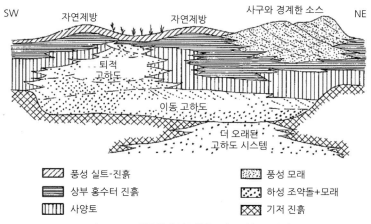

그림 1.12 **고 하도의 층서모형(Stratigraphic model)**
이동하는 하도의 혼합유사 시스템과 하상상승 하는 소류사 시스템의 연속적 발달을 나타냄 (Page와 Nanson, 1996)

이 층서모형은 Schumm(1968)이 고안한 하천유역에서 상대적인 지형변화 모형을 대체하는 것으로서, 이모형에서는 소류사가 우세한 '이전 하천(prior streams)'이, 부유사가 우세한 '조상 강(ancestral rivers)'으로 진화한 다음, 현재의 하천시스템으로 진화한 것으로 설명하였다. 하지만 횡단면을 재구성하여 이전의 강턱유량(bankfull discharge)을 추정한 값은 Schumm의 추정한 값과 대체적으로 일치하였으며, 이는 현재 강턱유량보다 4~8배 초과하는 것으로 나타났다.

빙하기 이후 14000년 동안 서유럽의 하천에서 가장 큰 변화 중 일부는 해빙(deglaciation)을 수반하는 변화로 발생하였다. 마지막 빙하기가 끝날 때, 빙하지역의 특징적인 망상하천은 유사량이 감소하고 식생피복이 확장됨에 따라 사행하천으로 바뀌었다. 이러한 변환은 영국에서 확인되었다. 여기서 해빙으로 인해 큰 유량이 발생한 시기는 하천시스템이 최대로 불안정한 시기이었고, 그 이후 변화는 훨씬 더 작게 나타났다. 실제로 해빙 이후 영국의 Severn 강은 거의 변하지 않았고, 침식임계값을 넘지 않은 것으로 나타났다(Brown, 1991).

14000~9000 BP의 기간 동안, 온대기후 지역의 하천은 일반적으로 망상하천에서 사행하천으로 전환되었을 뿐만이 아니라 현재는 유물지형(relict landform)[3]으로 남은 대형의 사행발달로도 알려져 있다. 이러한 하천 유물지형 중 Dury(1964)는 두 가지 유형의 '무능하천'(underfit stream)[4]을 식별하였다. 첫째는 하천을 제한하는 하곡의 파장보다 훨씬 작은 파장을 갖는 현재 사행하천, 다른 하나는 더 넓게 사행하는 하곡 내에서 하곡의 사행파장과 일치하지 않는 여울-소 간격을 갖는 상대적으로 직선형의 하천이다. 무능하천이 넓은 범위에 분포하는 주요 원인으로 기후변화로 인한 하도수축 때문으로 알려져 있다.

홀로세 초기 동안에는 온대기후 지역에서 대부분의 하천은 유량이 현저하게 감소하였다(그림 1.13). Macklin과 Lewin(1993)은 영국의 여러 지역의 퇴적층 기록을 검토하고 충적작용의 주요단계를 확인하였는데, 마지막 단계의 기간은 소빙하기 기간과 일치하였다. 각 단계 간 충적층이 거의 없는 시기는 하상절개, 느린 충적, 또는 안정성을 의미한다. 근래로 가까워질수록 인위적 영향이 증가함에도 불구하고, 북미 및 유럽과 같은 지역에서 비슷한 시기에 나타난 유사한 사건은 과거 기후변화에 의해 하천이 조절되었음을 시사한다.

---

3) 유물지형은 현재에는 진행되지 않는, 이전의 과정에 의해 형성된 지형을 의미한다.

4) 무능하천은 유량이 적고 하곡에 비해 상대적으로 하도가 작아 하곡을 침식하지 못하는 하천, 또는 하곡의 크기와 사행파장에 비해 하도가 매우 작은 하천을 일컫는다.

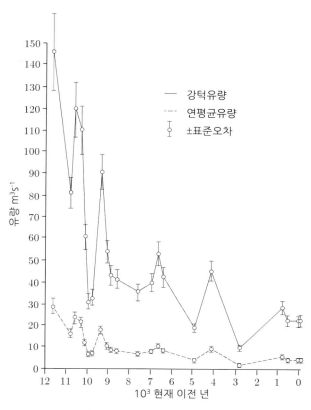

그림 1.13 지난 12000년 동안 폴란드 중부 Prosna 강 중류에서 산출된 강턱유량과 연평균 유량 (Rotnicki, 1991)

고홍수 복원

하천지형에 영향을 미치는 변수는 다양하다. 이러한 변수로는 지질, 고기후, 기복, 계곡규모, 기후, 식생, 수문, 하도형태, 유량, 유사량 등이 있다. 하천지형변화에 대한 기술적인 관점은 주로 수류력(stream power)과 유사의 크기 및 수지(budget)를 포함하는 경계저항에 있다. 기술적 관점에서 하천지형 변화는 수 주에서 수십 년의 시간규모를 고려한다.

홍수는 유사의 이동과 저장, 그리고 하도와 인접한 범람원의 진화에 중요한 역할을 한다. 홀로세 충적층의 연대에서 특징적인 불연속성이 동시적으로 나타나는데, 이는 대규모 순환양상의 주기적 변화의 결과로서, 지난 9000년 동안 홍수의 규모-빈도 특성에 큰 변화가 발생했음을 시사한다(Knox, 1995). 일반적으로 더 빈번한 대홍수는 상대적으로 더 서늘한 시기 동안 중위도 지역에서 발생하였다. Knox(1993)는 범람퇴적층 분석에 기초하여 미시시피 강 상류유역에서 7000년의 홍수역사를 재구성하였다(그림 1.14). 홍수규모가 작은 상대적으로 따뜻하고 건조한 기간(5000~3300년 BP) 이후, 더 습하고 더 차가운 기후로 갑작스러운 전환은 현재기준 500년 빈도 이상의 재현주기를 갖는 대규모 홍수발생을 유발하였다. 따뜻한 중세기간에서 더 차가운 소빙하기로 전환되는 AD 1250년에서

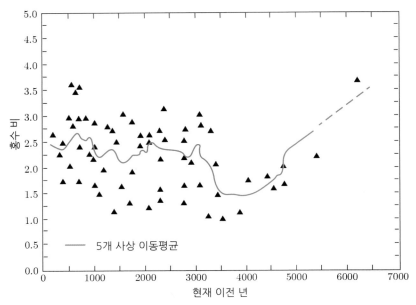

그림 1.14 미국 위스콘신 남서부에서 발생한 홀로세 퇴적층에서 홍수범람 기록
(홍수비율 2는 현재 남서부 위스콘신에서 약 30~50년 빈도의 홍수, 홍수비율 3은 약 500~1000년 빈도의 홍수임) (Knox, 1995)

  1450년 동안 더 큰 홍수가 발생했다. 이 기간은 북부와 중부 유럽의 많은 지역에서 대규모 홍수가 발생한 기간이기도 하다(Lamb, 1977). 이러한 변화는 상대적으로 작은 기후변화에 의해 생성되었는데, 연평균 기온은 1~2℃, 연평균 강수량은 10~20% 이내의 변화에 불과하였다. 이는 사소해 보이는 기후변화에 의해서도 상대적으로 매우 큰 유량변화를 가져올 수 있다는 의미 있는 점을 시사한다.

  다른 예로 잉글랜드 북부의 작은 Pennine 분지의 홍수퇴적층에서 21건의 대규모 홍수사상이 확인되었다. 이들 홍수 중 하나를 제외하고는 모두 소빙하기가 절정에 달했던 18세기 중반부터 시작되었다(Macklin 등, 1992). 특히 로마시대 후반과 18세기에 더 습하고 서늘한 조건으로 인해 유출 및 홍수 규모가 증가했다.

  초창기 고홍수 연구는 전통적인 방사성 탄소연대 측정법에 의존하였지만, 1980년대 이후 지질연대측정법 기술의 발달로 고홍수 연대를 보다 정밀하게 측정하는 것이 가능해졌다(Baker, 2008). 한편 유량산정을 위해 초창기에는 초보적인 경사면적법을 사용하였다. 그리고 주로 매닝 식을 사용하여 하도구간에서 평균유속을 산정하였다. 1980년대 이후 컴퓨터 수리모형의 발달과 함께 고홍수 수문분석이 적용되기 시작하였다. 또한 고홍수 수위에 대해 추정할 수 있는 지형 및 퇴적층에 대한 분석을 통해 복원된 고홍수의 종단면과 짧은 기간이지만 측정된 자료를 바탕으로 계산된 홍수량 빈도 간 비교가 가능해졌다(그림 1.15).

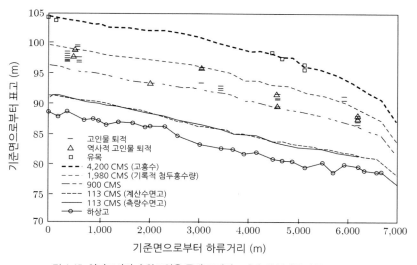

그림 1.15 **현지조사와 수학모형을 통해 구해진 고홍수위 종단곡선** (Baker, 2008)

　현재 측정된 수문자료를 기반으로 한 홍수의 재현빈도와 고홍수에서 동일재현빈도를 비교해보면 측정된 자료를 바탕으로 한 홍수량에 비해 고홍수의 홍수량이 더 높게 나타난다(그림 1.16). 여기서 현재 측정된 홍수기록만 가지고 통계적 분석을 외삽하여 긴 기간의 재현빈도를 산정하기보다는 복원된 고홍수의 기록을 포함하여 홍수량의 재현빈도를 구하는 것이 더 바람직하다.

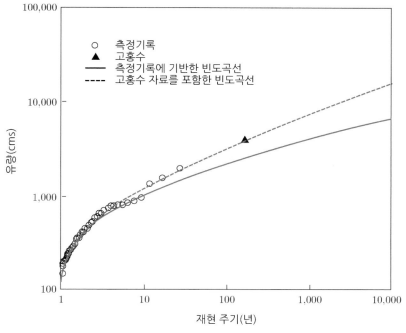

그림 1.16 **측정자료 기반의 홍수 재현빈도 곡선과 복원된 고홍수의 재현빈도** (Baker, 2008)

1.1 기후요소와 기후인자를 각각 간단히 정의하고, 주요 기후인자들이 기후요소에 미치는 영향을 기술하시오.

1.2 과거 기후변화 기록물의 종류와 각각의 특징에 대해 기술하시오.

1.3 기후 기록물의 연대측정을 위해 사용하는 방법과 특징을 비교 설명하시오.

1.4 백악기 시대의 기후연구가 최근의 기후변화 연구에 중요한 이유에 대해 설명하시오.

1.5 플라이스토세의 주기적 빙하사건을 잘 설명하는 밀란코비치 주기에 대해 설명하시오.

1.6 홀로세 동안의 기후변화에서 나타난 주요 한랭기를 역사적 사건들과 연계하여 설명하시오.

1.7 우리나라의 기후가 보다 온난하고 습윤해진다면, 하천 유량과 유사량의 변화에 대해 표 1.2를 참고하여 정성적으로 기술하시오.

1.8 기후변화로 인한 하천지형의 변화를 표 1.4를 참고하여 정성적으로 설명하시오.

김범영. 2014. 지구의 대기와 기후변화. 학진북스.

윤순옥 등(역자). 2013. McKnight의 자연지리학: 경관에 대한 이해. 제10판, ㈜시그마프레스.

The BACC II Author Team. 2015. Second assessment of climate change for the Baltic Sea basin. Hans-Jürgen Bolle, Massimo Menenti, Sebastiano al Vesuvio, S., Ichtiaque Rasoo, S. (series editors), Sprongker-Open (e-book)

Baker, V. R. 2008. Paleoflood hydrology: Origin, progress, prospects. Geomorphology, 101: 1-13.

Bakhram, S. N. and Lali, N. 2016. Long term trends in climate variability of Caucasus region. Journal of the Georgian geophysical society, Issue B. Physics of atmosphere, ocean and space plasma, 19B: 79-89

Borzenkova, I. et al. 2015. Climate change during the Holocene (past 12,000 years). In: The BACC II author team (eds). Second assessment of climate change for the Baltic Sea basin. Regional climate studies. Springer, Cham, Heidelberg, New York, Dordrecht, London.

Brown, A. G. 1991. Hydrogeomorphological changes in the Severn basin during the last 15000 years: orders of change in a maritime catchment. In Starkel, L., Gregory, K. J. and Thornes, J. B. (eds) Temperate paleohydrology. Chichester: Wiley.

Cohen, K. M., Finney, S. C., Gibbard, P. L., and Fan, J. -X., 2013. The ICS international chronostratigraphic chart. Episodes 36: 199-204.

Dai, A., Qian, T. T., Trenberth, K. E., and Milliman, J. D. 2009. Changes in continental freshwater discharge from 1948 to 2004. J. Clim., 22: 2773-2792.

Dury, G. H. 1964. Principles of underfit streams, U.S. Geol. Surv. Profess. Paper 452-A.

Espinoza Villar, J. C. et al., 2009. Contrasting regional discharge evolutions in the Amazon basin (1974-2004). J. Hydrol., 375: 297-311.

Groisman, P. Y., Knight, R. W., Karl, T. R., Easterling, D. R., Sun, B. and Lawrimore, J. H. 2004. Contemporary changes of the hydrological cycle over the contiguous United States: trends derived from in situ observations, J. Hydrometeor. 5: 64-85

Hansson, D., Eriksson, C., Omstedt, A., and Chen, D. 2011. Reconstruction of river runoff to the Baltic Sea, AD 1500-1995. Int. J. Climatol. 31: 696-703

Hartmann, D. L. et al. 2013. Observations: atmosphere and surface. In: Climate change 2013: The Physical science basis. Contribution of working group I to the fifth assessment report of the intergovernmental panel on climate change. Stocker, T. F. et al. edited. Cambridge University Press, Cambridge, United Kingdom and New York, NY, USA.

IPCC. 2014. Climate change 2014: Synthesis report. contribution of working groups I, II and III to the fifth assessment report of the intergovernmental panel on climate change [Core writing team, R. K. Pachauri and L. A. Meyer (eds.)]. IPCC, Geneva, Switzerland: 151.

Knighton, D. 1998. Fluvial forms and processes - A new perspective. Arnold: 303

Knox, J. C. 1993. Large increases in flood magnitude in response to modest changes in climate. Nature, 361: 430–432

Knox, J. C. 1995. Fluvial systems since 20,000 years B.P. Gregory K. J., Starkel L., Baker V.R. (Eds.), Global Continental Paleohydrology, John Wiley and Sons, Ltd., London: 87–108.

Lamb, H. H. 1977. Climate: Past, present and future. Volume 2: Climatic history and the future. Methuen & Co. Ltd, London: 853.

Langbein, W. B. and Schumm, S. A. 1958. Yield of sediment in relation to mean annual precipitation. American Geophysical Union Transactions 39: 1076–1084.

Leopold, L. B. and Miller, J. P. 1954. Post-glacial chronology for alluvial valleys in Wyoming. US Geological Survey Water Supply Paper 1261: 61–85.

Macklin, et al. 1992. Flood alluviation and entrenchment: Holocene valley floor development and transformation in the British uplands. Geological Society of America Bulletin, 104: 631–643.

Macklin, M. G. and Lewin, J. 1993. Holocene river alluviation in Britain. Zeitschrift fur Geomorphologie. Supplementband 88: 109–122.

Milliman, J. D., Farnsworth, K. L., Jones, P.D., Xu, K.H. and Smith, L.C. 2008. Climatic and anthropogenic factors affecting river discharge to the global ocean, 1951–2000. Global Planet. Change, 62: 187–194.

Niedźwiedź, T. et al. 2015. The historical time frame (past 1,000 years). In: The BACC II author team (eds) Second assessment of climate change for the Baltic Sea basin. Regional climate studies. Springer, Cham Heidelberg New York Dordrecht London

Page, K. J. and Nanson, G. C. 1996. Stratigraphic architecture resulting from Late Quaternary evolution of the Riverine Plain, southeastern Australia. Sedimentology 43: 927–945.

Petit, J. R. et al. 1999. Climate and atmospheric history of the past 420,000 years from the Vostok ice core, Antarctica. Nature 399: 429–436.

Piao, S., et al., 2010. The impacts of climate change on water resources and agriculture in China. Nature, 467: 43–51.

Rotnicki, K. 1991. Retrodiction of paleodischarges of meandering and sinuous alluvial rivers and its paleohydroclimatic implications. Temperate Paleohydrology. Starkel, L., Gregory. K. J. and Thornes, J. B. (Eds), John Wiley and Sons Ltd: 431–471.

Ruddiman, W. F. 2008. Earth's climate, past and future. 2nd ed., W.H. Freeman & Company, New York, USA.

Schumm, S. A. 1968. River adjustment to altered hydrologic regime – Murrumbidgee River and paleochannels, Australia. U.S. Geological Survey Professional Paper 598.

Schumm, S. A., 1971. Fluvial geomorphology: Historical perspective, and channel adjustment and river metamorphosis. River Mechanics, H. W. Shen (edited), 1(ch. 5).

Smith, T. M., Arkin, P. A., Ren, L. and Shen, S. S. P. 2012. Improved reconstruction of global precipitation since 1900. J. Atmos. Ocean. Technol., 29: 1505–1517.

Stahl, K. et al., 2010. Streamflow trends in Europe: Evidence from a dataset of near natural catchments. Hydrol. Earth Syst. Sci., 14: 2367-2382.

Stahl, K., and Tallaksen, L. M. 2012. Filling the white space on maps of European runoff trends: Estimates from a multi-model ensemble. Hydrol. Earth Syst. Sci. Discuss., 9: 2005-2032.

Ummenhofer, C. C. and Meehl, G. A. 2017. Extreme weather and climate events with ecological relevance: A review. Philosophical transactions Royal Society B 372.

Verhoog, F. H. 1987. Impact of climate change on the morphology of river basins. In: IAHS, Proceedings of the Vancouver Symposium. IAHS Publ. 168: 316-326.

URL #1: https://i.pinimg.com/originals/91/52/66/915266e7f4db11c12e40d08348e45121.png 2021. 3. 6. 접속

URL #2: https://upload.wikimedia.org/wikipedia/commons/thumb/f/f5/All_palaeotemps.png/800px-All_palaeotemps.png. 2020. 1. 21. 접속

URL #3: https://www.vectorstock.com/royalty-free-vector/continental-drift-pangaea-vector-28854844. 2021년 9월 29일 접속

하천의 지형발달, 지형형성 과정, 그리고 제반 특성을 다루는 분야를 하천지형학이라 한다. 이 장에서는 하천지형학에서 다루는 하천시스템의 기본개념에 대해 알아보고, 하천지형학에서 규정하는 기본적인 하천 형태와 분류에 대해 설명한다. 하천형태는 하천을 흐르는 물과 하천경계를 구성하고 있는 물질, 그리고 하천지형이라는 세 구성요소가 상호 작용한 시간의 산물이다. 여기서는 현재의 하천형태 형성에 가장 지배적인 영향을 미친 하천흐름을 정의하는 하도형성유량 산정방법을 소개하고, 하천의 수리기하관계에 대해 알아본다. 하천 지형과 형태의 변화가 때로는 일정범위를 넘어 하천시스템 전체에 영향을 미치기도 하며, 이러한 현상은 하도의 안정과 불안정의 개념으로 설명된다. 마지막으로 본 장에서는 하도의 시간적, 공간적 변화과정을 개념화한 하도진화모형과 단계별 유형에 대해 소개한다.

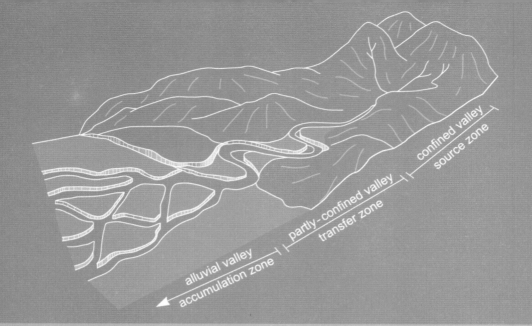

2

하천지형의
이해

2.1 하천시스템의 이해

지형학(geomorphology)은 지표의 형태와 그 형성과정을 연구하는 학문이며, 하천지형학 (fluvial geomorphology)은 흐르는 물의 작용에 의해 시작되고 진화하는 지형을 연구하는 학문이다. 하천은 지형학적 시스템을 구성하고 있기 때문에 자연적 흐름에 의한 하도를 다룰 때는 국부 시스템이 아닌 전체 시스템을 고려해야 한다. 이는 하천시스템의 어떤 부분에 형태적 반응을 촉발시킬 수 있는 잠재성이 내포되어 있기 때문이다. 하천시스템에 대한 충분한 이해 없이는 형태적 반응의 유형과 위치를 예측하는 것은 불가능하다. 궁극적으로 하천의 흐름과 유사의 이송이 시스템의 형태적 과정을 유도하기 때문에 하천지형학은 흐름과 유사이송 체계에 대한 철저한 이해를 요구한다. 하천의 흐름과 유사이송은 유역의 기후, 지질, 지형, 개발된 유역에서 토지이용 및 수자원 관리 등의 영향을 받는다. 또한 이러한 유역의 특성과 인간활동은 유역의 유출과 유사공급, 흐름의 규모와 빈도, 유사의 크기와 유형, 그리고 하천망에 흐름과 유사가 공급되는 방식 등을 제어한다(Watson 등, 2005).

하천지형학은 하천의 지형발달과 지형형성 과정을 연구하는 학문이라고 정의할 수 있으나, 하천에 관한 자연현상의 해석만을 연구하는 것이 주된 관심사는 아니다. 지형학 역시 자연환경 연구를 토대로 인문환경 간의 관계를 연구하는 지리학의 한 분야이므로 자연과 인간과의 관계, 즉 하천과 관련된 인간활동과 상호관계에 대한 연구도 하천지형학의 주된 관심영역이라고 할 수 있다(박종관, 1997). 여기서는 주로 하천수리학, 하천공학, 하천생태학 등의 분야에서 참고하거나 활용할 수 있는 수준의 하천지형 변화와 과정을 이해하기 위한 기본개념과 이론에 한정하여 설명한다. 하천지형학 분야에는 하천의 흐름과 유사이송에 대한 충분한 이해가 반드시 필요한 것처럼 하천변화와 적응을 다루는 하천수리 및 하천공학, 하천생태 분야에서도 하천지형에 대한 기본적인 개념과 이해가 필요하다고 할 수 있다.

충적하천의 유사이송

충적토는 지표면에 떨어지는 빗방울과 유수의 침식, 운반, 퇴적 작용에 의해 상류에서 이송된 유사가 쌓인 것이다. 이 충적토 위를 흐르는 하천을 충적하천(alluvial river)이라 한다. 충적하천을 흐르는 물은 끊임없이 하상재료를 이동시켜 하천의 평면과 단면을 변화시킨다. 하천흐름에 의해 하류로 이송되는 물질에는 하상과 강턱을 구성하고 있는 암석조각인 유사, 또는 사립자가 대부분이나, 물속에 녹아 있는 용해물질도 흐름에 의해 이송된다. 자연에서 물, 바람, 빙하 등 다양한 매체에 의해 운송되는 유사는 모두 풍화작용에 의해 생성된 것들이며, 풍화된 암석들이 물에 의해 아래로 운반되는 것을 하천유사라 한다. 바람과 함께 모암을 풍화시키고 빗방울의 운동에너지에 의해 모암에서 암석조각을 이탈시키는 것을 물의 침식작용이라 한다. 지질시간대에 걸친 물의 침식작용은 단단한 암석뿐만 아니라 이미 흙으로 바뀐 토양에서 토립자를 이탈시키는 것도 포함한다. 침식된 토립자가 비교적 큰 흐름에 포함되어 하류로 운반되는 현상을 이송 또는 운송 작용이라고 한다. 하천의 흐름은 일반적으로 하류로 갈수록 소류력과 운동에너지가 감소하고, 물과 함께 이송된 사립자가 더 이상 실려 갈 수 없게 되면 큰 입자부터 하상에 가라앉아 쌓이게 된다. 이를 퇴적작용이라 한다. 여기서는 하천흐름에 의해 하상이 침식, 운반, 퇴적되는 과정과 이로 인해 나타나는 하도의 형태에 대한 내용을 주로 설명한다.

충적하천의 하상과 강턱을 구성하고 있는 자갈, 모래, 진흙 등의 재료와 하천흐름에 의해 이송되는 재료는 동일하다. 우리나라의 하천은 최상류와 중하류 구간에서 모암이 노출되어 고정상 하천의 특성을 갖는 암반하천 구간을 제외하고는 대부분 충적하천이다. 또한 하천의 하상재료가 자갈보다 더 큰 재료로 구성된 하천은 극단적인 홍수가 발생하지 않는 이상 하상재료의 이송과 하천단면의 변화가 불가능하기 때문에 충적하천의 특성보다 암반하천의 특성을 더 많이 가진다. 따라서 충적하천은 자갈하천, 모래하천, 진흙하천(실트-점토 하천)을 의미하며 통상 상류에는 자갈하천, 중류에는 모래하천, 하류에는 진흙하천이 형성된다. 그러나 실제 하천에서는 하나의 재료가 아닌 자갈과 모래 또는 모래와 진흙 등이 혼합된 재료로 구성된 경우가 많다. 또한 하상이 모래와 자갈로 되어 있어도 강턱은 실트로 되어 있는 경우가 많다. 즉, 하상재료와 강턱재료가 일치하지 않는 경우가 있다.

충적하천의 사립자는 상류유역의 어느 지점에서 침식된 것이며, 흐름은 이러한 침식된 사립자를 하류로 이송시킨다. 즉, 하천유역의 유사공급 능력과 흐름에 의한 유사이송 능력에 의해 하류로 이송된다. 따라서 하천의 유사이송은 궁극적으로 이 두 가지 특성의 함수로 결정되며, 이를 그림으로 나타내면 그림 2.1과 같다. 이론적으로, 사립자의 입경별 유사공급 곡선과 유사이송능력 곡선이 만나는 점이 하천의 한 지점에서 흐름에 의해 하류로 이송되는 유사를 세류사(wash load)와 하상토 유사(bed-material load)로 구분하는 점이다. 사립자의 크기가 크고 무거울수록 운반하기 어려우므로 흐름의 유사이송 능력은 작아지는 반면, 유사공급량은 커진다. 하상토 유사는 보통 하상에 충분히 깔려 있어 유사공급량이 그 하천의 이송가능량보다 항상 큰, 이송능력이 제한된 유사이다. 즉, 하상토유사는 유사이송 특성이 하천흐름과 유체특성 등에 관련되어 있는 유사이다. 세류사는 사립자 중 크기가 매우 작은 미세한 입자들로서, 워낙 가벼워 가라앉지 않고 흐름이 작더라도 지속적으로 이송되는 유사이다. 즉, 세류사는 하천흐름보다는 상류유역에서 유사공급과 관련된 유사이다. 세류사는 유사공급이 이송능력보다 항상 작은, 공급이 제한된 유사이다.

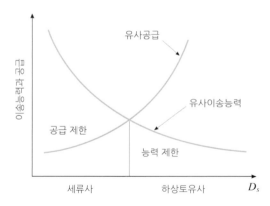

그림 2.1 **유사이송 곡선과 공급 곡선** (Woo 등, 1986)

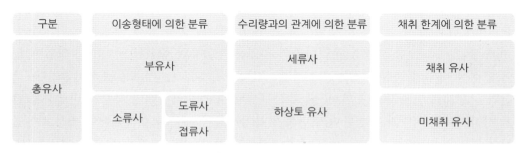

그림 2.2 **하천유사의 분류** (우효섭 등, 2015)

충적하천의 한 단면을 통과하는 총 유사량은 그림 2.2와 같이 앞서 설명한 수리량과의 관계, 이송형태, 그리고 유사채취 한계에 따라 분류할 수도 있다. 수리량과의 관계로 분류하면, 세류사와 하상토유사로, 이송형태에 따라 분류하면, 소류사(bed load)와 부유사(suspended load)로, 한 지점에서 유사채취기로 채취 가능한 구간과 불가능한 구간에 따라 분류하면 채취유사(sampled load)와 미채취유사(unsampled load)로 각각 분류할 수 있다. 그림 2.2에서 각 유사 구분선의 상호위치는 채취유사에는 세류사와 부유사가 대부분 포함될 수 있으나 경우에 따라 부유사의 일부는 미채취구간에 존재할 수 있음을 나타내고 있으며, 미채취구간을 이동하는 유사는 대부분 소류사임을 나타낸다. 또한 하상토유사는 이송형태에 따라 하상에서는 발견되지 않는 부유사 또는 하상근처에서 소류사의 형태로 이송될 수 있음을 의미한다.

일반적으로 하천에서 소류사 이송량은 부유사 이송량의 약 5~25% 정도이나 실제 하천마다 부유사 이송량과 소류사 이송량의 비율은 크게 다르다(Yang, 2003). 총유사량을 산정하는 데는 소류사량과 부유사량을 별도로 계산한 후 더해서 총유사량을 구하는 방법과 유사를 소류사와 부유사로 구분하지 않고 직접 총 유사량 함수를 결정하는 방법이 있다. 총유사는 그림 2.2에서와 같이 부유사와 소류사의 합이며, 또한 하상토 유사와 세류사의 합으로 정의할 수 있다. 세류사는 앞서 설명한 바와 같이 하천의 수리량에 의존하지 않고 주로 유역의 공급에 의존하기 때문에 대부분의 총유사량 공식은 실제로 하상토 유사량 공식이다.

유사이송공식에는 소류사 공식과 부유사 공식이 있으며, 또한 유사를 소류사와 부유사로 구분하지 않고 직접 총유사량 함수를 결정하는 총유사량 공식(하상토 유사량 공식)이 있다. 지금까지 다양한 형태의 유사이송공식이 제안되고 개발되어 유사량을 추정하는데 활용되고 있다. 대표적인 모래하상의 하상토 유사량 공식들과 거칠고 굵은 입자들이 소류사 형태로 이송되는 자갈하상에 대해 적용할 수 있는 대표 유사이송공식은 Sedimentation Engineering (ASCE, 2008), Erosion and Sedimentation (Julien, 2010), Sediment Transport-Theory and Practice (Yang, 1996), 하천수리학 등의 문헌에서 참고할 수 있다.

하천시스템의 역동성과 복잡성

하천시스템은 Schumm(1977)의 유사관점에서 생산구역, 이송구역, 퇴적구역의 총 세 개의 구역으로 구분된다(그림 2.3). 구역 1은 하천시스템의 상부에 위치하며, 이 구역에서는 주로 유사를 생산하고 공급하는 기능을 주로 수행한다. 따라서 구역 1은 하천 퇴적물의 주요공급원인 생산구역이며, 산지하천의 형태이자 기반암의 영향을 많이 받는다. 구역 2는 하천시스템의 중간부분으로서 퇴적물의 수송과 교환의 기능을 수행하는 이송구역이다. 구역 3은 시스템의 유사 퇴적기능을 수행하는 퇴적구역으로 하구, 삼각주, 호수, 범람원, 습지, 또는 인공 저수지가 분포하기도 한다. 이러한 하천시스템의 구역은 Schumm(1977)의 유사관점에서 이상적으로 구분된 것이며, 하천시스템에서 유사과정(sedimentation process)이 어떻게 연결되어 있는지를 나타낸다. 그러나 실제로는 하천시스템의 어디에서나 유사의 침식, 운반, 퇴적이 발생할 수 있다. 따라서 하천지형의 변화와 과정을 이해하기 위한 첫 번째 기본개념은 '하천은 크고 복잡한 시스템의 일부'라는 것이다.

하천시스템의 생산구역인 구역 1에서는 하상에 기반암이 드러나 있는 하천의 상류에서 주로 일어나는 순 하방침식이 지배적이다. 하방침식은 하도 양안의 토사가 제거되어 하폭이 커지거나 다량의 조립물질이 하상 위를 통과하면서 하상의 기반암을 깎아 내는 하천의 침식작용을 의미한다. 이송구역인 구역 2는 유사의 교환과 운반의 구역으로 상부유역으로부터 유출과 유사량이 증가함에 따라 하천의 수송력은 보조를 맞추어 함께 증가한다.

이송구역의 하도형태는 동적평형을 유지하면서 흐름이 범람원을 넘나드는 동안 운반과 저장(여기에서는 퇴적) 과정 중에 퇴적물을 교환할 수 있다. 퇴적구역인 구역 3은 퇴적물이 축적되는 구역으로 장기간 동안 이 구역에 퇴적물이 누적되면서 하도변화와 퇴적물의 저장량이 증가한다. 각각의 구역에서 나타나는 이러한 하천활동은 하천시스템 운영에 필수적으로 나타나는 현상이며, 하천시스템이 동적이고 자연적이라는 사실을 뒷받침한다.

하천공학적 관점에서 이러한 하천시스템의 역동성과 변화에 대한 이해는 중요하다. 예

주로 산지하천의 유속이 빠른 흐름,
깊은 V자 형태의 계곡을 형성

구역 1에 비해 하도의 폭이 넓어지고
하상경사가 완만해지며, 하천사행이
시작되는 구간

완만한 경사와 넓은 유역을 사행하는
하도 구간, 하구에 형성된 삼각주 위로
여러 개의 하도가 발달

구역 1 생산구역

구역 2 이송구역

구역 3 퇴적구역

그림 2.3 **하천시스템의 생산구역, 이송구역, 퇴적구역** (FISRWG, 1998)

를 들어, 하도이동에 의한 하안의 유실로 인해 하천변에 위치한 시설물이나 구조물이 위험해질 수 있으며 농경지의 유실을 유발할 수 있다. 하지만 지형학적 관점에서 하도의 이동은 하천의 흐름이 지속되고 침식과 퇴적 및 유사이송이 발생하는 한 이미 예상할 수 있는 현상이자 하천시스템에서 자연스럽게 나타나는 현상이라고 할 수 있다.

하천과 유역을 포괄하는 전체 시스템의 한 부분에서 야기되는 변화는 국지적인 부분에서 또는 시스템의 나머지 전체에서 복잡한 변화를 발생시킬 수 있으며, 하천시스템에서 나타나는 지형변화는 복잡한 특성을 갖는다(Schumm과 Parker, 1973). 예를 들어, 하천의 일부구간을 직강화하면 보통은 유속이 빨라지고, 하도가 침식되어 유사이송능력이 증가함에 따라 상류로부터 공급되는 유사량보다 더 많은 유사가 하류로 이송된다. 그러나 시간이 지남에 따라 침식되어 이송된 유사는 하류지점에 퇴적되며, 시간이 지날수록 하상의 경사는 완만해진다. 따라서 하도 직강화 같은 인위적 개입에 반응한 하천구간에서 초기에는 하상저하가 그 다음에는 이차적인 하상상승이 발생할 수 있다.

임계치

하천과 유역은 이론적으로 비선형적인 복잡한 시스템으로 설명된다(Richards와 Lane 1997). 즉, 제어변수의 지속적이고 점진적인 변화에 대해 불연속적인 반응을 나타낸다. 하천지형학적 맥락에서 임계치란 어느 한 변수의 점진적인 변화에 대해 종국적으로 하천시스템의 갑작스런 변화를 초래하는 것이다. 또한 지형학적 임계치를 넘는다는 것은 자연

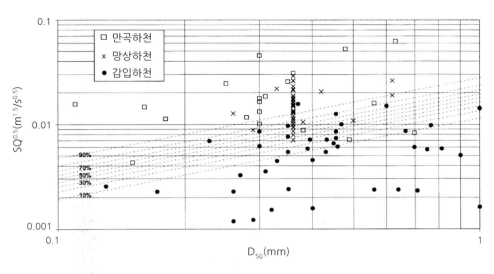

그림 2.4 **모래하천에서 감입 또는 망상 하천이 나타날 가능성(%, 점선)을 보여주는**
이동성지수($SQ^{0.5}$)와 유사의 중앙입경(D_{50}) 관계 (Bledsoe와 Watson, 2001)

스럽게 진화해가는 하천시스템에서 변화율, 변화방향, 또는 변화유형이 갑작스럽게 달라지는 것이다. 하상세굴로 인한 하안붕괴는 임계치를 넘는 변화를 설명하는 좋은 사례가 될 수 있다.

하천유역은 또한 외부임계치와 고유임계치를 모두 가지고 있다(Schumm, 1973). 앞에서 설명한 자연적인 하천시스템의 세 구역 중 유사의 퇴적구역인 구역 3에서 나타날 수 있는 지속적인 하상상승에 의한 하도변화는 고유임계치의 특성이라고 할 수 있다. 반면 하천시스템이 외부요인에 의해 교란되어 불균형한 지형반응이 나타날 때 외부임계치를 넘어서게 된다. 따라서 하천공학적 개입을 고려해야 하는 상황인 경우에는 자연적인 시스템 자체가 고유임계치에 가까울 수 있다는 가능성과 공학적 교란이 시스템의 외부임계치를 넘어 광범위한 부작용을 발생시킬 수 있다는 점 모두를 인식해야 한다. 즉, 고유임계치와 외부임계치를 고려한 존재하는 모든 지형학적 임계치를 인지해야 한다. 회복(resilience)은 교란 이전상태로 되돌아가려는 하천시스템의 능력으로서 하천시스템이 가지고 있는 동적 안정성의 한 기능이다. 더 큰 회복능력을 갖는 시스템은 더 작은 회복능력을 갖는 시스템에 비하여 지형학적 임계치가 훨씬 더 크다. 이에 따라 더 큰 회복능력을 갖는 시스템은 변화에 덜 민감하지만, 낮은 회복능력을 갖는 시스템은 교란에 더 민감하다.

임계치 이론은 종종 하천형태가 사행하천(meandering stream)에서 망상하천(braided stream)으로 변환되는 현상을 설명하는 사례에 적용된다. 여기서 사행하천과 망상하천은 2.2절에서 설명하는 하천의 평면형태를 기준으로 하천을 분류한 것이다. Bledsoe(1999)는 사행하천이 망상화되면서 하상재료의 이동성이 증가하는 쪽으로 반응할 수도 있지만 횡적인 하도이동이 제한되어 하상이 깎이는 하상절개(incision)로 반응할 수도 있다고 하였다. 이러한 하상절개로 인해 형성된 하천이 감입하천(incised river)이다. 그림 2.4를 살펴보면, 모래하천에서 주어진 유사의 중앙입경(D_{50})에 대해 하상경사와 유량의 함수로 표현되는 이동성지수(에너지, $SQ^{0.5}$)가 증가하면 하상과 하안 구성재료의 상대적인 침식 저항력에 따라 사행하천이 감입하천 또는 망상하천 두 가지 형태 모두로 나타날 가능성이 있음을 알 수 있다. 또한 이동성지수의 임계치는 어느 한 값이 아닌 확률적으로 결정된 범위의 값으로 특성화되는 것을 알 수 있다. 이 그림에서 보여주는 자료의 분산은 실제로 충적하천의 지형학적 임계치가 복잡하게 나타날 수 있음을 시사한다.

하천시스템의 시간과 공간 척도

하천시스템은 지형학적 관점에서 물리적 시스템으로 또는 역사적 시스템으로 간주 될 수 있다(Schumm, 1977). 물리적 시스템은 일반적으로 짧은 시간 동안 시스템이 작동하는 방식에 초점을 맞추고, 역사적 시스템은 다양한 시간 척도에 걸쳐 시스템의 진화 경향이나 변화를 탐구하는 방식이다. 실제로 하천시스템은 역사를 가지고 있는 물리적 시스템으로서 현재의 하천형태는 과거부터 지금까지의 다양한 조건에 의해 영향을 받았다. 여기서 '현재'의 의미는 하천시스템이 평균적으로 일정하게 유지되고 일정한 과정에 의해 특징적인 하천형태를 형성하는 경향이 있는 기간으로 정의될 수 있다(Schumm, 1977).

일반적으로 지형학자들은 하천연구를 할 때 지질시간(geologic time), 현대시간(modern time), 현재(공학)시간(present time)의 세 가지 시간 척도를 고려한다. 지질시간은 수천 년에서 수백만 년으로 표현되며, 이 시간 규모에서는 주요한 지질활동이 주요 관심대상이 될 것이다. 또한 하천시스템의 물, 퇴적물, 식생 등과 같은 물질은 산지로부터 평야지대로 이동되고 하천은 외적 변화에 끊임없이 반응하기 때문에 지질시간 규모에서는 평형상태의 정의가 불가능하다.

현대시간 척도는 수십 년에서 수백 년의 기간을 의미하며, 동적평형 상태가 유지되는 시간인 평형화 시간(graded time)이라고 불린다(Schumm과 Lichty, 1965). 이 기간 동안의 하천은 유량과 유사량과의 관계 시스템이 균형을 이루는 상태일 수 있으며, 동적평형 상태에서 작동하는 것과 거의 같은 형태를 유지하는 상태일 수 있다.

현재(공학)시간은 약 10년 내의 짧은 기간을 의미한다. 이 짧은 기간에 평형상태는 고정되어 있다고 가정할 수 있으며, 시스템 변화는 중요하지 않을 수 있다. 현재(공학)시간 관점에서 시간척도의 정의에는 정해진 규칙이 없다. 주요한 하천사업의 설계는 10년 미만의 현재시간 규모에서 이루어질 수 있으며 현재시간 내에 수많은 소규모 프로젝트가 수행된다. 하지만, 일반적으로 하천사업 수명은 정적평형을 적용할 수 없을 때 종종 평형화 시간까지 확대된다. 지질학자의 시간적 관점에서 보면 하천기술자들은 한순간에 주요 프로젝트를 만들고, 매우 짧은 기간 동안 수집된 자료를 기반으로 설계하며, 프로젝트가 동적으로 변화하는 시스템에서 상당기간 동안 원 설계형태로 유지될 것으로 예상한다. 일반적으로 사회는 투자에 대한 빠른 수익을 요구하기 때문에 하천사업 또한 즉각적으로 긍정적인 결과를 낳을 것으로 기대한다. 그러나 하천사업에서 하천의 형태적 영향과 관련하여 단기적인 하천안정화 또는 조정이 반드시 장기적인 하천거동을 대변하는 것은 아니다. 그렇기 때문에 하천사업에서 하천의 형태적 거동은 수년 이상의 장기간에 걸친 모니터링이 수반되어 평가될 필요가 있다.

하도는 다양한 규모의 유량과 유사량을 전달하는 역할을 하지만 그 자체가 전달에 의한 최종 산물이기도 하다. 유량과 유사량 모두 공간과 시간에 따라 상당히 다르게 나타난다. 하천을 따라 다양한 크기의 지류로부터 물과 유사가 유입되면 유량과 유사량에서 불연속적인 변화가 발생하며, 따라서 하도형태도 불연속하게 나타난다. 지형학자들은 이러한 유량과 유사량 규모에 따른 최종 산물로 나타나는 하도형태 사이의 경험적 관계식을 도출하고자 하였으며, 이러한 물리적 관계를 연구할 적절한 시간척도의 선택이 매우 중요한 주제였다(Schumm과 Lichty, 1965; Cullingford 등, 1980). 시간은 연속 변수임에도 불구하고 하도형태에 주로 영향을 미치는 유량과 유사량 관점에 한정하여 대표적인 시간척도를 10년 미만의 '순간시간', 10년에서 100년 사이의 '짧은시간', 1,000년에서 10,000년 사이의 '중간시간', 100,000년 이상의 '긴시간'으로 정의할 수 있다(Knighton, 2014).

순간시간에서는 하천의 속성 값들이 주로 단일 값을 갖는다. 하도형태는 단순히 순간적인 조건의 산물이 아니며 홍수가 진행되는 동안 변화하는 하도형태 자체가 반대로 수리특성(유속과 수심 등)에 다시 영향을 미칠 수 있으므로 원인과 결과가 반전되기도 한다. 짧은시간 척도는 하도를 변화시키는 주요 변수와 하도형태의 특정 요소 간에 합리적으로 잘 정의된 관계를 도출할 수 있기 때문에 관측의 관점에서 가장 중요한 시간척도일 수 있다. 중간시간 척도에서 하천은 공급된 유사가 주어진 유량에 의해 운반될 수 있도록 내부구조를 조정하여 유사가 무제한으로 퇴적되지 않게 한다. 평균 유량과 유사량은 하도의 평균적인 기하구조와 관련되어 있는 독립변수이기 때문에 짧은시간과 중간시간이라는 두 시간간격은 하도형태 조정과 관련하여 아마도 가장 관련이 있을 것이다. 긴시간 주기에서는 지형변화뿐만 아니라 경관변화에서도 상당히 큰 규모의 변화가 발생하고 큰 규모의 기후변동이 나타난다. 긴시간 주기에서는 유량과 유사량의 조건이 평균에서 일정하지 않으며, 하천의 변화와 조정은 더욱 복잡해지고 정의하기 어려워진다.

하천시스템의 크기나 규모는 그것이 자연적 평형상태로 진화하고, 유역과 기후의 변화에 적응하며, 공학적인 개입에 반응하는 방식에 영향을 미친다. 시스템이 진화, 조정 또는 적응하는데 걸리는 시간은 시스템의 규모에 따라 증가하며, 일반적으로 규모가 작은 하천은 크기가 큰 하천에서 보다 인위적 간섭에 더 빠르게 반응한다. 예를 들면, 1930년대에 미시시피 강에서 수행된 사행하도의 인위적 직강화에 대한 하천의 조정과 반응은 현재까지도 여전히 진행 중에 있으며, 사행하도의 직강화에 의해 촉발된 형태적 변화가 완료되기까지 앞으로 100년 이상이 걸릴 수도 있다(Biedenharn과 Watson, 1997). 반대로 1960년대에 미시시피 북부의 경사가 급하고 하폭이 비교적 좁은 하천에서 수행된 하도선형화 작업에 따른 하천의 조정은 초기의 하상저하와 뒤이은 하상상승의 과정을 거쳐 동적평형 상태에 이르는 데까지 25년이 채 걸리지 않았다(Watson 등, 2002).

적절하고 유용한 인위적, 기술적 하천사업을 결정하는데 있어 하천의 물리적 규모 또한 중요한 조건이 된다. 충적하천 역학에 포함되는 인자(기본적으로 흐름, 유사, 그리고 식생)들이 하천시스템의 공간적, 물리적 규모와는 무관하지만 이러한 인자가 상호작용하는 방식은 그렇지 않다. 예를 들어, 큰 나무가 작은 하천제방에 미치는 형태적 영향과 의미는 규모가 큰 하천의 제방에 있는 비슷한 나무가 미치는 영향과 상당히 다르다. 이는 공학적인 관점에서 특정 하천규모를 대상으로 설계된 분석, 기법, 해법 등이 다른 하천에 직접적으로 적용될 수 없다는 것을 인식하는 것이 중요하다는 것을 뒷받침하고 있다. 특정 규모의 하천을 위해 개발된 분석방법, 안정화 기술 및 해법 등이 다른 규모의 하천에 적용 가능한지를 판단하기 위해서는 기초과학과 공학적 원칙을 모두 철저히 이해해야 한다. 즉 특정 규모의 하천에 적용할 때 사용된 접근법이 유효하다는 것을 반복적으로 입증하는 것만으로는 충분하지 않으며, 그것들이 작동하는 방법과 이유를 확립해야 할 것이다.

2.2 하천 형태와 분류

하도 기하와 형태

하천시스템의 기하와 형태의 조정에는 단일 변수의 역할이 쉽게 분리될 수 없기 때문에 변수간의 상호의존성이 항상 명확하지 않은 다수의 변수가 포함된다. 이러한 변수는 하도 형태뿐만 아니라 흐름특성, 유체특성, 그리고 유사량을 포함하는 유사와 관련된 특성으로 분류된다. 변수는 크게 흐름기하(flow geometry)와 하도기하(channel geometry)로 구별할 수 있으며, 흐름기하는 횡단면 척도를 강조하여 종속적, 반독립적 흐름변수의 집합 간 상호작용을 포함한다. 하도기하는 유량과 유사량의 평균조건을 수용하기 위해 일정기간 동안 만들어진 하도의 3차원 형태를 의미한다. 그림 2.5와 같이 외적요인에 의한 하도기하의 변화는 횡단면 형태, 평면기하, 종적 하상형태 및 하상경사를 통해 나타난다.

- 횡단면 형태 : 한 지점에서 또는 한 하도구간에서 평균적인 하도 횡단면의 크기와 모양

- 평면기하(planimetric geometry) 또는 하도유형(channel pattern) : 위에서 보았을 때 하도형태로서, 일반적인 유형구분은 직선형(straight), 만곡형(meandering), 망상형(braided)으로 구분(Leopold와 Wolman, 1957)

- 하상형태(bed configuration, bed forms) : 사립자가 움직이면서 하상표면의 고도에 변화가 생기는 것으로, 모래 및 자갈 하천에 형성되는 하상표면의 특징적 형태

- 하상경사(channel bed slope) : 하도구간 범위 및 하천종단면 규모에서 하상의 기울기를 나타내며, 최심선(thalweg line)은 하천의 가장 깊은 곳을 종단으로 연결한 선을 의미

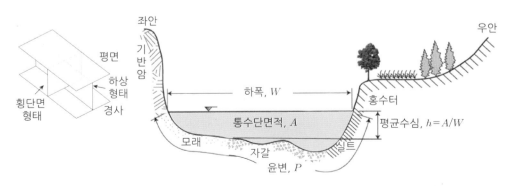

그림 2.5 **조정평면으로 대표되는 하도형태의 주요 구성요소(좌)** (Knighton, 2014)**와 하도의 횡단면 형태(우)** (Julien, 2018)

횡단면 형태

하천의 횡단면 형태는 하천의 흐름, 평면기하, 하천 내 유사의 생성 및 이송 특성 등과 연관되어 시공간적으로 거리에 따라 체계적으로 변화한다. 하도는 수리학에서 정의하는 개수로 중 자연개수로에 해당된다. 개수로에서 흐름방향에 직각방향으로 자른 단면을 수로단면이라 한다. 하도는 수면과 경계를 하는 지점에서 부터 하천 내측의 바닥을 나타내는 하상과 양쪽의 사면을 가리키는 하안 또는 강턱(bank)으로 구분된다. 대게 하류를 보는 방향을 기준으로 횡단면의 왼쪽에 위치한 하안을 좌안이라고 하고 우안에 위치한 하안을 우안이라고 한다. 그림 2.5와 같이 하천의 하류를 보는 방향의 횡단면도에서는 하천의 흐름깊이를 나타내는 수심의 횡적분포와 범람원을 포함한 제방높이에 대한 정보를 확인할 수 있다.

하천단면의 기하형태와 수면과의 관계를 정의하는 변수에는 횡단면 면적(A), 하폭(W), 최대수심($h_{\max}$) 등이 있다. 이 외에도 윤변(P)은 하도단면에서 물과 경계면이 맞닿는 경계선의 길이를 나타내며, 여기서 물과 공기가 맞닿는 자유수면의 길이는 통상 제외된다. 수리수심(d)은 단면적(A)을 수면폭(W)으로 나눈 값을 의미하며, 수리반경(R)은 단면적(A)과 윤변(P)의 비를 가리킨다. 이러한 변수들은 횡단면의 형상을 나타내는 것이며, 여기서 평균흐름의 깊이를 나타내는 수심(h)과 수면표고를 나타내는 수위(H)는 서로 다른 변수임을 유의할 필요가 있다. 따라서 평균수심의 증가와 감소가 반드시 하천수위의 동일한 증가와 감소에 해당하지 않는다.

평면기하

하도의 평면형태는 일반적으로 수로 개수(단일 또는 다중)와 만곡도(sinuosity)의 두 가지 특성으로 설명된다. 하천은 그 평면형상을 기준으로 직류하천(straight river), 사행, 만곡, 또는 곡류하천(meandering river), 다지하천(anastomosing river) 또는 망상하천(braided river) 등으로 나눌 수 있다. 자연하천의 하도는 직선이 아닌 것이 보편적이며, 어느 정도 만곡이 있다. 하도가 상당구간에 걸치는 직선이라도 가장 깊은 곳을 연결한 최심선은 하도 내에서 만곡을 이룬다. 단일 하도의 경우 하도의 곡률정도를 나타내는 만곡도(S_i)를 최심선의 길이(만곡하도의 길이, l_c)와 하곡의 직선길이(l_v)의 비로 정의한다.

$$S_i = \frac{하도길이\,(l_c)}{하곡의\ 직선길이\,(l_v)} \qquad (2.1)$$

하도길이는 일반적으로 최심하상고를 이은 최심하상선 길이로 구하며, 하곡의 직선길이는 하천이 이동하고 확장하여 형성한 계곡 사이에서 전체하도의 직선길이를 의미하지만, 통상 상하류 두 지점의 직선거리로 구한다(그림 2.6). 만곡도의 기준에서는 만곡도가 1.1 보다 작은 경우에는 직류하도, 1.1과 1.5 사이인 경우에는 만곡하도, 그리고 1.5보다 큰 경우에는 사행하도라고 일컫는다(그림 2.6).

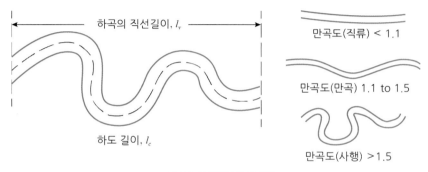

그림 2.6 **사행하도의 만곡도**

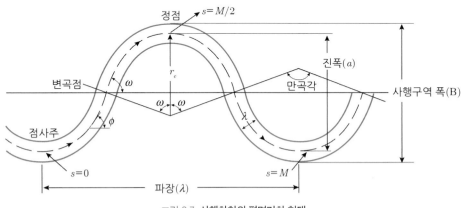

그림 2.7 **사행하천의 평면기하 형태**

사행하천의 평면기하 형태를 나타내는 변수들은 그림 2.7과 같다. 사행하천에서 만곡의 중심축을 만곡축이라고 하며, 다음 축 사이의 거리를 사행파장(λ)이라고 한다. 사행하천 만곡부의 외측에 일반적으로 경사가 급한 강턱이 형성되는데 이를 공격사면(cutbank, eroding bank)이라 한다. 한쪽 공격사면과 횡방향으로 반대쪽 공격사면 사이를 사행구역(meander belt)이라고 하고, 이를 사행구역 폭(B)으로 나타낸다. 최심하상선을 기준으로 한쪽 공격사면과 반대쪽 공격사면 사이의 거리를 사행진폭(a)이라고 하며 진폭은 사행구역 폭보다 좁다. 만곡의 정도를 의미하는 곡률반경(r_c)은 만곡부 최심선과 맞춘 원의 반지름으로 곡률중심과 최심선의 변곡점 사이의 거리와 대체로 유사하다. 일반적으로 곡률반경은 하폭의 1.5~4.5배 정도로 나타나며, 사행진폭은 파장의 0.5~1.5배이다(FISRWG, 1998).

그림 2.8은 사행하천의 일반적인 평면 및 횡단면 형태를 나타낸 것으로서, 일반적으로 만곡외측의 하안사면의 경사가 더 급하고 만곡 내측 하안사면 경사가 더 완만한 것을 알 수 있다. 만곡이 교차하는 직류하도 구간에서는 횡단면의 형태가 사다리꼴 형태에 가깝다. 만곡부 내측은 외측에 비해 유속이 느리고 주로 퇴적이 발생하여 사면 경사가 완만해지는데 이러한 지형을 퇴적사면 또는 점사주(point bar)라고 한다. 만곡부에서는 주로 이

차류로 인해 흐름이 만곡부 외측에 집중되고 이 부분의 하상이 세굴되어 소(pool)가 형성된다. 소는 일반적으로 만곡부의 바깥쪽 하안 근처의 최심선에 형성된다. 만곡부에서 흐름은 직선부에 비해 훨씬 더 빠르고 형태가 자주 변경된다. 상류에 위치한 소에서 침식된 유사가 직선부 구간에 퇴적됨으로써 하상 세굴심은 감소하게 되는데 이 구역을 여울(riffle)이라고 한다. 여울 영역은 일반적으로 두 개의 만곡부 사이에서 최심선이 하도의 한 측면에서 다른 측면으로 넘어가는 지점에서 형성된다. 여울의 횡단면은 상대적으로 변동성이 적으며, 소 횡단면에 더 많은 가변성이 있다.

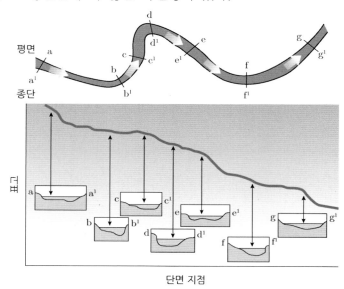

그림 2.8 **사행하천의 일반적인 평면 및 횡단면 형태** (FISRWG, 1998)

하상형태

하천흐름에 의해 사립자가 이동하여 하상변화가 나타나고 흐름변화에 따라 하상이 다시 변하는 것을 하상형태라 한다. 하상형태는 주로 모래하천에서 관찰되는 것으로서 흐름과 유사이송 특성에 따라 저수류 영역(lower-flow regime)의 사련(ripples), 사구(dunes), 천이영역과 고수류 영역의 반사구(antidunes) 등의 소규모 하상형태를 보인다.

　그림 2.9는 하상형태의 변화가 상대적으로 쉬운 모래하천에서 흐름강도에 따라 변화하는 하상형태를 보여주고 있으며, 각각의 형태는 서로 다른 수준의 흐름저항을 나타낸다 (Simons와 Richardson, 1966). 흐름저항은 유체흐름과 하도경계 간의 상호작용에서 중요한 요소이기도 하다. 충적하천의 흐름저항은 하상표면의 조도에 의한 표면 마찰저항과 하상형태에 따라 추가적으로 발생하는 형상저항으로 구성된다. 그림 2.9에서 알 수 있듯이 하상형태에 의한 흐름저항은 저수류 영역의 사구에서 가장 크다. 충적하천의 하상형태에 의한 흐름저항, 특히 형상저항에 관한 보다 구체적인 사항들에 대해서는 하천수리학 개정판(우효섭 등, 2015)의 9장을 참고할 수 있다.

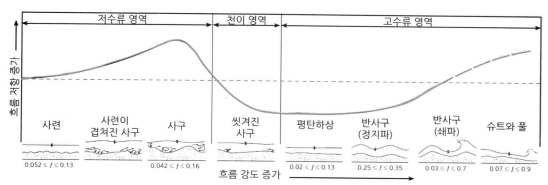

그림 2.9 **모래하상에서 흐름강도 증가에 따른 하상형태 배열과 이에 따른 흐름저항 변화**
(*f*는 Darcy–Weisbach의 마찰계수) (Knighton, 2014)

모래하천의 하상형태에 대해서는 유사이송과 흐름저항에 미치는 영향의 중요성으로 인해 상당히 많은 이론과 연구결과가 제시된 반면, 자갈하천에서 나타나는 소규모 하상형태의 영역은 최근에야 인식되어 그림 2.10과 같이 측면의 자갈군집(pebble cluster)과 평면 하상형태를 구분하는 정도이다.

그림 2.10 **자갈하상에서 자갈군집의 측면 모습(좌)과 평면 모습(우)** (Knighton, 2014)

자갈하천에서 일정한 간격으로 형성된 여울과 소는 일반적으로 고에너지 수류영역에서 하도 안정성을 유지하는데 도움이 된다. 자갈하천의 경우 여울에서는 소에 비해 상대적으로 더 큰 입자의 퇴적물이 나타나는 반면, 소에서는 더 작은 입자의 퇴적물이 나타난다. 여울-여울 또는 소-소 사이의 간격은 일반적으로 강턱을 채우는 유량(강턱유량, bankfull discharge)이 발생할 때의 하폭의 약 5~7배 정도로 나타난다(Leopold 등, 1964). 반면에 모래하천에서는 여울영역에서 퇴적물 입자크기 분포가 소에서 입자크기 분포와 유사하기 때문에 자갈하상과 같은 진정한 형태의 여울을 형성하지는 않는다. 그러나 모래하천에서는 비교적 균등한 간격의 소가 형성된다. 하상경사가 매우 큰 하천에서는 일반적으로 소는 나타나지만 여울은 나타나지 않는다. 대신, 소와 소 사이는 계단식으로 연결되어 있으며, 이를 단-소 배열(step-pool sequence)이라 일컫는다(그림 2.11).

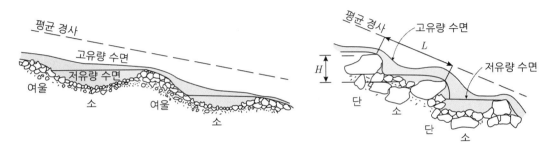

그림 2.11 **여울-소(좌)와 단-소(우)의 개념도** (Knighton, 2014)

하상경사

하상경사는 하천의 종단곡선에서 하천의 두 지점 간의 고도 차이를 두 지점 간의 하천길이로 나눈 값으로 측정된다. 하상경사는 유속 및 수류력에 직접적인 영향을 미치는 주요 요인으로서, 유사의 침식, 이송, 그리고 퇴적의 지형변화 과정을 주도하기 때문에 하상경사는 하도모양과 유형을 제어하는 중요한 요소이다.

대부분 하천에서 하상종단곡선은 상류방향에서 하류방향으로 내려올수록 완만해지며 아래로 오목한 형태를 보인다. 이렇게 하상종단곡선이 하류방향으로 요형(concave)의 형태를 취하는 것은 하천이 하류방향으로 가면서 수류력을 최소화하기 위한 것으로 보인다. 이는 하천이 흐르는 물의 위치에너지 또는 수류력 소모시간 비율을 최소화하기 위해 하상종단과 유형을 수정하기 때문이다. 하상종단곡선의 형태가 왜 대부분 하류방향으로 요형인지는 Yang(1983)의 최소수류력(minimum stream power) 이론으로 설명이 가능하다. 수류력은 유량과 경사의 곱(QS)이며, 유량은 일반적으로 하류방향으로 가면서 증가하므로 수류력을 최소화하려면 하상경사를 줄여야만 한다. 하류방향으로 하상경사가 감소하면 오목한 하상종단곡선이 나타나는 것이다. 사행도는 종단 특징은 아니지만 하상경사에 영향을 준다. 사행도는 하천의 두 지점 사이의 하천길이를 두 지점 사이의 하곡의 직선길이로 나눈 값이므로 하천은 사행도를 증가시킴으로써 하도길이를 증가시킬 수 있으며, 이는 결과적으로 하상경사가 완만해지는 결과를 낳는다.

하천 형태와 분류

일반적으로 하천의 종류는 크게 산지하천(또는 암반하천)과 충적하천으로 구분된다. 산지하천은 하천퇴적물의 주요공급원인 유역의 사면과 밀접히 연관되어 있으며, 지형 및 지질적인 요인으로 경사가 급하고 홍수 시 유속이 매우 빠르다. 산지하천의 하곡은 하상과 곡벽이 기반암으로 이루어져 있기 때문에 측방으로 이동이 자유롭지 못하고, 대체로 기반암의 영향을 받아 흐름방향이 결정된다. 지질구조선이나 단층선의 지배를 받는 하곡은 직선형태를 띤다. 그러나 대부분의 경우에 교차하는 절리체계를 따르거나 풍화된 기반암을 침식하여 구부러진 형태를 나타낸다(김종욱 등, 2012).

　대하천의 하류구간에는 대체로 넓은 충적지형이 분포하고, 앞서 설명한 바와 같이 이러한 충적층 위에 발달된 자유롭게 이동할 수 있는 하도를 충적하도라 한다. 이러한 충적하도가 나타나는 하천이 충적하천이다. 충적하천은 이동의 제약이 있는 산지하천과는 달리 하천 스스로 형태를 구성한다. 충적하천의 하도형태는 하도가 겪는 홍수의 규모와 빈도에 의해 정해진다. 그 이유는 이러한 홍수는 퇴적물을 침식하고, 운반하고, 퇴적하는 능력이 있기 때문이다. 충적하천은 하안특성과 흐름특성 외에도 지역적인 수변생태 조건, 운반하는 퇴적물의 크기와 유형 등에 따라 직류형, 사행형, 망상형의 하도형태를 나타낸다. 자연적인 충적하천은 다양한 형태적 유형을 보이며 이러한 하도형태는 유량, 하도경사, 유사 공급, 그리고 하도와 하안을 구성하는 물질 또는 재료 특성의 차이에 의해 나타난 결과이다. 하천형태와 변화 과정 간의 연결 관계는 하천지형학자가 분류한 하천형태로부터 하천과정을 추론할 수 있음을 의미한다.

　하천의 하도유형이 서로 다른 이유가 무엇인지에 대한 궁금증은 오랫동안 하천 지형학자와 기술자들의 관심을 끌었다. 1897년에 Lokhtin은 하천형태가 기후 및 토양 조건에 따라 달라지는 흐름체제(flow regime), 하천이 산지와 같은 지형을 가로지르는 지역에서 지형기복에 의해 조절되는 경사, 그리고 퇴적물 특성에 따른 하상 침식성(erodibility)의 세 가지 주요 독립요인들이 하도유형의 특징과 수리조건을 결정한다고 보았다. 그는 수류력과 하상의 침식성 사이의 비율로 정의되는 하도발달기준을 제시하였다. 이 값이 작으면 안정된 사행하천에 해당하고, 크면 불안정한 망상하천에 해당한다.

　많은 하천형태의 분류체계는 하천의 평면형태를 기반으로 하며, 이는 Leopold와 Wolman(1957)이 하천의 평면형태를 직류, 사행, 그리고 망상으로 분류한 것에서 비롯한다. 이러한 점에서 Brice(1975)가 제공한 도표는 주목할 만하다. 왜냐하면, 일반적으로 관찰되는 광범위한 하천평면형태를 포괄하는 초기체계를 구축하였고, 이는 공학적인 지형연구에 유용하기 때문이다. Schumm(1981, 1985)은 더 넓은 범위의 하천유형을 인식하였으며, 직류, 사행, 그리고 망상 유형을 그림 2.12와 같은 기본유형으로 분류하였다. 또한 Schumm은 하천형태유형과 안정성을 유사이송과 관련시켰다. Schumm은 주로 부유사가 지배적이고 하안의 구성재료가 접착성이 있는 물질로 이루어진 경우 비교적 안정된 하천인 직류하천과 사행하천으로 분류하였다. 반면 주로 소류사 이송이 지배적이고 비점착성 하안물질로 구성된 넓은 모래하상을 상대적으로 불안정한 망상하천으로 분류하였다.

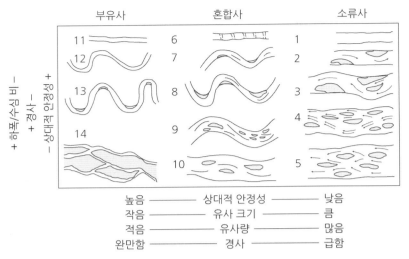

부유사　　　　　　혼합사　　　　　　소류사

높음 ——————— 상대적 안정성 ——————— 낮음
작음 ——————— 유사 크기 ——————— 큼
적음 ——————— 유사량 ——————— 많음
완만함 ——————— 경사 ——————— 급함

그림 2.12 **하도형태 분류와 유사이송 유형** (Schumm, 1981)

　　망상하천은 일반적으로 하천흐름의 감소나 유사량의 증가로 인하여 하도중앙에 사주가 형성되면서 시작한다. 물은 중앙의 사주로 인하여 사주 양쪽의 작은 단면으로 흐르게 되며, 상대적으로 유속이 빨라진다. 하안이 침식에 취약하면 하폭은 넓어지게 되고 유속이 감소하여 또 다른 중앙사주가 형성된다. 이러한 과정이 반복되면서 더 많은 수로가 생성된다(그림 2.13).

그림 2.13 **뉴질랜드 남알프스의 망상하천** (출처 : URL #1)

　　단일하천에서는 하천형태를 일반적으로 직류하천, 사행하천, 망상하천으로 분류하는 반면, 2개 이상의 여러 개의 하천으로 구성된 복합하천에서는 직류, 사행, 망상 하천이 모두 존재한다(그림 2.14). 이렇게 2개 이상의 안정한 하천으로 구성된 형태를 다지하천이라고 하며, 하도 자체가 분기하고 합류해서 망상의 형태를 띠는 하천이다. 다지하천은 망상하천보다 더 평탄한 경사에서 발생하며 사행도도 더 크다. 그리고 하폭에 비해 하중도는 매우 크고 자연제방(natural levee)과 배후습지(backswamp, backmarsh)로부터 만들어지는 범람원이 발달해 있다. 범람원과 하중도는 식생으로 덮여있는 경우가 많다.

망상하천과 구분하기 위해 하도의 평면형태에만 근거해서 모호하게 다지하천을 정의하는 것은 불가능하다. Makaske(2001)는 홍수터 지형과 하도 유형을 결합하여 다지하천을 범람분지(floodbasins)를 둘러싸는 두 개 이상의 상호 연결된 수로로 구성된 하천이라고 정의하였다(그림 2.14). 다지하천의 하안은 일반적으로 세립질의 점착성이 있는 재료로 구성되어 있어 상대적으로 침식에 강하다. 하류에서 해수면 상승과 같은 침식기준면이 상승할 때 유사가 빠르게 퇴적되어 다지하천이 형성된다. 하안의 구성물질은 쉽게 침식되지 않아 상대적으로 하안이 안정하여 원래의 단일수로 하천은 여러 수로로 분기된다. 예를 들면, 호수나 만에 형성된 삼각주로 들어가는 하천들은 종종 분기된다. 여기서 삼각주는 하천이 바다나 호수로 유입하게 되면 유속이 크게 감소하여 상류에서 싣고 내려온 토사를 퇴적시켜 형성된 지형이며, 삼각주 위를 흐르는 하천은 통상 다지하천이 된다. 선상지(alluvial fan)는 산지를 흐르던 강이 평지로 접어들면서 유속이 갑자기 느려져서 유사이송능력이 급격히 감소하여 상류에서 실려 온 토사가 쌓여 형성된 부채꼴 모양의 지형을 말한다. 이러한 선상지에서의 하천은 예외 없이 다지하천이 된다.

이처럼 하도의 형태에 따른 분류에서 조금 벗어나지만 하천의 형태를 이야기할 때 빼놓을 수 없는 것이 삼각주와 선상지 외에 홍수터 또는 범람원, 자연제방, 배후습지 등이다. 홍수터 또는 범람원은 하천 양안의 평탄한 충적지형으로 홍수 시에만 물이 흐르는 지형을 말한다. 홍수터는 홍수 시 하천의 퇴적작용뿐만 아니라 하천의 측방침식에 의해 하도가 좌우로 움직이면서 하상재료를 남겨 놓게 되어 점토와 같은 미립토사로부터 자갈과 같이 입자가 큰 다양한 재료로 구성되어 있다. 홍수 시 물은 유사와 함께 홍수터로 유입되며 이때 가는 모래 등 비교적 굵은 유사는 중간에 침전되어 하도를 따라 넓고 낮은 둔덕을 형성하게 되는데 이를 자연제방이라고 한다. 자연제방의 배후에는 홍수 시 물이 다시 하도로 유입하지 못하여 배후습지가 형성되는 것이다.

또한 홍수역 또는 범람원과 배후산지 사이에는 두 지형을 연결하는 천이주변구역(transitional upland fringe)이 있다. 따라서 이 천이주변구역의 외부경계는 하천 전체 영역의 외부경계이기도 하다. 하천의 지형학적 변화 과정에서 과거 지질시대에 천이주변구역의 일부를 형성했을 수 있지만, 현재 하천은 이 형태를 유지하거나 변경하지는 않으며 천이주변구역의 일반적인 단면형태는 없다. 천이주변구역은 평평하거나, 경사졌거나, 또는 경우에 따라 거의 수직일 수 있다. 그리고 언덕, 절벽, 숲 및 대초원과 같은 지형과 연결되거나 토지이용에 따라 변화되기도 한다.

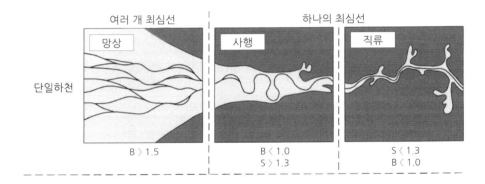

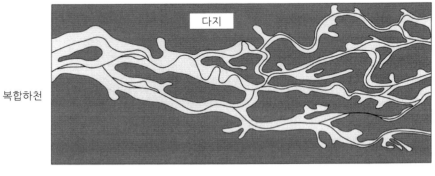

범례

■ 홍수 유역	B = 사행하도 비
□ 하도 구역	S = 만곡도
～ 활성 하도	

(a) 단일하천과 복합하천의 하도 형태 비교

(b) 캄보디아 중부의 Tonlé Sap 다지하천

그림 2.14 **직류, 사행, 망상, 다지 하천의 비교** (Makaske, 2001)

천이주변구역의 범람원을 조사하면 종종 하나 이상의 '벤치'가 나타나는데 하천에 의해 형성된 이러한 지형을 하안단구(fluvial terrace)라 한다(그림 2.15). 여기서 벤치는 형성과정에 관계없이 그 형태가 긴 의자 같은 형태의 지형을 일컫는다. 일반적으로 하안단구는 하천의 유량이나 유사량의 변화, 또는 침식기준면(유역출구의 고도)의 변화에 반응하여 하상이 절개되고 낮아지면서 형성된다. 그림 2.15는 하상절개에 의한 하안단구 형성의 예를 보여준다. 그림 2.15의 A는 현재의 횡단면으로 과거 지질시대에 하안단구가 형성되고 절개되어 현재에는 넓은 범람원 위에 하천이 흐르고 있는 형태이다. 현재시점에서 A형태의 하천은 하상절개가 진행되지 않은 비감입하천(nonincised stream)이라고 할 수 있다. A형태의 단면은 하천흐름 및 유사이송의 변화, 또는 지반융기 및 해수면 하강 등에 의해 수류력이 증가하고, 하상이 절개되고 낮아지면서 감입하천이 된다. 그러면 원래 범람원은 버려지게 되고 이는 하안단구가 되며 그림 2.15의 B형태가 된다. 그림 2.15의 C는 더 이상 하상의 절개가 진행되지 않고 하상이 안정화되면서 하도유형이 변화하거나 횡방향으로 자유로운 이동을 통해 범람원을 확장하게 되는 형태이다.

a. 비감입하천

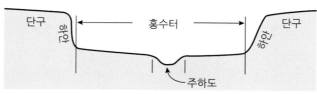

b. 감입하천(초기 확대 국면)

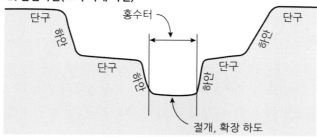

c. 감입하천(확대 단계 완료)

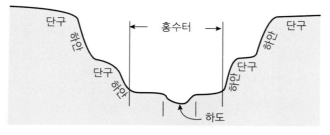

그림 2.15 **비감입하천(A)과 감입하천(B와 C)의 횡단면 형태** (FISRWG, 1998)

그림 2.16 **강원도 정선의 조양강 감입곡류하천** (출처 : URL #2)

감입곡류하천(incised meandering river)은 비교적 연약한 암석 위에서 원래 사행하는 하천이 지질시간에 걸쳐 하방침식을 진행한 결과로 발생한 것으로, 일반적으로 충적하천에서 다루는 하도의 사행화에 따라 나타나는 사행하천 또는 자유곡류하천과는 분명한 차이가 있다. 즉, 감입곡류하천은 충적토에서 하천의 측방침식으로 형성되는 사행하천과 형태가 아주 유사하지만 그 생성과정이 다른 하천인 것이다. 실제로 이러한 감입곡류하천은 산간지방에서 찾아볼 수 있으며, 과거 만곡으로 흐르던 하곡이 지각변동으로 융기하여 사행모양을 유지하면서 다시 하방침식이 시작되어 형성된 하천이다. 따라서 감입곡류하천의 주위는 충적토가 아닌 암반으로 구성되어 있다(그림 2.16).

하천분류에서 빼놓을 수 없는 것이 바로 Rosgen(1994, 1996)의 분류기준이다. 그의 하천분류는 매우 구체적이고 복합적이다. 하천에 의한 하곡의 침식도(entrenchment ratio), 하폭과 수심의 비, 만곡도, 경사, 하도의 수 등 하천형태와 하상재료를 조합하여 100개 이상으로 세분화하였으며 이를 41개로 요약하였다. 여기서 하곡침식도는 하천이 위치한 하곡 내에서 하천이 하곡충적토를 깎아 하도를 만든 정도를 나타내는 척도이다. 강턱을 채우는 유량이 발생했을 때 수심(강턱수심)의 두 배에 해당하는 크기의 하폭(홍수 취약구간의 폭)과 강턱유량 하폭과의 비로 나타낸다. Rosgen의 하천분류에 의하면 자연하천의 대부분은 직류하천, 저사행하천, 사행하천, 망상하천, 다지하천 등에 속한다. 여기에 다시 지배적인 하상재료에 따라 하천을 암반, 전석, 호박돌, 자갈, 모래, 실트/점토 등 6가지 기본 형태로 구분한다(그림 2.17). Rosgen의 하천분류는 하천의 형태특성과 하천과 홍수터와의 관계를 이해하는데 도움이 된다.

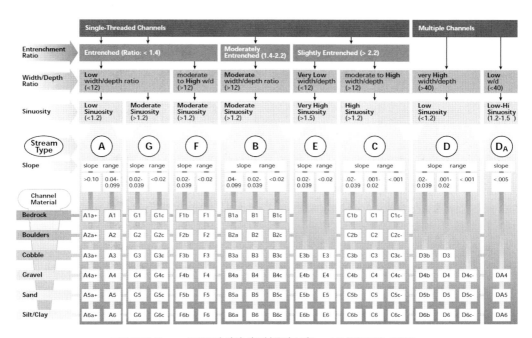

그림 2.17 Rosgen(1996)의 하천 하도분류시스템(Level II) (FISRWG, 1998)

2.3 하도형성유량과 수리기하

하도형태는 하도를 흐르는 유량과 하도를 형성하는 퇴적물 간의 균형, 즉 하도형태를 변화시키는 과정과 하안과 하상의 구성물질이 변화에 저항하는 능력 사이의 균형에 의해 나타나는 변화이다. 하천에서 유량과 유사량은 항상 일정하지 않고 변동하기 때문에 오랜 시간에 걸쳐서 하도를 형성하는 침식력과 이에 대응하는 저항력 사이의 균형을 조절하는 유출사상을 수용하게끔 하도형태는 적응한다. 결국 충적하천의 하도형태와 규모는 하안과 하상 퇴적물을 침식, 이송, 퇴적하는 흐름의 다양한 범위에 적응하고 반영한 결과물인 것이다(Lane, 1955). 따라서 여기서는 이러한 하도형태 형성과 관련된 지형학적 개념의 기준유량을 정의하고, 하도형태와 규모를 대표하는 하폭, 수심, 경사 등의 변수 관계로 나타내는 수리기하관계(hydraulic geometry relations)에 대해 설명한다.

하도형성유량의 개념

하도형성유량(channel-forming discharge) 또는 지배유량(dominant discharge)은 하천의 형태와 크기 및 변화 과정을 제어하는 유량으로서 일정한 유량이 지속적으로 흐르는 경우 현재 하도의 형태를 만드는 가상적인 유량을 뜻한다. 엄격히 말해서 하도형성유량은 지형학적 개념의 유량이며 관측을 통해 얻어낼 수 있는 변수가 아니다(Watson 등, 2005). 그럼에도 불구하고 하도형성유량으로 강턱유량(bankfull discharge), 특정 재현기간 유량(specified recurrence interval discharge), 그리고 유효유량(effective discharge)의 세 가지 유량이 주로 이용된다. 강턱유량은 하천의 횡단면에서 홍수터로 월류하지 않고 하도를 가득 채우는 유량을 의미한다. 특정 재현기간 유량은 특정기간의 발생빈도 별 유량을 의미한다. 마지막으로, 유효유량은 해당 하천구역에서 유량을 일정간격으로 나누고 수년에 걸쳐 연 유사량의 대부분을 이동시키는 유량규모로 정의된다.

강턱유량

강턱유량은 자연하천에서 실제 홍수터 표고까지 충적하도를 가득 채우는 유량이다. 즉 하도의 가장자리에 형성된 강턱을 넘지 않고 그 안의 하도를 채우는 흐름을 의미한다. 이러한 강턱유량은 주로 강턱수위를 확인한 후 그 수심에 대응하는 유량을 계산하여 산정한다. 이를 위해 현장에서 직접 강턱수위를 확인한 후 수위–유량 곡선을 이용하는 방법과

HEC-RAS와 같은 1차원 수면곡선 계산 프로그램을 이용하는 방법 등이 있다.

현장에서 직접 강턱수위를 조사하는 데는 현장여건에 따라 여러 가지 어려움이 있다. 따라서 현장자료만으로 강턱유량을 산정할 경우 결과 값에 대한 신뢰성 확보를 위한 검토가 반드시 필요하다(Williams, 1978). Pickup과 Warner(1976)는 수심에 대한 수면 폭의 비가 최소가 되는 높이를 강턱수위로 정의하였다. Wolman과 Leopold(1957)는 사주 중 가장 표고가 높은 지점을 강턱수위 산정에 이용하기도 하였다. 자연하천에서는 최소 수면 폭과 수심의 관계에 기초하여 강턱수위를 결정하는 것이 적절해 보이나, 대상지점에 인공제방이 축조되어 있거나 하천정비 등이 이루어진 경우에 그 관계를 도출하는 것은 의미가 없을 수 있다. 따라서 일반적으로 현장조사를 통해 자연홍수터의 표고를 강턱수위로 결정한다.

현장에서 강턱지표를 이용하여 강턱수위를 결정할 수도 있다. Woodyer(1968)는 물이 넘치는 홍수터, 즉 강턱이 여러 층으로 이루어진 경우 하천의 중간단구의 표고를 강턱수위로 정의하였다. Schumm(1960)은 나무와 같은 영구식생의 하한계(lower limit) 높이로 강턱수위를 구별하였다. Leopold(1994)는 다년생 초본류나 관목류와 같은 식생이 변화하는 곳의 수위를 강턱수위로 결정하였다. Harrelson 등(1994)은 식생과 하안을 구성하고 있는 토사의 입도분포, 그리고 퇴적토 층의 높이에 따라 강턱수위를 현장에서 결정하는 방법을 제시하였다. McCandless(2003)는 미국 Maryland 주에 위치하고 있는 하천을 대상으로 강턱유량을 산정하기 위해 적용했던 강턱유량 및 수위 지표들을 다음과 같이 정리하였다(그림 2.18).

홍수터 경계 수직방향에서 수평방향으로의 급격한 변화가 일어나는 지점으로서 직류하도 또는 사주가 없는 만곡하도에서 사용할 수 있다. 홍수터의 경계가 제방의 높이와 동일한 경우도 있다. 변곡점 수직방향에서 수평방향으로 급격한 변화를 구분하기 힘들지만, 하나 또는 그 이상의 경사변화가 있는 경우 그 지점을 강턱수위로 지정할 수 있다.

침식선 그림 2.18에서와 같이 연직사면 윗부분에서 사면이 침식된 흔적이 있을 경우 그 표고를 강턱수위로 정할 수 있다. 퇴적된 단구의 평탄면 평탄한 면이나 혹은 단면의 측방향 퇴적면이 다른 점사주 중에 가장 높을 경우 그 표고를 강턱수위의 지표로 활용할 수 있으며, 이러한 하천을 활성하도(active channel)라 할 수 있다.

경사진 점사주 면과 수평한 홍수터 면의 경계를 강턱수위로 지정할 수 있다.

강턱수위가 결정되면 앞서 서술한 바와 같이 수위-유량 곡선을 이용하거나 HEC-RAS와 같은 1차원 수면곡선 계산 프로그램을 이용하여 강턱유량을 산정할 수 있다. HEC-RAS와 같은 1차원 수면곡선 계산 프로그램을 이용할 경우 입력된 지형자료에서 기준이 되는 단면의 강턱수위를 초과하지 않고 그 횡단면을 채우는 흐름을 시행착오법으로 찾아내는 과정이 필요하다. 따라서 동일한 평가 대상구간 내에서도 기준이 되는 단면을 어느 지점으로 선정하는 지에 따라 강턱수위가 다르게 나타날 수 있다.

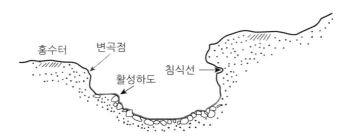

그림 2.18 **일반적인 강턱수위 지표들** (McCandless, 2003)

특정 재현기간 유량

장기간 관측 유량자료가 유효할 경우 특정 재현기간을 갖는 유량을 하도형성유량 또는
지배유량으로 고려할 수 있다. 이 자료는 일반적으로 강턱유량과 유효유량과 함께 상호
보완적으로 활용되는 경우가 대부분이다. 특정 재현기간 유량에 대해 Hey(1994)와 Riley
(1998) 등은 약 2년 빈도의 유량이 하도형성유량과 같다고 제시한 바 있다. 일반적으로
안정한 상태로 평가되는 하도의 강턱유량은 1~2.5년 재현기간을 갖는 유량 사이에 분포
하지만(Leopold 등, 1964; Andrews, 1980) 이러한 범위를 벗어난다 할지라도 특별한 경
우로 간주되지는 않는다(Shields 등, 2003). 강턱유량과 특정 재현기간과의 관계를 제시
한 대표적인 결과는 표 2.1과 같다.

국내 하천의 경우 청미천과 내성천의 특정지점에서 강턱유량과 재현기간 유량을 산정
하여 비교한 결과가 있다. 청미천 대상지점의 강턱유량은 1.5년 빈도와 2년 빈도 유량사
이에 분포하는 것을 알 수 있었다(지운 등, 2009). 반면 내성천의 경우 강턱유량이 1.5~2
년 빈도유량보다 더 크게 산정되었다(장은경 등, 2018).

이처럼 특정 재현기간 유량은 검토 대상하천의 특성에 따라 문헌별로 어느 정도 차이가
나는 것을 알 수 있다. 만약 특정 재현기간 유량을 하도형성유량으로 사용해야만 하는 경
우라면 다양한 문헌에서 제시하고 있는 결과를 종합해 봤을 때 재현기간이 1~3년 사이인

표 2.1 **하도형성유량에 해당하는 특정 재현기간** (Soar, 2000; Watson 등, 2005)

재현기간	참고문헌
1~5년	Wolman과 Leopold(1957)
1.5년	Leopold 등(1964), Leopold(1994), Hey(1975)
1.58년	Dury(1973, 1976), Riley(1976)
1.02~2.69년	Woodyer(1968)
1.01~32년	Williams(1978)
1.18~3.26년	Andrews(1980)
1~10년, 2년	USACE(1994)

유량을 선택하는 것이 바람직해 보인다. 그러나 위에서 언급한 특정 재현기간의 불확실성을 최소화하기 위해서는 현장조사에 의해 결정된 강턱유량과 유효유량 산정결과와 상호 비교분석하여 최종적으로 결정하는 것이 바람직하다.

특정 재현기간 유량은 특정기간의 발생빈도별 유량을 의미하므로 이를 계산하기 위해서는 확률도시법을 활용할 수 있다. 이는 수집된 자료에 확률을 부여하는 경험적인 방법에 의한 유량빈도 해석으로서 유량자료를 가장 큰 값의 자료부터 가장 작은 값의 자료까지 내림차순으로 정렬하여 순위에 따라 도시할 수 있는 위치를 구하는 것이다. 대표적인 도시위치 공식에는 Weibull(1939), Blom(1958), Cunnane(1978), Gringorten(1963) 등이 있다. 즉, 수집된 유량자료를 내림차순으로 정렬하고 확률도시공식을 선택하여 내림차순으로 정렬된 각각의 자료의 확률을 계산한다. 재현빈도(T)는 계산된 확률(P)을 이용하여 산정할 수 있다.

유효유량

유효유량은 수년에 걸쳐 연유사량의 대부분을 이동시키는 유량으로 정의된다(Andrews 1980). 유효유량의 정의는 Wolman과 Miller(1960)가 제시한 하도형성유량 또는 지배유량이 유사이송량과 발생빈도의 함수라는 기본원리와 일치한다. 유효유량은 유량-빈도분포 곡선과 유사량 곡선을 이용하여 계산할 수 있다(그림 2.19). 유효유량을 결정하기 위해서는 그림 2.19와 같이 유황곡선(flow duration curve)과 유량-유사량 곡선(sediment-rating curve)이 필요하다.

유효유량을 계산하는 일반적인 방법은 우선 유량범위를 동일한 간격으로 나눈 후 각각의 유량구간에 대한 유사량을 계산하고 다시 각 유량구간의 발생빈도를 고려함으로써 전체 해당기간 동안에 이동된 총유사량을 계산하는 것이다. 이러한 유효유량 산정방법은 간편한 반면에 계산정확성은 선택한 유량범위의 간격에 따라 달라진다. 유효유량 값은 계산 시 유량자료의 간격이 산술간격인지 로그간격인지에 따라 또는 얼마나 많은 수의 간격으로 자료를 활용하였는지에 따라 그 값의 차이가 다르게 나타난다.

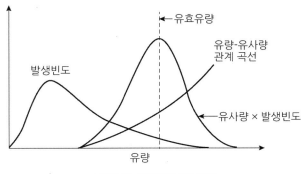

그림 2.19 **유효유량 산정 방법**

일유량 자료를 이용하여 유효유량을 계산할 경우 규모가 큰 대하천의 경우 큰 문제는 없다. 그러나 첨두홍수가 비교적 짧은 기간 내에 발생하는 규모가 작은 하천의 경우 일유량 자료를 사용하게 되면 유효유량 값이 과소평가되는 경향이 있다. 이러한 문제를 피하기 위해서는 첨두홍수가 짧은 기간에 발생하는 경우 일유량 자료보다는 1시간 간격 또는 15분 간격의 유량자료를 사용한다. 또한 유효유량을 계산하는데 있어 유량간격은 대부분 산술간격이나 로그간격의 형태를 사용해야 하며, 다른 형태의 유량간격을 사용할 경우 자료 분류시 왜곡현상이 발생한다(Soar, 2000). 유효유량 계산 시 등간격의 유량자료를 사용할 수 없는 경우에 대해서는 Holmquist-Johnson(2002)의 문헌을 참고할 수 있다.

Wolman과 Miller(1960)는 하천의 유량 규모와 빈도가 하도형성과 직접적인 연관이 있다는 기본원리를 제안하였으며, 이후 유사량 자료의 부족으로 부유사 측정자료들이 유효유량 계산에 활용되어 왔다. 부유사량은 같은 크기의 유량이 발생하더라도 유사공급 환경에 따라 다양한 값을 갖는다. 일반적으로 부유사 관측자료를 이용하여 계산한 유효유량 값은 강턱유량 값 보다 작은 값을 나타낸다(Knighton, 2014). 반대로 소류사 관계식이 유효유량 계산에 이용된 경우, 특히 유사이송에 있어 유사공급의 제한을 받거나 홍수와 평수의 중간에 해당되는 유량이 대부분 발생하는 장갑화된 하천의 경우 유효유량 값이 강턱유량의 30% 이상 크게 산정되는 경우가 있다(Emmett와 Wolman, 2001). 만약 유효유량이 발생하는 수위가 홍수터 높이 즉, 강턱수위보다 낮은 경우 이는 곧 하천의 하상에 침식 및 절개가 발생하고 있다는 증거가 될 수 있다. 반대로 유효유량의 수위가 강턱수위보다 높은 경우 하상에는 퇴적현상이 발생하고 있음을 예측할 수 있다(그림 2.20). 하천을 관리하는 관점에서 봤을 때 하도의 단면이 유효유량을 소통시킬 수 있는 형태로 변화하고 있다는 것은 곧 하천이 안정한 상태로 변화하고 있다고 판단할 수 있으며, 이런 경우 최소한의 하천단면 정비만 고려할 수도 있다(Goodwin, 2004).

강턱유량을 산정하는 방법들은 주로 홍수터와 주수로 사이의 경계를 강턱유량의 기준으로 구분하고 있으며, 이는 하천변화를 이해하는데 있어 중요한 요소이다. 그러나 조사를 수행하는 사람에 따라 현상을 이해하고 관찰하는데 일관성이 결여될 수 있기 때문에 이러한 현장조사 방법에는 상당한 불확실성이 잠재되어 있다. 그림 2.20(a)에서 볼 수 있듯이 동적평형 상태에 있는 하도의 경우 유효유량에 해당하는 수위는 강턱수위와 일치하는 것을 알 수 있다.

감입하도의 경우 새로운 홍수터가 발생하며 이전 상태의 홍수터는 단구로 전화된다(그림 2.20(b)). 그림 2.20(c)와 같이 하상이 퇴적되는 하도의 경우 강턱유량을 시각적으로 판단하기는 매우 힘들다. 지금까지 여러 연구에 의하면 몇몇 안정한 상태의 하도의 경우 유효유량과 강턱유량 그리고 특정 재현주기를 갖는 빈도유량이 비슷한 값을 갖는 것으로 나타났다(Wolman과 Miller, 1960; Andrews, 1980). 이러한 경우 특정 재현주기 유량과 강턱유량이 종종 유효유량의 근삿값으로 제안되기도 한다. 그러나 유효유량과 특정 재현

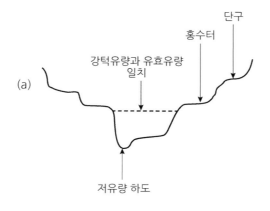

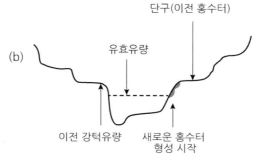

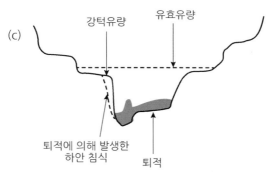

그림 2.20 **유효유량과 강턱유량의 이론적 관계**
(a) 동적평형상태, (b) 감입하도, (c) 퇴적하도 (Goodwin, 2004)

주기 유량의 관계가 항상 유사한 값을 갖지 않는 것처럼 강턱유량과 유효유량이 항상 일
치하는 것은 아니다. 특히, 망상하천 또는 감입하천에 하도형성유량 개념을 적용하는데
있어 주의가 요구된다. 주로 하도형성유량으로 강턱유량을 많이 사용하고 있음에도 불구
하고 강턱유량(Q_{bf}), 유효유량(Q_{eff}), 특정 재현기간 유량(Q_{ri})이 유사한 것으로 가정하
는 것이 유효하지 않은 경우가 종종 발생한다. 보통 상대적인 Q_{ri}/Q_{eff}와 Q_{bf}/Q_{eff} 값이
주로 일정한 한계 내에서 발생하는 경우가 있지만 여전히 하천에 따른 지역적 편차는 상
당히 큰 것으로 나타난다. 특히 하천에 인위적인 정비나 개선 작업이 이루어진 경우 Q_{bf},

Q_{eff}, Q_{ri} 값의 편차가 큰 것으로 나타난다. 하도형성유량의 값이 상이한 값을 갖는다는 것은 하천의 불안정한 상태를 나타내는 지표이기도 하며, 이러한 하천에서 주로 하천복원 사업이 진행되는 경우가 많다(Goodwin, 2004).

수리기하관계

하천의 수리기하란 유량의 변화에 따른 하도의 기하학적 특성들의 변화를 일컫는다. 수리기하관계는 19세기 말에 인도와 파키스탄에 있는 펀잡지방의 관개수로를 관찰하던 영국 기술자들에 의해 개발되었다. 그들은 유지보수가 거의 필요하지 않은 수로를 'in regime'라고 불렀는데, 이는 그 수로시스템에 유입되는 물과 유사이송이 동적으로 평형상태를 유지한다는 의미이다. 그들은 거의 일정한 설계유량이 흐르는, 비교적 직선인 수로의 자료를 이용하여 유지보수가 적은 수로의 기하형태와 설계유량을 연결하는 경험적 공식을 개발했다. 이러한 경험적 공식을 안정공식(regime equation)이라고 불렀으며, 첫 번째 경험공식은 Kennedy(1895)에 의해 제안되었고 그 후로 Lindley(1919), Lacey(1929), Inglis(1947), Blench(1969, 1972) 등이 경험적 안정공식을 제안하였다. 이후 이와 유사한 수리기하공식들이 안정한 상태의 자연하천을 연구하는 지형학자들에 의해 개발되었다.

많은 연구자와 기술자들에 의해 평형 또는 안정 상태의 충적하천 기하형태에 대한 현장조사가 수행되어 왔으며, 이를 통해 하천공학 분야에서 상당한 연구발전이 이루어졌다. 유사이송이 발생하는 하천의 하도단면과 경사는 평형상태 혹은 안정한 상태로 변화하려는 경향이 있다. 이러한 기본원리에 대한 탐구는 퇴적 또는 침식이 발생하지 않는 이른바 고정상 하도나 수로를 설계하려는 기술자들과 하천의 기하학적 변수들과 수리수문학적, 환경적 요소들과의 관계를 연구하는 지형학자들에 의해 발전되어 왔다. 이에 대한 공학적 개념은 안정하도(stable channel) 또는 평형하도(channel in equilibrium)라는 용어로 초기에 표현되었으며, 지형학적 개념은 균형하도(graded channel)라는 용어로 표현되었다. 안정하도 및 균형하도에 대한 몇 가지 정의를 살펴보면 다음과 같다.

- "인공수로에 유사농도가 큰 흐름이 발생할 때는 하도가 소위 안정하도에 도달할 때까지 하상과 사면에서 모두 침식과 퇴적이 발생할 것이며, 수심, 경사, 하폭의 변화도 동시에 발생할 것이다(Lindley, 1919)."
- "균형하도의 경사는 상당기간 동안 유역으로부터 공급되는 유사가 유효한 유량 조건에서 이송되는데 필요한 유속을 발생시키기 위해 변하는 것을 의미한다(Mackin, 1948)."
- "유사한 수리기하공식들은 자연하천과 침식이나 퇴적이 발생하지 않는 안정한 관개수로 모두에 적용된다. 두 하도의 이러한 상관성은 평균적인 하천시스템이 하도와 흐름 그리고 이송시켜야 할 유사 사이의 평형상태를 발생시킬 수 있는 방향으로 변한다는 것을 증명하고 있다(Leopold와 Maddock, 1953)."

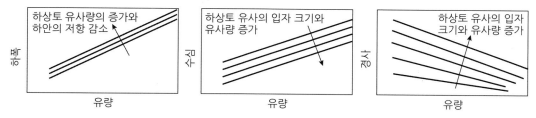

그림 2.21 **이동상 수로 또는 자연하천에서의 수리기하관계**

평형하도 또는 안정하도 개념은 세계 여러 다양한 지역에서 수집된 하천과 수로 자료를 대상으로 검토되어 왔다(Nunnally와 Shields, 1985). 하폭, 수심, 경사는 그림 2.21과 같이 어느 한 유량에 대해 독립적으로 그려질 수 있다. 이 그래프에서 관계선은 때로 하상토 입자크기나 또는 다른 변수에 따라 층을 형성하기도 한다. 이러한 안정이론 개념은 필연적으로 경험적이라 평가하고 있다. 이는 이론적 증명이 부족하고 때로는 한 지역에서 도출된 관계식이 다른 지역에서 전혀 일치하지 않는 현상이 발생하기 때문이다. 안정이론의 개념은 하도 형성 및 반응의 평형개념으로, 그리고 하폭, 수심, 경사와 유량 또는 여러 변수와의 관계는 수리기하라는 용어로 대체할 수 있다.

Leopold와 Maddock(1953)은 현장 관측자료를 이용하여 하폭, 평균수심, 평균유속 등과 유량사이의 관계를 기술하는 과정에서 수리기하라고 알려진 접근방식을 제시하였다. 수리기하 이론은 자연적 하천시스템이 하도, 유입수, 퇴적물 사이에 대략적인 평형을 이루는 방향으로 발전하려 한다는 개념을 기반으로 한다. 즉, 유량은 지배적인 독립변수이며, 하도의 기하학적 특성과 같은 종속변수들은 단순한 멱함수의 형태로 유량과 연관되는 것으로 가정한다. 수리기하관계는 Kennedy(1895)의 안정공식과 같은 일반적인 형태이며 다음과 같이 나타낼 수 있다.

$$W = a Q^b \tag{2.2}$$

$$h = c Q^f \tag{2.3}$$

$$V = k Q^m \tag{2.4}$$

$$S = g Q^z \tag{2.5}$$

$$n = t Q^y \tag{2.6}$$

$$f = h Q^p \tag{2.7}$$

$$Q_s = r Q^i \tag{2.8}$$

여기서 W, h, V, S, n, f, Q 그리고 Q_s는 각각 하폭, 평균수심, 평균유속, 하도경사, 흐름저항 계수 Manning의 n, Darcy-Weisbach의 마찰계수 f, 유량 그리고 부유사량이다. 위와 같은 관계를 흐름의 연속방정식을 이용하여 정리하면 다음 식 (2.9)가 된다.

$$Q = W \times h \times V = aQ^b \times cQ^f \times kQ^m \qquad (2.9)$$

따라서 다음과 같은 관계가 도출된다.

$$a \times c \times k = 1 \qquad (2.10)$$

$$b + f + m = 1 \qquad (2.11)$$

하천의 수리기하는 두 가지 측면으로 고려되는데 하나는 하천의 한 지점의 단면에서 유량의 변화에 따른 하도의 기하특성 변화를 나타내는 것으로서, 이를 한 지점 수리기하(at-a-station hydraulic geometry)라고 한다. 다른 하나는 상류로부터 하류방향으로 가면서 강턱유량이 흐르는 조건에서 서로 다른 위치의 하폭, 수심, 유속, 경사 등의 하도 수리기하 특성을 나타내는 것으로 하류하천 수리기하(downstream hydraulic geometry)라고 한다. 한 지점 수리기하와 하류하천 수리기하의 차이를 인식하는 것은 매우 중요하다. 강턱유량 상태의 하도는 하폭, 수심, 유속, 경사의 단일 값을 갖기 때문에 하류하천 수리기하는 서로 다른 위치에서 강턱유량 조건의 고유한 하도 특성을 설명하는 반면, 한 지점 수리기하는 특정 지점에서 서로 다른 유량 조건에 대한 하도의 특성을 설명하는 것이다.

하류하천 수리기하 분석은 자연하천의 기하특성을 규명하는 것뿐만 아니라, 하천수리학 측면에서 안정하도나 인공수로의 설계 및 하천복원사업에 적극 활용할 수 있다. 충적하천은 하류로 갈수록 유량이 증가하고 하상경사가 완만해지면서 하천의 단면형태가 변화를 통해 안정한 상태에 도달하게 된다. 이러한 하류하천의 수리기하 변화에 대한 연구는 Leopold와 Maddock(1953)에 의해 처음으로 시도되었다. 이들은 하천구간 거리 대신 하류로 가면서 증가하는 유량을 독립변수로 두고 수면폭, 평균수심, 평균유속 등의 값을 수집하였다. 그들은 기준유량을 연평균 유량인 2.33년 빈도유량으로 선택하였으나, 보통 하천복원 설계절차에 있어서 요구되는 수리기학공식은 강턱유량을 기준유량으로 하여 관계식을 표현하고 있다. 이러한 관계식은 때로 다른 변수와 함께 조합하여 표현되기도 한다.

대부분의 하류하천 수리기하공식들은 흐름과 유사이송에 대해 단순화된 1차원 분석에만 의존한다는 한계가 있다. 2차원적인 흐름분석은 단순히 사행하천 또는 망상하천의 흐름형태를 평가하기 위해 필요할 뿐만 아니라, 유사의 이송과 충적하천 하도의 형성속도를 분석하는데도 중요하다. Julien과 Wargadalam(1995)은 Julien(1988, 1989)의 이전 연구를 발전시켜 기존의 경험적인 하류하천 수리기하관계의 1차원적인 해석방법을 탈피하여 충적하천의 하류하천 수리기하공식을 해석적으로 정의하였다. 이들은 만곡하도에서의 이차류의 개념과 비점착성 입자의 3차원적인 이동성을 모두 고려하여 지금까지 제안된 경험적 안정공식 또는 하류하천 수리기하공식 중 가장 발전적인 형태를 보여주었다. 또한 이들은 835개 하천과 하도의 현장자료를 활용하여 제안된 공식의 보정 및 검증 작업을 수행하였다. 본 장에서는 Julien과 Wargadalam(1995) 공식을 포함하여 Lacey(1929)와 Blench(1957) 공식을 대표적인 수리기하관계의 예로 간단히 소개하고, 다양한 형태의 수리기하 관계나 공식은 FISRWG(1998), Watson 등(2005)의 문헌을 참고할 수 있다.

■ Lacey (1929)

Lacey의 공식은 식 (2.12)와 같으며, 이때의 지수 값은 0.5이다.

$$W \simeq P = 2.667 Q^{0.5} \tag{2.12}$$

여기서 $W(\text{ft})$는 하폭, $P(\text{ft})$는 윤변, $Q(\text{ft}^3/\text{s})$는 유량을 나타낸다. 하폭이 상대적으로 넓고 수심(H)이 얕은 하도의 경우 윤변은 대략 하폭과 동일하다고 가정할 수 있다. Lacey (1929)의 공식에서는 유량 이외에 다른 변수들이 관계식에 포함되지 않았고, 계수 값 (2.667)의 형태로만 표현되었다. 다른 공식들의 경우 상수 값 대신 하상토 중앙입경(d)이나 유사농도(C) 등의 추가변수를 활용하여 식으로 나타내기도 한다. 대표적인 경우가 다음에서 소개하는 Blench(1957) 공식이다.

■ Blench (1957)

Blench는 실험실 수로에서 얻은 자료를 기초로 경험공식을 개발하였으며, 하상과 사면인자(F_s)를 개발하여 하상과 사면을 구성하는 재료의 특성차이가 공식에 고려될 수 있도록 하였다. Blench 식은 다음과 같다.

$$W = \left(\frac{9.6(1 + 0.012\,C)}{F_s} \right)^{1/2} d_s^{1/4} Q^{1/2} \tag{2.13}$$

여기서 W와 Q는 Lacey 식과 같이 각각 영미단위로 표시된 하폭과 유량이며, $C(\text{ppm})$는 유사농도, $d_S(\text{mm})$는 중앙입경을 나타낸다. 사면을 구성하는 유사에 점착성이 다소 있을 경우 F_s 값은 0.1을 사용하며 점착성이 매우 큰 경우 0.3까지 권장하지만, 식생의 분포에 따라 이 값은 달라질 수 있다. 이 공식은 앞서 설명한 Lacey의 공식과 달리 유량 이외에 다른 변수들이 관계식에 도입된 형태이다.

■ Julien과 Wargadalam (1995)

Julien과 Wargadalam은 충적하천의 하류수리기하 특성을 강턱하폭, 평균수심, 평균유속, 경사 등의 관계식으로 표현하였다. 이와 같은 반 해석 식은 흐름저항, 유사이송, 흐름의 연속성, 이차류의 개념에 기초한다.

$$h = 0.2 \, Q^{\frac{2}{(5+6m)}} d_s^{\frac{6m}{(5+6m)}} S^{\frac{-1}{(5+6m)}} \tag{2.14}$$

$$W = 1.33 \, Q^{\frac{(2+4m)}{(5+6m)}} d_s^{\frac{-4m}{(5+6m)}} S^{\frac{-(1+2m)}{(5+6m)}} \tag{2.15}$$

$$V = 3.76 \, Q^{\frac{(1+2m)}{(5+6m)}} d_s^{\frac{-2m}{(5+6m)}} S^{\frac{(2+2m)}{(5+6m)}} \tag{2.16}$$

$$\tau_* = 0.121 \, Q^{\frac{2}{(5+6m)}} d_s^{\frac{-5}{(5+6m)}} S^{\frac{(4+6m)}{(5+6m)}} \tag{2.17}$$

여기서 h (m)는 평균수심, $Q(m^3/s)$는 유량, $W(m)$는 하폭, V(m/s)는 평균유속, d_{50}(m)은 하상토의 중앙입경, S는 하상경사이다. τ_*는 Shields의 무차원소류력($\tau_* = \gamma h S / [(\gamma_s - \gamma) d_{50}]$)이며, $m = 1/\ln(12.2 h/d_{50})$이다. Julien과 Wargadalam은 이 식을 835개의 현장자료와 45개의 실험실 자료와 비교하여 비교적 만족할 만한 결과를 얻었다.

수리기하관계는 동일한 유역이나 하천구간에서 개발된 곡선에서도 자료가 크게 분산되어 나타날 수 있다. 하천이나 유역의 특성이 유사하지 않을수록 자료의 분산이 더 커진다. 그림 2.22와 그림 2.23은 미국 아이다호 주의 Salmon 강 상류에 대해 작성된 수리기하 곡선이다(Emmett, 1975). 그림 2.22는 유역면적과 강턱유량과의 관계를, 그림 2.23은 유역면적과 강턱유량이 발생할 때의 수면 폭(강턱하폭)과의 관계를 나타낸다. 이 그림에서 유역면적이 좁은 상류에서 유역면적이 커지는 하류로 갈수록 강턱유량과 강턱하폭이 증가하는 것을 알 수 있다. 10 mi^2(≒2,590 ha)의 유역면적에 대해 강턱유량은 100~250 cfs에 달하고, 강턱하폭은 10~35 ft 범위에 있음을 알 수 있다. 이러한 관계는 유역특성이 비교적 균질한 지역에 대해 개발된 것이지만 실제 자료에서는 상당한 자연적 변동성이 반영되어 있다.

예를 들어 그림 2.23에서 Road Creek의 자료는 유역면적에 비해 강턱하폭이 매우 작은 것으로 나타났는데 이는 상대적으로 적은 강수량으로 인해 하폭이 더 좁게 형성되었기 때문이다. 그러므로 이러한 수리관계를 나타낸 곡선에서는 상관계수 또는 결정계수(R^2) 등과 같은 통계매개변수를 보는 것도 중요하지만 이러한 수리기하관계 곡선 개발에 사용된 자료를 면밀히 확인하는 것이 매우 중요하다.

수리기하관계와 같은 경험적 관계를 활용하여 충적하천의 기하학적 특성을 설명하는 경우도 있다. 이는 충적하천에 의해 형성된 특징적인 하도의 기하학적 형태들이 상대적으로 제한된 특성을 갖는다는 것에 기반하고 있다. 예를 들면, 사행하천의 평면형태는 비율에 따라 명확한 유사성을 띄고 있으며 Brice(1984)는 만약 규모를 무시한다면 모든 사행하천의 평면형태가 유사한 경향을 나타낸다는 사행의 유사성을 제시한 바 있다. 즉, 이는

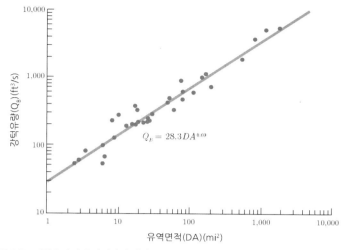

그림 2.22 **강턱유량과 유역면적의 관계 (Idoha 주 Salmon 강 상류지역)** (Emmett, 1975)

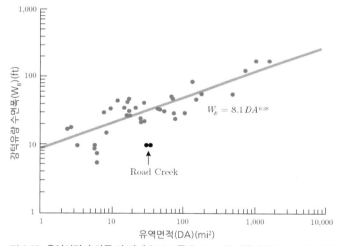

그림 2.23 **유역면적과 하폭 간 관계 (Idoha 주 Salmon 강 상류지역)** (Emmett, 1975)

복잡한 시스템을 비교적 단순한 경험적 관계에 의해 설명할 수 있게 한다. 대표적으로 Williams(1986)가 제시한 개발 관계식들은 Brice(1984)의 사행 유사성에 대한 인식이 하천사행을 나타내는 기하학적 변수들 간 서로 관련된 경험적 관계가 어떻게 정량적으로 표현될 수 있는지를 보여준다. 그림 2.24는 Leopold(1994)가 제시한 하천의 평면형태 변수들 간 관계를 일부 보여주고 있다. 이 그림에서 하폭과 곡률반경이 증가함에 따라 사행 파장의 길이가 지수적으로 증가하는 것을 알 수 있다. 예측된 관계의 범위에 속하지 않는 사행의 기하특성을 갖는 하도의 경우 어느 정도 불안정한 요소를 내포하고 있음을 예상할 수도 있다.

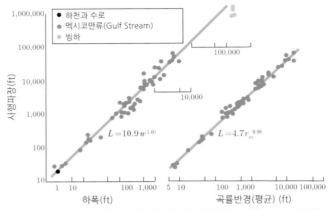

그림 2.24 **하폭과 사행파장, 곡률반경과 사행파장과의 관계** (Leopold, 1994)

2.4 하도의 안정과 불안정

하천시스템 전체에 영향을 미치는 하천적응 과정에는 종종 하상이 깎이는 하도절개, 하상 상승, 하폭 확대 및 축소, 유사의 물리적 특성 및 하도유형의 변화 등이 포함된다. 이러한 하천적응 과정은 제한된 규모와 범위에서 발생하는 하상세굴과 퇴적과 같은 국지적인 변화와는 다르다. 하지만 하상이 저하되고 상승하는 과정은 일부 하도구간에 국한되지 않고 전체 하천시스템에도 모두 영향을 미칠 수 있다. 하상 저하와 상승 그리고 하폭확대와 같은 장기적인 하천적응 과정 또한 국지적인 하상세굴 문제를 야기할 수도 있다. 하상저하가 장기적인 하천적응 과정의 일부로 나타나는 현상인지 혹은 국지적인 하상세굴로 인해 발생하는지 여부와 관계없이 하상고가 충분히 낮아지게 되면 하안이 불안정해지고 하도의 평면형태가 변화할 수 있다. 따라서 문제가 되는 지점의 상류와 하류에 걸친 전체 시스템에 대한 조사를 하지 않으면 국지적인 과정과 시스템 전체과정을 구별하기 어려운 경우가 많다. 이는 하도변화가 시간과 공간에 따라 다르게 나타나 이전에 방해받지 않은 하도구간에도 영향을 미칠 수 있기 때문이다. 예를 들어, 하도 내에 유목(large woody debris, LWD)이 쌓이게 되면 처음에는 유목 주변의 흐름편향으로 인해 국부세굴 형식의 침식만 발생할 수 있으나 다량의 유목이 상류에서 이송되어 쌓이는 경우 하상저하를 야기할 수 있다. 즉, 국부적으로 발생하는 하도의 변화가 방해받지 않은 구간까지 확대되어 더 넓은 범위에서 불안정성을 발생시킬 수 있는 여지가 있다.

하천은 동적시스템이기 때문에 미래의 하도형태는 하천시스템의 자연적 진화에 의해서 발생하기도 하지만 인위적인 영향에 대한 하천반응으로도 나타날 수 있다. 따라서 하천의 일부 구간뿐만 아니라 전체시스템의 관점에서 현재 하천의 안정 상태에 대한 폭넓은 이해가 필요하며, 인위적인 개입으로 촉발되어 나타날 수 있는 하천시스템의 적응 유형과 범위를 예측하는 것은 매우 중요하다. 하천 교란과 인위적인 하천조절에 따른 하천시스템의 반응과 적응관리에 대한 구체적인 내용은 6장에서 보다 구체적으로 설명하고 있으며, 여기서는 앞에서 정리한 하천지형 시스템의 특성을 기반으로 하도 안정과 불안정의 기본 개념과 대표적인 현상에 국한하여 설명한다.

시스템 안정

일반적으로 순환법칙에서 되먹임(feedback)이란 어떤 원인에 대한 결과가 다시 원인에 영향을 주어, 그 결과를 더욱 늘리거나 혹은 줄이는 조절 원리를 의미한다. 여기서 더욱 늘리는 방향으로 진행되는 양의 되먹임(positive feedback)과 반대로 줄이는 방향으로 진행되는 음의 되먹임(negative feedback)이 있는데 이러한 전반적인 과정을 통해 어떤 계(system)의 향상성이 유지된다. 열린계(open system)의 중요한 특징 중 하나가 이러한 자율조절 능력이다. 하천시스템 또한 어느 정도 안정된 평형상태를 유지할 수 있도록 음의 되먹임을 통해 외부요인의 영향을 조절한다. 하도가 끊임없이 변화하고 다양한 범위의 유량과 유사량이 계속 통과하는 하천시스템에서는 완벽한 안정이 존재하지 않는다. 그러나 자연적이든 인위적이든 교란이 발생하면 이전의 상태로 돌아가려는 경향이 있다. 이러한 반응으로 인하여 변화가 점차 완화된다는 점에서 상대적으로 안정하다고 할 수 있으며, 이를 안정평형(stable equilibrium)이라고 한다. 하천시스템에서 변화를 일으키는 제어변수들이 평균에서 비교적 일정하게 유지된다면 자연하천의 안정평형을 통계적인 평균값으로 인식할 수 있거나 혹은 제어변수에 대한 단일 값의 관계로 나타낼 수 있는 형태를 개발할 수도 있을 것이다(Howard, 1988).

그림 2.25는 안정평형과 불안정평형을 위치에너지의 개념으로 설명하는 것으로서 안정평형에 대한 음의 되먹임의 회복작용뿐만 아니라 임계치를 초과한 결과에 대해서도 설명하고 있다. 그림 2.25의 안정평형 (i)에서는 현재의 평형위치(검은 점)에서 교란에 의해 임계치에 도달하거나 또는 임계치를 초과하는 것이 안정평형 (ii) 조건에 비해 상대적으로 어렵다. 반면, 안정평형 (ii)에서는 교란에 의해 임계치까지 도달하는 범위가 상대적으로 작기 때문에 교란에 의해 쉽게 임계치를 초과할 수도 있다. 임계치를 초과하게 될 경우 시스템이 불안정해져 결국 안정된 상태로 돌아갈 수는 있지만 이 전의 평형위치가 아닌 새로운 평형위치에 도달하게 된다. 그림 2.25의 불안정 평형의 경우 교란에 대한 결과가 다시 교란에 영향을 주어 그 결과를 더욱 증가시키는 방향으로 진행되는 양의 되먹임으로 설명된다.

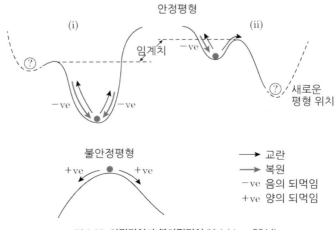

그림 2.25 **안정평형과 불안정평형** (Knighton, 2014)

시간이 지남에 따라 충적하도의 횡단면과 하상경사가 적응과정을 거쳐 마침내는 수리적 형상 또는 평면형태의 순 변화 없이 하도가 상류에서 공급되는 유량과 유사를 이송할 수 있는 상태인지를 평가함으로써 하천의 안정과 불안정을 지형학적 개념에 기초하여 평가할 수 있다. 앞서 수리기하관계에서 언급한 바와 같이 Mackin(1948)은 균형하천을 유효한 유량조건에서 유역으로부터 공급되는 유사량이 그대로 하류로 전달될 수 있는 유속을 제공하기 위해 수년에 걸쳐 하도경사가 정교하게 조정된 하천으로 정의하였으며, 이러한 균형하천을 곧 평형시스템이라고 하였다. 따라서 균형하천은 반드시 고정된 하도일 필요는 없으며, 극한사상에 반응하여 일시적인 형태변화가 나타날 수도 있다.

하천시스템의 전체 또는 일부가 평형상태인지 여부를 결정하는데 보편적으로 사용되는 구체적인 기준은 없으나 Renwick(1992)은 그림 2.26과 같이 평형, 불평형, 비평형을 구분하였다.

- 평형(equilibrium) : 정적상태는 아니며 형태는 교란을 받은 후 회복되는 상대적으로 안정된 상태

- 불평형(disequilibrium) : 적응은 평형을 향한 것이지만 반응시간이 상대적으로 길어 평형상태에 도달하기 위한 충분한 시간이 없는 상태

- 비평형(non-equilibrium) : 평형을 보여주는 실제적 경향이 없어 평균 또는 특성 조건을 식별할 가능성이 없는 상태

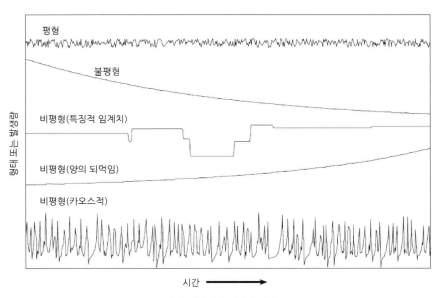

그림 2.26 **평형, 불평형, 비평형의 시각적 개념** (Knighton, 2014)

주기적인 불평형의 사례는 뉴사우스웨일스 해안의 하천에서 찾아볼 수 있다(Warner, 1994). 이 하천에서는 50년 동안 홍수가 지배적인 시기와 가뭄이 지배적인 시기가 번갈아 연속적으로 나타났는데 각각의 시기가 끝나고 다음 시기가 시작되기 전까지 하천에서는 불완전한 적응과 함께 심각한 하도불안정이 발생한 바 있다. 한편, 비평형 상태는 하천의 한 지점에서 유량의 연간변동 상황을 나타내는 유황(river regimes)과 관련된 장기 과도기적 행동의 증상이라고 할 수 있다. 상대적으로 규모가 크고 빈번하지 않은 홍수사상이 하도형태 변화와 적응에서 주요한 역할을 한다(Stevens 등, 1975). 이러한 비평형 상태에서는 하천의 형태와 제어변수 간의 안정적인 관계가 나타나지 않는다.

충적하도의 형태는 규모가 큰 홍수로 인해 받은 영향을 긴 회복시간에 걸쳐 중간 정도의 사상을 갖는 유량에 의해 균형적인 형태로 복원되는 경향이 있다. 이러한 경우 하도는 동적인 안정상태로 간주할 수 있다. 즉, 균형하천의 중요한 속성은 하도형성유량과 같은 상황에서 작동하는 하천과정은 극한사상에 의해 형성된 변화를 영속화하거나 증폭시키기보다는 원래의 균형상태인 하도형태로 복원시키는 경향이 있다는 것이다. 이러한 하천의 안정유형을 일반적으로 동적평형이라 한다. 동적평형 개념은 지금까지 충적하천 변화를 설명하는데 널리 적용되어왔으며, Lane(1955)에 의해 다음과 같은 정성적 관계가 제시되었다.

$$Q_s D_{50} \propto Q S \qquad (2.18)$$

여기서 Q는 유량, S는 하상경사, Q_s는 유사량, D_{50}은 하상재료의 중앙입경이다. 이 관계식을 'Lane의 관계' 또는 'Lane의 균형'이라 하며, 일반적으로 그림 2.27과 같이 시각화하여 설명한다. 식 (2.18)의 우변은 하도의 변화를 주도하는 힘으로 수류력의 주요 인자들이 포함되어 있다. 좌변은 변화를 이끄는 힘에 대해 저항하는 힘으로 하상의 피침식성을 내포한다. 균형하천 또는 평형하천의 개념은 Lane의 관계로 쉽게 설명되며, 이는 네 가지 변수 중 한 변수의 변화로 인하여 다른 변수들이 균형을 회복하기 위해 어떠한 경향의 반응을 형성하는지를 보여준다. 예를 들어, 충적하천에 댐을 축조하게 되면 상류에서의 유사이송은 실질적으로 차단되나 홍수시 물은 유출되기 때문에 하천의 평형상태가 깨지게 된다. 여기서 하상재료의 변화가 없고 댐에서 방류하는 유량은 시간적 분포는 다르겠지만 홍수시 유출은 그대로라고 하면, Lane의 관계에서 좌변이 감소하게 되어 그에 따라 우변도 감소하게 되고 따라서 하상경사가 감소하게 된다. 이는 하상이 평탄해지는 하상저하를 의미하며 하상의 세굴이 수반된다. 이러한 반응은 영구히 지속되지는 않고 새로운 평형상태를 찾게 되면 더 이상 지속적인 변화는 발생하지 않는다. 금강 대청댐 하류에서도 댐 축조 후 이러한 하상저하 현상이 나타났으며(우효섭 등, 2015), 댐 완공 이후 몇 년간 급속하게 진행된 후 새로운 평형상태를 유지하고 있어 지속적인 하상저하는 발생하지 않고 있다. 반대의 예로는 하천 유역 내 개발로 인해 나지가 증가하여 하천으로 유입되는 유사량이 증가하는 경우이다. 이 경우에는 유입 유사량 증가로 인해 하상이 상승하여 하상경사가 커지게 된다. 이처럼 하도가 동적평형 상태라면 하천의 균형을 회복하기 위해 네 가지 변수들이 조정된다. 충적하천은 일반적으로 이 네 가지 변수의 변화에 자유롭게 적응하거나 또는 새로운 평형 조건을 다시 설정하기도 한다. 물론 기반암 하상의 하천이나 인공 콘크리트 수로와 같은 비충적하천은 유사량 및 유사의 크기를 조정할 수 없으므로 Lane의 관계로 동적평형을 설명할 수는 없다.

하천은 사행 또는 망상화를 통해 범람원을 다시 이동시킬 수 있으므로 평형하천 또는 균형하천의 원래 위치는 변할 수 있으나 한 구간에서 하폭, 수심, 경사, 평면형태 등의 평균값은 시간에 따라 큰 변차를 보이지 않는다. 실제로 충적하천은 하상상승과 하상저하를 통해 경사를 조정하는 과정에서 다량의 유사이송이 동반된다. 그러나 이러한 다량의 유사 운반 없이 하도의 사행을 통해 상대적으로 빠르게 경사를 조정할 수도 있다. 이러한 맥락에서 사행 확장과 하도절단을 통한 하천길이의 변화는 하천이 평형상태를 찾기 위한 자연스러운 조정의 수단으로 간주할 수 있다. 따라서 평면형태의 변화가 곧 하천의 불균형을 의미하지는 않는다. 자연적으로 사행하도가 잘리는 현상은 하천이 다른 곳에서 사행을 확장하여 추가적인 하천길이를 확보할 수 있는 것과 연계할 수 있으며, 결국 전체 하천길이 및 경사가 변화되지 않는 상태를 유지할 수 있다.

엄밀히 말해 실제로 하천은 시간에 따라 끊임없이 변화하기 때문에 완벽하게 균형상태에 도달했다고 정의할 수 있는 하천은 거의 없다. 하지만 평형하천 및 균형하천 개념은 일반적으로 약 100년 미만의 공학적 시간척도에서 하천진화의 경향을 설명하는 데는 여전히 가치가 있다. 즉, 이 기간 동안 하천이 평형상태 또는 균형상태로 진화함에 따라 예상되는 조정의 속도와 유형에 대한 유용한 단서를 얻을 수 있다. 또한 하천시스템이 평형상태에 근접하면 하천이 인위적 개입에 어떻게 반응할지, 특히 불안정한 상태에 얼마나 민감한지를 알 수 있다.

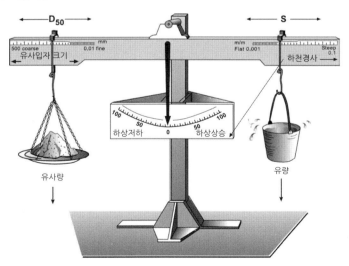

그림 2.27 **Lane의 충적하천의 균형** (Brierley와 Fryirs, 2005)

하도 불안정

하도 불안정은 유사의 공급과 차단 사이의 불균형으로 인한 하천의 수리기하형태, 종단곡선, 또는 평면형태 양상이 일시적으로 변화하는 것을 의미한다. 하도의 불안정은 넓은 의미에서 유사의 침식, 운반, 퇴적을 통해 하천경관을 변화시키는 하천의 자연적 작용에 포함된다. 유사의 유입과 유출이 일치하는 동적평형 상태는 하천이나 유역의 일부구간에서 제한적으로 발생할 수 있으나 장기간 지속될 수 없는 특별한 경우이다.

하도의 불안정은 물의 흐름과 유사의 이동이 방해를 받거나 상당한 교란을 받았을 때 발생할 수 있다. 하천시스템은 초기에 이전의 평형상태 또는 균형상태로 회복하려는 방식으로 하도형태를 조정하여 불균형에 반응한다. 만약 하도형태를 원래 형태와 유사한 형태로 되돌리려는 하천의 과정-반응을 통해 하도의 안정성이 복원되면 이와 관련된 하천조정은 교란 지역의 바로 인근으로 제한되면서 국지적인 불안정이 된다. 그러나 교란과 방해의 규모가 크거나, 하천의 내재된 특성으로 인해 불안정화에 민감하거나, 또는 지형학적 임계치에 근접한 경우에는 하천의 형태적 조정에 의해 교란이전 상태로 회복되거나 다른 새로운 평형상태로 이동하는 것이 불가능하다. 이러한 상황에서 하천시스템의 불안정은 하천시스템 전체에 걸쳐 전파되거나 심지어 인접 하천시스템으로도 확산될 수 있다.

전체 시스템 불안정

하천시스템의 평형이 다양한 요인에 의해 깨지게 되면 하천은 종속변수들을 조정하여 평형을 회복하려고 한다. 물리적 과정의 맥락에서 이러한 하천조정은 일반적으로 하상상승, 하상저하, 또는 평면적 하도 특성(사행의 파장, 곡률 등)의 변화에 반영된다. 교란의 규모와 하천 및 유역 시스템의 특성(하상과 하안의 구성 물질, 수문특성, 지질학적 특성, 인위적 조절, 퇴적물 기원 등)에 따라 하천의 적응은 전체유역에 걸쳐 나타나거나 인접한 하천시스템으로 전파될 수 있다. 이러한 이유로 평형상태의 파괴를 시스템 불안정이라고 한다. 하천시스템의 불안정으로 인해 하상 및 강턱침식의 가속화, 생태서식처 파괴, 과도한 유사량 증가 등이 발생할 수 있다. 하천관리의 관점에서는 홍수 조절, 수질, 저수지 및 습지 관리 등에 부정적인 영향을 미치며, 하천 주변에 설치된 인프라나 하천시설물 자체의 안전에 위험한 상태를 야기할 수도 있다.

하천시스템 불안정의 원인은 하류, 상류 그리고 유역 전체에서 발생하는 원인 세 가지 범주로 분류할 수 있다. 하류에서 침식기준면의 변화는 하천시스템의 안정성에 큰 영향을 미칠 수 있다. 침식기준면은 하류경계의 한계를 의미하며, 그 높이는 하천시스템에서의 위치에너지 산정을 위한 기준으로 정의된다. 하천의 수리특성 조건에 따라 하류경계의 수위는 하천시스템의 수면과 종단면을 제어할 수 있다. 이와 유사하게 하천시스템의 하류경계에서 하상고는 최심하상선의 원점을 나타낸다. 따라서 침식기준면의 변화로 인해 전체 하천시스템 불안정이 유발될 수 있는 가능성이 크다.

　반대로 상류에서 발생하는 원인으로 인한 하천시스템의 불안정은 하류의 흐름특성과 유사공급에 변화를 야기하거나 전체 하천시스템의 안정성에 크게 영향을 미칠 수 있다. 물과 유사는 하도를 형성하고 유지하는 두 가지 주요 변수이므로 충적하천의 안정성은 이중 하나 또는 둘 모두의 변화로 인해 방해를 받을 수 있다. 하천 상류에 위치하는 댐과 같은 구조물에 의한 하천조절은 하류하천이 조정되는 통상적인 원인이 된다. 이로 인한 하류하천의 반응은 구조물 건설 및 운영 방식에 따라 다르게 나타난다. 상류에서 발생하는 하나 이상의 원인에 대한 지형학적 반응은 복잡하고 예측하기 어렵다. 더욱이 하천시스템 불안정성과 하천반응의 특성은 흐름과 유사 특성의 변화 규모뿐만 아니라 하류하천의 변화에 대한 민감도 및 경계조건에 따라 달라진다.

　일반적으로 흐름과 유사 특성이 하천형태와 변화 과정을 조절하는 독립변수로 소개되지만 실제로 이들은 독립변수가 아니다. 이들 변수는 기후, 강우−유출 관계, 식생, 토지이용 등과 같은 유역특성에 의해 종속된다. 심지어 하천 구간 내 상류와 하류의 다양한 요인들이 일정하게 유지된다고 하여도 유역 내의 어떤 변화에 대한 하천적응이 넓게 확산되는 하천시스템에서는 불안정이 촉발될 수 있다. 예를 들어, 유역 내 도시화는 첨두유량과 유사이송의 증가를 발생시킬 수 있다. 또한 최상류지역에서 수행되는 조림사업은 유출과 유사이송을 현저히 감소시킴에 따라 매우 다른 형태의 하천적응을 야기할 수 있다. 실제로 상류에서 발생하는 단순한 원인보다 유역전체에서 발생하는 원인에 의한 하류시스템의 하천반응을 예측하는 것이 훨씬 더 어렵다.

국지적 불안정

국지적 불안정은 동적으로 안정한 형태와 구성을 유지하기 위한 하천시스템 내에 내재된 하천 적응력에 의해 발생하는 하천변화를 의미한다. 국지적 불안정에는 세 가지 일반적인 원인이 있다. 첫 번째는 유량 또는 유사유출의 시계열적 변화에 대한 하천반응이다. 전형적으로 유량변동은 계절에 따라 발생하거나 평균이상 또는 평균이하의 강수 때문에 발생한다. 유사유입의 시계열적 변화는 유사의 저장과 이송 범위 사이의 변동이 짧은 시간에 여러 번 나타난다거나 상류의 하도 조정이 이동함으로써 발생한다. 두 번째는 홍수, 가뭄, 산불 또는 지진과 같은 드물게 발생하는 사건의 영향으로 하천형태가 변화한 후 하천이 다시 복원될 때 발생하는 일련의 하천적응이 원인이다. 세 번째 국지적 불안정의 원인은 기존의 동적안정 상태 내에서 교란의 충격을 수용하는데 필요한 하천변화를 촉발하는 하천에서의 인간활동 또는 인위적 시설물의 건설과 관련 있는 하천 형성 및 과정의 교란이다. 국지적 불안정은 시스템의 심각한 불균형을 나타내는 것은 아니지만 그렇다고 국지적 불안정과 관련된 하상세굴, 사주퇴적, 그리고 하안침식 과정이 한 지역으로만 제한되거나 이로 인한 결과가 무시할만하다는 것은 아니다.

국지적 불안정은 유역의 불균형 상태(즉, 시스템 불안정)로 인한 증상이 아닌 침식과 퇴적 과정을 의미한다. 아마도 가장 일반적인 형태의 국지적 불안정은 자연적인 사행과정에서 발생하는 만곡부 공격사면을 따라 발생하는 하안 침식일 것이다. 국지적 불안정은 흐름 소통의 장애 또는 지반 불안정의 결과로 나타나며, 특정지역에만 발생할 수 있다. 국지적 불안정 문제는 국지적인 대책으로 처리할 수도 있다. 하지만 하천시스템 자체가 심각하게 불안정한 경우에도 국지적 하도 불안정이 존재할 수 있다. 이러한 상황에서는 전체 하천시스템 불안정으로 인한 국지적 하도 불안정 문제가 가속화될 수 있으므로 포괄적인 조치계획이 요구된다. 하안 침식과 붕괴 등의 국지적 불안정에 대한 하천의 횡적변화에 대한 보다 포괄적이고 구체적인 내용은 본 책의 4장에서 설명하고 있으며, FISRWG (1998)의 문헌을 참고할 수도 있다.

하상 불안정

불안정한 하천에서 하상표고와 시간과의 관계는 비선형함수로 나타난다. 교란에 대한 반응으로서 하상변화는 처음에는 빠르게 나타나고 이후로 시간이 갈수록 점차 감소하여 점근하는 형태를 띤다(그림 2.28). 이러한 시간에 따른 하상고의 변화는 하천 세굴의 단계가 종료되었는지 또는 진행 중인 지를 파악할 수 있게 하여 하상고 변화를 통한 하천의 적응평가를 할 수 있게 한다. 미래의 하상고를 예측하기 위해 한 지역에서 하상표고의 변화를 특성화하고 이러한 관계를 다양한 통계적 방법들로 나타낼 수 있다. 이러한 방법은 유량측정이 오랫동안 이루어져 활용 가능한 자료가 많이 있는 지점에서 가치 있는 정보를 제공한다.

하천의 특정지점에서 오랫동안 측정된 유량과 수위 기록은 하천기술자나 지형학자에게 하도 안정의 시간적 변화를 평가하기 위한 유용한 자료가 될 수 있다. 특정지점의 측정기록에서 어느 한 유량에 대해 시간에 따른 일관된 수위증가 또는 수위감소 경향이 나타나지 않는다면 하천은 평형상

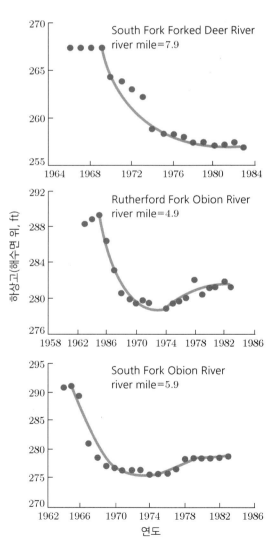

그림 2.28 **시간에 따른 하상고의 변화** (FISRWG, 1998)

태에 있다고 할 수 있다. 반면에 시간에 따라 일관된 수위증가 또는 수위감소의 경향이 나타난다면, 이는 각각 하상상승 또는 하상저하를 의미한다.

그림 2.29는 미국 Arkansas의 Red River 수위-유량 관측 지점에서 특정유량에 대한 시간에 따른 수위변화를 나타낸 것이다. 이 그림에서는 시간에 따라 모든 유량에서 수위가 낮아지고 있으며, 이는 하상이 지속적으로 저하하고 있음을 의미한다. 이처럼 한 지점에서 관측된 수위-유량 측정기록은 시간에 따른 측정 지점의 하상 안정과 불안정을 평가하는데 유용하다. 그러나 특정유량 측정기록은 단지 측정한 관측소의 주변상태를 나타내는 것으로서 관측소와 떨어져 있는 상류나 하류의 하천에는 적용할 수 없는 한계가 있다.

하상의 변화를 직접적으로 평가하기 위한 가장 좋은 방법 중 하나는 하천측량(최심하상선과 하상단면) 결과를 비교하는 것이다. 최심하상선 측량결과는 하상단면에서 가장 낮은 지점으로 하천을 따라 종단으로 획득한다. 여러 번에 걸쳐 획득한 최심하상선 측량결과를 비교함으로써 시간에 따른 하상표고의 변화를 나타낼 수 있다. 하천시스템에서 측량결과를 비교할 때 고려해야 할 몇 가지 유의사항이 있다. 종단곡선을 비교할 때, 특히 큰 하천에서 세굴되어 형성된 큰 구덩이가 있다면 하상상승 또는 하상저하의 뚜렷한 경향을 찾기가 쉽지 않다. 매우 깊게 세굴되어 형성된 구덩이는 종단곡선의 시간적 변화를 완전히 모호하게 할 수 있다. 이러한 경우 종단곡선에서 소 구간을 제거하고 여울 구간에만 집중함으로써 하상상승 또는 하상저하의 경향을 보다 쉽게 관찰할 수 있다. 하상종단곡선이 유용한 정보이지만 이는 하상의 종단형태만을 반영하고 하천전체에 대한 정보를 제공하지 않는다. 이러한 이유로 하천의 횡단형태의 변화를 함께 조사하는 것이 필요하다. 하천의 횡단형태는 특정 단면의 폭, 깊이, 면적, 윤변, 동수반경 등과 같은 변수들을 나타낸다.

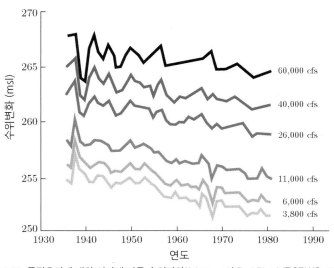

그림 2.29 **특정유량에 대한 시간에 따른 수위변화**(Arkansas의 Red River) (FISRWG, 1998)

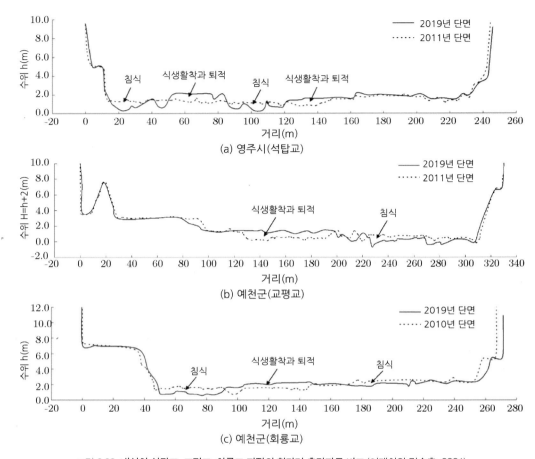

그림 2.30 **내성천 석탑교, 교평교, 회룡교 지점의 횡단면 측량자료 비교** (이태희와 김수홍, 2021)

고정된 위치에서 횡단면을 측량하는 경우 다른 시점에서 측량된 횡단면 형태와 직접 비교할 수도 있다. 그림 2.30은 낙동강의 지류인 내성천 본류의 석탑교, 고평교, 회룡교 수위-유량 관측소 지점의 하도 횡단면 측량 자료를 비교한 결과이다(이태희와 김수홍, 2021). 석탑교와 고평교는 2011년과 2019년에 측량한 자료를 비교한 것이며 회룡교는 2010년과 2019년에 측량한 횡단면을 비교한 것이다. 횡단면 변화 비교를 통해 하도 형상이 우안부 및 중심부에서 식생활착과 유사퇴적으로 하중도가 형성되었고 이로 인해 하중도 좌우로 흐름이 분기되어 침식이 발생한 것을 알 수 있다.

하도의 종횡단면 측량자료의 비교뿐만 아니라 제작연대가 다른 지형도나 항공사진 등을 시간순서에 따라 비교하면 하천 평면형태의 불안정성에 대한 정보를 얻을 수 있다. 하안침식에 의한 하도 이동의 속도와 규모, 자연적 또는 인공적 하도 절단의 위치, 그리고 하폭과 하천의 평면형태의 시공간적 변화를 지형도에서 확인할 수 있다. 하상의 저하와 상승의 하상 불안정을 평가하기 위한 하천의 종적변화에 대한 보다 포괄적이고 구체적인 내용은 본 책의 3장과 FISRWG(1998)의 문헌을 참고할 수 있다.

2.5 하도진화모형

하도진화는 교란이 발생한 후 하천이 겪는 일련의 순차적 변화를 의미하며, 이러한 과정을 개념적으로 설명하는 모형을 하도진화모형이라고 한다. 이러한 변화는 하도의 폭과 깊이의 비가 증가하거나 감소하는 것으로 나타나며 범람원의 변화로도 나타날 수 있다. 수많은 지형학 연구는 시간별 위치 대체(location-for-time substitution)라고 부르는 개념을 차용하여 시간에 따른 지형 발달을 추론하기 위해 서로 다른 위치에서 개발된 데이터를 사용해 왔다. 시간별 위치 대체 방법은 하도를 따라 하류로 이동하면서 하도 형태를 관찰함으로써 시간에 따른 한 위치에서의 물리적 프로세스의 영향을 예측할 수 있다고 가정한다. 이 기법은 관심구역의 하류상황이 시간적으로 앞서며 상류상황은 시간적으로 뒤에 따라오는 것으로 설명된다. 즉, 이전에 상류하천처럼 보였던 유역중간의 관심 하도구간은 하류하천처럼 진화한다는 것이다. 이 기술은 처음에 미국의 북부 미시시피에 있는 절개하천인 Oaklimeter Creek의 하도진화모형(Channel Evolution Model, CEM)을 개발하기 위해 사용되었다(Schumm 등, 1984). Simon과 Hupp(1987)는 후에 Schumm 등(1984)의 자료와 다른 하천에서 관찰한 자료를 기초로 유사한 하도진화모형을 개발하였다.

지금까지 많은 형태의 하도진화모형이 개발되고 제안되었지만 그 중 Schumm 등(1984) 모형과 Simon(1989, 1995) 모형은 점착력이 있는 물질로 구성된 하안을 갖는 하도에 대해 일반적으로 적용되는 모형이다. 두 모형 모두 하도에 식생피복이 있고, 범람원과 자주 상호작용하는 교란상태 이전에서 시작한다. 그리고 횡단면, 종단면, 기타 지형변화 과정을 기반으로 하천의 진화단계를 구분하였다. 두 모형 모두 점착력 있는 물질로 구성된 하안(강턱)으로 이루어진 하천경관을 위해 개발되었으나, 점착력 없는 하안으로 구성된 하천에서도 동일한 물리적 진화과정이 발생할 수 있지만 정의된 진화단계를 따라 동일하게 발생하지는 않는다.

Schumm 등(1984)의 하도진화모형은 하상이 절개된 하천에서 일반적으로 발생하는 진화단계를 설명하는 5개의 하도구간 유형으로 구성된다. Simon(1989)의 하도진화모형은 기존의 5개 하도구간 유형에 이전 단계(1단계)를 추가하여 총 6단계로 구성하였다(그림 2.31). 이러한 진화단계는 불균형이 심한 단계부터 새로운 준평형 상태까지 도달하는 단계를 모두 포함한다. 여기서 준평형이란 정적이지 않고 시간이 지남에 따라 변하지만 수년에 걸쳐 평균조건을 유지하는 것을 의미한다.

하도진화모형에서 하도구간 유형은 Ⅱ에서 Ⅵ로 구분되며 하류방향으로부터 하도유형이 주어진 위치에서 차례로 발생한다고 간주한다(그림 2.31). Ⅱ유형 구간은 활발하게 하상이 저하되는 구간보다 상류에 위치하며 아직 하상 또는 하안의 불안정을 경험하지 않았다. 이러한 하도구간은 일반적으로 최근에 퇴적된 유사가 하상에 거의 없는 U자형 단면을 갖는다.

Ⅲ유형 구간은 Ⅱ유형 구간의 하류에서 발생한다. 하상저하는 Ⅲ유형 구간에서 지배적으로 나타나는 현상이다. Ⅲ유형 하도는 유사이송능력이 유사공급을 초과하는 경사가 가파른 구간이다. Ⅲ유형 구간에서 활발하게 하상저하가 발생하지만 하안높이(h)는 아직 하안임계높이(h_c)를 초과하지 않으므로 하도구간 규모의 하안 불안정은 발생하지 않는다.

하상저하가 계속됨에 따라 하안의 높이와 경사는 계속해서 증가한다. Ⅳ유형 구간에서 하안높이가 안정성을 가름하는 하안임계높이를 초과($h > h_c$)하면서 지반 불안정에 의한 하안(강턱)붕괴가 시작된다. Ⅳ유형 구간에서 하도확장이 지배적으로 나타난다. Ⅳ유형 구간에서는 위치에 따라서 계속된 하상저하가 일부 발생할 수 있다. 그러나 하도경사가 감소함에 따라 유사이송능력이 감소하고, 상류구간의 불안정으로 인해 유입된 유사와 Ⅳ유형 구간에서 하안붕괴로 증가된 유사공급으로 인해 종종 하상에 유사가 쌓이게 된다.

Ⅴ유형 구간은 Ⅳ유형 구간보다 하류구간에 위치하며 새로운 동적평형 상태로 돌아가는 감입하도의 첫 번째 징후를 나타낸다. Ⅴ유형 구간에서 하안붕괴와 같은 불안정과 하폭확장은 계속될 수 있지만, 이전에 비해 훨씬 감소된 상황이다. 상류의 Ⅳ유형으로부터의 유사공급이 유사이송능력을 초과하여 Ⅴ유형 구간의 하상은 퇴적되고 상승한다. Ⅴ유형 구간은 또한 넓어진 하도의 가장자리를 따라 둔덕(berm)이 발달한다. 이 둔덕은 흐름과 유사의 조건에 맞게 규모가 조정된 새로운 하도의 시작을 나타낸다.

Ⅵ유형 구간은 유사이송능력과 유사공급 사이의 균형을 통한 동적평형 상태에 도달한 상태이다. Ⅵ유형의 하안높이는 일반적으로 하안임계높이보다 낮으므로 붕괴로 인한 하안 불안정은 없다. 그러나 국지적인 하안붕괴는 사행과정에 의해 또는 기타 지역적 요인의 결과로 여전히 나타날 수 있다. Ⅴ유형 구간에서 시작된 둔덕은 하안식생으로 인해 고립되어 하도 내에 망상하도를 형성하기도 한다. Ⅵ유형의 평형하천은 좁은 범람원으로 둘러싸인 내부에 더 작은 하도가 있는 복합적인 형태이다. Ⅵ유형 하천의 원래 범람원은 하안단구가 된다.

하도진화모형은 하천시스템 내에서 하천의 안정에 대한 상태를 다룬다. Ⅵ유형 구간에서 동적평형은 단순히 시스템의 안정이 달성되었음을 의미한다. Ⅵ유형 구간은 자연적인 사행과정 또는 일부 다른 국지적인 과정의 일부로 인해 상당한 침식이 나타날 수 있지만 여전히 동적평형 상태에 있는 것으로 분류된다. 하도진화모형에서 순서의 의미는 현지조사에서 하천진화 상태를 확인하는데 도움을 준다. 하도구간 유형의 형태적 특성은 흐름, 유사이송, 지반 특성과 관련된 변수와도 연계된다. 하도진화 순서는 하도구간이 외관상 현저히 다를 수는 있지만 어떤 하도구간의 하천형태는 진화과정에 의해 인접해 있거나 또는 멀리 떨어진 하도구간과 서로 연관되어 있다는 것을 보여준다.

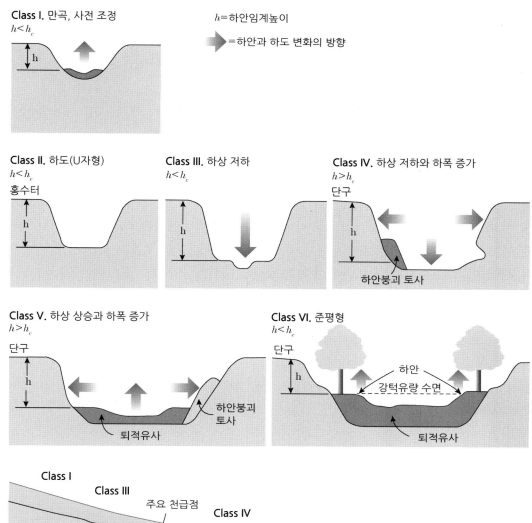

그림 2.31 Simon(1989)의 하도진화모형

하도진화모형은 인위적인 교란으로 인한 하도의 진화 추세를 예측하는데 도움이 된다. 예를 들어 하도구간이 진화단계 Ⅳ에 있는 것으로 분류되면 좀 더 안정한 구간은 하류에서 나타나고 불안정한 구간은 상류에서 나타날 수 있다는 것을 의미한다. 또한 Ⅲ 단계에서 하상이 깎이는 절개 또는 하상세굴 등의 두부침식(headcut) 현상이 발생하면 이는 저항이 강한 토양층에 이르거나, 유역면적이 너무 작아져서 침식이 가능한 유출을 형성시킬 수 없거나, 또는 경사가 작아서 침식을 일으키는 충분한 에너지를 형성할 수 없는 하천에 다다를 때까지 상류방향으로 전진한다. 진화단계 Ⅳ~Ⅵ는 상류방향으로 이동하는 두부 침식 이후에 뒤따른다. 두부침식에 대한 보다 자세한 내용은 본 책의 3장 하천의 종적변화를 참고할 수 있다.

하천진화단계는 교란된 하천에서 국지적 또는 시스템 전체에서의 안정성 문제를 구별하기 위한 진단적 의미의 주요변수이다. 유역전체에 걸쳐 조정되는 동안 하천진화단계는 보통은 상류방향 거리에 따라 체계적으로 다르게 나타난다. 하류지역에서는 하상상승과 약간의 하폭확장을 특징으로 하는 반면, 상류지역에서는 하폭확장과 경미한 하상저하가 특징으로 나타난다. 조사가 충분히 상류방향으로 확장되어 이뤄진다면 안정적이고 간섭을 받기 이전상태의 특징이 나타날 것이다. 이러한 일련의 단계를 적용하여 시스템 전체의 불안정을 나타낼 수 있다.

하천정비 또는 복원과 같은 여러 가지 인위적인 하천사업이 종종 실패하는 이유는 단지 부적절한 구조적 설계 때문이 아니라 설계자가 현재와 향후 나타나는 하천형태를 설계에 통합하지 못했기 때문이다. 이러한 이유로 하천 설계자 또는 관리자가 선택한 공법이 현재 또는 미래의 하천조건과 조화를 이루어 작동할 수 있도록 하기 위해서는 하천변화와 적응 과정에 대해 일반적인 이해가 요구된다. 이를 통해 특정지역의 조건이 국지적인 불안정 과정에 기인한 것인지 또는 전체 유역에 영향을 미칠 수 있는 전체 시스템 불안정에 의한 것인지를 평가할 수 있다.

2.1 하천지형의 변화와 과정을 이해하기 위한 하천시스템의 여섯 가지 기본개념에 대해 설명하시오.

2.2 하천에서 삼각주와 선상지가 나타나는 위치와 두 지형의 차이점을 설명하시오. 또한 삼각주와 선상지 위에 나타나는 하천의 형태를 설명하시오.

2.3 망상하천과 다지하천의 특성과 차이점을 서술하고 Schumm(1981)의 하도형태 분류(그림 2.12)에서 망상하천과 다지하천이 해당하는 유형이 무엇인지 설명하시오.

2.4 어느 하천의 강턱유량이 300 m³/s이고 하상토 중앙입경 크기는 20 mm일 때 현재 하도단면을 기준으로 강턱유량이 흐르는 조건에서 하폭은 50 m, 수심은 2.4 m, 하상경사는 0.0043이다. 본 장에서 소개한 수리기하 관계식을 이용하여 강턱유량을 하도형성유량으로 간주할 경우 수리기하 관계식에 의해 계산된 하폭과 수심을 현재 하도단면의 하폭, 수심과 비교하시오.

2.5 하도형성유량을 산정하는 방법과 방법별 필요한 입력자료에 대해 설명하시오. 또한, 하도형성유량을 산정하는 방법별 계산 결과가 유사하게 도출되지 않는 하천은 주로 어떠한 형태의 하천인지 설명하시오.

2.6 매닝공식이 적용되는 $m = 1/6$의 경우에 대해 식 (2.14)에서 식 (2.17)의 하류수리기하 관계식을 단순화하시오.

2.7 단위 폭당 유사량에 대한 대략적인 근사치를 $q_s \cong 18 \sqrt{g\,d_s^{\ 3}}\,\tau_*^2$으로 간주할 경우 연습문제 2.2에서 $m = 1/6$일 때의 W와 τ_* 식을 이용하여 전체 하폭을 고려한 유사량 $Q_s = W q_s$를 나타내시오. 또한, Lane의 관계식인 식 (2.18)의 형태로 나타낼 경우 좌변의 유사량과 하상재료의 평균입경 그리고 우변의 유량과 하상경사의 지수 값을 구하시오.

참고문헌

김종욱, 이민부, 공우석, 김태호, 강철성, 박경, 박병익, 박희두, 성효현, 손명원, 양해근, 이승호, 최영은. 2012. 한국의 자연지리(개정판). 서울대학교 출판문화원.

박종관. 1997. 하천지형학 입문(II). 물과미래, 한국수자원학회지, 30(1): 101-108.

우효섭, 김원, 지운. 2015. 하천수리학(개정판). 청문각.

이태희, 김수홍. 2021. 내성천 하도 내 식생활착에 의한 단면 및 유량변화 분석. 한국수자원학회 논문집, 54(3): 203-215.

장은경, 안명희, 지운. 2018. 내성천의 영주댐 하류 구간의 하도형성유량 산정 및 안정하도 단면 평가. 한국수자원학회 논문집, 51(3): 183-193.

지운, 강준구, 여운광, 한승원. 2009. 청미천 구하도 복원 설계를 위한 하도형성유량 산정. 한국수자원학회 논문집, 42(12): 1113-1124.

Andrews, E. D. 1980. Effective and bankfull discharges of streams in the Yampa River basin Colorado and Wyoming. Journal of Hydrology, 46: 311-330.

ASCE. 2008. Sedimentation Engineering. V. Vanoni, ed, American Society of Civil Engineers.

Biedenharn, D. S. and Watson, C. C. 1997. Stage adjustment in the lower Mississippi River, USA. Regulated Rivers: Research & Management: An International Journal Devoted to River Research and Management, 13(6): 517-536.

Bledsoe, B. P. 1999. Specific stream power as an indicator of channel pattern, stability, and response to urbanization. Ph.D Dissertation, Colorado State University, Fort Collins, CO.

Bledsoe, B. P. and Watson, C. C. 2001. Logistic analysis of channel pattern thresholds: meandering, braiding, and incising. Geomorphology, 38(3-4): 281-300.

Blench, T. 1957. Regime Behavior of Canals and Rivers. Butterworths Scientific Publications, London, pp. 138.

Blench, T. 1969. Mobile-bed fluviology, a regime treatment of canals and rivers. Univ. of Alberta Press. Edmonton, Alberta, Canada, pp. 168.

Blench, T. 1972. Regime problems of rivers formed in sediment. *Environmental impact on rivers*. H. W. Shen, ed, Publisher, Fort. Collins, Colorado.

Blom, G. 1958. *Statistical estimates and transformed beta-variables*. Wiley, New York, NY.

Brice, J. C. 1975. Airphoto interpretation of the form and behavior of alluvial rivers. Final Report to the U.S. Army Research Office, Durham, Washington University, St. Louis, MO.

Brice, J. C. 1984. Planform properties of meandering rivers. In: River Meandering, S. Y. Wang, (Ed.), New York, NY. ASCE, pp. 1-15.

Brierley, G. J. and Fryirs K. A. 2005. Geomorphology and river management: *Application of the river styles framework*, Blackwell Publishing, Oxford, UK.

Cullingford, R. A., Davidson, D. A., and Lewin, J. 1980. *Timescales in geomorphology*. John Wiley & Sons.

Cunnane, C. 1978. Unbiased plotting positions – a review. *Journal of Hydrology*, 37: 395–405.

Dury, G. H. 1973. Magnitude–frequency analysis and channel morphology. In M. Morisawa, (Ed.), Allen & Unwin, pp. 91–121.

Dury, G. H. 1976. Discharge prediction, present and former, from channel dimensions. Journal of Hydrology, 30: 219–245.

Emmett, W. W. 1975. The channels and waters of the upper Salmon River area, Idaho.

Emmett, W. W. and Wolman, M. G. 2001. Effective discharge and gravel–bed rivers. Earth Surface Processes and Landforms. 26: 1369–1380.

FISRWG. 1998. The Stream Corridor Restoration: Principles, processes, and practice. Federal Interagency Stream Restoration Working Group.

Goodwin, P. 2004. Analytical solutions for estimating effective discharge. Journal of Hydraulic Engineering, 130(8): 729–738.

Gringorten, I. I. 1963. A plotting rule for extreme probability paper. Journal of Geophysical Research, 68(3): 813–814.

Harrelson, C. C., Rawlins, C. L., and Potyondy, J. P. 1994. Stream channel reference sites: An illustrated guide to field technique. General Report No. RM–245, U.S. Department of Aqriculture, Forest Service, Fort Collins, Colorado.

Hey, R. D. 1975. Design discharge for natural channels. Technology and Environmental Management. Saxon House, Farnborough, pp. 73–88.

Hey, R. D. 1994. Restoration of gravel–bed rivers: Principles and practice. Natural channel design: Perspectives and practice. Canadian Water Resources Association, Cambridge, Ont., pp. 157–173.

Holmquist–Johnson, C. L. 2002. Computational methods for determining effective discharge in the Yazoo River Basin, Mississippi. MS Thesis, Colorado State University, Fort Collins, CO.

Howard, A. D. 1988. Equilibrium models in geomorphology. Modelling geomorphological systems, 49–72.

Inglis, C. C. 1947. Meanders and Their Bearing on River Training. Proceedings of Institution of Civil Engineers, Maritime and Waterways Engineering Division Meeting, London, England.

Julien, P. Y. 1988. Downstream hydraulic geometry of noncohesive alluvial channels. Int, Conf, on River Regime, John Wiley & Son, Inc, New York, N.Y. pp. 9–16.

Julien, P. Y. 1989. Geometric hydraulique des cours d'eau a lit alluvial. Proc, IAHR Conf, Nat, Res. Council, Ottawa, Canada, B9–16.

Julien, P. Y. and Wargadalam, J. 1995. Alluvial Channel Geometry: Theory and Applications. Journal of Hydraulic Engineering, 121(4): 312–325.

Julien, P. Y. 2010. Erosion and sedimentation. Cambridge university press.

Julien, P. Y. 2018. River mechanics. Cambridge University Press.

Kennedy, R. G. 1895. The prevention of silting in irrigation canals." Institution of Civil Engineers, London, England, Vol. CXIX.

Knighton, A. D. 2014. Fluvial forms and processes: A new perspective. Routledge.

Lacey, G. 1929. Stable Channels in Alluvium. 229, Part 1, pp. 259−292.

Lane, E. W. 1955. Design of stable channels. Transactions of the American Society of Civil Engineers, 120: 1234−1279.

Leopold, L. B. and Maddock, T. 1953. The Hydraulic Geometry of Stream Channels and Some Physiographic Implications. USGS Professional Paper 252, USGS, Washington, D. C.

Leopold, L. B. and Wolman, M. G. 1957. River channel patterns: braided, meandering, and straight. US Government Printing Office.

Leopold L. B., Wolman, M. G., and Miller, J. P. 1964. Fluvial Processes in Geomorphology. W. H. Freeman and Company.

Leopold, L. B. 1994. A view of the River. Harvard University Press, Cambridge, Massachusetts.

Lindley, E. S. 1919. Regime Channels. Punjab Engineering, Congress, India.

Lokhtin, V. M. 1897. About a mechanism of river channel. Voprosy gidrotekhniki svobodnykh rek, 23−59.

Mackin, J. H. 1948. Concept of the graded river. Geol. Soc. Am. Bull., 59: 463−512.

Makaske, B. 2001. Anastomosing rivers: a review of their classification, origin and sedimentary products. Earth−Science Reviews, 53(3−4): 149−196.

McCandless, T. L. 2003. Maryland stream survey: Bankfull discharge and channel characteristics of streams in the allegheny plateau and the valley and ridge hydrologic regions. U.S. Fish and Wildlife Service.

Nunnally, N. R. and Shields, F. D. 1985. Incorporation of Environmental Features in Flood Control Channel Projects. Technical Report E−85−3, U.S. Army Engineer Waterways Experiment Station, Vicksburg, MS.

Pickup, G. and Warner, R. F. 1976. Effects of hydrologic regime on the magnitude and frequency of dominant discharge. Journal of Hydrology, 29: 51−75.

Renwick, W. H. 1992. Equilibrium, disequilibrium, and nonequilibrium landforms in the landscape. Geomorphology, 5(3−5): 265−276.

Richards, K. S. and Lane, S. N. 1997. Prediction of morphological changes in unstable channels. In: Applied Fluvial Geomorphology for River Engineering and Management, Thorne, C. R., Hey, R. D., Newsom, M. D. (Eds.), pp. 269−292.

Riley, S. J. 1976. Aspects of bankfull geometry in a distributary system of eastern Australia. Journal of Hydrological Science, 21: 545−560.

Riley, A. L. 1998. Restoring streams in cities: A guide for planners, policymakers, and citizens, Island Press, Washington, D. C.

Rosgen, D. L. 1996. Applied river morphology. Wildland Hydrology, Colorado.

Schumm, S. A. 1960. The shape of alluvial channels in relation to sediment type. U.S. Geological Survey, Professional Paper No. 352B, Washington, D.C., pp. 30.

Schumm, S. A. and Lichty, R. W. 1965. Time, space, and causality in geomorphology. American Journal of Science, 263(2): 110−119.

Schumm, S. A. 1973. Geomorphic thresholds and complex response of drainage systems. Fluvial geomorphology, 6: 69−85.

Schumm, S. A. and Parker, R. S. 1973. Implications of complex response of drainage systems for Quaternary alluvial stratigraphy. Nature Physical Science, 243(128): 99–100.

Schumm, S. A. 1977. The Fluvial System. John Wiley and Sons, Chichester and New York.

Schumm, S. A. 1981. Evolution and response of the fluvial system, sedimentologic implications.

Schumm, S. A., Harvey, M. D., and Watson, C. C. 1984. Incised channels: morphology, dynamics, and control. Water Resources Publications.

Schumm, S. A. 1985. Patterns of alluvial rivers. Annual Review of Earth and Planetary Sciences, 13(1): 5–27.

Shields, F. D. Jr., Copeland, R. R., Klingeman, P. C., Doyle, M. W., and Simon, A. 2003. Design for Stream Restoration. Journal of Hydraulic Engineering, 29(8): 575–584.

Simon, A. and Hupp, C. R. 1987. Channel evolution in modified alluvial streams. US Geological Survey.

Simon, A. 1989. A model of channel response in distributed alluvial channels. Earth Surface Processes and Landforms 14(1): 11–26.

Simon, A. 1995. Adjustment and recovery of unstable alluvial channels: identification and approaches for engineering management. Earth surface processes and landforms, 20(7): 611–628.

Simons, D. B. and Richardson, E. V. 1966. Resistance to flow in alluvial channels. US Government Printing Office.

Soar, P. J. 2000. Channel restoration design for meandering rivers. Ph. D. Thesis, University of Nottingham, Nottingham, UK.

Stevens, M. A., Simons, D. B., and Richardson, E. V. 1975. Non-equilibrium river form. Journal of the Hydraulic Division American Society of Civil Engineers, 101(HY5): 557–66.

USACE. 1994. Channel Stability Assessment for Flood Control Projects. EM 1110-2-1418, U.S. Army Corps of Engineers, Washington D. C.

Warner, R. F. 1994. Temporal and spatial variations in erosion and sedimentation in alternating hydrological regimes in southeastern Australian rivers. IAHS Publications—Series of Proceedings and Reports—Intern Assoc Hydrological Sciences, 224: 211–222.

Watson, C. C., Biedenharn, D. S., and Bledsoe, B. P. 2002. Use of incised channel evolution models in understanding rehabilitation alternatives. Journal of the American Water Resources Association, 38(1): 151–160.

Watson, C. C., Biedenharn, D. S., and Thorne, C. 2005. Stream Rehabilitation. Version 1.0. Cottonwood Research LLC, Fort Collins, Colorado.

Weibull, W. 1939. A Statistical Theory of the Strength of Materials. Generalstabens Litografiska Anstalts Förlag, Stockholm.

Williams, G. P. 1978. Bankfull discharge of rivers. Water Resources Research, 14(6): 1141–1158.

Williams, G. P. 1986. River meanders and channel size. Journal of hydrology, 88(1–2), 147–164.

Wolman, M. G. and Leopold, L. B. 1957. River Floodplains—Some Observations on their Formation. U. S. Geological Survey, Professional Paper 282C.

Wolman, M. G. and Miller, J. P. 1960. Magnitude and frequency of forces in geomorphic processes. Journal of Geology, 68: 54–74.

Woo, H., Julien, P. Y., and Richardson, E. V. 1986. Wash Load and Fine Sediment Load. Journal of Hydraulic Engineering, 112(6).

Woodyer, K. D. 1968. Bankfull frequency in rivers. Journal of Hydrology, 6: 114-142.

Yang, C. T. 1983. Minimum rate of energy dissipation and river morphology. In proceedings of D. B. Simons Symposium on Erosion and Sedimentation, Colorado State University, Fort Collins, Colorado, 3.2-3.19.

Yang, C. T. 1996. Sediment Transport-Theory and Practice. The McGraw-Hill Companies, Inc., New York.

Yang, C. T. 2003. Sediment Transport: Theory and Practice. reprint ed., Krieger, Malabar, FL.

URL #1 : https://i.pinimg.com/originals/91/52/66/915266e7f4db11c12e40d08348e45121.png 2022.3.7. 접속

URL #2 : https://blog.naver.com/cjb100/221106488623. 2021.3.6. 접속

하도에서 유사의 퇴적이나 세굴로 하상이 상당한 구간에 걸쳐 전반적으로 변하는 것을 하상변동이라 한다. 본 장에서는 종단형태를 나타내는 지점별 하상고의 변화와 일정 하도구간별 하상고의 차이를 나타내는 하천경사에 대해 설명하고, 하천의 종적변화를 의미하는 하상변동의 원인과 조사, 예측모형 등에 대해 알아본다. 특히 하천반응의 정성적 해석이 가능한 Lane의 관계를 이용하여 댐 하류의 하상저하, 댐이나 보 상류의 하상상승, 지류유입부의 퇴적, 골재채취로 인한 하상변화 현상 등을 설명하고, 하상저하로 인한 지류의 두부침식 현상에 대해서도 알아본다. 또한 하천의 종적변화를 예측하는 이론적 접근방법과 하상 저하와 상승을 정량적으로 해석하는 방법에 대해 검토한다. 마지막으로 하상변동의 수치모의를 위한 1차원 하상변동모형에 대해 설명하고, 특히 미공병단의 HEC-RAS 모형의 구성과 적용사례를 소개한다.

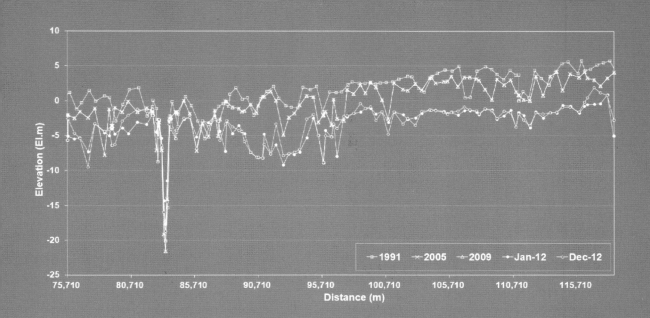

3

하천의
종적변화

3.1 하상의 종단형태

하천의 종단형태는 상류에서 하류 방향으로 지점별 하상고의 변화에 따라 다르게 나타난다. 그림 3.1은 1991년부터 2012년까지 낙동강 본류(낙동강 하굿둑으로부터 상류 350 km)의 최심하상고 변화를 나타낸 것이다. 하천의 흐름방향으로 최심하상고를 이은 선을 최심선이라 한다. 한 지점의 하상고가 하류하천 거리에 따라 얼마나 저하하는지에 따라 하천의 종단경사가 결정되며, 이를 하천경사 또는 하상경사라고 한다. 자연하천의 하상은 불규칙한 단면형태를 갖고 있기 때문에 한 지점의 횡단면의 평균하상고를 기준으로 산정하는 평균하상경사와 횡단면의 최심하상고를 기준으로 산정하는 최심하상경사로 구분된다. 최심하상경사의 경우 횡단면에 따라 최심하상고가 상대적으로 크고 작게 나타나는 편차가 있기 때문에 평균하상경사보다는 구간에 따라 불규칙하게 나타날 수 있다.

그림 3.1의 낙동강 최심하상고의 변화를 보면 1991년 이후 낙동강 하굿둑으로부터 상류 150 km까지 하류구간에서는 하상고가 저하되었으며, 중류와 상류 구간에서는 상승한 것을 알 수 있다. 이러한 최심하상고 변화의 원인에는 하천흐름에 의한 자연적인 침식과 퇴적의 요인뿐만 아니라 정부가 수행하는 하천정비나 '4대강 살리기 사업(이하 4대강사업)' 등의 대규모 하천공사 및 준설에 의한 인위적인 요인 등이 있다. 그럼에도 불구하고 최심하상고 변화곡선은 아래로 볼록한 형태를 띤다. 한편, 낙동강 하굿둑에서 상류 100 km 구간 사이에서 최심하상고 변화는 매우 큰 것으로 나타났다.

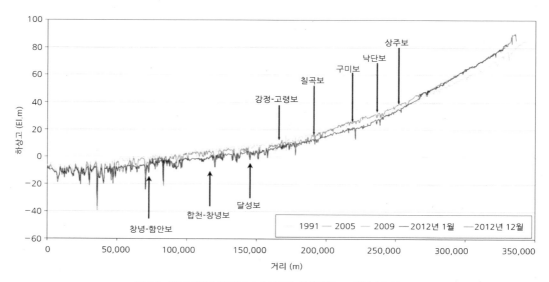

그림 3.1 **1991년부터 2012년까지 낙동강 최심하상고 변화** (지운 등, 2015a)

하상경사의 종단변화는 하천의 수리 및 유사 특성의 상관성으로 나타낼 수 있다. Hack (1957)은 미국 메릴랜드와 버지니아 하천자료를 이용하여 다음과 같은 하상경사 관계식을 도출하였다.

$$S = 18 \left(\frac{d_s}{A} \right)^{0.6} \tag{3.1}$$

여기서 S는 하상경사, d_s는 하상재료 평균입경(mm), A는 유역면적(mile^2)이다. 국내의 경우 우효섭 등(1994)이 국내 중소하천 18개의 하상경사와 유역특성과의 관계를 검토하여 다음과 같은 관계식을 제시하였다.

$$\frac{S}{S_o} = \left(\frac{A}{A_o} \right)^{-(0.0063/\beta + 0.51)} \tag{3.2}$$

여기서 A_o와 S_o는 상류 기준점($x = 0$)에서의 유역면적과 하상경사이며, β는 거리에 따른 유역면적의 감소 양상을 나타내는 계수이다. β는 다음과 같은 경험식으로부터 계산되며, 0.02에서 0.2 정도이고, 평균적으로 0.07 값을 갖는다.

$$A = A_o e^{\beta x} \tag{3.3}$$

Hack(1957)의 관계식으로부터 같은 지질로 구성된 유역에서 하상경사는 하상재료의 크기에 비례하고 유역면적에 반비례한다는 것을 알 수 있다. 유역면적은 곧 그 하천의 유량규모와 직접적인 비례적 상관관계가 있으므로, 하상경사는 유량에 반비례한다는 것을 의미한다. 이는 우효섭 등(1994)의 관계식에서도 동일하게 나타난다. 이러한 하상경사의 종단형태와 하천의 수리 및 하상재료와의 상관관계는 제2장에서 소개한 이른바 평형하천 개념에 입각한 하천의 수리, 기하, 유사 특성 간의 상호관계를 나타내는 'Lane의 관계'(1955)와 일치한다.

예제 3.1

상류 기준점($x = 0$)에서 유역면적(A_o)이 300 km^2, 하상경사(S_o)가 0.01인 경우 식 (3.2)와 (3.3)을 이용하여 하류 10 km 지점에서의 유역면적과 하상경사를 추정하시오. 거리에 따른 유역면적의 감소 양상을 나타내는 계수(β)를 0.07이라고 가정하시오.

| 풀이 |
식 (3.3)을 이용하여 하류 10 km 지점에서의 유역면적을 추정하면

$$A = 300 \times e^{0.07 \times 10} = 604 \quad [\text{km}]$$

따라서 식 (3.2)로부터

$$\therefore S = 0.01 \times \left(\frac{604}{300} \right)^{-(0.0063/0.07 + 0.51)} = 0.0066$$

3.2 충적하천의 하상변동

충적하천은 흐름에 의해 하천의 평면형태, 종단형태, 단면형태, 하상재료의 구성 등이 지속적으로 변하는 하천이다. 이러한 변화는 장기에 걸쳐 광역적으로 발생할 수 있고, 단기에 걸쳐 국부적으로 발생할 수도 있다. 이러한 변화를 일으키는 주된 요인은 자연적이거나 인위적일 수 있다. 하천지형학적 관심은 주로 하천의 지질시간대에 걸쳐 흐름에 의해 침식되거나 이송된 유사가 퇴적되어 형성된 하천형태 변화에 있다면, 하천공학적 관심은 인위적인 요인에 의해 비교적 단기간에 발생하는 하천변화라고 할 수 있다. 예를 들어 하천에 댐이나 보를 건설하게 되면 하천의 형태와 하상재료가 변화하며 특히 하천경사의 변화가 두드러지게 나타난다. 우리나라 하천은 대부분이 인위적으로 정비되어 있거나, 하천변의 비충적층 발달과 제방축조로 인해 평면변화가 제한되는 조건이 많기 때문에, 하상의 종방향으로 변화가 지배적인 경우가 많다. 따라서 평면 및 횡단면 변화보다는 하천의 종적변화가 중요한 관심 대상인 경우가 많다.

하상의 저하와 상승

하천정비, 댐이나 보 축조 등과 같은 인위적인 요인에 의해 비교적 장거리에 걸쳐 하상이 침식되고 하류에 퇴적됨으로써 하상 종단경사가 작아지는 현상을 하상저하(streambed degradation)라고 한다. 반면, 인위적인 요인에 의해 비교적 장거리에 걸쳐 하상에 유사가 퇴적되고 이에 따라 하상 종단경사가 커지는 현상을 하상상승(streambed aggradation)이라 한다. 2장에서도 설명하였듯이 하천이나 수로가 장기간에 걸쳐 침식과 퇴적을 반복한 후 하상경사와 단면의 크기 및 형상이 일정한 상태로 유지되고, 하상토의 유사공급과 유사이송률이 같아져 안정상태를 유지하는 하도를 안정하도라고 한다. 또한 이와 유사하게 하나의 하천구간 상류에서 유입되는 유사량과 하류로 유출되는 유사량이 같아 그 하천구간에서 침식이나 퇴적이 어느 한 방향으로 지속되지 않고 하상의 상승이나 저하가 거의 일어나지 않는 하천을 평형하천 또는 평형하도라고 한다(국토교통부, 2018). 즉, 어느 한 하천구간에 유입되는 유사량이 그 구간에서 나가는 유사량 보다 작은 경우 하상은 침식 저하되며, 반대인 경우에는 하상은 퇴적 상승하게 된다. 하천공학이나 하천복원 사업 등에 적용되는 안정하도 평가와 설계는 바로 이러한 평형하천 개념에 기반을 두어 개발된 하천공학적 하도설계 방법이라고 할 수 있다. 비교적 장거리에 걸쳐 하상이 침식되고 퇴적되는 하상저하와 하상상승과 별개로 국부적인 하천흐름 변화에 의해 국부적인 영역에서 집중적으로 나타나는 하상침식 현상을 국부세굴(local scour)이라고 한다. 하상저하와 하상상승 그리고 국부세굴은 대부분 인위적인 요인에 의한 하상변화이며, 지질시간대에 걸쳐 흐름에 의해 자연적 요인에 의한 하상변화나 하상형태 및 사주이동과는 구분된다. 그러나 보통은 장기적인 하상 저하와 상승, 국부세굴, 홍수로 인한 단기 하상변화, 자연적 요인에 의한 하상고변화 등을 통칭하여 하상변동(riverbed-level change or riverbed change)이라 한다. 이 책에서는 국부세굴을 제외한 자연적, 인위적 변화의 하상변동을 주로 다루며, 특히 하천의 종적변화에 초점을 맞추어 하상변동을 설명하고 있다.

하상의 저하와 상승 현상은 2장에서 설명한 Lane(1955)의 충적하천 균형관계를 이용하여 정성적으로 설명할 수 있다.

$$Q_s \, d_s \propto Q \, S$$

여기서 Q는 유량, S는 하상경사, Q_s는 유사량, d_s는 하상재료의 평균입경이다. Lane은 하천반응의 정석적 해석을 평형개념에 입각하여 하천의 수리, 기하, 유사 특성 간의 상호관계를 나타냈으며, 이러한 관계를 저울개념을 이용하여 제2장의 그림 2.29와 같이 묘사하였다. 저울개념을 통해 한 변수가 변하면 새로운 환경에서 평형상태를 구현하기 위한 다른 변수들의 변화를 촉발하게 된다. Schumm(1969)은 Lane 관계에 기초한 하천반응의 정성적인 모형을 이용하여 제 변수 간의 상호작용을 구체적으로 설명하였다(우효섭 등, 2015; p.465).

Lane 관계를 이용하여 하상의 저하와 상승을 설명하는 대표적인 예는 뒤 5.3절에서 구체적으로 설명하겠지만, 댐건설로 인한 하류하상의 저하이다(그림 3.2). 댐의 하류하천 하상이 저하하는 현상은 19세기부터 세계 여러 나라에서 관측된 전형적인 하천의 종단변화 현상 중 하나이다. Garde와 Ranga Raju(1985; pp. 368~370)는 인도, 파키스탄, 미국 등의 댐하류 하상저하 사례를 설명하고 있다. 미국의 후버댐의 경우 1935년에 건설된 이후 1951년까지 16년 동안 하류 147 km에 걸쳐 무려 110백만 m³의 하상토가 침식되었고, 댐에서 19 km 하류지점의 하상은 4.3 m 저하되었다(우효섭 등, 2015). 우리나라의 경우 대청댐 건설로 인한 댐하류의 하상저하 현상이 대표적인 사례이다. 대청댐은 1977년 초에 착공하여 1980년 말에 완공된 댐으로서, 댐 하류 10 km 지점에 조정지댐이 있어 댐으로 인한 실제 하상변동은 이곳부터 시작된다. 그림 3.3은 댐건설 전 1974년과 건설 후 1988년에 대청댐 하류 금강의 종단하상변화를 보여주는 것이다. 이 그림을 보면 조정지댐에서 하류 15 km까지 하상이 평균적으로 2~3 m 저하되었으며, 최심선은 최대 5 m 정도까지 세굴되었다. 이러한 대규모 하상저하는 댐 상류로부터 유사공급은 차단되었으나 홍수시 유량은 그대로 내려오므로 하천의 평형상태가 깨어진 결과이다. Lane 관계에 의하면 하상재료 d_{50}의 변화는 없고, 댐에서 방류하는 유량 Q는 시간적인 분포는 달라지겠지만 홍수 시 유출에 변화는 없다고 가정하면 유사량 Q_s 감소로 인해 식 (3.4)에서 좌변이 감소하게 되어 그에 따라 우변도 감소하려면 하상경사 S가 감소하여야 한다. 그림 2.29를 이용하여 설명하면, 저울의 왼쪽 접시의 유사량이 감소하면 오른쪽 물이 담긴 양동이가 상대적으로 무거워져 저울의 가운데 화살표가 하상저하 눈금으로 이동하게 된다. 다시 저울의 양쪽무게가 균형을 되찾기 위해서는 저울 오른쪽의 하상경사가 평탄한 방향의 눈금으로 이동해야 하며, 이는 하상저하를 의미한다. 이러한 하천의 종적반응은 영원히 지속되는 것이 아니라 새로운 환경에서 평형상태를 되찾게 되면 더 이상의 지속적인 변화는 중지된다. 실제로 그림 3.3과 같은 금강 대청댐 하류의 하상저하는 댐 완공 이후 몇 년간에 급속히 진행된 것으로, 현재는 하상의 장갑화와 더불어 새로운 평형상태를 유지하고 있어 지속적인 하상저하는 발생하지 않고 있다.

하상저하 현상은 댐 하류하천에서만 나타나는 현상은 아니며, 골재채취로 인해 하천에 커다란 웅덩이가 생기는 경우에도 나타난다. 상류에서 이송되는 유사는 웅덩이에 포착되어 하류로 이송되지 못하므로 하류하천에서는 유사량 감소로 인해 하상이 저하된다.

또한 본류의 하상저하는 지류하상에까지 영향을 미친다. 지류가 유입하는 본류 하천에

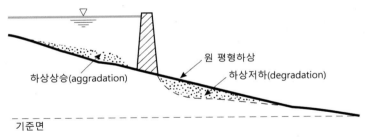

그림 3.2 **댐축조에 의한 상류하천 하상상승 및 하류하천의 하상저하**

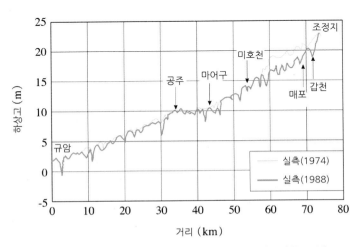

그림 3.3 **대청댐 건설로 인한 하류하천의 하상저하** (우효섭과 유권규, 1993)

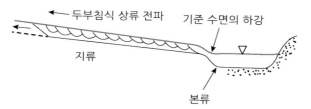

그림 3.4 **본류 하상저하 및 수위저하로 인한 두부침식 모식도**

서 자연적인 원인 또는 상류 댐에 의한 하상저하나 준설과 같은 인위적인 요인에 의해 수면이 하강하는 경우 본류의 수위저하는 곧 지류의 침식기준면 저하와 에너지경사의 증가를 의미한다. 이 경우 Lane 관계식에서 하상경사(등류상태에서는 수면경사)의 증가는 우변의 증가를 가져오며, 하상재료가 일정한 조건에서 이는 좌변의 유사량 증가를 야기한다. 즉, 지류의 유사량 증가는 하상침식을 의미하며, 이러한 침식은 상류로 진행된다. 2장에서 설명한 바와 같이 이러한 현상을 두부침식(headcut)이라고 한다(그림 3.4). 실제로 대청댐 하류 금강본류의 하상저하 구간으로 유입하는 지류하천에서 두부침식이 관측되었다. 정부의 '4대강사업' 후 일부 합류부 지류하천에서도 두부침식이 관측되었으며, 특히 남한강과 금당천 합류부의 경우 지류 상류로 진행된 두부침식의 영향으로 금당교 안전문제가 대두된 적이 있다(경향신문, 2011년 8월 12일, URL #1). 또한 2011년 5월 중순에 발생한 집중호우로 인해 '4대강사업'이 진행 중인 낙동강의 병성천에서 두부침식으로 인한 하상보호공, 제방, 제방도로, 어도, 문화광장 등의 유실과 붕괴가 발생하였다(이남주 등, 2011). 이러한 두부침식은 상류로 이동하면서 지류의 하상경사가 점차 작아져 상류로부터 유사공급과 흐름의 유사이송 능력이 새로운 균형을 이루게 되면 더 이상 상류로 전파되지 않는다.

구곡(gully)에서 이동하는 두부침식은 상류 하천시설물에 문제를 야기할 수 있지만, 세류침식(rill erosion)에 의한 소규모 하도에서 전파되는 두부침식은 고지대의 과도한 토양손실을 발생시키는 요인이기도 하다(Nearing 등, 1989). 두부침식 현상에 대한 초기 연구(Daniels와 Jordan, 1966; Patton과 Schumm, 1975)는 주로 현장에서 두부침식 이동을 관찰하는 방식으로 수행되었다. 초기자료는 침식현상을 동반하는 호우나 폭풍 발생 후에 현장에서 수집된 것들이며, 거의 수직에 가까운 두부침식 형태가 유지되고 있음을 관찰하였다. 당시 두부침식의 이동과 관련된 흐름특성에 대한 정보는 포함되지 않아 두부침식의 형성, 전파, 하상저하를 지배하는 물리적인 과정에 대한 이해는 매우 제한적이었다. Brush와 Wolman(1960), Leopold(1964) 등이 특정 하상토와 실험실 수로를 이용한 두부침식의 이동에 대한 실험연구를 수행한 바 있으며, Holland와 Pickup(1976)이 두부침식의 이동형태를 회전식 두부침식과 계단식 두부침식 두 가지 형태로 구분하였다. Brush와 Wolman(1960)이 실험에서 관찰한 바와 같이 회전식 두부침식은 전파되는 과정에서 형태변화가 나타나고, 현장에서 관측된 대다수의 형태인 계단식 두부침식의 경우는 침식표면

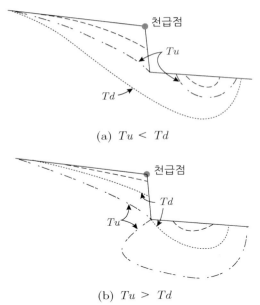

(a) $Tu < Td$

(b) $Tu > Td$

그림 3.5 **회전식 두부침식(a)과 계단식 두부침식(b)의 과정** (Stein과 Julien, 1993)

이 수직에 가까운 형태를 유지한다. 이후 Stein과 Julien(1993)에 의해서 이 두 가지 형태를 구분하는 기준이 제시되었다. 이 기준은 두부침식 발생으로 인한 상하류의 즉각적인 침식과정을 해석하여 유도되었고, 실험실과 현장실험을 통해 검증되었다. 구체적으로, 그림 3.5에서 T_u는 상류침식의 시간으로 상류 수직세굴이 수직면 끝단에 도달하는 시간을 나타낸 것이며, T_d는 하류세굴 시간으로 하류하상에서 발달한 세굴이 수직면 끝단에 도달하는 시간을 나타낸다. 즉, $T_u < T_d$인 경우 회전식 두부침식이 발생하고, $T_u > T_d$인 경우 계단식 두부침식이 발생한다.

Gardner(1983) 또한 두부침식에 대한 유사한 관찰결과를 보고하고, 두부침식의 진화에 대한 지형학적 이론을 제시하였다. Bennett 등(2000)은 개수로 상류의 인공강우 실험장치를 이용하여 집중호우시 두부침식의 발달과 진행과정을 분석하였으며, 유량이 증가할수록 하류에서 퇴적이 증가하여 경사가 완만해지는 현상을 관찰하였다.

두부침식의 이동은 Brush와 Wolman(1960)이 탐구한 천급점(knickpoint)의 이동으로 설명된 경우가 많다. Bhallamudi와 Chaudhry(1991)은 1차원 하상변동 예측모형을 개발하여 천급점 이동과정을 모의한 바 있으며, 상류와 하류의 하상고가 저하함에 따라 전체 하상변동 구간도 길어지는 것으로 나타났다. 지운 등(2015b)은 개수로 실험장치를 이용하여 비점착성 유사로 이루어진 하상에서 두부침식에 대한 수리실험을 수행하고, 수리조건에 따른 천급점의 이동속도와 최종평형상태의 하상경사 변화를 분석하였다. 또한 장창래(2012)는 2차원 하상변동 수치모의 결과와 Brush와 Wolman(1960)의 실험결과를 비교 검증하였으며, 초기에 빠르게 진행되는 두부침식이 시간에 따라 하상경사가 완만해지고 침식속도가 감소하는 현상을 모의하였다.

하상저하 현상은 하천의 유사공급과 하상재료의 변화가 없는 상태에서도 유량이 급격하게 커지는 경우에도 나타날 수 있다. 하상저하 현상은 경우에 따라 댐의 유효높이 증가 및 유효수두 증가로 인한 긍정적인 효과가 나타나기도 하며, 홍수 시 통수능 증가라는 장점도 있다. 그러나 대부분의 하상저하는 통상 부정적인 효과가 큰 경우가 대부분이며, 특히 하상저하로 인한 하천시설물과 수리구조물의 기능 저하와 안전 문제를 야기한다. 또한 하상저로 인한 하천 수위저하는 하천변 토지의 지하수위 저하로 파생되는 다양한 문제를 발생시킬 수 있다.

평형상태를 유지하는 어느 하천에서 지류로부터 유입되는 유사량이 증가하는 경우 지류 합류점 하류에는 유사유입의 과다로 인해 유사가 퇴적되어 하상이 상승하는 현상이 나타난다. 이는 통상 지류사주의 형성으로 귀결된다. 이 경우는 Lane 관계식에서 유사량이 증가하여 좌변이 증가하고, 하상재료와 유량이 일정한 조건일 경우 우변의 하상경사가 증가하게 된다. 즉, 하상경사의 증가는 하상퇴적을 의미하며 하상은 상승하게 된다. 이러한 하상상승 현상은 댐이나 보 상류하천에서 전형적으로 나타나는 현상이기도 하다(그림 3.2). 댐이나 침사지 상류에서 유량은 변하지 않으나 유속이 감소하여 유사이송 능력이 감소되고 상류에서 유입되는 유사가 쌓여 하상이 높아진다.

하천의 하폭이 자연적 혹은 인위적 요인에 의해 급격히 증가하는 지점에서도 유사이송 능력이 감소하여 하상에 유사가 쌓이고 하상이 높아지는 현상이 발생할 수 있다. 이러한 현상은 하구 삼각주나 계곡 출구의 선상지에서도 나타난다. 자연상태 유역에서 삼림벌채 등으로 인해 유역의 토양침식이 과도하게 발생하여 하천으로 유입되는 유사유출이 증가하는 경우에도 하상이 상승하게 된다. 또한 하상상승은 하천의 한 지점에서 취수나 도수 등으로 유량이 급속히 줄어드는 경우에도 발생한다.

하상변동 요인

자연상태의 충적하천은 지질시간적으로 끊임없이 변하는 흐름상태에 따라 하상이 변한다. 하상에 유사가 지속적으로 쌓이면 하상은 상승하고 지속적으로 깎이면 하상은 저하한다. 배수효과가 나타나는 경우에는 흐름의 세기가 감소하여 하상상승 현상이 나타나고, 상류에서 유사공급이 감소하거나 하류 기준수위가 저하되는 경우에는 하상이 침심되는 하상저하 현상이 나타난다.

자연적으로 일어나는 하상변동의 요인에는 충적선상지 활동, 자연적 하상장갑화, 하도의 분기, 만곡과 자연 첩수로의 형성, 기록적인 홍수, 산불, 토석류, 지진, 화산활동, 산사태, 기타 지각활동 등이 있다. 우리나라 하천에서 자연적인 하상변동에 가장 보편적으로 영향을 주는 요인은 기록적인 홍수와 산사태 등이다. 기록적인 홍수로 인한 하상변동은 단기간에 발생하는 변화이다. 하상변동의 발생정도에 따라 홍수로 인한 하상변동은 자연적으로 원상회복되기도 하고 때로는 이전상태로 회복이 불가능한 경우도 있다. 이러한 경우 하상은 새로운 평형상태를 유지하기 위한 방향으로 변화가 진행되기도 한다. 기록적인 홍수나 극한 홍수가 발생한 경우 나타나는 하상변동의 대표적인 예로는 하도 내 최심하상고 위치와 깊이, 저수로 형태의 변화이다. 특히 홍수 시 부목 등이 교량에 걸려 교량주위의 흐름변화를 가져와 국부적인 하상변동을 가속화시키는 경우도 발생한다. 그림 3.6의 경우 2003년 태풍 매미 발생시 낙동강 홍수로 인해 (구)구포대교(태풍 매미 이후 철거되었고, 새로운 구포대교 건설이 완료됨)의 상판이 붕괴되고 교각주변으로 떨어진 상판이 국부적인 하상변동(국부세굴)을 가속화한 사례를 보여주고 있다(Park 등, 2008). 2001년의 횡단면과 2003년 태풍 매미 이후 측량된 횡단면을 비교하면 6 m의 국부세굴심 발생으로 인해 최심하상고의 위치가 변한 것을 알 수 있다.

(a)

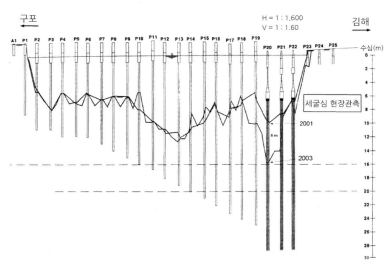

(b)

그림 3.6 **2003년 태풍 매미로 인한 홍수 시 (a) 낙동강 (구)구포대교의 붕괴와 (b) 국부세굴에 의한 최심하상고 변화** (Park 등, 2008)

자연상태의 충적하천은 기록적인 홍수 등의 특별한 자연현상이 없는 한 유사이송에 평형을 이룬 상태라고 할 수 있으며 공학적인 관심대상의 하상변동은 대부분 인위적인 요인이라고 할 수 있다. 앞서 하상의 저하와 상승을 설명하면서 언급한 댐 건설과 같은 인위적인 요인이 하상변동을 유발한다. 자연상태의 하천에서 하도의 직강화, 하폭축소 및 구조물설치로 인한 협착화, 하도정비를 위한 준설 및 골재채취, 하도 내 잡목이나 부목의 제거 등이 하도의 상황을 변화시키는 주된 인위적인 요인들이다. 하도 직강화의 경우는 하상경사를 인위적으로 증가시켜 유속이 증가하기 때문에 하상이 침식된다. 이러한 변화에 대한 하천반응은 하상장갑화 또는 하도사행을 통해 하상경사를 감소시켜 다시 평형상태에 도달하게 된다. 대부분의 인위적인 요인에 의한 하도변경에 따른 하상저하 현상은 초기에 급격하게 진행되고, 시간이 흐르면서 진행속도는 감소하게 된다.

　　하천 상류유역의 벌목이나 도시화 등으로 인해 토지이용이 변화하는 것도 하상 저하와 상승의 인위적인 요인 중 하나이다. 토지이용의 변화는 하천으로 유사공급의 변화를 야기한다. 앞서 설명한 바와 같이 자연상태 유역에서 벌목이나 공사 등으로 인해 유역의 토양침식이 과도하게 발생하여 하천으로 유입되는 유사유출량이 증가하게 되면 하상이 상승하게 되며, 반대로 유역의 도시화에 따른 토양침식의 감소와 하천으로 유사유입이 감소하게 되면 하상이 침식되어 저하된다. 또한 유사이송량을 초과하는 골재채취는 하류하천의 하상저하를 가져올 수 있으며 골재채취로 인한 하도단면의 변화 및 최심선 위치의 변화로 인해 흐름양상이 달라질 수 있다. 앞서 설명한 대로 골재채취로 인해 야기된 두부침식과 같은 하천의 종적 하상변화는 상류하천과 지류하천에 영향을 줄 수 있다.

　　충적하천의 종적변화를 유도하는 가장 큰 인위적 요인은 무엇보다도 댐이나 보의 건설이다. 댐은 하류에 유사이송이 없는 맑은 물을 지속적으로 방류하고 저수지 상류에는 배수효과가 나타난다. 앞서 설명한 바와 같이 맑은 댐 방류수로 인해 모래하천의 경우에는 댐 하류하천에서 선택적 침식현상이 나타나며 이에 따라 하상이 저하하게 된다. 댐 하류하천의 하상저하는 지하수위의 저하를 가져올 수 있어 하천변 토지의 식생과 경작에 영향을 미칠 수 있으며, 강턱 침윤선의 저하를 가져와 하안이 불안정하게 되어 침식 또는 포락될 수도 있다. 하지만 홍수조절용 댐이 건설된 경우나 자갈하천에 댐이 축조된 경우 유황조절로 인해 홍수가 없어지게 되면 하류 지류에서 유입하는 자갈을 본류에서 충분히 이송시키지 못하기 때문에 댐하류 하상상승을 가져올 수 있다. 또한 정부의 '4대강사업'처럼 대형보가 하천본류에 연속적으로 건설되는 경우 하상의 종적변화는 댐의 상류와 하류 하천구간에서 나타나는 전형적인 하상변동과는 다르게 나타날 수 있다. 이 사업이 수행되는 동안에는 보의 건설뿐만 아니라 하상의 준설도 같이 수행되었기 때문에 보 하류 하상저하가 보에 의한 변화인지 또는 인위적인 준설에 의한 변화인지를 명확히 구분하기는 어렵다.

　　'4대강사업' 후 하상고의 변화를 분석한 자료(그림 3.1)를 보면 창녕함안보에서 합천창녕보 구간에서 전반적으로 가장 큰 최심하상고 변화가 나타난 것을 확인할 수 있다. 특히 창녕함안보 하류 10 km 지점에서 2012년 1월 하상에 비해 2012년 12월 하상이 5 m 이상 침식된 것으로 나타났다. 창녕함안보의 위치는 낙동강 하굿둑에서 상류 75.7 km에 위치하고 있으며, 합천창녕보의 위치는 낙동강 하굿둑 기준 상류 118.7 km에 위치하고 있어 두 지점간의 거리는 약 43 km이다. 그림 3.7은 이 구간에 대한 1991년, 2005년, 2009년, 2012년 1월과 12월에 측량자료를 이용하여 하상고 변화를 비교한 것이다. 1991년의 단면과 비교할 경우 2012년의 하상은 창녕함안보 상류 15.96 km 지점(낙동강 하굿둑으로부터 상류 91.67 km)에서 하상준설로 인해 8.97 m의 하상고가 저하된 것을 알 수 있다. 이 구간에 대해 '4대강사업' 직후 2012년 1월과 12월 측량성과를 비교한 결과, 위치별로 최심하상이 최대 3.99 m의 퇴적과 3.88 m의 침식이 발생한 것이 관찰되었다(그림 3.8).

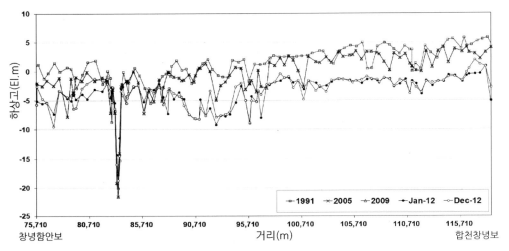

그림 3.7 **낙동강의 창녕함안보-합천창녕보 구간(x 축은 낙동강 하굿둑으로부터 거리)의 1991년부터 2012년까지의 최심하상고 변화 관측** (지운 등, 2015a)

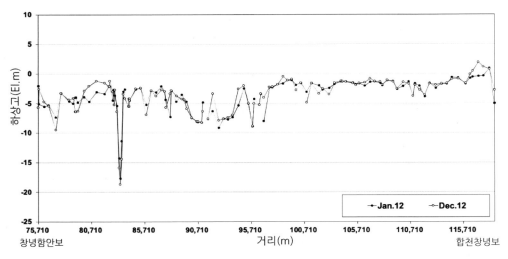

그림 3.8 **4대강사업 후 낙동강 창녕함안보-합천창녕보 구간(x 축은 낙동강 하굿둑으로부터 거리)의 2012년의 최심하상고 변화 관측** (지운 등, 2015a)

이 구간에서는 '4대강사업' 중 인위적인 준설로 인해 과거에 비해 하상이 전반적으로 저하된 것을 알 수 있다. 이 사업 후에는 단기적으로 보의 건설과 준설이라는 인위적인 요인에 의해 새로운 평형상태를 찾기 위해 하상의 저하와 상승이 복합적으로 발생하고 있음을 알 수 있다. 이러한 현상은 낙동강 상류의 칠곡보와 구미보, 낙단보 구간의 하상고 변화에서도 유사하게 관측되었다(그림 3.9). 장기적으로는 보의 수위를 어떻게 관리하느냐에 따라서도 하천의 종적변화가 다르게 나타나기 때문에 '4대강사업' 하천의 장기적인 하상변동을 예측하는 데는 위와 같은 복잡한 요인들을 모두 고려해야 할 것이다.

이처럼 인위적, 자연적 요인에 의한 하상변동을 감지할 수 있는 가장 확실한 방법은 장단기적 현장관찰에 의한 것이다. 지속적인 하상 저하나 상승은 홍수로 인한 일시적인 하상변동에 비해 장기간에 걸쳐 나타나기 때문에 이러한 장기하상변동을 감지하기 위해서는 장기간에 걸친 비교자료가 필요하다. 그러나 홍수발생이나 구조물축조, 단면변경 등과 같이 하도상황이 급격하게 바뀔 수 있는 요인이 발생했을 때는 단기적인 하천측량을 통한 관찰이 필요하다.

이러한 단기간에 하상변동의 경향을 추정하는 방법으로 종단하상고의 변화양상을 검토하는 방법이 있다. 종단 하상고의 변화가 아래로 오목한 경우 하상저하가 일어나고 있다고 볼 수 있으며, 위로 오목한 경우 하상상승이 일어나고 있다고 볼 수 있다(우효섭 등, 2015; Suryanarayana, 1969). 이러한 하상 저하나 상승이 얼마나 빠르게 진행되는지에 대한 정보는 장기적인 측량 또는 해석적 방법에 의해 규명할 수 있다. 다음에는 이러한 하상변동의 조사와 해석에 대한 내용을 설명한다.

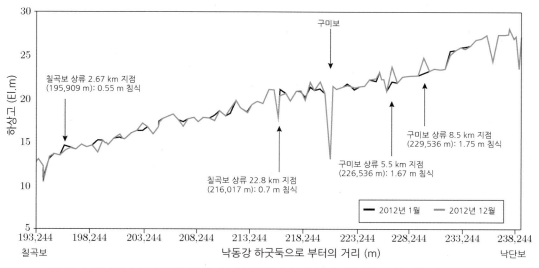

그림 3.9 **4대강 사업 후 낙동강 칠곡보, 구미보, 낙단보 구간의 2012년의 최심하상고 변화 관측** (지운 등, 2015a)

하상변동조사

하상변동조사는 일정구간의 하천측량을 통해 거리에 따른 하상의 종횡단 표고변화를 기록하는 것이다. 대부분의 경우 하상변동 모니터링자료는 수위나 유사량 변화 이력에 비해 불충분하거나 관측기간이 짧은 경우가 많다. 국내에서는 1960년대부터 비주기적으로 주요하천의 주요구간에 대해 하천의 종횡단측량을 통한 하상변동조사사업을 시행해 왔다. 우리나라 최초의 공식적인 하상변동조사는 1963년에 한강하류부(박스기사 참조)에 대해 시행되었다. 1970년대부터는 하천정비기본계획 수립사업의 일환으로 하천의 종횡단측량을 통한 하상변동상황을 관찰해 왔다.

국내의 하상변동조사 대상은 국가 및 지방하천이 대부분이며, 대규모 하천정비(기본계획 재수립 등), 준설(골재채취), 소규모 수공구조물 신설 등으로 인해 하천전반에 하상변동이 예상될 경우 하상변동조사를 수행해 왔다. 근래 들어 하천법 제21조의 2(하상변동조사의 실시, 2016.1.19.)와 같은 법 시행령 제17조의2(하상변동조사의 방법, 실시 주기 및 시기, 2016.7.19)에 근거하여 하상변동조사가 본격적으로 시행되었다.

한강하류부 하상변동조사사업

우리나라에서 가장 오래된 현대적 하상변동조사 성과는 1963년에 당시 건설부(현 국토교통부)에서 대한기술공단에 의뢰하여 만든 '한강 하상변동조사 보고서'(건설부/대한기술공단, 1963)이다. 이 보고서는 당시 여건에 비추어 고급 양장지를 사용하여 인쇄하는 등 상당히 정성을 들인 것으로 보인다. 그 당시 조사구간은 한강상류 고안수위표부터 하류 전류수위표까지 100.6 km 본류구간이며, 일부 지류구간도 포함되었다. 그 성과를 1953년 조사된 하상변동조사 성과와 비교하였다. 그 결과,

- 난지도 지점 하류 29.1 km 구간은 대체적으로 평균하상고는 약 22 cm, 최심하상고는 약 90 cm 하강하여 약 1,630만 m^3 정도가 세굴된 것으로 나타났다. 상류부 52.4 km 구간은 대체적으로 평균하상고는 약 40 cm, 최심하상고는 56 cm 상승하여 256만 m^3 정도가 퇴적된 것으로 나타났다.

- 조사구간에서 채취한 하상재료의 입도는 하류부 전류지점에서 중앙입경 0.05 mm(실트), 행주 지점에서 0.45 mm(중사), 난지도 지점에서 0.17 mm(세사), 인도교 지점에서 0.5 mm(중사), 광장교(천호동) 지점에서 0.45 mm(중사), 덕소 지점에서 0.55 mm (조사) 등으로 나타났다. 따라서 그 당시 한강 하류부 지금의 서울시 구간의 한강 하상은 대부분 중조사이었던 것으로 추정된다. 이러한 상태는 1970년 팔당댐 건설로 인해 극적으로 바뀌어 광장교 상류는 모래 등 사실상 대부분의 충적토가 하류로 씻겨 내려갔다.

이 조사사업의 목적은 보고서에 적시되어 있지 않다. 다만 여러 정황상 경인운하와 같은 이수사업과 서울시 제방축조 등 치수사업을 위한 기초조사이었던 것으로 추정된다. 여기서 재미있는 것은 한국전쟁 중인 1953년에 동구간의 하상변동자료가 있다는 점이다. 이는 한강도하 등 당시 군사적 목적으로 시행된 것으로 추정된다.

국내에서 수행되는 하상변동조사는 하천설계기준(국토교통부, 2018), 하천기본계획 수립지침(국토교통부, 2015), 하천유지보수매뉴얼(국토교통부, 2016), 하도유지관리를 위한 하상변동조사지침(국토교통부/한국건설기술연구원, 2018) 등을 기준으로 수행된다. 하도유지관리를 위한 하상변동조사는 하상변동이 하천의 홍수소통 능력과 호안, 수제, 교각, 취수시설, 댐 등 하천구조물의 안전이나 고유기능에 미치는 영향을 파악하기 위한 목적으로 수행된다. 하상변동조사지침에는 하천측량, 하상재료 및 유사량측정, 하상변동량 산정 및 연도별 하상변동 분석뿐만 아니라 장래 하상변동예측 등의 절차까지 설명한다. 하상변동조사는 조사목적에 따라 종·횡단 측량조사 및 하상변동량 산정, 하상재료조사, 수위조사, 골재채취로 인한 하상변동조사, 홍수시 하상변동조사 등이 있다. 하상변동조사는 현장에서 하천측량, 시료채취와 자료분석을 통해 수행되며 하천설계기준에서 제시하고 있는 하상변동조사, 하상재료조사, 하천측량기준 등을 기준으로 수행한다.

하천의 종횡단 측량조사는 동일구간, 동일측점에 대해서 일정기간을 두고 수행된다. 기간 내 하상의 평균 변동고와 변동량은 2회 실시한 측량성과를 비교하여 산정한다. 종횡단 측량성과 자료는 평균하상고, 최심하상고, 하상 변동고와 변동량 등을 산정하는데 활용된다. 평균하상고는 기준수위 값에서 '하도단면적/수면폭'을 계산하여 절대표고로 나타낸다. 이때의 기준수위는 일반적으로 계획홍수위를 사용한다(한국수자원학회, 2019). 여기서 하도단면적은 계획홍수위 이하의 단면적이며, 수면 폭은 계획홍수위의 수면폭이다. 최심하상고 변동은 경년별 종횡단 측량성과를 이용하여 분석하고, 최심하상고가 심하게 저하된 구간은 하천시설물과 연계하여 분석할 필요가 있다(예를 들어, 그림 3.6). 최심하상고는 각각의 횡단면에서 가장 낮은 측점의 표고를 추출하여 절대표고로 나타낸 값으로 산정한다. 평균하상고 변동 또한 경년별 종횡단 측량성과를 이용하며, 평균하상고가 상승한 구간은 하도의 통수능이 감소한 상황이라고 할 수 있다. 하상고의 변동성은 일정간격의 측선별로 비교분석하며 하상경사변동은 횡단측선별 최심하상고와 평균하상고를 각각 연결하여 분석하고 경년별 변동특성도 함께 분석할 수 있다(그림 3.10). 또한 종횡단 측량시 하상토 시료 채취와 분석을 통해 하상토 입경변화를 조사하고 하상변동예측 모델링에 활용해야 한다. 하천측량자료는 저수로 폭과 하폭 변동을 분석함으로써 하천의 종적변화뿐만 아니라 그림 3.11과 같은 횡적 하상변동을 조사하는데도 활용된다. 횡단면의 하상변동은 횡단측선의 면적변화를 바탕으로 퇴적량, 침식량, 하도변화량, 절대변화량 변동으로 분석할 수 있다.

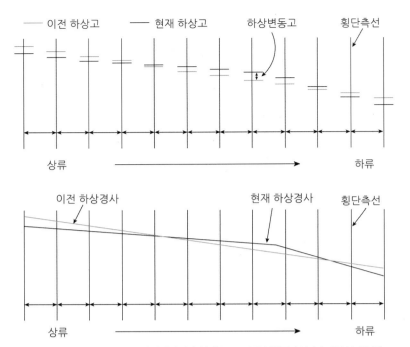

이전 하상고 현재 하상고 하상변동고 횡단측선

상류 하류

이전 하상경사 현재 하상경사 횡단측선

상류 하류

그림 3.10 **하도의 하상고와 하상경사변화 분석** (국토교통부/한국건설기술연구원, 2018)

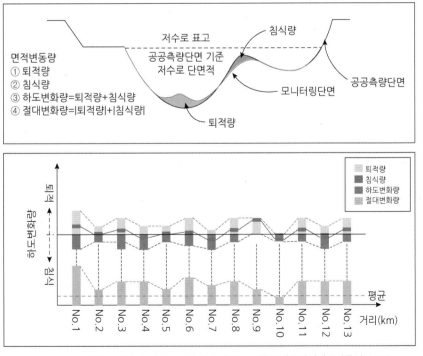

그림 3.11 **하상변동조사를 통한 하도변화량 분석** (국토교통부/한국건설기술연구원, 2018)

최근에는 이러한 하천지형측량을 포함한 하천의 포괄적인 공간정보수집의 효율성을 높이기 위해 항공사진, 위성영상, 무인항공기 영상 등을 이용하는 원격탐사방법이 다양하게 제시되고 있다. 드론 영상이나 항공 라이다 측량을 통한 고해상도 하천지형측량 자료는 하도의 변화뿐만 아니라 식생 피복 및 식생사주의 발달 등과 같은 다양한 하천공간분석을 가능하게 한다(건설연, 2019).

3.3 하상변동 해석

하상변동은 하천반응에서 보편적으로 나타나는 현상이며, 하상변동 요인과 그 영향에 대한 정성적 분석은 앞서 설명한 하천반응의 해석과 Lane의 관계로 설명이 가능하다. 그러나 이러한 정성적 분석만으로는 충적하천의 하상이 어떠한 상태에서, 어느 위치에서, 어느 정도, 얼마동안 변화하는지에 대한 답은 얻을 수 없다. 따라서 효율적인 하천사업 계획과 유지관리를 위해서는 정량적인 방법을 통한 하상변동 해석이 필요하다.

하상변동의 해석을 위해 보편적으로 물리모형과 수학모형을 이용할 수 있다. 물리모형은 실제현상을 일정한 상사법칙을 따라 유사하게 모의하여 재현하는 방법으로서, 하상이 고정된 고정상 모형과 하상재료가 움직이는 이동상 모형으로 구분된다. 하상변동 해석을 위해서는 하상재료가 움직이는 이동상 모형을 이용하며, 고정상 모형에서 만족해야 하는 모형과 원형의 기하적, 운동적, 역학적 상사를 고려해야 할 뿐만 아니라 하상과 강턱 재료의 이동특성에도 상사성이 만족되어야 한다. 그러나 하상재료 크기의 기하적 상사뿐만 아니라 하상의 침식과 퇴적, 하상의 조도 분포와 변화 등에 일정한 상사율을 모두 동시에 만족하는 이동상 모형을 설계하는 것은 현실적으로 불가능하다. 따라서 하상변동 해석을 위해 이동상 물리모형을 사용할 경우 지배적인 상사법칙을 만족하기 위해 다른 상사법칙을 포기해야 한다. 따라서 이동상 물리모형은 정량적으로 정확한 현상의 재현 또는 해석이 불가능할 수 있으며, 현상을 정성적으로 이해하기 위해 수행되는 경우가 많다.

수학모형은 충적하천의 흐름과 유사이송을 지배하는 방정식을 수립하고 입력자료와 경계조건 등을 활용하여 해를 구하는 것이다. 수학모형은 지배방정식의 해석적인 해의 도출이 가능한 해석모형과 해석적 해의 도출이 불가능하여 수치해석 과정을 거치는 수치모형으로 구분된다. 보통 수치해석은 반복적인 계산을 수행해야 하는 경우가 보편적이기 때문에 컴퓨터를 이용하여 계산한다. 유사이송과 하상변동의 과정을 단순화할 수 있는 경우에는 지배방정식의 해석 해를 찾을 수는 있으나, 이는 일반적으로 탐구하고자 하는 하천의 복잡한 하상변동을 해석하는 데는 한계가 있다. 따라서 유사이송과 하상변동 해석을 위한 지배방정식의 해를 구하는 것은 일반적으로 수치해석에 의한 수치모의에 의존하게 된다.

하천의 종적변화를 모의하는 측면에서 활용되는 수학모형은 1차원 충적하천 모형이며, 하상고의 평면적 변화를 모의하는 데는 2차원 충적하천 모형을 이용한다. 최근 개발된 2차원 수치모형들은 만곡부에서 하안침식을 고려한 하도의 평면적 변화까지 계산이 가능하도록 되어 있으나, 만곡부에서 3차원적 하상고와 강턱 변화를 모의하기 위해서는 3차원 충적하천 모형을 고려하여야 한다. 흐름을 정상류로 또는 부정류로 고려하는 지에 따라서 정상류 모형과 부정류 모형으로 구분할 수 있으며, 하루 이하의 짧은 시간간격에서는 정상류로 보고 긴 시간대의 계산을 연속적으로 수행하는 준정상류모형(quasi-steady model)을 고려할 수 있다. 이 장에서는 하상의 저하와 상승에 국한하여 하천의 종적변화를 해석하기 위한 이론적 접근방법과 지배방정식, 그리고 1차원 하상변동모형과 그 적용사례 등에 국한하여 소개한다.

하상 저하와 상승을 예측하는 이론적 접근

흐름에 의해 변화하는 하상형태를 이론적으로 예측하기 위한 시도는 Exner(1925)에 의해 물과 유사의 연속방정식부터 시작한다. 하상변화가 dt 시간 동안 그림 3.12와 같다고 했을 때 검사체적 내 유사의 출입과 체적 내 변화율을 고려하면, 단위 시간당 검사체적 내로 순수하게 들어가는 유사량($- (\partial q_s / \partial x) dx$)과 검사체적 내에서 유사량의 증가율 ($- W(\partial z / \partial t) dx$)은 같아야 한다. 여기서 $- \partial q_s / \partial x$와 $- \partial z / \partial t$는 항상 부호가 서로 반대인 것을 고려하여 식으로 나타내면 다음과 같다.

$$W\frac{\partial z}{\partial t} + \frac{\partial q_s}{\partial x} = 0 \tag{3.5}$$

여기서 q_s는 단위 폭당 유사량, W는 하상토 단위 중량, z는 어느 기준면에서 하상까지 높이이다. 위 식은 하상변동모형의 기본방정식으로서, 하상재료(유사) 연속방정식 또는 Exner 식이라고 부른다. Exner는 식 (3.5)와 흐름의 연속방정식을 이용하여 하상고 z의 대한 해를 구했다. Anderson(1953)과 Kennedy(1963)는 Exner 식과 물의 흐름을 2차원 비회전류로 가정한 연속방정식을 이용하여 하상을 정현파로 모의하였다. 이후에 Engelund와 Hansen(1966), Simons와 Richardson(1966), van Rijn(1984) 등에 의해 경험적 방법으로 하상형태를 예측하는 방법들이 제시되었다.

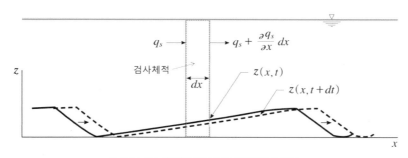

그림 3.12 하상형태의 이동과 연속방정식의 적용

하상 저하와 상승 또한 Exner 식을 이용하여 해석이 가능하다. 하상저하는 어느 하천 구간에 들어오는 유사량보다 나가는 유사량이 많은 경우 발생하며, 하상상승은 들어오는 유사량이 나가는 유사량보다 많은 경우 발생한다. 따라서 하상저하는 식 (3.5)의 좌변 둘째 항인 $\partial q_s / \partial x$ 가 양수이며 따라서 첫째 항인 $\partial z / \partial t$는 음수가 되어 시간에 따라 하상고는 작아진다. 하상상승의 경우 식 (3.5)의 좌변 둘째 항인 $\partial q_s / \partial x$ 가 음수가 되며, 따라서 첫째 항인 $\partial z / \partial t$는 양수가 되어 시간에 따라 하상고는 높아진다. 이와 같은 하상의 저하와 상승 현상은 다음과 같은 가정에 기초하여 이론적으로 접근이 가능하다.

• 하상 저하와 상승이 일어나기 전 하천은 평형상태이다.
• 하상 저하와 상승 과정 중에 흐름특성은 달라지지 않는다.
• 하상 저하와 상승 과정 중에 하상재료 특성은 변하지 않는다.

하상 저하나 상승의 하상변동 해석은 기본적으로 물과 유사의 연속성과 유사이송 특성에 의해 지배된다. 하상변동의 기본적인 해석방법과 순서는 다음과 같다.

• 주어진 유량과 하상 조건에서 수면과 에너지 곡선(수심, 유속, 마찰경사)을 결정한다.
• 하도를 따라 단면별로 유사이송(유사량)을 평가한다.
• 하도 지점별, 시간별로 하상재료와 유사의 연속성(Exner 식)을 이용하여 하상 변동을 평가한다.
• 새로운 하상상태에서 수면과 에너지 곡선을 다시 계산한다.

이러한 해석방법에는 상하류 경계조건과 초기조건이 주어져야 한다. 흐름과 하상 조건을 1번부터 4번 순서로 평가하여 흐름계산을 먼저하고 그 다음 유사이송공식과 유사 연속 방정식을 이용하여 하상변동을 계산하는 것을 비연계방법(uncoupled method)이라 한다. 이는 흐름계산과 하상변동 계산을 따로 한다는 것을 의미한다. 이와는 반대로 2번 단계에서 1번과 3번을 연계하여 흐름계산과 하상변동계산을 한 번에 하는 방법을 연계방법(coupled method)이라 한다. 실제 물의 흐름과 유사이송은 동시에 발생하는 현상이므로 엄밀한 의미에서 연계방법이 물리적으로 타당한 방법이다. 그러나 유사이송식과 흐름저항과 관련된 마찰식은 서로 관련되어 있고 하상분급이나 장갑화도 유사이송과 마찰에 관련되어 있기 때문에 모든 지배방정식을 동시에 해석하는 것은 수학적으로 어려운 문제이다. 반면, 비연계방법은 물리적으로 동시에 발생하는 현상을 수학적으로 나누어 계산하는 것으로서, 계산을 위한 시간간격을 상대적으로 짧게 고려하여 컴퓨터에 의한 반복계산을 수행할 경우 그 결과는 연계방법에 의한 결과와 사실상 같다. Cui 등(1996) 여러 연구자들은 두 방법의 결과를 상호비교하여 비연계모형은 연계모형과 차이가 거의 없는 것을 확인하였다. 따라서 비연계모형은 수치해석과 알고리즘의 간편성 때문에 여전히 대부분의 하상변동모형에 적용되고 있다.

1차원 하상변동모형

충적하천의 하천변화를 해석하기 위해서는 흐름과 유사이송에 관련된 지배방정식을 적절한 경계조건과 초기조건을 이용하여 풀어야 한다. 이러한 수학모형의 해는 해석적 해를 도출할 수 없는 조건일 경우에는 통상 수치해석을 이용한다. 일반적으로 충적하천 모형은 하천거리와 시간에 따른 흐름과 하상변동뿐만 아니라 하폭과 하도선형의 변화까지 모의할 수 있다. 그러나 이 장에서는 하천의 종적변화인 1차원 하상변동에 국한하여 설명하며, 여기서는 단순히 하상변동모형이라고 부른다.

충적하천의 대상구간에 대해 흐름과 유사이송을 하도에 따라 1차원으로 단순화시키면 흐름을 지배하는 방정식은 다음과 같은 물의 연속방정식(식 3.6)과 운동량방정식(식 3.7)이 된다.

$$\frac{\partial A}{\partial t} + \frac{\partial Q}{\partial x} = 0 \tag{3.6}$$

$$\frac{\partial Q}{\partial t} + \frac{\partial}{\partial x}\left(\beta\frac{Q^2}{A}\right) + gA\frac{\partial h}{\partial x} + g\frac{n^2 Q|Q|}{AR^{4/3}} = 0 \tag{3.7}$$

여기서 A는 통수단면적, β는 운동량계수, g는 중력가속도, h는 수심, R은 동수반경, n은 매닝의 조도계수이다. 식 (3.6)과 (3.7)은 물의 연속방정식과 운동량방정식에서 측방유입은 무시하고 마찰경사(S_f)와 평균유속(V)은 유량을 이용하여 나타낸 식이다. 위 두 식은 Saint-Venant 방정식이라 하며, 이에 대한 수치해석은 하천수리학(우효섭 등, 2015)나 기타 관련자료에 잘 설명되어 있다. 위의 두 식은 유량과 수심(또는 수위)이 미지수이나, 다음에 나오는 식 3.9와 식 3.10과 같이 유량 대신 유속을 미지수로 하여 두 공식을 표시할 수 있다. 전자를 보통 보전식이라 하면, 후자는 비보전식이라 한다. 여기서 보전식이나 비보전식 모두 수학적으로는 같지만, 차분화하면서 해가 급격히 변하는 도수현상 전후에서는 통상 비보전식은 보전식보다 정확도가 낮아진다.

다음으로 유사 연속방정식 Exner 식(식 3.5)을 단면 전체유사량 Q_s를 적용하여 나타내면 다음과 같다.

$$\frac{\partial z}{\partial t} + \frac{1}{WT}\frac{\partial Q_s}{\partial x} = 0 \tag{3.8}$$

여기서 T는 수면 폭이다.

위의 세 방정식에서 미지수는 h, Q (S_f 또는 V), z, Q_s, n으로 총 5개이다. h, Q (S_f 또는 V), z 3개의 미지수는 식 (3.6)에서 (3.8)의 3개의 비선형 편미분방정식을 이용하여 계산할 수 있으나, Q_s, n의 값에 대한 정보가 추가로 필요하다. 따라서 한 지점의 흐름에 의한 유사량을 산정하는 유사이송공식 또는 유사량 공식은 Q_s를 산정하는데 사용되며, 하도마찰에 영향을 미치는 사립자의 직경과 관련된 상대조도, 하상형태나 하도형태에 의한 흐름저항, 하상의 식생분포에 의한 흐름저항 등은 n과 같은 조도계수, 마찰계수 또는 흐름저항계수를 산정할 수 있는 지배방정식 또는 산정지표를 이용하여 계산한다. 또한 하천의 단면형태는 수위나 수심에 따라 통수단면적과 수면 폭이 달라지기 때문에 이에 대한 하천단면식이 필요하다. 흐름에 의해 하상토 구성이 달라지는 현상을 반영하기 위해서는 하상재료의 분급과 장갑화를 고려할 수 있는 하상토 분급식과 하상토 장갑화식이 추가로 필요하다. 하상상승시에는 이전의 하상표면층과 굵은 입자의 소류사 등이 새롭게 퇴적되는 유사에 의해 하상저층으로 묻히게 되므로, 하상변동 현상을 정확히 모의하기 위해서는 하상표면층과 그 밑 저층재료의 상호교환도 고려해야 한다. 하상재료의 분급과 장갑화 모의는 모래와 자갈이 혼합되어 있는 하천에서는 모형의 계산정확도에 영향을 미치는 기본요건이다. 하상이 침식되어 저하되면 모래와 같은 작은 입자들은 먼저 침식되어 이송되고, 굵은 입자의 자갈은 남아서 하상을 덮게 된다. 이에 따라 유사이송과 흐름저항 또는 마찰 특성도 달라지므로 하상분급과 장갑화를 고려하지 못한 하상변동모형을 이용할 경우 그 한계를 충분히 고려해야 한다.

식 (3.6)에서 (3.8)은 충적하천에서 흐름방향으로 하상의 1차원변화를 예측하는 기본식으로서, 하도의 측방유출입은 고려되지 않았다. 이 식들을 단위 폭당으로 전환하여 표시할 수도 있으며, 이런 경우에는 하천단면식이 불필요해진다. 그림 3.14는 앞서 설명한 비연계 방법으로 지배방정식을 푸는 알고리즘을 도식적으로 나타낸 것이다. 식 (3.6)과 (3.7)은 다음과 같이 비보전식 형태의 Saint-Venant 방정식으로 다시 정리할 수 있다.

$$\frac{\partial A}{\partial t} + \frac{\partial (VA)}{\partial x} = 0 \tag{3.9}$$

$$S_f \cong S_o - \frac{\partial h}{\partial x} - \frac{V}{g}\frac{\partial V}{\partial x} - \frac{1}{g}\frac{\partial V}{\partial t} \tag{3.10}$$

여기서 S_o는 하상경사이다. 비연계방법에서는 적절한 경계조건을 이용하여 Q, h 등을 먼저 구하고, Exner 식 (3.8)을 이용하여 하상고 z를 구해 흐름식을 풀 때 먼저 가정한 하상고와 차이가 허용오차 범위 내로 수렴할 때까지 계산을 반복한다.

식 (3.9)와 (3.10)은 수로나 하천의 1차원 개수로에서 점변 부정류 지배방정식으로서, 통상 Saint-Venant 방정식이라고 불리는 한 쌍의 연속방정식과 운동량방정식이다. Saint-Venant 방정식의 유도 과정과 기본 가정은 하천수리학 개정판(우효섭 등, 2015,

6.2 부정류 방정식의 유도)에 자세히 설명되어 있다. Saint-Venant 방정식의 운동량방정식 (3.10)의 좌변 항은 마찰력을 의미하며, 우변의 첫 번째 항은 중력, 두 번째 항은 압력, 세 번째와 네 번째 항은 각각 이송가속도와 국부가속도를 의미한다. 여기서 우변의 마지막 항을 생략할 경우 짧은 시간간격에서는 정상류로 보고 긴 시간 동안의 계산을 연속적으로 수행하는 준정상류모형이 된다. 일반적으로는 모의 대상구간에서 식 (3.10)의 각 항의 유효숫자를 고려하여 우변 마지막 시간항 값이 무시할 정도로 작은 경우 이를 생략한 점변 부등류식의 형태인 준정상류 모형을 적용할 수 있다.

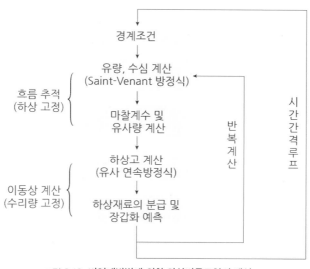

그림 3.13 **비연계방법에 의한 하상변동모형의 해석**

하상변동 모형은 홍수사상과 같은 단기적인 흐름사상에 대해 적용하는 것과 1년 이상의 장기적인 흐름에 대해 적용하는 것으로 구분된다. 단기하상변동 모의는 하루나 일주일간 홍수사상에 대해 하상변화를 모의하는 것으로서, 홍수파 자체가 시간에 따른 수면변화가 크기 때문에 부정류모형이어야 한다. 반면에 장기하상변동 모의는 연간 흐름변화에 의한 하상변동을 모의하는 것으로서, 반드시 부정류모형일 필요는 없다. 예를 들어 미공병단 수문연구소(Hydrologic Engineering Center, HEC)에서 개발하여 널리 쓰이는 1차원 충적하천 모형인 HEC-RAS에서 장기하상변동을 모의할 경우 흐름해석을 위해 부정류 Saint-Venant 방정식을 푸는 대신 앞서 설명한 준정상류 모형을 이용하여 시간간격마다 흐름을 정상류로 보고 수면곡선을 구한 후 비연계방법으로 하상고 변화를 구한다. 이러한 방법은 홍수에 의한 하상변동과 같은 짧은 시간의 변화가 아니라 장기간에 걸쳐 지배적인 유량조건에서 하상변동을 모의하는 데 적용될 수 있다.

하상변동을 모의하기 위해 개발된 충적하천모형들은 매우 다양하다. 그 중 미국에서 개발된 대표적인 1차원모형에는 HEC-RAS(과거 하상변동모의를 위한 HEC-6 모형이 HEC-RAS

모형 안에 포함됨), GSTARS, CHARIMA, SEDICOUP, SOBEK, TELEMAC-1D, CCHE1D 등이 있으며, TABS2, USGS, MIKE21, SED2D, CCHE2D, Delft3D, TELEMAC-2D 등은 2차원 모형이다. 최근 HEC-RAS, GSTARS, FLUVIAL12 등의 모형들도 2차원 모의가 가능하도록 개선되고 있다.

하상변동모형 개발에는 유한차분법 중에서 음해법의 이용이 보편적이다. 몇몇 모형들은 양해법을 이용하여 연계방법으로 하상변동모형을 개발하였다. 또한 Yeh 등(1995)은 특성법을 이용하여 연계방법으로 하상변동모형을 개발하였다. 그들은 시험적용 결과를 가지고 이 방법은 기존의 차분법과 달리 흐름과 유사유입의 변화가 흐름, 하상고, 하상재료의 형성에 미치는 영향을 잘 알 수 있음을 강조하였다. 과거 컴퓨터의 계산능력이 지금의 수준에 미치지 못한 때에는 하상변동과 같이 복잡한 현상을 모의하는데 많은 시간과 노력을 필요로 하는 수고를 줄이기 위해 수학모형을 직접 적용하는 것보다 모형의 수치실험으로 나온 결과를 정리하여 이용자들이 쉽게 쓸 수 있도록 하기도 하였다. 그러나 2000년대 이후 들어 수치해석 방법과 컴퓨터 계산능력의 향상으로 수치해석 결과를 회귀분석하여 활용하지 않고, 실측자료를 적극 활용하여 모형의 검보정 과정을 거쳐 보다 정확한 하상변동을 예측하고 있다.

컴퓨터의 성능향상과 수치해석방법의 발달로 충적하천모형 개발에서 눈에 띄는 또 다른 변화는 1차원을 넘어 2, 3차원 모형개발이 활발해졌다는 점이다. 특히 강턱침식 등에 의한 충적하천의 평면적 변화와 만곡부의 유사이송과 하상변동은 1차원 모형으로는 한계가 있기 때문에 이러한 만곡부 하상변동예측을 위해서는 다차원모형이 요구된다.

3차원 이동상 하천모형은 아직까지 모형활용에 한계가 있고 개발 또한 흔하지 않다. 주로 교각세굴이나 하천시설물 주변의 국부적인 세굴현상을 모의하는데 3차원모형이 주로 활용된다. 여기서는 하천의 종적변화에 대한 내용에 초점을 맞춰 한정하고 있기 때문에 1차원 하상변동모형의 구성과 개발에 대해서만 설명하기로 한다.

기존의 다양한 충적하천 모형들은 각기 개발목적이 다르고 모형개발에 이용된 방법들이 서로 다르기 때문에 그 적용성 또한 다르다. 기존의 모형들은 유사이송을 모의하기 위해 다양한 유사량 공식을 이용할 수 있도록 하였으나, 모의대상구간의 적절한 유사이송공식을 선택하는 것은 모형사용자의 몫이다. 1차원 하상변동모의를 위한 지배방정식인 식 (3.5)나 (3.8) Exner 식을 풀기 위해서는 유사이송공식이나 유사량공식을 이용하여 해당 단면에서 유사량 Q_s를 추정해야 한다. 각 단면에서 추정하는 유사이송량은 일정 시간간격 동안 두 단면 사이의 하상고 변화량을 결정하는데 큰 영향을 미칠 수 있다. 즉, 유사이송공식을 어떤 공식으로 선택하는 지가 하상변동 수치모의결과에 영향을 미친다(정원준 등, 2010).

지금까지 개발되어 문헌에 소개된 유사량공식들은 소류사, 부유사, 총유사량 공식 등을 합하면 수십 개가 된다. 문제는 각 유사이송공식에 따라 산정되는 유사량 값이 극단적으

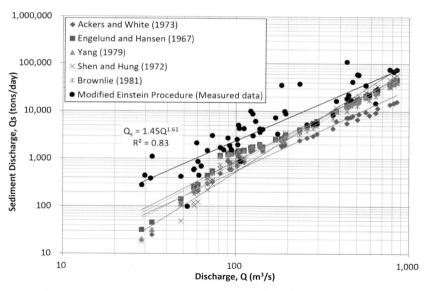

그림 3.14 내성천 향석 지점의 유사량 실측자료와 유사이송공식 산정 결과 비교 (장은경 등, 2018)

로는 동일한 수리조건에 대해 100배까지 차이가 나며, 실측치와 비교해도 그만큼 차이가
난다는 것이다. 이러한 점에서 아직 하천에서 순간유사량이나 장기적 유사유출량을 알고
자 하는 경우 기존 유사량공식을 이용하기보다는 우선적으로 실측에 의존해야 한다. 그러
나 대상하천의 실측자료가 가용하지 않은 경우 유사량공식은 제한된 범위 내에서 조심스
럽게 이용될 수 있을 것이다. 그러기 위해서는 각 유사량공식에 내재된 적용한계를 분명
히 숙지하는 것이 중요하다. 유사량공식의 비교평가에서 또 한 가지 불확실한 점은 하천
에서 순수한 유사량 실측치가 거의 없다는 점이다. 앞서 2장에서 설명한 바와 같이 총유
사는 현장에서 채취 가능한 구간의 유사량과 미채취구간의 유사량의 합으로 산정할 수
있기 때문에, 통상 부유사채취기로 하상 가까이에서 채취한 자료를 가지고 이른바 수정아
인슈타인 절차(Modified Einstein Procedure, MEP)를 이용하여 미채취 구간에서 이송하
는 유사량을 추정하여 총유사량을 구한다. 이렇게 추정된 총유사량을 일반적으로 실측값
으로 간주하고 그림 3.14와 같은 유량−유사량 관계식을 지점별로 개발한다.

　수치모의를 위한 유사이송공식의 1차 선별은 유사이송공식의 적용 범위와 한계를 반드
시 검토하고 기존의 여러 문헌과 연구자에 의해 제시된 유사량공식의 평가결과를 참고하
여 수행할 필요가 있다. 기존 문헌에서 유사이송공식의 평가와 추천에 관련된 내용은
Sedimentation Engineering(ASCE, 2008), Erosion and Sedimentation(Julien, 2010),
Sediment Transport−Theory and Practice(Yang, 2003), 하천수리학(우효섭 등, 2015)
등의 문헌을 참고할 수 있다. 우선 이 단계에서 가용할 수 있는 유사이송공식을 모두 선정
한 다음 실측유사량과 상호비교하는 과정이 반드시 필요하다. 그림 3.14는 내성천 향석지
점의 실측유사량 값을 이용하여 개발된 유량−유사량 관계식과 1차적으로 대상하천 구간에

적용 가능한 유사이송공식으로 선정된 Ackers와 White(1973), Engelund와 Hansen(1967), Shen과 Hung(1972), Yang(1979), Brownlie(1981) 공식으로 추정된 유사량 값을 비교한 것이다.

대상하천의 흐름과 유사 특성에 맞는 적절한 유사량공식을 선정하는 절차는 유사이송공식의 산정결과를 실측치와 비교하여 평균적인 의미에서 추출한 것으로서, 개별적용에 모두 적합하다는 것은 아니다. 따라서 아직 우리의 유사이송 지식은 신뢰도 높은 유사량 추정에까지 이르지 못하고 있으며, 이를 위해서는 최대한 실측자료에 의존해야 한다. 제한된 실측자료이더라도 최대한 활용하여 1차로 선정된 공식을 검증하여 적용하는 것이 바람직하다. 이러한 유사이송공식의 선정방법은 하상변동 모델링뿐만 아니라 안정하도 평가 및 설계와 같이 유사이송공식이 적용되는 모든 과정에서 고려되어야 할 것이다.

또한 하상변동모의에 활용되는 일부 모형에는 장갑화모의를 위한 연산법이 포함되어 있으나, 아직까지 장갑화현상 자체를 완전히 규명하지 못하고 있기 때문에 모형에서 고려한 연산법 자체도 완전하지 못하다. 1차원모형의 특성상 하천 횡방향 하상토분포 자체는 관심대상이 아니나, 거리에 따라 이동상하천의 폭이 달라지기 때문에 한 단면에서 계산된 유사량을 횡방향으로 분포시킬 필요가 있다. 이에 대해서는 모형마다 일정한 가정을 가지고 서로 다르게 처리하고 있다.

기존 모형의 하상변동 예측결과를 실제 측정치와 직접 비교하는 것은 그 모형의 적용성을 평가하는 궁극적이고 가장 효과적인 방법이다. 대부분의 사례연구에서 활용된 모형들의 신뢰도는 서로 비슷하며 입력자료가 충실할수록 또는 유사량추정의 정확도가 높을수록 모형의 종류에 크게 관계없이 양호한 결과를 얻을 수 있는 것으로 나타났다. 구체적으로 각 단면에서 단면형상과 하상토 입경분포 등 정확한 초기조건, 물과 유사의 유출입과 유입유사의 입경분포 등 정확한 경계조건, 정확한 조도계수나 흐름저항계수의 추정, 신뢰도 높은 유사량공식 등이 모형의 신뢰도에 결정적인 역할을 한다는 것이다.

과거 다양한 연구자들과 기관에서 하상변화에 대한 현장자료 및 실험자료를 이용하여 기존 충적하천 모형들이 사용하고 있는 수치해석기법의 적용성을 평가하였다. 그러나 기존의 충적하천모형의 우열을 판단할 수 있는 뚜렷한 결과는 없다. 따라서 어느 충적하천의 하상변동을 예측하는 데 적합한 모형을 선정하기 위해서는 모형의 적용성에 초점을 맞추어야 할 것이다. 즉, 모형의 적용사례가 많고 적용자체가 상대적으로 용이한 모형을 선정하는 것이 바람직하다. 본 장에서는 실무나 연구를 위한 목적으로 1차원 하상변동모의에 많이 활용되고 있는 HEC-RAS 모형의 주요 특징과 기본가정, 수치해석방법 등을 소개한다.

HEC-RAS 모형

HEC-RAS 패키지에 포함되어 있는 하상변동모형은 당초 HEC-6라는 이름으로 미공병단 수문연구소에서 1973년부터 Thomas와 Prashun에 의해 개발된 충적하천 수학모형이다. 이 모형은 하천과 저수지에서 침식과 퇴적을 모의하기 위해 개발되었으며, 그 후 1977년, 1990년에 대폭 개량되어 최근 HEC-RAS 버전에 통합되어 배포되고 있다. HEC-RAS의 활용에 대한 보다 구체적인 정보는 하천공학(우효섭 등, 2018) 문헌을 참고할 수 있으며, 여기서는 주로 다음과 같은 이 모형의 주요 특징에 대해 소개한다.

- 1차원 준정상류모형으로 장기적 하상변동모의
- 흐름계산과 유사이송계산의 비연계모형
- 댐 하류하천의 하상 상승과 저하, 긴 저수지 내 유사퇴적량과 위치 등 분석
- 하상장갑화와 준설효과 모의
- 각 하천단면은 고정상과 이동상으로 구분
- 유사량 계산은 다양한 유사이송공식 등 기존 공식이나 실측유사량 자료 이용

이 모형의 기본가정은 흐름은 1차원이고 수압은 어디에서나 정수압이며, 매닝계수는 점변류에도 적용 가능하고, 이 계수는 수위나 유량의 함수로 나타낼 수 있으며, 이동상 하천단면은 단면전체가 일정하게 상승하거나 저하하고, 하상경사는 충분히 작다는 것이다. 이 모형에서 채택하는 흐름의 지배방정식은 정상류의 연속방정식과 에너지방정식(운동량방정식으로부터 유도가능), 하상변동계산을 위한 지배방정식으로 유사의 연속방정식(Exner 식)과 유사이송공식이 추가된다. 유사량은 기존 유사량공식을 이용하여 입경별 유사이송량을 단위 폭당으로 계산한다.

이 모형의 수치해석방법은 표준축차법을 이용하여 정상류해석을, 마찰은 흐름저항공식 중 하나로, 단면의 급확대나 급축소 등은 적절한 손실계수를 이용하여 계산한다. 이렇게 얻어진 수리량을 유사이송공식에 적용하여 유사량을 계산하고 Exner 식으로 하상변동량을 계산한다. Exner 식 (3.8)에서 하상토의 단위 중량 대신 공극률 P_0를 이용하여 그림 3.16과 같이 차분하면 다음과 같다.

$$-\frac{Q_{s_{i+1}} - Q_{s_{i-1}}}{P_0\,(2\triangle x)} + \frac{T(z_{j+1} - z_j)}{\triangle t} = 0 \qquad (3.11)$$

여기서, $Q_{s_{i+1}}$와 $Q_{s_{i-1}}$은 $i+1$과 $i-1$ 단면에서 부피로 표시되는 유사량이며, z_{j+1}과 z_j는 $j+1$과 j 시간의 i 단면에서 하상고이다. 따라서 이 차분식을 $j+1$ 시간의 하상고 z_{j+1}로 다시 쓰면 다음과 같다.

$$z_{j+1} = z_j + \frac{\triangle t}{P_0} \frac{Q_{s_{i+1}} - Q_{s_{i-1}}}{(2\triangle x)} \tag{3.12}$$

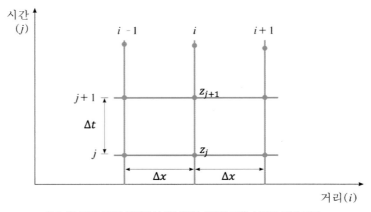

그림 3.15 **HEC-RAS 모형에서 하상변동계산을 위한 시간과 거리 격자**

HEC-RAS는 Exner 방정식으로 검사체적으로 들어오는 유사량과 나가는 유사량을 고려하여 단위시간당 검사체적 내로 순수하게 들어가는 유사량과 검사체적 내에서 유사량의 증가율이 같다는 조건 하에 계산을 수행한다. 이러한 접근법은 그림 3.16의 유사이송과 하상변동의 평형 조건을 기반으로 계산이 수행되며, 이는 유사의 이동속도에 대한 물리적인 제한을 포함하지 않는다. 즉, 평형 조건은 주어진 계산시간간격과 단면간의 거리를 기준으로 유사의 이동성이 유사 특성과 수리 조건에 따라 달라지는 점을 고려하지 못한다. 그러나 검사체적의 종적거리인 단면적간격과 시간간격에 따라 유사가 유속보다 빠르게 이동하는 경우도 있으며 이러한 경우가 그림 3.16의 비평형 조건에 해당한다. 우선 HEC-RAS에서는 유사의 이동속도를 유속으로 제한하는 사양이 유사 라우팅 방법에 포함되어 있다(Gibson과 Sanchez, 2020). 그림 3.16의 계수 α는 댐상류 저수지퇴사를 1차원으로 모의할 경우 포착률 E_t가 된다. 이류-확산 방정식과 유사연속방정식을 이용하면 E_t는 수심, 유속, 유사의 침강속도, 그리고 거리간격의 함수임을 알 수 있다(Julien, 2010). 이와 유사하게 HEC-RAS는 비평형 조건을 고려하기 위해 주어진 검사체적과 시간간격에서 실제로 퇴적되는 유사량의 비율을 계산하기 위해 퇴적유효계수를 사용한다. 반대로 특성 흐름길이 원칙과 유사하지만 그보다 앞선 침식한계방정식을 이용하여 침식을 제한하는 계산을 수행하기도 한다. HEC-RAS에서 침식을 제한하는 또 다른 방법은 하상토분급과 장갑화현상을 하상변동계산에 고려하는 알고리즘이다.

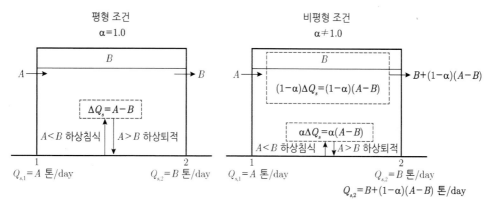

그림 3.16 유사이송과 하상변동 모의를 위한 평형 및 비형평 조건

예제 3.2

그림 3.16에서 1과 2 단면 구간에 3일 동안 동일한 유량으로 각 단면에서 발생하는 유사량은 1번 단면은 3,000 톤/day, 2번 단면은 2,950 톤/day로 그 기간 동안 일정하다고 가정할 경우 식 (3.8)의 Exner 방정식을 이용하여 하상은 얼마만큼 저하 또는 상승하는지 계산하시오. 단, 하상토의 단위중량은 1.7 톤/m³, 수면폭은 10 m, 1과 2 단면 사이의 거리는 200 m이고, 그림 3.16의 $\alpha = 1$인 평형 조건을 만족한다고 가정하시오.

| 풀이 |

식 (3.8)을 식 (3.11)과 (3.12)와 같이 차분하여 적용하면

$$\frac{\Delta z}{\Delta t} + \frac{1}{WT}\frac{\alpha \Delta Q_s}{\Delta x} = 0$$

$$\Delta z = -\frac{\Delta t}{WT}\frac{\alpha(Q_{s_2} - Q_{s_1})}{(\Delta x)} = -\frac{3}{1.7 \times 10} \times \frac{(2,950 - 3,000) \times 1}{200} = 0.044 \ [\text{m}]$$

따라서 3일 동안의 1과 2 단면 사이의 하상고 변화는

$$\therefore \ \Delta z = 4.4 \ [\text{cm}] \ (\text{하상상승})$$

HEC-RAS에서 유사량은 어느 한 시간대에서 흐름계산에서 도출된 정보를 기반으로 처음에 계산된 후 식 (3.12)에서 하상고 변화를 계산한 다음에는 그 시간대에서는 다시 계산되지는 않는다. 그러나 하상토 입경분포의 경우 분급과 장갑 효과를 검토하기 위해 다시 계산된다. HEC-RAS 모형은 하상의 분급과 장갑화 모의를 위해 먼저 하상에서 주어진 유량과 입경에 대해 사립자가 이송되지 않는 최소수심인 평형수심을 정의한다. 평형수심은 매닝의 평균유속공식, Strickler의 매닝계수공식, 아인슈타인의 흐름강도와 유사이송 강도 관계 등을 이용하여 구한다. 다음으로는 하상토에서 입경이 작은 사립자들이 침식되고 큰 입자들은 남아 표면을 덮어 장갑층을 이루기 위해 침식되어야 하는 하상토 두께를 정의하여 이를 평형수심과 비교한다. 이 모형에서는 하상층을 하상표면에서 평형수심까

지 침식이 가능한 활동층(active layer)과 그 아래 임의의 침식이 되지 않는 비활동층 (inactive layer)으로 구분한다. 활동층의 하상토가 모두 침식되면 더 이상 침식되지 않으며, 하상은 완전히 장갑화된 것으로 본다.

HEC-RAS 모형을 이용한 하상변동모의를 위한 입력자료는 기본적으로 하천과 흐름자료, 그리고 유사자료로 구분되며, 전자는 HEC-RAS 모형의 흐름모의를 수행하는 입력자료와 같다. 하상변동 모델링을 위해 요구되는 하천과 흐름 자료로는 하천단면의 지형자료, 단면 간 거리, 지류의 위치, 각 단면의 매닝계수, 상류와 지류의 유입수문곡선, 하류의 경계조건(수위-유량 곡선과 수문 곡선), 수온 등이 있다. 유사자료는 각 단면에서 이동하상 두께, 교량이나 준설 등에 대한 정보, 유량에 따른 유사량 변화 입력자료(유량-유사량 관계), 하상토 입경분포, 유사에 따른 기타 특성 등이다. 보통 HEC-RAS에서는 흐름계산을 위해 상류 끝단의 경계조건으로 유입유량을 입력하게 되어 있다. 정상류일 경우 일정한 유량값을 부정류일 경유 시간간격에 따른 유량변화(유량수문곡선)를 경계조건으로 입력한다. 그러나 그림 3.16의 상류단 경계에서는 수리계산이 수행되지 않고 유입되는 유량 경계조건만 주어지기 때문에 하상변동계산을 위한 유사량 추정에서 유사이송공식을 적용할 수 없다. 따라서 상류에서는 유사경계조건이 주어져야 하며, 유량에 따른 유사량 변화 실측자료를 이용하여 해당유량에 대한 경계점의 유사량을 계산하여 하상변동을 추정한다. HEC-RAS 모형에서는 이 외에 상류 유사 경계조건을 다음 하류방향 단면의 유사량과 동일하게 하여 두 단면 사이에서의 하상변동은 없는 조건으로 설정하는 평형유사량 경계조건을 선택할 수도 있다. 또한 상류경계에서 유사량 이송이 없는 맑은 물(clear water) 경계조건을 선택할 수도 있다. 맑은 물 경계조건의 경우 댐 축조로 인해 유사이송이 차단된 댐 하류하천의 하상변동모의를 위한 상류단 경계조건으로 선택할 수 있다.

하천의 종적변화 수치모의 사례

HEC-6 모형은 국내에서 1991년 금강 대청댐 하류에 처음으로 적용(우효섭과 유권규 1991)된 이후 대하천의 주요구간 및 중소하천에서 장기하상변동 모의(고수현 등, 2004; 정원준 등, 2010; 지운 등, 2015a; 장은경 등, 2018)에 적극 활용되고 있다. 여기서는 첫 번째 사례로 '4대강사업' 후 1년 사이 하상변동이 크게 발생한 것으로 관측된 창녕함안보와 합천창녕보 구간(43 km)에 대해 HEC-RAS 모형을 이용하여 하상변동 수치모의를 수행한 결과를 소개한다(지운 등, 2015a).

창녕함안보와 합천창녕보 구간의 1차원 하상변동예측은 초기하상조건을 2012년 1월에 측량한 자료로 입력하였으며, 1년 동안의 하상변동을 HEC-RAS 모형으로 모의하고, 최종결과를 2012년 12월 측량자료와 비교하여 모형의 검보정을 수행하였다(그림 3.17). 장기하상변동 모의를 위한 예측결과의 신뢰도와 정확도를 높이기 위해 그림 3.17의 결과를

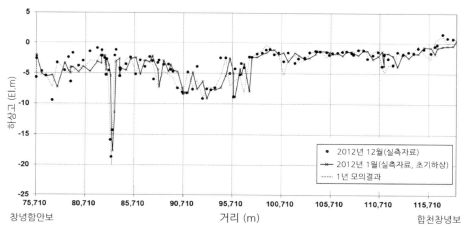

그림 3.17 **낙동강 창녕함안보에서 합천창녕보 구간에 대한 '4대강사업' 후 2012년의 하상변동 실측 및 모의 결과** (지운 등, 2015a)

도출하기까지 유사이송공식과 유입유사량 조건설정에 따른 하상변동 민감도분석을 수행하였으며, 1년 동안의 종적변화를 가장 유사하게 예측한 모의 조건을 장기하상변동 모의조건으로 채택하였다. 유입유사량은 '4대강사업' 전 실측유사량 자료를 활용하고 각 단면에서 유사이송공식은 Ackers와 White 공식을 적용하여 모의 한 결과가 실측 하상변동값과 가장 유사한 것으로 나타났다. 2012년 12월 측량결과와 모의결과가 창녕함안보 상류에서 다소 차이가 있는 것으로 나타났으나, 창녕함안보 직상류 22.1 km 지점(낙동강하굿둑으로부터 97,100 m)의 하상변동양상이 유사한 것으로 나타났다.

HEC-RAS 모형을 이용하여 '4대강사업' 10년 후의 장기하상변동을 모의하였으며, 모의시작 년인 2012년의 1년 수문변화가 10년 동안 반복적으로 발생한다고 가정하였다. 상류에서 유입되는 유사량은 4대강사업 전의 조건을 그대로 적용하고, 유사이송공식은 Ackers와 White 공식을 1년 모의시 적용한 조건과 동일하게 적용하였다. 하상변동 모의 결과는 그림 3.18과 같으며, 합천창녕보 하류 구간과 창녕함안보 상류 5 km (80,000 m) 에서 7 km (82,000 m) 구간 사이에 최대 2.0 m의 퇴적이 예측되었다. 또한 상류 35 km (110,000 m)에서 상류 40 km (115,000 m) 구간 사이에 최대 3.3 m의 유사 퇴적이 발생하는 것으로 모의되었다. 10년 후의 장기하상변동 모의 결과를 살펴보면, 유입유사량이 '4대강사업' 전과 동일하다는 가정 하에 모의가 수행되었기 때문에 이 사업 후 상류로부터 유입되는 유사량변화가 가장 중요한 변수임을 알 수 있다. 본 사례의 장기하상변동 모의에는 외부의 인위적인 변화가 10년 동안 발생하지 않고 2012년의 유량수문곡선이 10년 동안 반복된다는 가정을 적용하였기 때문에 실제 하상고 변화와는 차이가 나타날 수 있다. 또한 유량-유사량 관계 특성이 사업 이전의 조건과 동일하다는 가정 하에 모의가 수행되었기 때문에 장기하상변동 예측 결과의 해석에는 이로 인한 하상고 변화의 변동성을 충분히 감안할 필요가 있다.

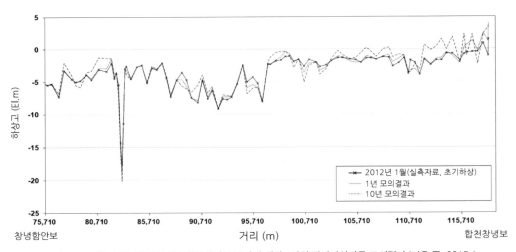

그림 3.18 **낙동강 창녕함안보에서 합천창녕보 구간에 대한 1차원 장기하상변동 모의결과** (지운 등, 2015a)

다음으로는 영주댐 하류 하천을 대상으로 HEC-RAS 4.1 모형을 적용하여, 장기하상거동을 예측하고 분석한 두 번째 사례(장창래와 이기하, 2016)를 소개한다. 영주댐 건설에 의하여 하류 하천의 하상변동에 미치는 영향을 검토하기 위하여, 댐이 없을 경우에 대해 장기간 하상변동을 모의하였다. 댐 하류 하상변동 모의에서 댐에서의 유사 포착률을 고려하는 것은 중요하다. 일반적으로 규모가 큰 댐에서 유사의 포착률은 90∼98%로 가정하고 있다. 그러나 영주댐은 상류에 유사조절지 댐이 있으며, 하상이 주로 모래로 구성되어 있으므로 댐에 의한 유사의 포착률을 98.7%로 하였다. 영주댐 직하류에 서천이 유입되므로, 영주댐 상류의 유역면적에 대한 서천의 유역면적(40%) 비를 고려하여 설정한 것이다.

댐이 건설되지 않은 경우 1년, 5년, 10년 후의 장기하상 변동 모의결과에서는 시간에 따라 전체 구간에 걸쳐서 하상고의 상승과 저하가 반복되었다. 특히, 댐 직하류에서 시간이 지남에 따라 국부적으로 하상고가 저하되고, 하상고 저하는 하상토 변화를 초래한다. 하상고의 상승과 저하는 중하류부에서도 반복된다(그림 3.19). 특히, 직곡지구(29 km 지점)까지 하상이 저하되는 것으로 나타났으나, 직곡지구 하류인 28 km 지점에서 다시 하상고가 상승한다(그림 3.19). 서천 합류지점에서 하상고는 저하되지만, 하류로 내려갈수록 세굴과 퇴적이 반복되고 있다.

영주댐 건설 전과 후의 장기하상변동 거동을 비교한 결과, 댐 직하류 구간에서는 상류에서 유입되는 유사가 댐에 의하여 포착되기 때문에 댐 건설 10년 후에 지속적으로 하상이 저하되는 것으로 나타났다. 이는 댐 직하류에서 하상고 저감대책이 필요하다는 것을 의미한다. 그러나 28.5 km 지점에서는 댐 건설 전과 후에 하상고가 상승하며 댐 직하류에서 침식된 유사가 퇴적되고, 지형적인 원인에 의해 상승한다. 10년 후, 서천 합류 전에 하상이 저하되지만, 합류 이후에는 서천에서 유사가 지속적으로 유입되어 다시 퇴적된다. 따라서 댐 건설로 인해 댐 직하류에서 하상고가 지속적으로 저하되고 있으나, 지류인 서천을 합류한 이후부터는 하상고가 상승하며 댐에 의한 영향이 작을 것으로 나타났다.

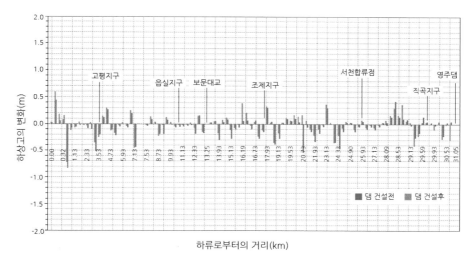

그림 3.19 **장기하상변동 모의결과 비교** (5년 후) (장창래와 이기하, 2016)

3.1 하천의 한 지점에서 취수나 도수 등으로 유량이 급속히 감소하는 경우에 나타나는 하류하천의 종적 하상변화를 Lane의 관계를 이용하여 설명하시오.

3.2 예제 3.1과 동일한 조건에서 거리에 따른 유역면적의 감소 양상을 나타내는 계수 β를 평균값이 아닌 최저 0.02와 최대 0.2라고 가정했을 경우 하류 10 km에서의 하상경사를 각각 추정하시오.

3.3 하상의 1차원적 종적변화를 해석하기 위해 필요한 지배방정식과 미지수를 모두 열거하고 비연계방법에 기초한 수학모형으로 해석할 경우 계산순서에 대해 설명하시오.

3.4 예제 3.2에서 1과 2 단면 구간에 3일 동안 동일한 유량이 흘러 각 단면에서 발생하는 유사량은 1번 단면은 3,000 톤/day, 2번 단면은 2,950 톤/day로 그 기간 동안 일정하다고 가정하였다. 여기서 하상토의 단위중량은 1.7 톤/m^3, 수면폭은 10 m, 1과 2 단면 사이의 거리는 200 m로 동일하고 그림 3.19의 $\alpha = 0.5$인 비평형 조건이라고 가정했을 경우 하상은 얼마만큼 저하 또는 상승하는지 추정하시오.

3.5 하천에 설치된 보나 댐이 당초 설계목적에 부합한 기능을 더 이상 발휘할 수 없게 된 경우 회유성 물고기 생태통로복원 등 생태환경개선을 위해 물리적으로 철거하는 사례가 있다. 이와 같이 댐이나 보가 오래 전에 축조되어 하천이 평형상태에 도달한 상황에서 다시 댐이나 보가 철거되는 경우 예상되는 하천의 장단기 종적변화에 대해 설명하시오.

3.6 HEC-RAS와 같은 1차원 수치모형을 이용하여 장기하상변동을 모의할 경우 입력자료로 필요한 변수와 정보를 모두 나열하고 구축 모형을 보정 및 검증하는 방법에 대해 기술하시오.

건설부/대한기술공단. 1963. 한강하상변동조사보고서.

고수현, 송인렬, 심창석. 2004. 유사량 산정공식에 따른 유사 및 하상변동 예측에 관한 연구. 한국 환경과학회지, 13(3): 263-277.

국토교통부. 2015. 하천기본계획수립지침.

국토교통부. 2016. 하천유지보수매뉴얼.

국토교통부. 2018. 하천설계기준.

국토교통부/한국건설기술연구원. 2018. 드론기반 하상변동조사 및 하천측량 체계 수립을 위한 연구. 최종보고서.

우효섭, 유권규. 1991. 하상변동 예측 모형의 비교분석, 한국건설기술연구원 기본연구보고서, 91-WR-112.

우효섭, 유권규. 1993. 평형하상경사 추정방법의 개발. 한국건설기술연구원 기본연구보고서, 93-WR-112.

우효섭, 유권규, 박종관. 1994. 우리나라 충적하천 하상경사의 수리기하 특성에 관한 연구. 대한 지리학회지, 29(3).

우효섭, 김원, 지운. 2015. 하천수리학 개정판. 청문각.

우효섭, 오규창, 류권규, 최성욱. 2018. 인간과 자연을 위한 하천공학. 청문각.

이남주, 손광익, 류권규. 2011. 병성천, 감천, 황강의 두부침식 현장점검. 한국수자원학회지, 물과 미래, 44(7).

장은경, 안명희, 지운. 2018. 내성천의 영주댐 하류 구간의 하도형성유량 산정 및 안정하도 단면 평가. 한국수자원학회 논문집, 51(3): 183-193.

장창래. 2012. 2차원 수치모형을 이용한 비점착성 하도의 두부침식에 의한 천급점 이동 특성 분석. 한국방재학회 논문집, 12(6): 259-265.

정원준, 지운, 여운광. 2010. HEC-6 모형을 이용한 유사량 공식에 따른 하상변동 민감도 분석-낙동강 하류를 대상으로. 한국환경과학회지, 19(10): 1219-1227.

지운, 장은경, 김원. 2015a. 낙동강의 보 구조물 설치 후 장기 하상변동 분석 및 평형하상고 예측 에 관한 연구. 한국산학기술학회 논문지, 16(10): 7089-7097.

지운, 장은경, 강진욱. 2015b. 비점착성 하상에서의 두부침식 메커니즘 분석에 관한 실험 연구. 한국산학기술학회 논문지, 16(2): 1500-1506.

한국건설기술연구원. 2019. 수공구조물 건설 전후 하천 변화 분석. KICT 2019-049.

한국수자원학회. 2019. 하천설계기준해설.

Ackers, P. and White, W. R. 1973. Sediment transport: A new approach and analysis. Journal of Hydraulics Division, ASCE, 99(11): 2041-2060.

Anderson, A. G. 1953. The Characteristics of Sediment Waves Formed by Flow in Open Channels. 3rd. Midwest Conference, Fluid Mechanics, Univ. of Minnesota, Minneapolis, Minnesota.

ASCE. 2008. Sedimentation Engineering. V. Vanoni, ed. American Society of Civil Engineers.

Bennett, S. J., Alonso, C. V., Prasad, S. N., and Römkens, M. J. M. 2000. Experiments on headcut growth and migration in concentrated flows typical of upland areas. Water Resources, 37(7): 1911-1922.

Bhallamudi, S. M. and Chaudhry, M. H. 1991. Numerical Modeling of Aggradation and Degradation in Alluvial Channels. Journal of Hydraulic Engineering, 117(9): 1145-1164.

Brownlie, W. R. 1981. Prediction of flow depth and sediment transport in open channels. California Institute of Technology, Pasadena, California, Report No. KH-R-43A, November, pp. 230.

Brush, L. M. Jr. and Wolman, M. G. 1960. Knickpoint behavior in noncohesive material: a laboratory study. Geol. Soc. Am. Bull., 71(1): 59-73.

Cui, Y., Parker, G., and Paola, C. 1996. Numerical Simulation of Aggradation and Downstream Finding. Journal of Hydraulic Research, 34(2).

Daniels, R. B., and Jordan, R. H. 1966. Physiographic history and the soils, entrenched stream of systems and gullies Harrison County Iowa. USDA Tech. Bull. 1348, U.S. Dept. of Agric., Washington, D. C.

Engelund, F. and Hansen, H. 1966. Investigations of Flow in Alluvial Streams. Acta Polytecnica Scandanavica, Ci-35.

Engelund, F. and Hansen, E. E. 1967. A monograph of sediment transport in alluvial rivers. Technical University of Denmark, Copenhagen, pp. 62.

Exner, F. 1925. Uber die Wechselwirkung swischen Wasser und Geschiebe in Flussen. Proceedings, Vienna Academy of Sciences, Section IIA, 134.

Garde, R. J. and Ranga Raju, K. G. 1985. Mechanics of Sediment Transportation and Alluvial Channel Problems. Halsted Press.

Gardner, T. W. 1983. Experimental study of knickpoint and longitudinal profile evolution in cohesive, homogeneous material? Geol. Soc. Am. Bull., 94(5): 664-672.

Gibson, S. and Sánchez, A. 2020. HEC-RAS Sediment Transport. User's Manual, Version 6.0, CPD-68c, U.S. Army Corps of Engineers, Davis, CA.

Hack. J. T. 1957. Studies of Longitudinal Stream Profiles in Virginia and Maryland. Professional Paper, 294B, USGS, Washington, D. C.

Holland, W. N. and Pickup, G. 1976. Flume study of knickpoint development in stratified sediment. Geol. Soc. Am. Bull., 87(1): 76-82.

Julien, P. Y. 2010. Erosion and Sedimentation, Second Edition. Cambridge University Press, Cambridge.

Kennedy, J. F. 1963. The Mechanics of Dunes and Antidunes in Erodible Channels. Journal of Fluid Mechanics, 16(4).

Lane, E. W. 1955. Design of stable channels. Transactions of the American Society of Civil Engineers, 120: 1234-1279.

Leopold, L. D., Wolman, M. G., and Miller, J. P. 1964. Fluvial processes in geomorphology. W. H. Freeman and Co., San Francisco, Calif.

Meyer-Peter, E. and Müller, R., "Formulas for Bed-Load Transport", Report on 2nd Meeting for IAHR, Stockholm, Sweden, 1948.

Nearing, M. A., Foster, G. R., Lane, L. J., and Finkner, S. C. 1989. A processed-based soil erosion model for USDA water erosion prediction project technology. Trans., American Society of Agricultural Engineers, 32(5), 1587-1593.

Park, S. K., Julien, P. Y., Ji, U., and Ruff, J. F. 2008. Case Study: Retrofitting Large Bridge Piers on the Nakdong River, South Korea. Journal of Hydarulic Engineering, 134(11): 1639-1650.

Patton, P. C. and Schumm, S. A. 1975. Gully erosion, northwestern Colorado: A threshold phenomenon. Geology, 3(2): 88-90.

Schumm, S. A. 1969. River Metamorphosis. Journal of the Hydraulics Division, ASCE, 95(HY1).

Shen, H. W. and Hung, C. S. 1972. An Engineering Approach to Total Bed Material Load by Regression Analysis. Proceedings of the Sedimentation Symposium, Ch. 14.

Simons, D. B. and Richardson, E. V. 1966. Resistance to Flow in Alluvial Channels. Professional Paper 422-J, USGS, Washington, D. C.

Stein, O. R. and Julien, P. Y. 1993. Criterion Delineating the Mode of Headcut Migration. Journal of Hydraulic Engineering, 119(1): 37-50.

Suryanarayana, B. 1969. Mechanics of Degradation and Aggradation in a Laboratory Flume. Ph.D. Dissertation, Colorado State University, Fort Collins, Colorado.

van Rijn, L. C. 1984. Sediment Transport, PartIII: Bedforms and Alluvial Roughness. Journal of the Hydraulics Division, ASCE, 110(12).

Woo, H., Julien, P. Y., and Richardson, E. V. 1986. Wash Load and Fine Sediment Load. Journal of Hydraulic Engineering, 112(6).

Yang, C. T. 1979. Unit Stream Power Equation for Total Load. Journal of Hydrology, 40: 123-138.

Yang, C. T. 1996. Sediment Transport-Theory and Practice. The McGraw-Hill Companies, Inc., New York.

Yang, C. T. 2003. Sediment Transport: Theory and Practice. reprint ed., Krieger, Malabar, FL.

Yeh, K. C., Li, S. J., and Chen, W. L. 1995. Modeling Non-Uniform-Sediment Fluvial Process by Characteristics Method. Journal of Hydraulic Engineering, 121(2).

URL #1 http://news.khan.co.kr/kh_news/khan_art_view.html?artid=201108122119185

하천의 평면변화 과정을 이해하는 것은 홍수로부터 인명과 재난을 방지하고, 하천생태계를 보전하고 복원하며 하천을 관리하거나 계획하는데 중요하다. 이 장은 하안침식을 고려한 하천의 평면변화 과정을 설명한다. 이를 위해 첫 번째 절은 하안침식과 이로 인한 하천의 불안정 특성을 알아본다. 두 번째 절은 하천변화를 일으키는데 중요한 사주의 발달과 변화 과정을 소개한다. 특히, 교호사주과 복렬사주의 구분과 물리적 특성을 설명한다. 세 번째 절은 하도의 지형변화에 대하여 설명한다. 더욱이 저수로의 변화, 하구에 발달하는 삼각주의 특성과 변화, 하천의 합류부와 분류부에서 수리학적 특성과 지형변화를 소개한다.

4

하천의
평면변화

4.1 하안침식과 불안정

하안(河岸) 또는 강턱(river bank)[1]의 침식과정을 이해하는 것은 홍수로부터 인명과 재산 피해를 방지하고, 하천생태계를 보전하고 복원하며 주변 경관을 유지하기 위하여 하천을 관리하거나 계획하는데 중요하다. 이를 위해 하안 또는 강턱을 구성하는 재료에 대한 특성과 침식기구를 이해할 필요가 있다.

하안침식기구는 하안의 크기, 기하학적 형태와 구조, 하안을 구성하는 재료의 공학적 특성에 따라, 전단 또는 평면파괴(planar failure), 회전파괴(rotational failure), 붕락파괴(cantilever failure), 파이핑파괴(piping failure)로 구성된다(그림 4.1).

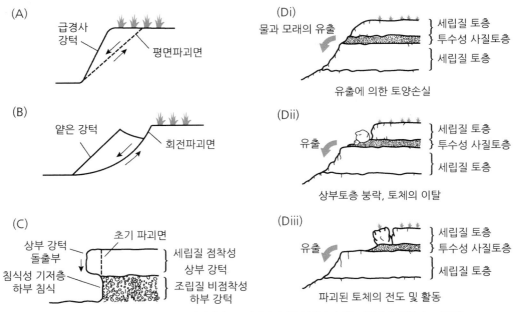

그림 4.1 하안침식기구의 예 : (A) 평면파괴, (B) 회전파괴, (C) 붕락파괴, (D) 파이핑파괴 (Darby, 1998)

하안침식은 하안을 구성하는 재료가 흐름에 이송되어 발생한다. 하안침식기구는 하안을 구성하는 재료가 점착성인지 아닌지, 또는 하안구성이 층구조로 되어 있는지에 따라 다르다. 일반적으로, 그림 4.2에서 보여주고 있는 것처럼, 하안이 점착성이 강한 부분과

---

1) 하안은 일반적으로 강가라는 의미이므로 수직 또는 경사지거나, 완만히 이어진 수역과 육역의 경계부를 의미하며, 강턱(river bank)은 보통 수직이거나 경사진 물가를 의미함. 여기서는 통용함.

그 사이에 모래 등 점착성이 약한 부분이 좁게 층구조를 형성하고 있을 때는 점착성이 약하거나 없는 부분이 먼저 침식되고, 하안은 차양(遮陽)과 같은 돌출부를 형성한다. 그러나 침식이 많이 되면, 돌출부의 흙덩이를 지지하지 못하고 무너져 떨어진다. 이렇게 떨어진 흙덩이는 흐름에 의해 쓸려 내려가며, 침식과정이 진행된다.

점착성 흙덩이가 무너져 떨어지는 붕락(崩落)한계의 돌출부 길이는 점성토의 인장강도에 대한 회전모멘트와 전단강도에 의해 결정된다. 흙덩이 붕락 폭은 회전파괴의 경우에 하안을 구성하는 토사의 밀도, 높이 및 인장강도에 의해 결정되며, 전단파괴의 경우에는 밀도와 전단강도로 결정된다. 고수부의 높이가 상당히 큰 상태에서는 하안이 안정성을 상실해서 원호상태로 붕괴하는 경우도 있다.

점착성 하안의 경우에는 하상 및 하안의 약한 부분에서 침식이 진행되고, 토질공학적인 안정성을 상실해서 흙덩이가 붕락하는 것이 특징이다. 측방 침식 속도는 하안의 구성재료와 점착성 등에 의해서 변화가 크기 때문에, 정량적으로 해석하기는 어렵다. 하안과 고수부를 구성하는 토양의 구조는 홍수로 인한 퇴적으로 형성된다.

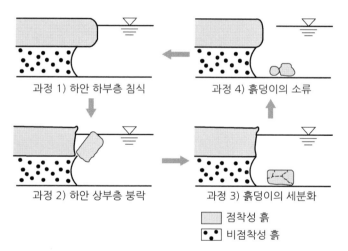

그림 4.2 **점착성 토층과 비점착성 토층으로 구성된 하안의 붕락파괴 진행과정** (福岡 등, 1996)

하안침식과정

하안침식과정은 크게 하천의 흐름에 의한 침식과 기후조건에 따른 풍화작용에 의한 침식으로 구별할 수 있다. 이러한 두 침식 과정은 서로 독립적으로 작용한다(Thorne, 1982). 하천 흐름에 의한 하안침식 작용은 하안재료를 직접 연행하여 하류로 이송시키거나, 하상을 저하시키고 하안의 안식각을 증가시켜서 하안침식을 일으킨다(그림 4.3). 풍화작용에 의한 하안침식과정은 하안재료에 직접 접촉하지 않은 상태에서 하안의 강도와 안정성을 약화시킨다. 이러한 침식과정은 하안의 크기, 지형, 하안재료의 공학적 특성과 구조에 의해 결정된다.

하천에서 하안침식은 단일한 과정에 의해 발생하지 않으며, 복잡한 작용에 의해 발생한다. 예를 들면, 동결융해에 의해 하안의 표층은 약화되며, 이는 하천흐름에 의한 하안침식에 매우 취약하다.

비점착성 하안의 침식

비점착성 토질로 구성된 하안의 침식과정은 그림 4.3과 4.4에서 보여주고 있다. 먼저 하안부근에서 하상의 세굴이 발생하여 하안의 경사가 증가하게 된다(그림 4.4 a-1). 하안경사가 하안의 안식각 보다 크게 되면(그림 4.4 a-2), 하안의 안식각을 유지하기 위하여 하안기저부(toe of bank)가 침식된다(그림 4.3과 4.4 a-3). 이 때, 침식된 유사는 흐름에 의해 하류로 이송된다. 또한, 흐름의 특성 및 사주의 발달에 의해 하안부근에서 퇴적이 발생하게 되면(그림 4.4 b-1), 그 부근에서 새로운 하안이 형성된다(그림 4.4 b-2).

그림 4.3 **비점착성 하안의 침식** (2002. 2)
길안천이 합류하는 반변천. 하안은 자갈과 모래로 구성되어 있고, 표층은 점착성 토질로 구성되어 있음

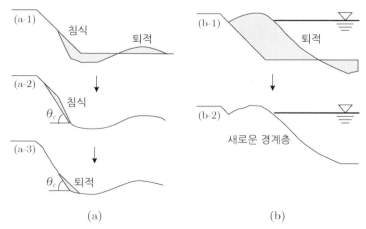

그림 4.4 **비점착성 하안의 침식 및 퇴적 과정: (a) 하상저하 및 하안침식, (b) 하안의 퇴적** (Jang과 Shimizu, 2005)

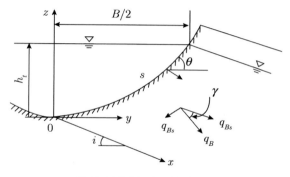

그림 4.5 **좌표계** (日本土木學會, 1998)

직류하도에 대하여 그림 4.5에서 보여준 좌표계 상에서 비점착성 토사로 구성된 하안의 침식에 대한 연속방정식은 다음과 같다.

$$\frac{\partial \eta}{\partial t} = \frac{1}{1-\lambda}\left(\frac{\partial q_{Bs}}{\partial s} + \frac{\partial q_{Bx}}{\partial x}\right) \tag{4.1}$$

여기서, $\frac{\partial \eta}{\partial t}$ 는 시간에 따른 하안침식의 변화, n, s는 각각 하안의 법선과 접선 방향의 좌표, $q_{Bs} = q_B\sin\gamma$, $q_{Bx} = q_B\cos\gamma$, γ는 사립자의 운동방향 x으로부터 편향각이다.

$$\tan\gamma = \tan\theta \sqrt{\frac{1}{\mu_s\mu_k T_*}} \tag{4.2a}$$

$$T_* = \frac{\tau_*}{\tau_{*_c}\cos\theta} \tag{4.2b}$$

여기서, θ는 사면각, μ_s는 사립자의 정마찰계수(=1.0), μ_k는 사립자의 동마찰계수(=0.45), τ_*는 무차원소류력, τ_{*_c}는 한계 무차원소류력이다.

비점착성 하안의 측방침식에 의한 유로변동은 식 (4.1)과 (4.2a)를 적용하여 표현할 수 있다. 이때, 유사량은 비평형성을 고려하여 계산하기도 하지만, 일반적으로 평형상태로 고려하여 평형유사량을 산정하고, 이를 적용하여 횡단 형상의 변화과정을 계산한다. 하천 횡단면 내에서 하상변동을 고려하여 1차원 계산에 의해 측안침식량을 구하는 경우, 하안의 연속방정식은 식 (4.3a)와 (4.3b)와 같다(Hasegawa, 1989). 이 식은 하안 부근에서 하상침식이 증가하고, 이로 인하여 하안침식이 발생하며, 하안의 형상은 하안침식 이전과 같은 형상이 되도록 하안침식이 진행된다(그림 4.5). 즉, 식 (4.3a)와 (4.3b)는 하안부근의 하상침식량이 하안침식량이 된다는 가정을 토대로 유도된다.

$$\frac{\partial \eta}{\partial t} = E_0 u_B \tag{4.3a}$$

$$E_0 = \sqrt{C_f I_0}\, E_*$$

(4.3b)

여기서, E_0는 하안침식계수, u_B는 하안부근의 편향속도, C_f는 저항계수, I_0는 평균 하상 경사, E_*는 하안침식계수이다. 하안침식계수 E_*는 종횡단 방향 유사량을 결정하는 매개 변수 및 하안경사 등으로 결정되지만, 실제로는 관측치로부터 추정한 역산 값을 이용하고 있다.

점착성 하안의 침식

점착성 토질로 구성된 하안의 침식기구는 이론적으로 완벽하게 설명되고 있지 않지만, 여러 연구자들에 의해 연구되어 왔다(Thorne, 1982). 점착성 하안은 점토, 실트 그리고 모래로 구성된 강한 응집물이다. 점착성 하안은 개개의 입자보다는 전기적인 점착력에 의해 견고하게 굳어진 덩어리 형태로 흐름에 연행되어 침식된다. 침식에 대한 저항은 압축력 또는 전단력과 같은 토질역학적인 특성에 의해 영향을 받지 않는다. 그보다는 물리화학적으로 입자 상호간의 응집작용으로 발생한다. 이들 특성은 하안을 구성하는 토질의 광물질, 함수량, 입자의 분포 특성과 간극수의 온도, pH 및 전기전도도 등에 의해 결정된다(Thorne, 1982).

점착성 토질은 일반적으로 물빠짐이 좋지 않다. 이에 따라 홍수 시 하천수위가 급격히 낮아지면 간극수압이 발생하고 유효응력과 마찰력이 감소하여 하안 안정성이 약해진다(그림 4.6). 점착성 토질로 구성된 하안은 전단강도가 전단응력보다 커지지 않기 때문에 불연속적인 면을 따라 깊게 미끄러져 내린다.

그림 4.6 **점착성 하안의 침식 예** (일본 홋카이도 Ishikari 강, 2002. 10)

식생과 하안침식

하도식생은 하안침식과 안정에 영향을 미친다. 이러한 식생의 영향은 특히 소하천에서 크다. 그러나 최근에 댐 건설로 인하여 대하천에서도 댐 하류에 식생의 영향이 점차 커지고 있다. 하도식생은 하안, 홍수터, 제방 등에 번성하여 홍수유속의 저감, 수충력의 완화, 뿌리에 의한 침식저감, 그리고 토양 결박 등의 작용으로 하안과 법면을 보호한다. 이와 같은 하천과 식생의 상호작용에 대해서는 7장을 참조할 수 있다.

하천에서 식생밀도가 증가하면 하안침식이 감소하고, 하천의 측방이동이 억제된다(Jang과 Shimizu, 2007). 이는 식생의 뿌리가 견고하게 토양을 결박하고 있기 때문이다. 하천에서 식생뿌리가 없는 흙은 압축력은 강하나 인장력이 거의 없지만, 식생뿌리는 인장력과 탄성력을 증가시켜 응력을 분산하는 역할을 한다. 식생은 또한 차단과 증발산을 통하여 배수를 증진하고, 토양건조를 촉진하며, 간극수압을 낮추어 하안안정성을 높인다(Simon과 Collison, 2002). 식생은 일반적으로 조도를 증가시켜 유속을 감소시키고, 수충부에서 흐름 에너지를 저하시켜서 간접적으로 하안의 안정성을 높인다. 그러나 급한 경사면에서 식생은 강우시 식생뿌리에 의한 침투능 증가로 과도하게 토양수분을 흡수하게 되고, 나아가 나무의 과대하중에 의해 사면안정에 오히려 취약해진다(Collison과 Anderson, 1996).

연약화 및 풍화 과정

하안의 연약화(softening) 및 풍화과정에 직접적으로 영향을 미치는 인자는 흙의 습윤함량 조건과 직접 관련이 있다. 이러한 인자는 기후조건과 하안(규모, 구조, 지형적 형태 및 하안의 구성재료)의 특성과 관련이 있으며, 하안의 안정성을 감소키는 하안의 연약화 과정과 표면침식을 하는 풍화과정으로 분류된다.

하안의 안정성 감소

배수가 불량한 하안에서 간극수압의 증가는 유효응력을 줄여서 하안의 안정성을 약하게 한다. 한계조건은 집중호우 또는 지속적인 강우, 융설 또는 홍수 후 빠른 수위저하에 의해 발생한다. 심지어 간극수압의 영향이 없는 경우에도 포화도의 증가로 인한 하안강도의 감소와 단위중량의 증가 등은 포화된 하안의 안정성을 감소시킨다. 또한 하안이 물에 젖고 마르는 순환과정은 흙을 팽창시키고 수축시켜 토양의 내부균열과 건조균열을 일으킨다.

간극에 있는 물의 물리적 특성 또한 중요하다. 간극 또는 균열에 있는 물의 결빙은 흙의 단위체를 밀어 올리고 하안재료를 느슨하게 한다. 이는 입자들의 내부결속(interlocking)을 줄이고 마찰응력을 줄여서 흙을 연약하게 한다. 상재하중의 제거 또는 측방흐름에 의한 침식 등으로 인한 수직하중과 측방토압의 감소는 이와 유사한 효과를 나타낸다. 겨울철에 결빙된 하천의 경우 봄철 해빙기에 얼음의 압력과 얼음 부유물의 충돌로 인하여 하안에 충격을 준다.

하안을 통과하는 물은 침출과 연약화를 야기한다. 침출은 용해 또는 부유상태로 점토입자를 이탈시킨다. 이는 점착성을 낮추어서 하안재료의 강도를 약화시킨다. 연약화는 물이 균열과 갈라진 틈을 통과하여 흐를 때 흙덩어리 표면에서 발생한다. 굳은 균열점토는 이 과정에 의해 흙 내부 점착력이 없어져서 비점착성 재료로 거동한다(Thorne, 1982).

표면침식

건조한 점토 표면에 물이 흐르면, 표면침식이 발생한다. 점토의 외부는 포화되고, 내부는 공기로 쌓여 있게 되면 공기압은 토립자의 골격에서 팽창을 일으켜서 하안에 표면을 따라 수직으로 파괴를 일으킨다.

하안을 구성하는 재료가 완전히 포화되거나 강우량이 침투량을 초과할 때, 표면유출이 발생한다. 이것은 판상침식, 세류침식, 그리고 구곡침식 등에 의한 침식을 일으킨다. 이 과정은 연행된 입자와 관련하여 흐름이 증가할 때 하천흐름으로 바뀌며, 강우입자의 충격은 표면입자를 이탈시킨다.

표면침식 과정은 하안에 피복된 식생의 밀도와 범위에 따라 좌우된다. 경사가 급한 하안은 식생 또는 인공적인 표면피복이 없다면 위의 과정 때문에 심각한 표면 침식을 받게 된다(그림 4.7). 그러나 식생이 잘 활착되어 있는 경우 표면침식율을 상당히 줄일 수 있으므로 표면침식 과정은 하안의 안정성을 결정하는데 고려하지 않을 수 있다.

그림 4.7 **강우에 의한 하안의 표면침식 예**
(낙동강 진동지점, 2004. 11)

4.2 사주의 거동과 하도변화

하천에서 사주는 길이가 하폭과 같거나 크고 파고가 평균수심 규모인 중규모 하상형태로써, 흐름과 유사의 상호작용에 의하여 형성되며, 하도특성을 나타내는 중요한 요소 중 하나이다. 사주는 다양한 형상을 만들며, 위치와 모양에 따라 점사주, 교호사주, 중간사주, 지류사주 등으로 나눈다. 하천의 지형과 흐름에 의하여 하도의 공간적 규모가 결정되며, 하상 침식과 퇴적 과정은 사주의 형성과 거동에 의하여 영향을 받는다. 이로 인해 하도선형과 지형변화, 하도단면의 확대, 하안침식, 유사의 분급현상 등이 나타난다.

하천에서 형성되는 사주는 하도의 횡방향으로 사주의 수에 따라 교호사주(alternate bars)와 복렬사주(braided bars 또는 multiple row bars)로 구별한다. 교호사주는 하도의 좌안과 우안에 번갈아 가며 교대로 생기는 기다란 사주이며, 한 하천단면에서 사주의 수(모드)가 1개 이다. 사주의 폭은 하폭보다 작으며, 평균유속보다 훨씬 느리게 하류로 이동한다. 교호사주는 단열사주(single row bars)이며, 직류하도나 사행도가 작은 하천에서 나타난다(그림 4.8과 4.9). 복렬사주는 한 하천단면에서 사주의 수가 2개 이상이며, 망상하천의 특성이 나타난다(그림 4.8).

사주는 이동특성에 따라 자유사주와 강제사주로 분류할 수 있다. 자유사주는 하상이 불안정하여 자발적으로 발달하며, 하류로 이동하는 특성을 가지고 있다. 강제사주는 하도에서 만곡 또는 사행, 하도합류, 하폭변화와 같이 물리적 제약 또는 구속에 의하여 발달하며, 거의 이동하지 않는다. 강제사주는 일반적으로 사행하천의 만곡부 내측에서 발달한 점사주(point bars)와 본류의 측방에서 유입하는 지류의 합류부에서 발달한 지류사주(tributary bars)를 포함한다.

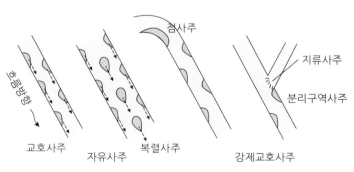

그림 4.8 **자유사주와 강제사주의 개념도** (Jagers, 2003)

그림 4.9 **교호사주** (청미천, 2014)

교호사주

교호사주의 형상

사주는 충적하천에서 하도발달을 조절할 수 있는 기본적인 요소이다. 사주는 이동상 하도의 고유한 불안정성에 의하여 형성된다(그림 4.10).

교호사주의 파장(λ)은 그림 4.11과 같이 정의되며, 보통 하폭의 6~10배이다. 교호사주의 파장을 예측할 수 있는 식은 다음과 같다(Ikeda, 1984).

$$\lambda = 5\left(\frac{BD}{C_f}\right)^{0.5} \qquad F_r < 0.8 \qquad (4.4)$$

$$\frac{\lambda}{B} = 181\,C_f\left(\frac{B}{D}\right)^{0.55} \qquad F_r \geq 0.8 \ \ 그리고 \ \ 4 < \frac{B}{D} < 70 \qquad (4.5)$$

여기서 λ는 사주의 파장, B는 하폭, D는 수심이다. C_f는 마찰저항계수($= gDI/u^2$)이며, I는 수면경사, u는 평균유속이다. C_f는 다음과 같이 쓸 수 있다.

$$C_f = 0.0293\left(\frac{D}{d_{90}}\right)^{-0.45} \qquad (4.6)$$

여기서, d_{90}은 하상토의 통과중량 90%에 해당하는 하상토 입경의 크기이다.

사주에서 최대 하상고와 최소 하상고의 차이로 정의되는 사주의 파고(H_B)는 다음과 같이 표현할 수 있다.

$$\frac{H_B}{D} = 1.51\,C_f\left(\frac{B}{D}\right)^{1.45} \qquad 6 < \frac{B}{D} < 40 \qquad (4.7)$$

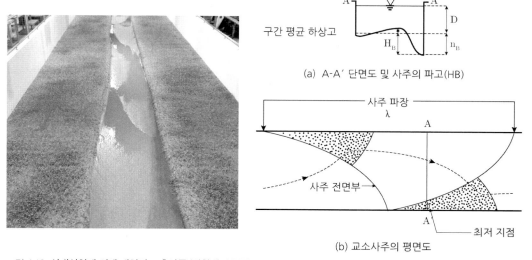

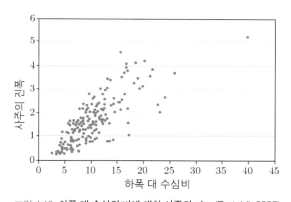

(a) A-A′ 단면도 및 사주의 파고(HB)

(b) 교소사주의 평면도

그림 4.10 **실내실험에 의해 재현된 교호사주** (장창래, 2017)

그림 4.11 **교호사주의 파장(λ)과 파고(H_B)의 정의도** (Ikeda, 1984)

그림 4.12 **하폭 대 수심의 비에 대한 사주의 파고** (Bertoldi, 2005)

하폭 대 수심의 비가 증가하면 사주의 파고는 증가한다(그림 4.12). 사주의 파고는 하도의 평균수심과 관계가 있다. 하폭 대 수심의 비가 한계하폭 대 수심의 비에 가까워지면, 비선형 상호작용에 의하여 사주가 주기적으로 하류로 이동하고, 사주의 파고는 거의 평형 상태에 이르게 된다.

사주의 횡방향 모드(수)는 하폭 대 수심의 비에 의하여 결정된다(그림 4.13). 횡방향 형태 중에서 모드 1은 단열사주(교호사주)를 나타내며, 모드 2는 중앙사주를 의미한다. 횡방향 모드가 3인 경우에는 복렬사주를 나타낸다(그림 4.14). 일반적으로 교호사주의 형태 (모드 1)는 하폭이 상대적으로 좁은 상태에서 발생하며, 중앙사주(모드 2) 또는 복렬사주 (모드 3 이상)는 하폭이 넓은 상태에서 발생한다.

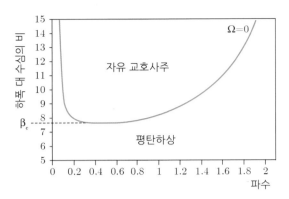

그림 4.13 **교호사주의 한계 안정곡선** (Seminara와 Tubino, 1989)

교호사주의 이동과 정지

교호사주는 하안을 따라 하상이 깊게 침식 되어 웅덩이를 형성하고, 홍수시 주흐름이 하안 또는 강턱에 충돌하여 수충부를 형성하고 하안침식과 호안손실을 일으키며, 하천에서 발생하는 재해의 중요한 원인 중 하나가 된다.

교호사주는 홍수에 의해 하류로 이동하기 때문에, 하안의 침식위치와 수충부도 하류로 이동하므로, 이로 인하여 발생하는 홍수재해의 위치도 이동한다. 따라서 교호사주의 기본적인 특성 중에서 사주의 이동은 하안 또는 강턱 침식과 사행의 발달을 일으키는 기본적인 요소이다. 교호사주는 하천에서 취수구의 막힘 현상 등을 유발하므로, 사주의 거동을 파악하는 것은 하천 계획 및 관리에 중요하다.

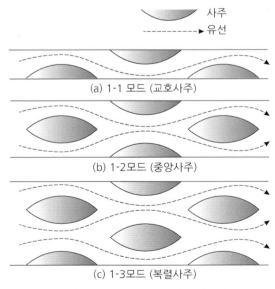

그림 4.14 **사주의 mode와 흐름의 모식도** (장창래, 2013)

하천사행은 일반적으로 하폭의 10배에 이르는 파장을 가지고 있으며, 사행하천의 평면선형은 다음과 같이 사인발생곡선으로 표현할 수 있다.

$$\theta = w\sin(2\pi s/L) \tag{4.8}$$

여기서 θ는 x축과의 편각, ω는 θ의 최대각, L은 사행길이, s는 사행수로 중심곡선을 따라 계산된 거리이다(그림 4.15)

사행수로에서 사행의 파장과 하폭의 비는 사주의 이동특성에 영향을 미친다. 사행파장이 길거나 하폭이 넓을수록 수로의 측벽과 사주사이에 작용하는 강제효과를 상대적으로 적게 받기 때문에 사주의 이동속도는 커진다. 그러나 사행수로에서 사행의 각이 사주의 이동한계각에 가까워질수록, 사주의 이동속도가 급격하게 감소하지만(그림 4.16과 4.17), 사주의 파장은 수로의 사행과 거의 일정하게 유지된다.

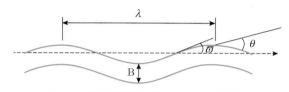

그림 4.15 **사인발생곡선을 이용한 사행수로 모식도**

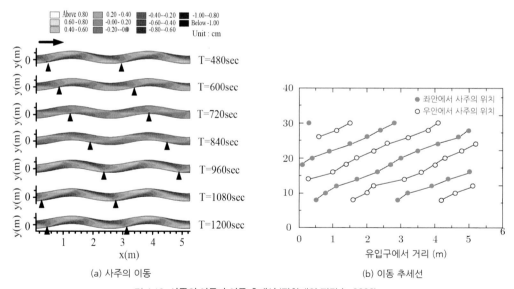

(a) 사주의 이동 (b) 이동 추세선

그림 4.16 **사주의 이동과 이동 추세선** (장창래와 정관수, 2006)

식생의 영향을 받는 하안의 안정성은 사주의 거동에 영향을 미친다. 특히, 식생이 번성하여 하안의 안정성이 증가하면, 하안의 침식율이 낮아지고 사주의 이동속도가 빠르며, 사주의 파장이 짧아진다(Jang과 Shimizu, 2007a). 이와 반대로, 하안침식이 커져서 하폭 대 수심의 비가 증가하면, 사주의 이동속도는 감소한다. 하안의 안정성이 증가하면, 하안과 교호사주 사이에 강제효과가 감소하여, 사주의 이동속도는 증가한다. 사주의 파고는 하안의 안정성이 증가함에 따라 커진다. 또한 하폭 대 수심의 비가 증가할수록 사주의 파장은 커진다(Jang과 Shimizu, 2007a, 그림 4.18).

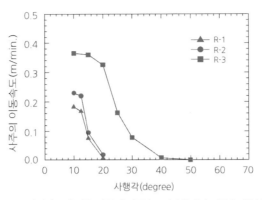

그림 4.17 **사행각도에 따른 사주의 이동속도** (장창래와 정관수, 2006)

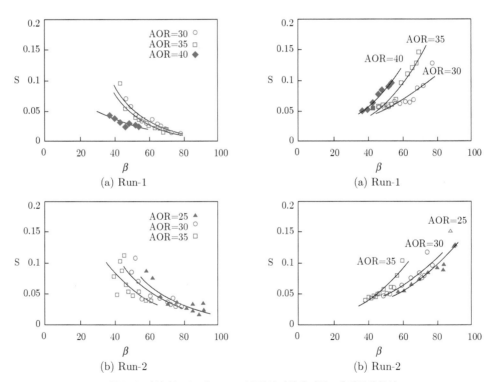

그림 4.18 **안식각(angle of repose, AOR)의 변화에 따른 교호사주의 특성**
(a) 사주의 이동속도의 변화, (b) 사주의 파고의 변화 (β는 하폭 대 수심의 비임) (Jang과 Shimizu, 2005a)

복렬사주와 망상하천

망상하천은 복렬사주의 발달로 인하여 저수로가 그물망처럼 복잡하게 연결되어 있다. 망상하천은 기존에 만들어진 저수로가 퇴화되거나, 새로운 저수로가 만들어지고 이동하면서 저수로가 갈라지거나 합류되는 등 하도의 변화가 크고(그림 4.19), 역학적 거동이 복잡하다. 망상하천에서는 저수로 합류점에서 흐름이 집중되어 하상이 깊게 침식되고, 세굴공이 형성된다. 망상하천을 가로질러 송유관이나 가스관을 매설하거나, 교량을 건설할 때, 세굴심을 미리 예측하여 설계에 반영하는 것이 중요하다.

그림 4.19 **망상하천인 낙동강 감천** (2015년 11월 5일)

망상하천에서 하도의 발달과정은 복잡하다. 우선 급경사 저수로의 분할, 중앙사주(mid-channel bar)의 성장, 횡단사주(transverse bar)의 분할, 복렬사주의 성장 등의 과정을 거치면서 끊임없이 변화하고 발달한다(그림 4.19).

- 급경사 저수로(chute channel)의 분할 : 가장 일반적인 경우에 초기 직류하도에서 교호사주가 발달하며, 사행도가 작은 하도가 발달하고 교호사주가 성장한다. 교호사주는 하폭 대 수심의 비가 상대적으로 작은 곳에서 발달한다. 교호사주는 하류로 이동하면서 선택적으로 하안을 번갈아 가면서 침식하고, 하폭이 증가하면서 사행도가 작은 하도에서 발달한 고정사주를 만나면 급경사 저수로가 형성된다. 급경사 저수로는 시간이 증가하면서 분할이 시작되며 상류로 전파된다(그림 4.20a). 분할된 하도의 하류에서 횡단사주가 발달하며, 새롭게 형성된 복렬사주 하류의 합류점으로 이동해 간다.

- 중앙사주의 성장 : 수류력(stream power)이 작은 수리조건에서는 교호사주가 거의 형성되지 않으며, 중앙사주가 아주 느리게 발달한다(그림 4.20a). 이 경우에 소류사 이동은 하도의 유입구에서 형성된 합류점 직하류에서 중지된다. 흐름의 합류와 분류는 전단응력과 소류사 이송량을 국부적으로 증가시키거나 감소시키는 역할을 한다. 이러한 유사이송의 공간적 변화는 소류사의 이송을 일으키거나 정지시킨다.

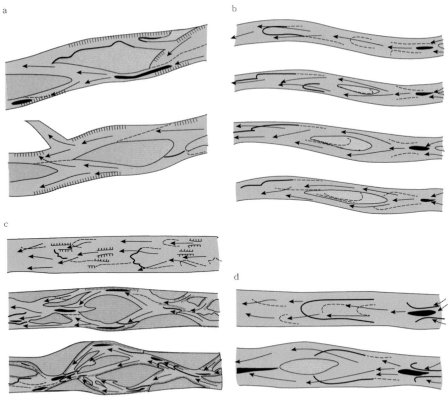

그림 4.20 **망상하천의 4가지 과정** (Ashmore, 1991)

a) 급경사 저수로의 분할, b) 중앙사주의 성장, c) 횡단사주의 분할, d) 복렬사주의 성장

- 횡단사주의 분할 : 횡단사주는 하도 폭 전체에 걸쳐 발생하는 사주이며, 고립된 상태로 발달하는 경우와 하천을 따라 흐름방향으로 주기적인 형태로 발달하는 경우가 있다. 횡단사주는 하류로 이동하는 특성이 있으며, 유량과 하상경사가 증가하면 발달한다. 망상하천은 이동이 중단된 횡단사주 하류에서 흐름이 분열되면서 발달하기 시작한다 (그림 4.20c). 횡단사주는 중앙사주가 이동하지 않고 멈추어지면, 망상형 사주로 변하게 된다. 사주의 양쪽에서는 흐름 및 유사가 이동하고, 사주의 좌안과 우안에서 유사가 퇴적 된다. 상류단 끝에서는 지속적으로 유입되는 소류사가 퇴적되며 사주가 성장하게 된다. 이러한 과정은 유사의 이송량이 많은 중앙사주의 망상화 과정과는 다르다. 이와 같이 두 경우는 모두 하폭이 증가하면서 사주는 하류로 이동하지 않고 정지한다.

- 복렬사주의 성장 : 하상경사가 급하며 하폭이 넓고 수심이 얕은 경우에 하상에서 흐름과 유사의 상호작용에 의하여 교란이 발생한다. 하상은 수면에서 뚜렷하게 발달한 수면 파와 하상에서 발달한 반사구에 의하여 국부적으로 고립된 흐름이 가속되어 초기에는 자체적으로 불안정하다. 이곳에서 침식된 유사는 흐름에 따라 하류에 이동하고 퇴적

된다(그림 4.20d). 복렬사주에서 저수로의 분할은 자갈하천에서 보다 모래하천에서 훨씬 더 활발하게 발생한다.

이러한 과정은 수치모의 결과에서도 잘 보여주고 있다(그림 4.21). 하폭 대 수심의 비가 큰 수리조건에서는 초기에 복렬사주로부터 망상하천이 시작된다. 초기에 복렬사주가 발달하며 하류로 이동한다(그림 4.21a). 시간이 증가하면서 복렬사주는 서로 합쳐져서 큰 사주를 형성한다. 흐름은 사주에 의하여 좌안과 우안으로 분리되고, 하안에서 수충부가 형성되며 하안침식이 발생한다(그림 4.21b). 하안침식이 지속되면서 하폭이 증가하고 저수로가 이동한다(그림 4.21c). 또한 새로운 하도가 생성되고 기존에 있던 하도가 소멸하는 등 끊임없이 변한다(그림 4.21과, 4.21e).

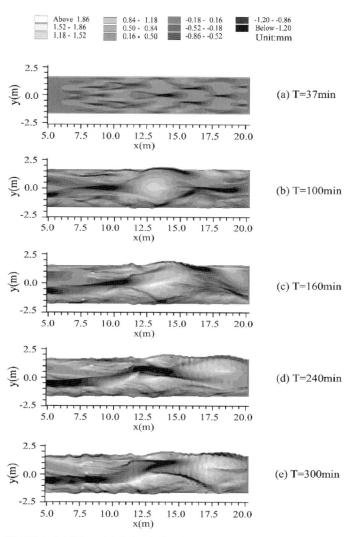

그림 4.21 **망상하천의 발달과정 모의결과(왼쪽이 상류이고 오른쪽이 하류임)** (Jang과 Shimizu, 2005b)

4.3 하도의 평면변화

하천지형은 하도 내에서 유사와 흐름의 상호작용에 의하여 복잡하고 다양하게 변한다. 하도의 지형변화 과정은 난류와 같은 아주 짧은 순간부터 수백만 년에 이르는 아주 긴 시간에 걸쳐 발생한다. 마찬가지로, 하도의 공간적 규모는 유사의 공극 사이에서 흐르는 미세한 흐름에서부터 지구규모의 물순환에 이르기까지 광범위하고 크다. 따라서 하도의 지형 특성을 파악하고 이해하는 것은 하천공학 관점에서 중요하다.

저수로의 변화

충적하천 변화과정은 공간적 시간적 규모가 서로 연계되어 있다. 소규모 현상은 소규모 변화과정과 서로 연관되어 있으며, 대규모 현상은 대규모 변화과정과 서로 연관되어 있다. 그림 4.22는 항공사진을 통하여 낙동강 중류 해평취수장 부근에서 1972년부터 2004년까지 저수로의 평면변화를 보여주고 있다. 1972년부터 1996년까지 저수로는 우안에서 좌안으로 이동해 가고 있으며, 2004년에는 저수로의 분열과 합류가 형성되고 저수로의 변화가 다양하게 진행되며 망상하천의 특성을 보여주고 있다. 저수로는 제한된 범위의 하폭에서 변화한다.

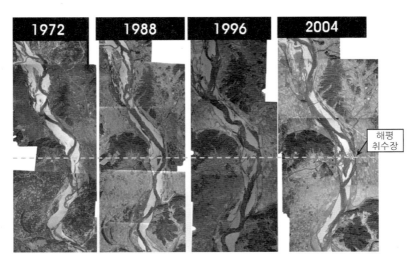

그림 4.22 **낙동강 중류 해평취수장 주변의 저수로 변화** (1972~2004년, 위쪽이 상류, 아래쪽이 하류임) (장창래 등, 2008)

사주의 이동과 하상저하는 하폭을 변화시키며, 하안침식과 저수로 이동을 일으킨다. 하안침식 과정은 하안의 크기, 기하 형태와 구조, 하안을 구성하는 재료의 공학적 특성에 따라 결정되므로, 그 특성을 정확하게 이해하는 것이 중요하다.

사주의 발달에 의하여 수충부가 형성되는 지점에는 수충부에 접근하는 유속을 감소시키고 흐름을 하도의 반대방향으로 유도하기 위해 구조물적인 방법으로 보통 수제(dike)가 이용된다. 수제는 나아가 사주의 거동과 형상을 조절하여 하안침식을 방지하고, 저수로를 안정하게 한다. 그림 4.23은 금강과 미호천이 합류되는 지점에서 수제를 설치하여 저수로의 안정화를 도모하는 사례를 보여주고 있다.

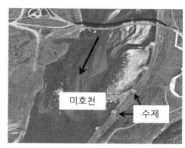

그림 4.23 **수제 설치에 의한 사주의 제어 및 저수로 안정화 시공 예**
(금강과 미호천 합류부) (장창래 등, 2008)

그림 4.24에서와 같이 수제는 하천제방 또는 하안에서 하도의 유심부를 따라 돌출된 수리구조물이다. 수제는 수제부근의 유속저감과 토사퇴적 효과를 통하여 하안침식을 저감하고 하천흐름을 제어하여 저수로를 안정화 하는 효과가 있다(그림 4.24). 또한 수제주변에 나타나는 토사의 퇴적효과는 하안부근에서 복잡하고 다양한 퇴적지형을 형성하며 수생서식처 역할도 한다.

그림 4.24 **수심유지 및 하안침식 방지를 위한 수제설치 (네덜란드 라인 강)**
(Schielen 등, 2008)

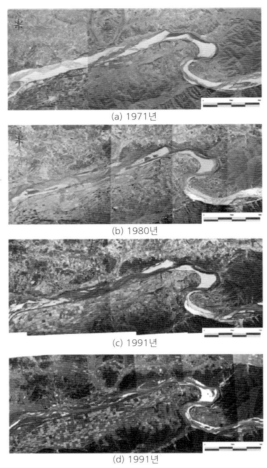

그림 4.25 **안동댐 하류의 항공사진 (1971~2004, 오른쪽이 상류이고 왼쪽이 하류임)** (Jang과 Shimizu, 2006)

그림 4.25는 1971~2005년까지 안동댐 하류 하천의 지형변화를 보여주고 있다. 1971년에는 하도에 사주가 잘 발달되어 있으며, 저수로에서 여러 개의 사주가 교대로 생기는 복렬사주가 발달하였다. 특히, 그 당시 사주에는 식생이 전혀 자라고 있지 않았으며, 전형적인 모래하천의 특성을 잘 보여주고 있다(그림 4.25a). 1980년에는 저수로가 잘 발달하였으나, 사주에 식생이 약간 나타났다. 식생이 사주에 나타난 것은 상류에 1977년 안동댐의 준공으로 유황변동에 의한 영향으로 추정된다(그림 4.25b). 1991년에는 저수로에서 복렬사주가 발달하였으며, 사주에 식생이 번성한 것을 보여준다(그림 4.25c). 2005년에는 사주에 식생이 더욱 번성하고 있으며, 저수로가 분할되어 있고, 유로는 고착화 되어 있다(그림 4.25d). 여기서 1991년은 상류에 임하댐의 준공으로 낙동강 상류는 완전히 조절하천이 되었다(Woo 등, 2013). 1971년에는 저수로 폭이 작고, 1980년과 1991년에는 유로분할 등이 거의 없었다. 그러나 2005년에는 저수로에서 유로분할이 많은 것을 보여 주고 있으며, 이는 사주에서 발달한 식생에 의한 것으로 추정된다. 저수로의 폭은 1980년과 1991년에 비하여, 2005년에 감소하였다.

하천의 합류와 지형변화

일반적으로 하천은 여러 개의 지류하천으로 연결되어 있다. 지류와 본류의 합류부는 두 하천이 합류하는 곳이며, 하천시스템 또는 하도망을 구성하는 중요한 요소이다. 합류부에서는 흐름특성이 매우 복잡하고 사주가 형성되며 식생이 성장하여 홍수소통 등에 영향을 준다.

하류부에서 흐름

합류부에서 흐름구조는 유사이송과 하상변동, 유사이송 경로, 부유사와 오염물질 이송을 결정짓는다. 합류부에서는 흐름의 정체구역, 편향구역, 분리구역, 최대흐름구역, 회복구역, 전단층구역 등 6개 구역으로 구분된다(그림 4.26). 각 구역의 위치와 범위, 두 흐름 사이의 전단층, 흐름의 편향구역은 두 흐름의 합류부 각도와 유량비에 의하여 결정된다 (Best, 1988). 최대유속구역과 전단층이 형성되는 곳에서 하상은 깊게 침식 되며, 흐름이 분리되는 구역에서 사주가 발달한다(Best, 1988).

합류부에서는 1) 평탄한 지형에서 형성된 유선의 곡률반경, 2) 지류사주 후면에서 발생하는 흐름의 분리, 3) 혼합층에서 전단층을 따라 흐름이 하상으로 빨려 들어가고 하류에서 다시 수면으로 솟아 오르는 흐름에 의한 전단층의 뒤틀림, 4) 난류의 비등방성 특성으로 인하여 2차류가 형성되고 흐름구조가 결정된다(장창래 등, 2006).

합류부에서 2차류는 사주의 이동특성과 하천지형변화에 영향을 준다. 그림 4.27은 합류부에서 3차원 흐름구조의 예를 보여주고 있다. 검은색 화살표는 하상부근에서 유선을 나타내며, 흰색 화살표는 수면에서 유선을 나타낸다. 왼쪽 지류의 유입구에서 흐름이 분리되며, 본류와 합류 후에 하상에서 나선형 흐름(검은색 화살표)이 수면으로 상승한다. 혼합된 흐름이 하류로 가면서 넓어지면서 와류가 발달하며, 발달된 와류는 본류 하류에서 분열하여 소멸한다.

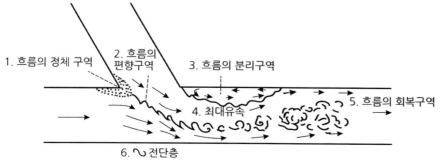

그림 4.26 **합류부에서 흐름의 구분** (Biron 등, 1996)

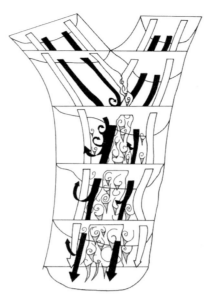

그림 4.27 **합류부에서 3차원 흐름 구조의 예** (Serres 등, 1999)

그림 4.28 **갑천과 유등천의 합류부에서 홍수시 흐름** (2005. 7)
(화살표는 유선을 나타내고 있음) (장창래 등, 2006)

    그림 4.28은 갑천과 유등천이 합류하는 지점에서 홍수시 흐름을 보여주고 있으며, 그림 4.29는 금강과 미호천이 합류되는 합류부에서 흐름의 수치모의 결과를 보여주고 있다. 그림 4.29에서 보는 바와 같이 금강과 합류하기 전에 만곡부에서 유속이 매우 빠르며, 미호천과 금강이 합류된 후 부터는 미호천과 금강의 흐름이 만나면서부터 전단층이 발생한다. 합류부 우안에서 흐름의 정체구역이 발생하고, 사수역이 형성된다.

그림 4.29 **금강과 미호천 합류부에서 흐름의 계산** (장창래 등, 2006)

합류부에서 지형변화

합류부에서 기본적인 지형형상은 Y 또는 ├ 형상이며, 합류점 하류에서 사주가 발달하여 X자 형태로 형성하기도 한다. 이 형상은 합류점과 분류점이 동시에 존재하며, 망상하천을 형성하는 가장 근본적인 단위체이다.

토사이송이 많은 급경사 하천과 토사이송이 적은 완경사 하천에 따라 합류부의 형태는 달라진다. 일반적으로 급경사 하천에서 토사이송이 많은 지류가 합류하는 경우에 합류점에서 소규모 선상지가 발생하고 토사가 퇴적되며, 본류를 압박한다. 지류는 선상지를 따라 흐르면서 본류로 합류한다. 본류와 지류의 유량비에 따라 퇴적되는 형상은 다르게 나타난다. 그러나 본류는 유입되는 지류의 영향을 받아서 지류와 접하는 반대쪽 하안으로 치우쳐서 흐른다. 홍수시에 본류의 영향으로 지류를 따라 상류로 배수위가 형성된다. 경사가 완만한 하천 합류점 부근에서 하폭이 넓어지므로 사주가 발생하기 쉽다. 이로 인하여 유심방향은 한쪽으로 치우치며, 국부적으로 하상이 침식 된다.

합류부에서 하상변동은 다음과 같은 3가지 특징이 있다(Best, 1988).

- 본류와 지류의 합류 유입구에서 흐름의 집중으로 하상이 깊게 세굴되면서 흐름방향으로 급경사면(avalanche faces) 형성(그림 4.30a)
- 하상에서 침식영역 발생
- 흐름의 분리구역에서 사주 형성

합류부에서 하상변동을 지배하는 인자는 두 하천이 접하는 합류부 각도와 유량비이며, 이는 합류부 흐름특성을 지배하게 된다. 합류부 하상변동의 주요 특성은 다음과 같다(그림 4.30).

- 합류 유입구에서 형성된 급경사면 : 합류부 각도와 유량비가 증가할 때, 합류부로 유입되는 흐름의 급경사면 길이는 감소한다. 지류에서 증가한 유량에 의하여 본류의 흐름이 편향되며, 이는 본류에서 형성되는 급경사면 위치에 영향을 준다. 또한 합류부 각도가 15°정도 이상은 되어야 급경사면이 발생한다.

- 합류부 하상세굴 : 합류부에서 발생한 세굴심과 방향은 합류부 각도와 유량비에 의하여 결정된다. 합류부에서 형성된 세굴심은 합류부 각도가 클 때 증가한다. 더욱이 세굴심은 합류부 각도와 유량비가 증가함에 따라 깊어진다. 최대 세굴심 각도(β)는 합류부 각도와 유량비가 증가함에 따라 지류 방향으로 커진다.

- 지류사주 : 합류부 하류에서 형성된 지류사주는 합류부 각도와 유량비가 클 때 형성되며, 이때 흐름의 분리구역이 증가한다. 흐름의 분리구역이 증가할 때, 유사를 포함하고 있는 흐름의 저유속 범위는 넓어지며, 이 구역에서 유사가 퇴적되어 사주가 형성된다. 또한 사주 표면에서 역류가 발생한다. 그림 4.31은 낙동강에서 형성된 지류사주를 보여주고 있다.

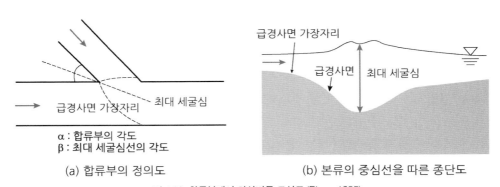

(a) 합류부의 정의도   (b) 본류의 중심선을 따른 종단도

그림 4.30 **합류부에서 하상변동 모식도** (Biron, 1985)

그림 4.31 **낙동강과 위천 합류부에서 형성된 지류사주** (2004)

하천의 분류와 흐름

하천 분류부

하천의 분류부는 흐름과 유사를 하류방향으로 이송하는 하도를 두 개의 하도로 분할하는 곳이다. 분류된 두 하도는 합류부에서 재결합하거나, 바다와 연결되는 과정에서 여러 갈래로 다시 나뉘어 흐를 수 있다. 또한 하천에서 분류는 자연적으로 또는 인위적으로 발생할 수 있다. 망상하천이나 하중도가 형성된 하천에서는 자연적으로 발생하는 분류와 합류가 연속적으로 나타나며, 이런 흐름은 하천의 변화에도 영향을 주게 된다.

분류부 흐름구조는 흐름, 유사의 이송, 하상변동에 영향을 미치게 된다. 그러나 분류부 흐름은 상호 연관된 분류부 흐름 영향인자 때문에 복잡하다. 합류부 흐름에는 하천 합류점에 인접한 두 합류 수로의 수심은 동일하다고 가정할 수 있다. 그러나 분류부 흐름에는 이와 같은 허용가능한 가정이 없다. 그래서 분류흐름은 운동량방정식에 미지항이 포함되어야 하므로, 해석적으로 풀 수 없다. 따라서 분류흐름은 합류흐름보다 더 복잡하고 해석하기 어렵다.

하천분류 사례로 네덜란드를 관통하는 라인강이 있다. 라인강은 그림 4.32와 같이 Pannerden Canal과 Waal Canal로 1차 분기되고, Pannerden Canal은 Lower Rhine River(Nederrijn)과 IJssel River로 다시 분기된다. 네덜란드의 25%가 해수위보다 낮은 저지대에 분포하고 있기 때문에 원활한 홍수배제를 위해서 분류부 주변 하도관리는 중요하다. 그러나 하천 분류부 흐름의 불안정성, 분류되는 두 하천으로의 홍수량배분, 분류부 주변 토사퇴적 등 하천관리에 다양한 문제가 발생한다(Schielen 등, 2008).

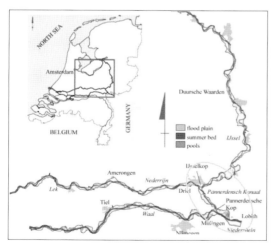

(a) Rhine 강의 3개 분류하천 위치도   (b) Waal-Pannerden Canal 분류 수로

그림 4.32 **네덜란드 Rhine River 분류점** (Schielen 등, 2008)

이러한 분류흐름은 국내에서도 쉽게 찾아볼 수 있다. 그림 4.33과 같이 낙동강은 낙동강 본류와 서낙동강으로 분류되고, 이후 낙동강 본류는 하구에서 하중도에 의해 한 차례 더 분류가 발생한 후 바다와 연결된다. 이러한 분류흐름은 분류부 주변 흐름분리와 배수영향 등에 의한 도시 홍수배제 관리 및 범람예방을 위해 상당한 주의와 관리가 필요하다.

그림 4.33 **낙동강 하류분류부 위성사진** (출처 : 네이버 지도)

그림 4.34 **부산대 지하철역 주변 도심 침수시 분류흐름** (2014. 8. 25.)

(출처 : URL #1)

분류흐름은 도시홍수 분야에도 밀접한 관련성을 가진다. 도시홍수가 발생했을 때, 일반적으로 대부분의 흐름은 도시의 상류부에서 하류부로 도로를 따라 흐른다(그림 4.34). 특히, 고밀도로 도시화된 지역일수록 그러한 현상은 더 잘 나타난다. 도로를 따라 흐르는 흐름은 대부분 건물의 측면을 따라 평행하게 평균유속으로 흐르기 때문에 1차원 흐름이다. 그러나 교차로에서는 여러 흐름이 충돌하거나 분리되고, 인공으로 형성된 도시지형들은 후류(wakes), 재순환영역, 이차류 흐름과 같은 복잡한 흐름구조를 만들어 흐름은 매우 복잡하게 된다. 이러한 복잡성은 하류방향 도로망을 따른 흐름분포에도 영향을 미치게 된다. 그림 4.34와 같이 도시에서 홍수가 발생할 때, 도로를 따라 흐르는 흐름의 분류 및 흐름분포의 변화, 분류유량비의 변화 등에 대해서는 아직 충분한 연구가 이루어지지 못하고 있다(정대진 등, 2019).

분류흐름은 농업용 관개수로망과 배수로망의 계획뿐만 아니라, 수도시설, 정수처리장 등에서 흔히 나타난다. 또한 상수도, 공업용수와 농업용수를 취수하기 위한 취수장과 양수장 취수구 주변에서도 분류흐름이 발생한다. 그러나 분류부의 복잡한 흐름특성 때문에 하천 취수구 주변 퇴사나 막힘현상과 같은 유사문제가 발생한다(Neary와 Odgaard, 1993).

최근 기후변화에 의한 가뭄과 기습 폭우의 빈번한 발생으로 하천은 물론 도시 홍수관리 차원에서 분류부에 대한 연구는 중요하다.

분류부에서 흐름

분류부에서 흐름이 분리되어 본류에서 지류로 흐르고, 이때 분류된 유속은 느리며 분류부 흐름은 본류에 영향을 준다. 흐름은 분류수로 시작점에서 흡입압에 의해 측방향으로 가속되어 주수로와 분류수로로 분리된다(그림 4.35). 이때 주흐름 방향으로 분류흐름 경계층이 만곡을 형성하기 때문에 분류수로 내에서 시계방향으로 2차류 흐름을 일으키는 원심력과 전단력, 횡압력경사 사이에서 흐름의 불균형이 발생한다. 이때 2차류 흐름은 분류수로 좌측 벽면을 따라 발생하는 흐름분리구역(영역A)과 상호작용을 하게 되며, 복잡한 3차원 흐름특성이 나타난다. 주흐름 방향으로 분류흐름 경계에서 형성된 만곡 때문에, 분류부 하류 주수로에서는 반시계방향으로 2차류가 발생한다. 수로 단면형과 분류 유량비 (Q_3/Q_1)에 따라 영역B에서 흐름분리구역이 발생한다(Neary와 Sotiropoulos, 1996).

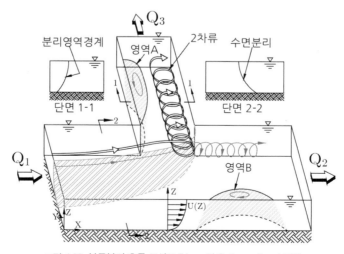

그림 4.35 **분류부의 흐름 모식도** (Neary와 Sotiropoulos, 1996)

합류부에서 본류와 지류의 유량비가 증가할수록 흐름분리구역 길이와 최대 폭은 증가하지만, 분류부에서 분류수로 유량비가 증가할수록 흐름분리구역 길이와 최대 폭은 감소한다. 분류유량비가 증가할수록 분류수로 내 흐름분리구역의 폭이 감소한다(정대진 등, 2019).

분류부 흐름에 영향은 미치는 여러 요소 중 분류각은 가장 중요한 영향인자 중 하나이다. 그림 4.36과 같이 모든 흐름에서 분류각 변화에 따른 분류유량비 변화율은 비선형적으로 변화하며 프루우드 수(F_2)에 따라 그 변화율도 다르게 나타난다. 이러한 현상은 분류부 상류 유입흐름에서 분류되어 분류수로로 유입되는 흐름은 만곡부와 유사한 흐름특성을 가지게 된다(Neary와 Odgaard, 1993). 분류각이 90°에서 45°로 감소하면 90° 만곡흐름에서 135° 완만곡 흐름으로 변화한 것처럼 급격한 흐름방향의 전환과 에너지손실이 감소하기 때문이다. 따라서 분류각이 감소하면 분류수로로 유입되는 흐름의 곡률반경은 증가하고 분류부에서 상대적인 에너지 소산이 감소하며 주수로와 분류수의 하류방향으로 흐르는 흐름의 관성력과 하류단 경계조건에 의한 압력경사의 영향으로 분류수로에 유입되는 분류유량이 증가하게 된다(정대진 등, 2020).

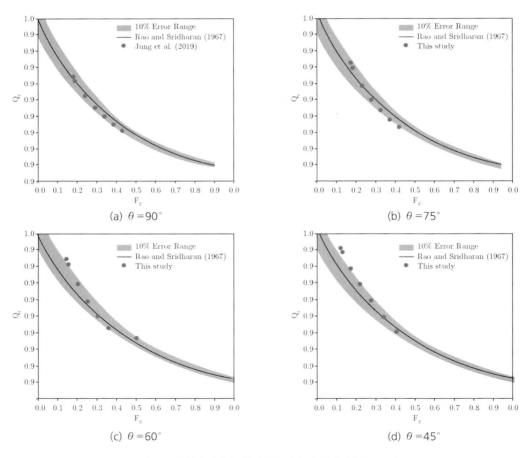

그림 4.36 **분류각 변화에 따른 분류유량비 변화** (정대진 등, 2020)

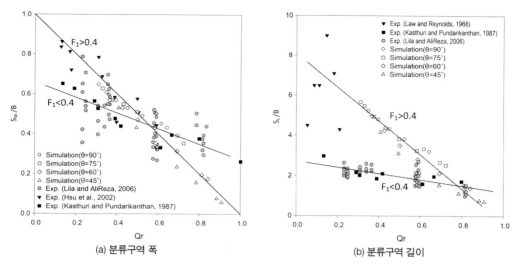

그림 4.37 **분류수로 내 무차원 흐름분리구역 크기 변화** (정대진 등, 2020)

  분류각과 분류부 상류 유입유량의 변화에 따른 분류유량비가 변화하는 경우 분류수로에서 발생하는 흐름분리구역의 규모는 선형적으로 변화하지만 분류부 상류 유입흐름의 프루우드 수(F_1)에 따라 그 변화율은 달라진다(그림 4.37). $F_1 > 0.4$인 경우 $F_1 < 0.4$인 흐름보다, 흐름분리구역의 폭(S_W)과 하폭(B)의 비로 나타내는 무차원화된 흐름분리구역의 폭(S_W/B) 변화율은 약 2.56배 높으며, 흐름분리구역 길이(S_L)와 하폭(B)의 비인 무차원 흐름분리구역 길이(S_L/B) 변화율은 약 5.5배 높게 나타난다. 이러한 현상은 분류각이 감소할수록 분류수로로 유입되는 흐름의 곡률반경은 증가하고, 분류수로 하류단 방향 압력경사의 영향에 관성력이 점차 가중되어 분류수로 내 주흐름은 분류수로 우측벽면에서 수로 중앙으로 점차 이동하게 된다. 결국 흐름분리구역은 감소하게 된다. 분류부 상류 유입흐름의 프루우드 수가 0.4 이하로 관성력이 작은 흐름은 분류각이 감소함에 따라 분류수로 하류단 방향으로 가중되는 관성력의 규모가 작기 때문에 흐름분리구역 규모의 변화율도 작게 나타나게 된다(정대진 등, 2020).

  분류부 흐름과 유사이송 간의 관계, 그리고 유사분기의 원인은 아직 잘 알려지지 않았다. 분류부에 대한 대부분의 연구들은 유사이송을 고려하지 않고 수행되었으며, 유사이송에 관한 간접적인 결론을 도출해냈다. 분류부에서 주수로에서 분류수로로 분류되는 유량 대비 더 많은 소류사가 유입되는 경향이 있으며, 이러한 분류유량비와 소류사량 분포의 비선형적 현상을 최초로 관찰한 1926년에 수행한 Bulle의 실내시험 연구를 기념하여 "Bulle effect"라 한다(Dutta and Garcia, 2018). 또한 망상하천에서는 년 단위 혹은 이보다 짧은 시간 단위로 사주와 저수로의 이동, 분류와 합류로 인하여 분류부의 생성과 소멸이 반복적으로 발생하며, 그 변동 특성이 매우 복잡하므로, 지형학적 변화 과정을 이해하는 데 한계가 있다(Kleinhans 등, 2013).

충적선상지와 삼각주

충적선상지는 수류력에 비해 자갈이나 모래가 과도하게 이송되어 부채모양으로 퇴적된 지형으로써, 산지를 지나 평지에 다다르면서 좌우로 하폭이 증가하는 곳에서 형성된다. 충적선상지에서는 홍수시에 선상지 정상부 부근에서 유사의 퇴적에 의해 하상이 상승하고, 가장 낮은 지점을 찾아 퇴적 면적을 증가시키며, 불안정한 선상지를 형성한다. 이 때 기존의 하천에서 경사가 낮은 새로운 곳으로 흐름의 전환이 발생하며, 이에 따라 하천의 분할이 시작된다. 이러한 불안정성은 공학적으로 중요한 의미를 지닌다. 홍수에 의한 선상지 분할은 충적선상지 본류에 설치된 도로, 교량 및 수리시설물을 파괴하고, 인구가 밀집된 충적선상지가 이동하고 갈라져서 많은 인명과 재산피해를 일으킨다. 또한 이곳에서 제방을 만들고 제방의 안정성을 확보하려고 하여도 오랜 시간이 경과한 후에는 제방이 본질적으로 하천의 상승을 변화시킬 수 없기 때문에, 하상은 계속해서 상승하고, 결국에는 제방을 붕괴시키게 된다(Parker, 1999). 충적선상지가 하구에서 발달한 것을 삼각주라고 한다. 그림 4.38은 중국 황허 강의 삼각주와 낙동강 하구에서 시간에 따른 하천의 분할과 변화를 보여주고 있다. 중국 황허 강은 과거 20년(1970s ~ 1990s)동안 바다로 유출되는 유량과 유사량이 변화하였다. 이로 인하여 하구의 사주형성, 하상고 상승, 유로의 변화 등 많은 영향을 받았다. 특히, 1976년에서 1996년에는 하상고가 상승하고, 수위가 증가하였으며, 유로의 방향이 크게 바뀌었다. 하구 준설, 수제나 하굿둑과 같은 사람의 인위적인 행위는 하구의 지형변화에 영향을 준다. 그림 4.38(b)에서 보여주고 있는 것처럼 낙동강하굿둑이 건설(1987년)된 이후 하굿둑 하류에 삼각주 지형이 발달하고 있다. 이는 하굿둑건설 이후 상류에서 유입되는 유량과 유사량의 변화와 조류의 영향 때문이며, 새로운 평형이 이루어질 때가지 지속된 것이다(유근배 등, 2007).

충적선상지의 발달과정을 이해하기 위하여 현장조사, 실내실험 및 수치모형을 이용한 많은 연구가 진행되었다. Chang(1982)은 실내실험 자료를 이용하여 충적선상지 삼각주의 형성과정과 수리적 특성을 분석하였으며, 선상지 삼각주 형상은 흐름 특성, 유입 유사량의 특성, 그리고 퇴적 형식에 직접 관련이 있음을 밝혔다. Weaver(1984)는 실내실험에서 인공강우를 이용하여 유역에서 유사침식에 의해 선상지가 형성하는 과정을 분석하였으며, Bryant 등(1995)도 실내실험을 통하여 상류의 유사유입량이 증가함에 따라 하천분할이 증가하는 현상을 밝혔다.

Paolar 등(1992)은 선상지 유역에서 평균입경의 대규모 변화를 모의할 수 있는 수학모형을 개발하였다. 유량과 하천의 형태에 의해 제어되는 유사의 확산과 이송은 고전적인 선형 이송확산법을 사용하여 모의하였으나, 선상지에서 하천의 지형, 분할, 연결성을 예측할 수 없는 한계가 있다. Parker 등(1998)은 비대칭 선상지의 발달에 관한 이론적 모형을 개발하여 광산의 침사지에 적용하였다. De Chant 등(1999)은 유사이송의 확산과 준정상상태의 흐름을 고려하여 선상지를 모의할 수 있는 수학모형을 제시하였다. Sun 등

(2002)은 흐름의 특성을 비교적 간단하게 모의할 수 있는 셀모형을 이용하여 선상지 삼각주 형성과정을 수치적으로 모의하였다. 그러나 이 모형은 그 구조가 간단하여 사주와 하천의 상호작용을 정확하게 모의할 수 없다. 장창래(2007)는 물리기반 2차원 수치모형을 적용하여 복잡한 흐름 특성뿐만 아니라, 사주 및 하천의 상호작용을 고려하여 선상지의 발달과정을 분석하였다. 상류에서 유입되는 유사량이 증가하면, 하상고가 지속적으로 상승하고, 선상지 면적을 증가한다. 그리고 선상지 종방향과 횡방향 경사를 증가하고, 이로 인하여 유로의 분할이 가속된다. 즉, 충적선상지에서 유사량이 과도하게 증가하여 하상고가 상승하는 것이 유로의 분할을 일으키는 중요한 인자이다.

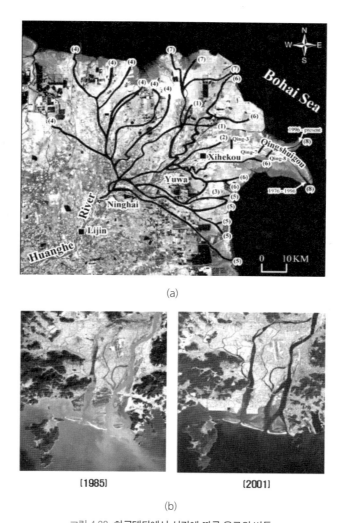

(a)

[1985]   [2001]

(b)

그림 4.38 하구델타에서 시간에 따른 유로의 변동

(a) 중국 황허 강 하구델타의 유로변동 (Fan 등, 2005) : (1) 1855~1889년, (2)1889~1897년, (3)1897~1904년, (4)1904~1929년,
(5)1929~1934년, (5)1934~1938년, (6)1934~1938년, 또는 (7)1947~1964년, (7)1964~1976년

(b) 낙동강 하구의 변동(1985~2005년) (오동하, 2004)

4.4 하천 지형변화 모델링

수치모형은 하천지형학을 연구하는데 중요한 역할을 한다. 실제로 하천 지형변화를 모의하기 위해 수치모형을 적용하는 사례는 지속적으로 증가하고 있으며, 이에 따라 수치모형의 근본적인 목적과 유용성, 방법론, 예측성능 평가방법에 대한 논의가 필요하다.

자연계의 복잡성을 세부적으로 모두 파악하는 것은 많은 인력과 시간 등이 소요되므로 사실상 불가능에 가깝다. 따라서 수치모형 개발을 통해 자연계의 물리적인 실체를 목적에 따라 단순화하고 이를 가용한 자원으로 만들어서 현상을 예측해야 한다(ASCE Task Committee, 1998). 그러나 물리적인 실체(문제)와 모형 사이에는 항상 불일치성이 존재한다. 따라서 사용자는 모형이 특정문제를 재현하거나 예측할 수 있는지를 평가하고 판단할 수 있어야 한다.

하천지형을 예측하기 위한 수치모형은 순수과학(이론) 연구와 하천관리 연구(실제 하천과 관련된 문제를 해결하기 위한 이론의 적용)의 두 가지 거시적 범주 내에서 문제를 해결하기 위해 개발되어 왔다. 하천지형학자들은 전통적으로 하천의 지형과 그 지형이 만들어지는 과정을 연구하는데 초점을 두어 왔다. 여기서 지형변화율은 일반적인 자연계를 관측하는 규모보다 상대적으로 훨씬 작기 때문에 이와 관련된 연구를 하기 위해서는 많은 시간과 노력이 필요하다. 따라서 지형학자들은 단순히 지형에 대한 이해력을 높이기 위하여 모형을 연구도구로 사용하기도 한다. 예를 들면, 자연하천에서는 지형, 수리조건, 하천특성과 관련하여 다양한 현상과 요인이 많은 현상의 경계와 영역 안에서 혼재되어 있으며, 불확실성을 내포하게 된다(Lane, 1998). 그리고 하천의 지형변화 과정-형태를 해석하는데에 이용할 수 있는 자료가 제한되어 있으므로, 수치모형은 보조적으로 사용되어 왔다.

충적하천의 기본적인 속성은 단일하천과 다지하천이다. 다지하천에서 개별하천은 단일하천의 특성을 나타낸다. 하천의 지형적 평면변화 과정을 모델링 하는 기본적인 목표는 충적하천의 발달과정을 예측하는 것이다. 수치모의를 성공적으로 하기 위해서는 자연유량의 완전한 스펙트럼 및 식생생장과 지형적 영향을 포함해야 한다. 또한 인위적인 영향은 갈수록 지배적인 지형인자가 되고 있다.

현재까지 수십 년 동안 충적하천의 발달과정에 대한 연구는 양적, 질적으로 많은 발전을 해왔지만, 여전히 충적하천의 발달과정을 예측한다는 기본목표에 도달하지 못하고 있다. 특히 충적하천의 평면변화 예측을 목적으로 하는 수치모의는 아직 초보적이지만, 그래도 2차원 또는 3차원적으로 수십 년 기간에 걸친 하천지형의 발달과정을 재현할 수 있다(Crosato와 Saleh, 2011). 예를 들어, 'Reduced complexity model'(Coulthard와 Van De Veil, 2006)의 경우 구간에 대하여 장기간 동안 하천변화과정을 모의할 수 있으나, 공간적인 해상도가 낮고 물리적인 과정이 너무 일반화 되는 단점이 있다.

최근에 개발된 모형은 하천의 평면변화 예측보다는 하천의 진화과정 또는 발달과정을 성공적으로 예측하고 있다. 또한 사행하천의 발달과정을 예측하기 위한 모형은 상대적으로 발전되었으나, 망상하천을 예측하기 위한 모형은 아직 초보적인 단계에 있다.

사행하천의 원인에 대한 수학모형은 꽤 발달되어서 이 분야는 '성숙단계'라 할 수 있다. 하천은 유사이송의 불안정성과 하천곡률과 관련된 불안정성 등의 이유로 직류하천에서 사행하천으로 발달한다. 구체적으로, 상대적으로 폭이 좁은 하천에서 유사이송이 불안정 하기 때문에 규칙적으로 일정한 간격을 이루면서 하류로 이동하는 교호사주가 발생한다. 특정한 사행의 파장에서 사주가 이동하지 않는 강제사주가 발달하고, 하상과 하천의 평면은 점차적으로 사행하천으로 진화한다. 이러한 과정은 여러 연구자에 의해 연구되었다 (Johanneson과 Parker, 1989).

하천의 사행이론은 사행하천에서 흐름에 대한 정량적인 표현, 소류사이송 모형(일반적으로 부유사량은 무시함), 그리고 하상변동과 하천의 횡방향 이동을 예측할 수 있는 방법이 필요하다. 동수역학은 일반적으로 하천의 중심곡률과 구간평균 하천 지형(하폭, 수심, 하천경사, 가정한 상수 등)에 근거한 흐름을 예측할 수 있는 준 1차원모형으로 표현한다. 유사 이송과 하상고는 전형적인 방정식을 적용하여 예측할 수 있다(Seminara, 2006). 측방향으로 하천이동은 일반적으로 다음 방정식을 이용하여 계산한다.

$$V = E(u - U) \tag{4.9}$$

여기서, V는 하천의 중심선에 직각방향으로의 하안침식량이고, U는 구간평균 유속이다. u는 만곡부 외측 유속이고, E는 하안을 구성하는 재료의 침식성을 반영한 무차원 상수이다.

만곡부 내측에서 유사의 퇴적은 명확하게 다루어지지 않으며, 일반적으로는 일정한 거동으로 가정한다. 따라서 하안침식이 발생할 때, 하천은 단순하게 측방향으로 이동하는 것으로 가정한다.

이러한 사행이론은 수치모형 발전을 촉진하였다. Ikeda 등(1981)은 사행이론이 'Kinoshita' 사행과 같은 고리모양의 사행발달을 설명할 수 있다는 것을 보여주었다. 그리고 Furbish(1991)는 Ikeda 등(1981)의 이론을 적용하여 사행하천의 형상변화와 거동을 공간적인 형태로 나타냈다.

사행의 이동에 대한 이론은 사행내부에 흐름의 분리과정이 포함되지는 않지만, 급만곡 사행의 이동률과 곡률반경과의 관계를 설명할 수 있다(Furbish, 1988). 나아가 흐름의 분리는 사행의 측방향 이동에 의한 공간적인 형태에 큰 영향을 주지 않는다(Crosato, 2009, 그림 4.39).

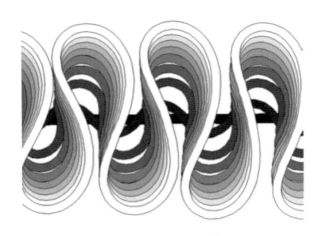

그림 4.39 **사행이동의 수치모의 결과** (Crosato, 2009)

　사행의 이동과 홍수터 지형변화는 서로 밀접한 관련이 있다. 최근에 여러 연구자들은 사행이동 모형과 홍수터 퇴적을 모의할 수 있는 기술을 결합하여, 홍수터 퇴적의 발달과 사행의 상호작용을 예측하였다(Xu 등, 2011). 이들 연구는 사행지형이 홍수터 지형의 변화와 침식에 의해 크게 영향을 받는 것을 입증하였다.

　Parker 등(2011)은 홍수터의 점착성 퇴적물이 사행의 측방향 이동을 어떻게 지체시키는지를 모형을 통해 구체적으로 설명하였다. 특히 이 모형은 흐름과 유사의 이송과정에 따라 하폭이 시간적 공간적으로 변하여 발생하는 하안침식의 영향을 고려할 수 있으며 이에 따른 사행의 이동을 모의할 수 있다. 비점착성 재료로 구성된 하안이 침식되는 과정을 고려하여 모의하였다. 시간이 증가함에 따라 하천이 이동할 때, 만곡부의 국부적인 곡률, 하폭, 그리고 수면경사가 같이 변하여 발달하는 과정을 잘 모의하였다. 더욱이 본 모형은 실제 하천에서 관측되는 하폭–곡률의 광범위한 상관관계를 재현할 수 있다. Asahi 등(2013)은 하안침식과 사행하천의 이동 과정을 물리기반 2차원 수치모형을 개발하였다. 특히, 하폭 변화에 의한 사행도의 변화, 하천의 이동과 기존에 있던 하천과 합류하면서 새로운 사행하천의 생성과정을 잘 모의하였다(그림 4.40). Eke 등(2014)은 사행하천에서 하폭과 사행도의 변화에 대한 수학적 모형을 개발하였다(그림 4.41). 그러나 지질시간을 반영하여 긴 사행하천구간의 사행발달과정을 장기적으로 모의하는 것은 한계가 있다.

그림 4.40 **사행하천의 이동 수치모의 사례** (Asahi 등, 2013)

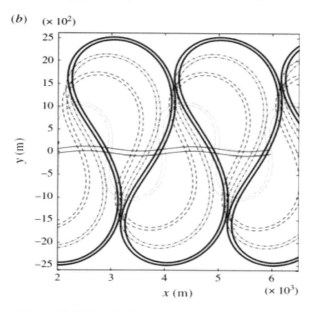

그림 4.41 **사행하천에서 하폭과 사행도의 변화에 대한 수치모의** (Eke 등, 2014)

 망상하천은 저수로가 그물망처럼 복잡하게 연결되어 있다. 구체적으로, 기존에 생성된 저수로가 퇴화되거나, 새로운 저수로가 생성되고 이동하면서 저수로가 갈라지거나 합류되는 등 하도의 변화가 크고, 역학적 거동이 복잡하다. 망상하천에서 저수로의 합류점에서 흐름이 집중되어 하상이 깊게 세굴 되고, 세굴공이 형성된다.

 망상하천은 하폭이 넓고 경사가 급한 산지 또는 선상지에서 전형적으로 나타난다. 하상토 입경은 실트에서 자갈이나 호박돌에 이르는 넓은 범위의 분포를 갖는다. 망상하천을 형성하기 위해서는 일반적으로 1) 유사유입량이 많고, 2) 하폭 대 수심의 비가 크며, 3) 하안은 비점착성 유사로 구성되어 있고, 4) 식생이 없으며, 5) 침식에 대한 저항(내침식성)이 낮아야 한다(Murray와 Paola, 1994; Jang과 Shimizu, 2005b). 유량변화 자체는 망상하천을 형성하기 위한 전제조건이 아니다(Ashmore, 1982). 그러나 홍수는 하안에서 성장하는 식생을 제거하고 흐름저항이 낮은 하안을 유지하게 한다.

 망상하천의 수치모의는 유역규모와 구간규모로 분류할 수 있다(그림 4.42). 유역규모는 유역의 하천망 안에서 흐름과 유사의 이송에 의한 하천의 지형변화를 모의한다. 구간규모는 하천의 길이가 하폭의 10에서 100배 정도의 범위에서 유량과 하천의 특성이 거의 균일한 상태에서 하천의 지형변화를 모의한다. 구간규모 모형은 물리기반 모형으로서, 유체의 운동방정식을 이론적 또는 수치적으로 해석하여 하천의 변화과정을 모의한다. Navier-Stokes 방정식의 수심적분은 천수방정식으로 표현하며, 흐름을 2차원으로 해석한다. 이 방정식을 하폭에 대해 평균하면 1차원 Saint-Venant 방정식이 되며, 1차원으로 해석할 수 있다. 그러나 본 장에서는 2차원 수치모형에 대하여 소개한다.

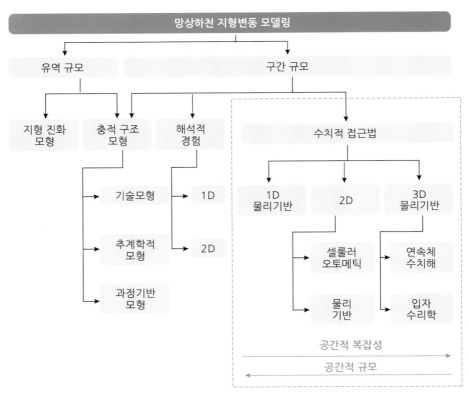

그림 4.42 **망상하천의 지형변화 수치모형 분류** (Williams 등, 2016)

셀룰러 자동생성 모형

셀룰러 자동장치(cellular automaton)는 계산 가능성 이론, 수학, 물리학, 복잡계, 수리 생물학, 셀구조 모델링에서 다루는 이산 모형이다. 셀룰러 자동장치는 규칙적인 격자 형 태로 배열된 세포 또는 칸(cell)들에서 정의된다. 각각의 셀은 유한개 가짓수의 상태를 가 지며 각각의 셀은 불연속적인 시간마다 동시에 업데이트된다. 각각의 셀은 입력값으로 현 재 그 셀의 상태 및 이웃한 셀의 상태를 받고, 출력값으로 다음 시간에서의 셀의 상태를 출력하는 유한 상태 기계이다. 이러한 셀룰러 자동장치를 모아 놓은 공간을 셀룰러 자동 생성 모형(Cellular Automata, CA) 혹은 셀룰러 오토마타라 한다. 셀룰러 자동생성 모형 은 다른 말로 셀룰러 공간(cellular space), 테셀레이션 오토마타(tessellation automa), 균일 구조(homogeneous structures), 세포적 구조(cellular structures), 테셀레이션 구 조(tessellation structures), 반복적 배열(iterative arrays) 등으로 불린다.

2차원 셀룰러 자동생성 모형은 최소한의 법칙으로 시스템 거동의 본질을 파악해서 관 측된 현상을 이치에 맞게 설명하기 위한 것이다. Murray와 Paola(1994)는 망상하천의 형 성과정을 셀룰러 자동생성 모형으로 설명하였다. 이 모형에서 흐름은 직하류 3개의 셀로 향한다고 가정하고 계산한다. 유사이송은 유량, 국부 하상경사 그리고 측방향 침식의 함수로 하여 하상침식을 계산하는 비선형 방정식을 적용하여 산정한다. 이 모형은 하천의 변화, 분리, 그리고 이동을 포함한 망상하천의 역동적인 특성을 잘 모의한다. 그럼에도 불구하고 이 모형은 물리적인 특성을 반영한 망상하천의 지형변화를 모의하는 데에 한계가 있다. Thomas와 Nicholas(2002)는 Murray와 Paola(1994)의 흐름계산 방법을 5개의 하류 셀로 확장하고, 상류와 한계류로 구별하는 기술을 개발하였다. Thomas 등(2007)은 이 방법을 적용하여 200년 동안의 망상하천의 변화과정을 모의하였다. Nicholas 등(2012)은 Thomas와 Nicholas(2002)의 흐름계산방법에 수위를 계산한 후 유량을 분배하는 2단계 계산법을 적용하여 하천흐름을 계산하였으며, 현장 관측값과 비교하여 모형의 적용성을 검토하였다. 또한 그들은 3차원 수치모형과 2차원 천수방정식 모형의 결과와 비교하여 좋은 결과를 얻었다.

물리기반 모형

물리기반 모형은 흐름과 유사이송 과정을 단순화 하여 복잡한 지형변화 문제를 단순화 한다. 이러한 비연계 과정은 전형적으로 1) 흐름 계산, 2) 유사이송과 하상변동, 3) 계산 격자의 갱신 등 3단계로 이루어진다(Spasojevic와 Holly, 2008).

1차원 모형과 비교하여, 2차원 모형은 유심, 유속, 전단응력을 공간적으로 명확하게 모의한다. 또한 2차류와 횡방향, 종방향 하상경사를 고려한 유사이송을 모의할 수 있다. 그러나 2차원 모형은 실험관측 자료를 토대로 검보정 과정이 필요하다.

초기에 개발된 2차원 물리기반모형의 모의 결과를 실내실험 자료와 비교한 결과, McArdell과 Faeh(2001)은 Fujita(1989)의 실험에서 재현된 망상하천의 물리적 특성을 잘 모의하였으나, 하천의 횡방향 하상고의 변화 등의 모의에는 한계를 보여주었다. 하지만 Jang과 Shimizu(2005)뿐만 아니라 Shimizu 등(2019)은 2차원 물리기반 모형을 적용하여 망상하천을 모의할 수 있는 잠재력이 충분히 있음을 입증하였다. 그들 모형은 직교좌표계를 변환하여 하천의 형상에 적합하도록 이동경계 좌표계를 사용하였다. 수치해석 기법으로는 엇갈린 격자(staggered grid)에서 이류항은 CIP(Cubic Interpolated Pseudoparticle)법을 적용하였으며, 확산항은 중앙차분법을 적용하였다. 본 모형은 2차류를 고려한 유사의 이송, 사주의 이동과 정지, 저수로의 합류와 분열, 그리고 하안침식을 모의하여 망상하천의 발달과정을 정교하게 모의하였다. 특히, 하안침식 과정을 모의하기 위하여, 다음과 같은 상대적으로 간단한 개념을 적용하였다. 하안 근처에서 하상이 저하되어 하안의 횡방향경사가 수중안식각보다 클 때, 안식각을 초과하는 양만큼 하안이 하천으로 침식된다. 이때, 하안이 침식된 만큼 하폭은 넓어지고, 새로운 계산영역이 생기게 된다. 그와 반대로 사주가 새로 형성되고 육지가 형성되면 계산영역에서 제외된다.

하폭 대 수심의 비가 큰 수리조건에서는 초기에 복렬사주로부터 망상하천이 시작된다.

초기에 복렬사주가 발달하며 하류로 이동한다(그림 4.43a). 시간이 증가하면서, 복렬사주는 서로 합쳐져서 큰 사주를 형성한다. 흐름은 사주에 의하여 좌안과 우안으로 분리되고, 하안에서 수충부가 형성되며 하안침식이 발생한다(그림 4.43b). 하안침식이 지속되면서 하폭이 증가하고 저수로가 이동한다(그림 4.43c). 또한 새로운 하도가 생성되고 기존에 있는 하도가 소멸하는 등 지속적으로 변화한다(그림 4.43d). 시간이 증가하면서 새로운 하도망이 형성되며(그림 4.43e), 망상하천의 발달과정을 잘 모의하게 된다.

최근에 Nicholas(2013)는 HSTAR(Hydrodynamics and sediment transport in alluvial rivers model)을 개발하여, 하천의 평면변화 과정을 조절하는 인자를 분석하였다. 이 모형은 하안침식, 하도식생의 변화를 고려한 망상하천의 발달과정을 뉴질랜드의 Waimakariri 강에 적용하였다(그림 4.44).

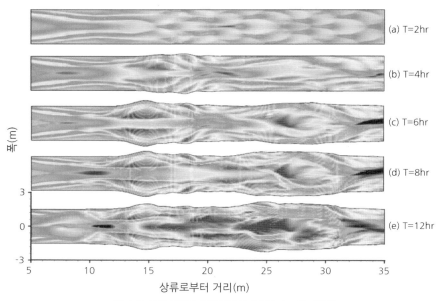

그림 4.43 **망상하천의 수치모의 사례** (Shimizu 등, 2019)

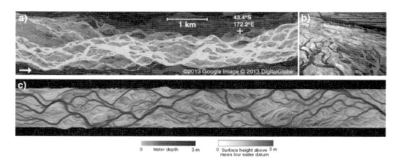

그림 4.44 **HSTAR 모형으로 모의한 망상하천**
(a)와 (b) New Zealand의 Waimakariri River, (c) 수치모의 결과(20년 후) (Nicholas 등, 2013)

하천은 여러 개의 지류하천이 합류되어 하도망을 구성한다. 합류부에서는 흐름특성과 역학적 거동이 복잡하고, 하도의 지형변화가 매우 크다. 특히, 합류부에서 흐름이 집중되면서 하상이 깊게 침식되고, 하안이 침식되며 강줄기가 이동하면서 많은 홍수피해가 발생한다. 최근에 컴퓨터와 수치모의 기법의 발달로 하천공학자들은 미국 미시시피강과 아차팔라야 강의 합류부와 인도 갠지즈강과 코시강의 합류부를 대상으로 복잡한 하천 지형변화 과정을 모의하여 강줄기가 바뀌는 지점을 규명할 수 있게 되었다(Pearce, 2021).

코시강은 갠지즈강의 가장 큰 지류이며, 히말라야 산맥에서 침식된 약 1억 톤의 토사를 매년 하류로 운반한다. 평지로 흐르면서 유속이 느려지고 하상에 토사가 쌓인다. 시간이 지나면서 유사이송 능력이 감소하며, 결국에는 강줄기가 불안정해져서 새로운 경로를 찾는다. 코시강은 수세기동안 이런 과정을 반복하면서 수십 년마다 제방을 파괴하고 많은 홍수가 발생하였다. 최근에 10년간의 연구를 통하여 미국 산타바바라 캘리포니아대는 코시강의 변화 과정을 컴퓨터 수치모의를 통하여 예측 가능하게 되었다.

그러나 인간의 활동은 하천의 변화과정을 예측하는데 새로운 변수가 되고 있다. 산림벌채와 개발은 유역에서 하천으로 유입되는 유사량을 증가시킨다. 때로는 댐과 제방이 하천변화와 홍수에 위협이 된다. 최근에 기후변화는 또 다른 변수가 되고 있다. 특히, 해수면 상승으로 강 하류에서 유속이 느려지고 토사의 퇴적물이 증가하여 강줄기가 불안정하고, 제방 침식과 홍수 범람을 일으킨다. 복잡한 하천 변화를 정교하게 모의할 수 있는 기술은 홍수범람과 본류와 지류의 합류와 분류를 고려한 재해예방에 유용하다. 그러나 거의 모든 하천이 인간의 활동에 의한 영향을 받고 있기 때문에, 기후변화와 인간에 의한 영향을 예측할 수 있는 기술개발이 필요하다.

강의 춤, "하천이 필사적으로 분할하는 이유"
(U. S. Army Corps of Engineers, Cover of Science, 372(6543), May 14 2021)

세종보 개방에 따른 하천 지형변화 예측

정부는 수계별로 부분 또는 완전개방을 통해 보를 운영하고 있다. 2011년 금강에 건설된 세종보는 2017년 11월부터 보운영 관리수위를 평균수위로 낮추어 부분개방을 하였고, 2018년 1월부터 완전개방을 실시하여 최저수위를 유지하며 운영하고 있다. 그 결과, 세종보 수위는 최대 3.2 m 이상 하강하고 보 상류에 퇴적된 유사가 이동하면서 사주가 발달하기 시작했다. 사주는 하천의 지형학적 상태를 나타내는 중요한 정량적인 지표 중의 하나이며, 다양한 사주의 발달은 하천의 역동성, 서식처의 다양성을 파악하고 평가하는데 중요하다. 장창래 등 (2021)은 2차원 수치모형을 적용하여 세종보 개방 후에 홍수량 변화에 의한 하도의 지형변화를 정량적으로 예측하고, 하천의 적응과정을 분석하였다.

2018년 8월 27일 부터 9월 8일까지 유량자료를 보면 3차례 연속으로 홍수가 발생하였다. 첫 번째 첨두유량은 26시간에서 2,281 m³/s, 두 번째 첨두유량은 107시간에서 3,515 m³/s, 세 번째 첨두홍수는 200시간에서 4,259 m³/s가 발생하였다. 수치모의를 위한 홍수 지속시간은 300시간이다(그림 1). 수치모의 결과, 세종보 직하류 우안 1)지점에서 사주가 발달하였다(그림 2a). 이는 세종보 상류 우안에서 흐름이 집중되면서 수충부가 형성되어 세굴되고 이에 대한 영향이 하류로 전파되어 사주가 형성된 것이다. 세종보 상류 중앙에서 발달한 사주가 세종보 중앙과 좌안 2)에 걸쳐 하류방향으로 길게 횡사주가 발달하였다(그림 2b). 세종보가 개방이 되었으며, 사주가 세종보를 걸쳐서 발달하였다. 세종보 하류에서 발달한 하중도 상류 3)지점에 중앙사주가 발달하였다(그림 2a). 이로 인하여, 기존에 발달한 하중도가 상류로 성장하였다. 초기에 복렬사주가 발달하며 하류로 이동한다. 시간이 증가하면서, 복렬사주는 서로 합쳐져서 큰 사주를 형성한다. 흐름은 사주에 의하여 좌안과 우안으로 분리되고, 하안에서 수충부가 형성되며 하안침식이 발생한다. 하폭이 증가하고 저수로로 이동한다. 또한 새로운 하도가 생성되고 기존에 있는 하도가 소멸하는 등 변화한다.

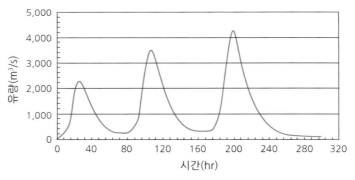

그림 1 **수치모의를 위한 정규화된 수문곡선**

초기 홍수에 의하여 사주의 이동속도는 가장 빠르고, 연이어 홍수가 발생하여도 사주의 이동속도는 지수적으로 감소하는 특성을 보인다(그림 3). 이는 사주가 분열되어 새로운 저수로가 형성되고 기존에 형성된 저수로는 퇴화되는 등 망상하천을 형성하거나, 하상이 저하되어 사주의 파고가 증가하기 때문이다. 평균하상고에 대한 각 단면의 표준편차를 나타내는 하상기복지수(BRI, Bed Relief Index)는 시간이 증가함에 따라 증가하였으나, 첨두홍수가 발생하였음에도 불구하고 하상기복지수의 증가율은 완만하였다. 그러나 첨두홍수가 감소할 때 하상기복지수는 증가하였다(그림 4). 사주의 이동속도가 감소할 때, 하상기복지수는 증가하지만, 사주의 이동속도가 일정하게 유지될 때, 하상기복지수도 일정하게 유지되었다.

1차 홍수와 2차 홍수가 발생할 때, 하상고는 크게 변하며, 사주의 발생과 분열, 저수로는 활발하게 이동한다.

3차 홍수시에는 저수로나 사주의 형상이 일정하게 유지되면서 안정적으로 거동한다. 부정류 흐름에서 사주의 발달과정은 부정류의 지속시간과 사주의 성장력의 비에 의하여 영향을 받으며, 특히 흐름과 하상고 변화에 따른 위상지연(phase lag)의 영향을 받는다.

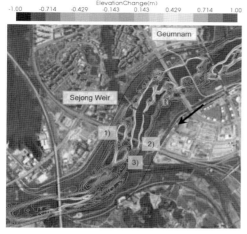

(a) 수치모의 결과

(b) 항공사진(2018-9)

그림 2 수치모의 결과와 항공사진의 비교

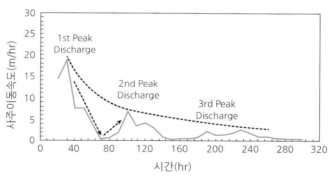

그림 3 홍수에 의한 사주 이동속도 변화

(점선은 첨두유량에서 사주의 이동경향을 나타내며, 화살표는 시간에 따른 사주의 이동속도 경향을 나타낸다.)

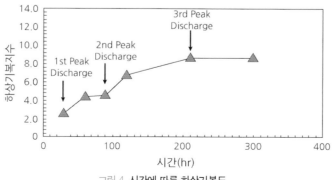

그림 4 시간에 따른 하상기복도

4.1 하천침식과정은 하안의 크기, 기하학적 형태와 구조, 하안을 구성하는 재료의 공학적 특징에 따라 달라진다. 비점착성 토층으로 구성된 하안의 침식과정을 간략히 기술하시오.

4.2 하천에서 사주는 하도특성을 나타내는 중요한 요인 중의 하나이며, 흐름에 따라 사주가 이동하기도 하고, 하천지형의 특성에 의하여 정지한다. 사주의 이동과 정지에 따라 사주를 분류하고 그 특성을 기술하시오.

4.3 교호사주는 홍수에 의해 하류로 이동하기 때문에 수충부와 하안침식 위치도 하류로 이동하여 발생한다. 이로 인하여 발생하는 하천재해와 그 특성을 기술하시오.

4.4 망상하천은 복렬사주가 발달하여 유로가 그물망처럼 복잡하게 연계되어 있다. 이때 망상하천의 발달과정을 서술하시오. 그리고 망상하천의 특성을 파악하는 것이 하천공학적으로 어떻게 적용되는지도 간단하게 서술하시오.

4.5 합류부는 두 하천이 만나는 곳이며, 이곳에서 흐름은 복잡하고 하천 지형변화에 영향을 준다. 합류부에서 6개의 흐름구역이 있으며, 이을 구분하여 각각의 특성을 설명하시오. 그리고 합류부에서 3가지 하상변동 특성에 대해 기술하시오.

4.6 일반적으로 흐름의 분류가 발생하는 사례를 들고, 흐름구조에 대하여 간단하게 설명하시오.

4.7 충적선상지는 상류에서 모래나 자갈이 과도하게 이송되어 부채모양으로 퇴적되어 형성된 지형이다. 충적선상지에서 하천의 분할과 불안정이라는 공학적으로 중요한 의미에 대해 사례를 들어 설명하시오.

유근배, 김성환, 신영호. 2007. 하구둑 건설 이후의 지형변화. 서울대학교출판부.

장창래. 2013. 하안침식을 고려하여 복렬사주의 동적 거동 특성 분석. 한국수자원학회 논문집, 46(1): 25–34.

장창래. 2007. 충적선상지 형성에 관한 수치모의. 대한토목학회 논문집, 제27권, 제3B호, pp.229~235.

장창래, 정관수. 2006. 사행하천에서 사주의 이동특성에 관한 수치실험. 대한토목학회 논문집, 26(2B): 209–216.

장창래, 김정곤, 고익환. 2006. 합류부에서 흐름 및 하상변동 수치모의(금강과 미호천을 중심으로). 한국습지학회, 8(3): 91–103.

장창래, 이광만, 김계현. 2008. 해평취수장 부근에서 충적하천의 저수로 이동특성. 한국수자원학회 논문집, 한국수자원학회, 41(4): 395–404.

장창래, Shimizu, Y. 2010. 안동댐 하류 하천에서 사주의 재현 모의. 대한토목학회논문집, 대한토목학회, 30(4B): 379–388.

정대진, 장창래, 정관수. 2019. "TELEMAC-2D를 적용한 개수로 분류부 유량비 변화에 의한 흐름특성 분석" 한국수자원학회논문집, 제52권, 1호, pp. 1–10.

장창래, 백태효, 강태운, 옥기영. 2021. 보 개방에 의한 하도의 지형변화 과정 수치모의 분석(세종보를 중심으로). 한국수자원학회논문집, 49(7): 635–644.

정대진, 장창래, 정관수. 2019. "TELEMAC-2D를 적용한 개수로 분류부 유량비 변화에 의한 흐름특성 분석" 한국수자원학회논문집, 제52권, 1호, pp. 1–10.

정대진, 장창래, 정관수. 2020. TELEMAC-2D모형을 이용한 분류각 변화에 따른 개수로 흐름특성 변화 수치모의 연구. 한국수자원학회논문집, 53(8): 617–626.

Asahi K., Shimizu, Y., Nelson, J., Parker, G. 2013. Numerical simulation ofriver meandering with self-evolving banks. Journal of Geophysical esearch-Earth Surface 118: 2208–2229.

ASCE Task Committee on Hydraulics, Bank Mechanics and Modeling of River Width Adjustment. 1998. "River width adjustment. I: Processes and mechanisms." J. Hydr. Engrg., ASCE, 124(9), 881–902.

Ashmore, P. E. 1982. "Laboratory modeling of gravel braided stream morphology." Earth Surf. Process. Landforms 7, 201–225.

Ashmore, P. E. 1991. How do gravel-bed rivers braid?. Can. J. Earth Sci., 28: 326–341. doi:10.1139/e91-030.

Bertoldi, W. 2005. River Bifurcation. Univeristy of Trento, Ph.D. thesis.

Best, J. L. 1988. Sediment transport and bed morphology at river channel confluences. Sedimentology, 35: 481–498.

Biron, P., Best, L., and Roy, A. 1996. Effect of bed discordance on flow dynamics at open channel confluences. J. Hydraul. Eng., ASCE, 122(7): 565–575. https://doi.org/10.1061/(ASCE)0733-9429 (1996)122:12(676).

Bryant, M., Falk, P., and Paola, C. 1995 Experimental study of avulsion frequency and rate of deposition. Geology, Vol. 23, No. 4, pp. 365-368.

Chang, H. H. 1982 Fluvial hydraulics of delta and alluvial fans. J. Hydraul. Div., ASCE, Vol. 108, No. HY11, pp. 1282-1295.

Coulthard, T. J. and Van de Wiel, M. J. 2006. A cellular model of river meandering. Earth Surf. Process. Landforms 31: 123-132.

Collison, A. J. C., and Anderson, M. G. 1996. Using a combined slope hydrology/stability model to identify suitable conditions for land slide prevention by vegetation in the humid tropics. Earth Surf. Process. Landforms 21: 737-747. doi.org/10.1002/(SICI)1096-9837(199608)21:8⟨737::AID-ESP674⟩3.0.CO;2-F.

Crosato, A. 2009. Physical explanations of variations in river meander migration rates from model comparison. Earth Surf. Process. Landforms 34: 2078-2086.

Crosato, A., and Mosselman, E. 2009. Simple physics-based predictor for the number of river bars and the transition between meandering and braiding. Water Resour. Res., 45, W03424, doi:10.1029/2008WR007242.

Crosato, A. and Saleh, M. S. 2010. Numerical study on the effects of floodplain vegetation on river planform style. Earth Surf. Process. Landforms 36: 711-720.

Darby, S. E. 1998. Modelling width adjustment in straight alluvial channels. Hydrological Process. 12: 1299-1321. doi.org/10.1002/(SICI)1099-1085(19980630)12:8⟨1299::AID-HYP616⟩3.0.CO;2-9.

De Chant, L. J., Pease, P. P., and Tchakerian, V. 1999. Modelling alluvial fan morphology. Earth Surf. Process. Landforms 24, pp. 641-652.

Dutta, S. and Garcia, M. H. 2018. Nonlinear Distribution of Sediment at River Diversions: Brief History of the Bulle Effect and Its Implications, J. Hydraul. Eng., ASCE, Vol. 144, No. 5.

Eke, E., Parker, G., and Shimizu, Y. 2014. Numerical modeling of erosional and depositional bank processes in migrating river bends with self-formed width: Morphodynamics of bar push and bank pull, J. Geophys. Res. Earth Surf., 119, 1455-1483, doi:10.1002/2013JF003020.

Fan, H., Huang, H., Zeng, T. Q., and Wang, K. 2005. River mouth bar formation, river aggradation and channel migration in the modern Huanghe (Yellow) River delta, China, Geomorphology.

Fujita, Y. 1989. Bar and channel formation in braided streams, in River Meandering. Water Resour. Monogr. Ser., 12 (edited by Ikeda, S., and Parker, G.): 417-462, AGU, Washington, D.C. doi.org/10.1029/WM012p0417.

Furbish, D. J. 1988. River-bed curvature and migration: how are they related? Geology 16: 752-755.

Furbish, D. J. 1991. Spatial autoregressive structure in meander evolution. Geological Society of America Bulletin 103: 1576-1588.

Hasegawa, K. 1989. Universal bank erosion coefficient for meandering rivers. J. Hydraul. Eng., 115(6): 744-765. doi.org/10.1061/(ASCE)0733-9429(1989)115:6(744).

Ikeda, S. 1981. Self-formed straight channels in sandy beds. J. Hydraul. Div., ASCE, 107: 389-406.

Ikeda, S. 1984. Prediction of alternate bar wavelength. J. Hydraul. Eng., 110(4): 371-386. doi.org/10.1061/(ASCE)0733-9429(1984)110:4(371).

Jang, C.-L., and Shimizu, Y. 2005a. Numerical simulations of the behavior of alternate bars with different bank strengths. Journal of Hydraulic Research, IAHR, 43(6): 595-611. doi.org/10.1080/00221680509500380.

Jang, C.-L., and Shimizu, Y. 2005b. Numerical simulation of relatively wide, shallow with erodible banks. J. Hydraul. Eng., ASCE, 131(7): 565-575. doi.org/10.1061/(ASCE)0733-9429(2005)131:7(565).

Johannesson, H. and Parker, G. 1989. Secondary flow in mildly sinuous channels. J. Hydraul. Eng., ASCE, 115: 289-308.

Kleinhans, M. G., Ferguson, R. I., Lane, S. N., and Hardy, R. J. 2013. Splitting rivers at their seams: bifurcations and avulsion. Earth Surf. Process. Landforms 38, No. 1, pp. 47-61.

Li, S. S. and Millar, R. G. 2011. A two-dimensional morphodynamic model of gravel-bed river with floodplain vegetation. Earth Surf. Process. Landforms 36(2), pp. 190-202.

Luchi, R., Zolezzi, G. and Tubino, M. 2011. Bend theory of river meanders with spatial width variations. Journal of Fluid Mechanics 681: 311-339.

McArdell, B. W., and Faeh, R. 2001. "A computational investigation of river braiding." Gravel-bed rivers V, M.P. Mosley ed., New Zealand Hydro. Soc., Wellington, New Zealand, 73-86.

Murray, A. B., and Paola, C. 1994. "A Cellular model of braided rivers." Nature, 371, 54-57

Nicholas, A. P. 2013. Modelling the continuum of river channel patterns. Earth Surf. Process. Landforms 38(10), pp. 1187-1196.

Neary, V. S. and Odgaard, A. 1993. Three-Dimensional Flow Structure at Open-Channel Diversions. J. Hydraul. Eng., ASCE, Vol. 119, No. 11, pp. 1223-1230.

Neary, V. S. and Sotiropoulos, F. 1996. Numerical Investigation of Laminar Flows through 90-Degree Diversions of Rectangular Cross-Section. Computers & Fluids, Vol. 25, No. 2, pp. 95-118.

Pearce, F. 2021. When the levees break, Science 372 (6543), 676-679.DOI: 10.1126/science.372.6543.676

Schielen, R. M. J., Havinga, H., and Lemans, M. 2008 "Dynamic control of the discharge distributions of the Rhine river in the Netherlands." Proceedings of River flow 2008: Forth International Conference on Fluvial Hydraulics, Izmir, Turkey, pp. 395-404.

Seminara, G., and Tubino, M. 1989. Alternate bars and meandering: Free, forced, and mixed interactions, in River Meandering. Water Resour. Monogr. Ser., 12(edited by S. Ikeda and G. Parker): 267-319, AGU.

Shimizu,Y., Nelson, J., Ferrel, K. A., Asahi,K., Giri, S., Inoue, T., Iwasaki, T., Jang, C.-L., Kang, T., Kimura, I., Kyuka, T., Mishra, J., Nabi, M., Patsinghasanee, S., and Yamaguchi, S. 2019. "Advances in computational morphodynamics using the International River Interface Cooperative(iRIC) software" Earth Surf. Process. Landforms, DOI: 10.1002/esp.4653.

Spasojevic, M. and Holly, F. M. 2008. Two-and three-dimensional numerical simulation of mobile- bed hydrodynamics and sedimentation. In: Garcia, J. J. G. (ed) Sedimentation engineering. Reston, VA: ASCE, pp.683-761.

Sun, T., Paolar, C., and Parker, G. 2002. Fluvial fan deltas: linking channel processes with large-scale morphodynamics, Water Resour. Res., 38(8), pp 26-1~26-10.

Thorne, C. R. 1982. Processes and Mechanisms of River Bank Erosion, Gravel-bed Rivers

(Eds. by Hey, R. D., Bathurst, J. C., and Thorne, C. R), 227−259.

Thomas, R. and Nicholas, A. P. 2002. Simulation of braided river flow using a new cellular routing scheme. Geomorphology, 43(3−4), pp. 179−195.

Thomas, R., Nicholas, A. P. and Quine, T. A. 2007. Cellular modelling as a tool for interpreting historic braided river evolution. Geomorphology 90(3−4), pp. 302−317.

Woo, H., Kim, J.−S., Cho, K. H. and Cho, H. J. 2013. Vegetation recruitment on the 'white' sandbars on the Nakdong River at the historical village of Hahoe, Korea. Water and Environment J., 28(4). doi.org/10.1111/wej.12074.

Xu, D., Bai, Y., Ma, J. and Tan, Y. 2011. Numerical investigation of long−term planform dynamics and stability of river meandering on fluvial floodplains. Geomorphology 132: 195−207.

福岡捷二, 大東道郎, 西村達也, 佐藤健二. 1996. ヒサし河岸を有する流路の流れと河床變動. 土木學會論文集, 533(Ⅱ−34): 147−156.

日本土木學會. 1998. 水理公式集, 176−181.

URL #1 : https://www.donga.com/news/article/all/20140825/65993659/7

이수와 치수 목적으로 하천에 댐을 건설하면 댐 상하류 하천에서 바로 물리적 변화가 나타난다. 댐상류의 경우 대부분 저수지의 단면확대 및 수면경사의 완화로 인해 유속이 크게 감소되어 저수지내 퇴사가 발생한다. 댐하류의 경우 방류량 변화와 하류로 전달되는 유사량이 크게 감소하여 댐 직하류에서 하상침식이 발생하고 침식된 유사가 하천하류로 이송되어 퇴적됨으로써 댐 하류하천의 하상경사가 완만해진다. 댐 건설에 따른 하천변화는 이러한 물리적인 변화뿐만 아니라 환경적으로 생물서식처와 수질 변화 등 다양한 문제를 일으킨다. 이 장에서는 주로 댐 상하류에서 발생하는 하천변화를 이해하고, 이러한 변화에 따른 하천시스템의 반응과 제어에 대해 살펴본다. 마지막으로 기능과 용도가 다 된 댐이나 보의 가동종료에 따른 하천변화와 환경영향 등에 대해 간단히 검토한다.

5

댐 상하류
하천변화

5.1 유역의 유사유출

유역 지표면은 물, 바람, 빙하, 중력 등에 의해 끊임없이 침식과 퇴적이 발생하며, 이 중 빗방울과 흐르는 물은 가장 효율적인 침식과 퇴적의 매체이다(우효섭 등, 2015). 유역의 최상류 산지와 같이 배수망 발달이 미약한 곳에서 고지대 토양침식(upland soil erosion)은 대부분 박층침식(sheet erosion) 또는 세류침식(rill erosion)에 의해 발생한다.

하천유역의 주요 퇴적원은 박층침식과 세류침식에 의해 발생하는 고지대 침식토사이다. 박층침식은 지표면을 흐르는 얇은 흐름에 의해 지표면 토양이 얇게 벗겨지는 현상이며, 세류침식은 인간이 손으로 쉽게 되메울 수 있는 작은 골(rill)에 의한 침식현상이다. 이러한 박층침식과 세류침식은 경사진 경작지에서도 발생하며, 이러한 경작지의 침식과 토양유실은 농지보전 측면에서 중요한 현상이다. 산지나 경작지 자연 배수로가 침식에 의해 점차 커지면 인간의 손으로 쉽게 되메울 수 없게 되며, 이를 구곡침식(gully erosion)이라 한다. 여기서 박층, 세류, 구곡 침식 등 유역에서 침식되어 유실되는 토사량을 그 유역의 면적과 침식되는 기간으로 나누어준 것을 비침식량(erosion rate)이라 한다.

박층침식은 빗방울 충격에 의한 토양입자의 분리와 흐름에 의해 토양침식을 모두 포함한다. 표면침식 과정은 빗방울이 땅에 부딪히면서 토양입자를 분리할 때 시작된다. 빗방울 튀는 현상은 빗방울 크기와 표면류 흐름의 수심에 따라 다르다. Hartley와 Julien (1992)은 빗방울의 영향으로 가해지는 전단응력을 실험적으로 측정한 바 있다. 측정 결과, 최대 전단응력은 10 Pa이었으며 이는 점착성 토양의 한계전단응력 2.5 Pa을 훨씬 초과하는 것이다. 일반적으로 표면류 수심이 빗방울 직경의 3배를 초과하면 빗방울 충격은 무시할 수 있다.

산지를 벗어나 흐름이 일정한 하도와 홍수터를 만든 곳에서는 홍수터침식과 하도침식이 발생한다(그림 5.1). 홍수터침식은 지질 시간대에 걸쳐 흐름이 만든 홍수터의 일부가 다시 흐름에 의해 침식되는 것이다. 하도침식은 침식 위치에 따라 하상침식 또는 하상저하와 강턱침식으로 나눈다. 상류유역에서 침식된 토사는 하류흐름이 약해지는 곳에서 선별적으로 퇴적된다. 이러한 토사의 퇴적은 흐름이 급경사 계곡을 벗어나서 갑자기 완만한 평지로 나오는 곳에서 발생하는 선상지퇴적과 비교적 넓은 하곡의 양안에 쌓이는 하곡퇴적 등이 있다. 또한 하도에서 점사주에 쌓이는 경우와 하상에 쌓여 하상이 전반적으로 상승하는 경우가 있다.

그림 5.1 유역의 침식과 퇴적 (ASCE, 2008)

유사전달비(sediment delivery ratio)는 상류유역에서 침식되어 유실된 토사량과 하류에 퇴적된, 또는 하류 일정 지점에 도달한 토사량의 비율이다. 또한 한 지점의 유사유출량을 상류유역의 면적과 유출시간으로 나누어준 것을 비유사량(sediment yield rate)이라한다. 마찬가지로 비퇴사량(sediment deposition rate)은 하곡, 홍수터 또는 저수지 등에쌓인 퇴사량을 그 상류유역의 면적과 퇴적시간으로 나누어준 것이다.

한 유역에서 생산되는 토사량은 산사태 등 산지붕괴를 제외하면 대부분 강우에 의해지표면이 침식되어 생기는 토사량이다. 산지붕괴에 의한 토사생산은 자주 발생하지 않고,또한 미리 예측하여 생산토사량을 추정하기는 어렵다. 따라서 통상 강우와 지표면 유출에의해 지표면 토양이 침식되어 그 자리를 떠나는 토양유실량을 추정하는 것이 합리적이다.강우에 의한 지표면의 토양유실을 추정하는 방법은 지표면 전체에 대해 비교적 균일한침식률을 가지는 박층침식이나 세류침식과 같은 토양침식을 예측하는 것과 지표면 침식보다는 하도침식의 양상을 보이는 구곡침식과 같은 토양침식을 예측하는 것으로 나누어접근한다. 전자의 경우 범용토양유실 공식(Universal Soil Loss Equation, USLE)이나개정 범용토양유실 공식(Revised Universal Soil Loss Equation, RUSLE)이 미국 등에서보편적으로 이용되며, 후자의 경우 경험공식들이 일부 제안되고 있다. 한 유역에서 침식되어 하류 한 지점을 통과하는 유출토사량 또는 유사유출량은 유역의 토양유실량(또는 토양침식량)에 유사전달비를 곱해 추정하거나, 유역에서 물과 유사 추적의 수학모형을 이용하여 추정할 수 있다.

유역에서 침식되어 유실되는 토사가 하도로 유입되면 하도 내 흐름에 의해 소류나 부유

등의 형태로 이송된다. 이렇게 하천흐름에 의해 이송되는 유송토사량, 또는 하천유사량은 하천에서 직접 실측하거나, 그 하천의 흐름, 유사, 기하 특성을 파악하여 유사량 공식을 이용하여 추정할 수 있다.

토양침식량의 추정

강우와 유출에 의한 유역의 토양침식량을 정확하게 추정하는 방법은 아직까지 없으며, 가장 최선의 방법은 유역특성이 유사한 지역의 토양유실량 실측자료를 이용하는 것이다. 이러한 실측자료가 없는 경우에는 범용토양유실공식(USLE)을 이용할 수 있다. USLE 방법은 미국에서 Wischmeier와 Smith(1960, 1965, 1978)에 의해 개발된 후 지속적으로 개량되어 왔다. 이 공식은 원래 면적 1 ha 이하의 소규모 농경지에서 토양유실을 예측하기 위해 개발되었다. 이 공식은 미국의 중부 및 동부지역에 위치한 24개 주의 47개 농경지 소유역에서 획득한 자료를 통계 분석하여 유도된 경험적 방법이다. 이 공식은 기본적으로 유역의 기후(강우), 토양, 지형, 식생과 토지이용 등의 변수를 이용하여 그 유역에서 토양유실량을 추정하며, 다음 식으로 표시된다(USBR, 2006).

$$A = R \times K \times LS \times C \times P \qquad (5.1)$$

여기서, A 는 강우침식도 R 인 경우 해당기간 중 단위 유역면적에서 침식되어 유실되는 토사량(tons[1]/acre; 톤/ha), R 은 강우침식도(rainfall erosivity; 100 ft·tons/acre·in/hr; MJ/ha·mm/hr[2]), K 는 토양침식성 인자(soil erodibility; tons/acre/R; 톤/ha/R), LS 는 지형인자(L 은 침식 경사면의 길이 인자, S 는 침식 경사면의 경사; 무차원), C 는 작물 종류와 형태 등 작물관리 인자(무차원), P 는 등고선 경작 등 토양보전대책 인자(무차원)이다.

　Wischmeier와 Smith(1960)는 위 공식을 개발하기 위하여 이른바 단위 밭(unit plot)이라 불리는 길이 72.6 ft(22.1 m)와 9% 경사의 밭작물을 위한 나지에서 토양유실 자료를 수집하였다. 따라서 USLE상의 K 는 단위 밭에서 단위 R당 해당 토양의 침식량을 의미한다. L 은 같은 조건하에서 실제 경사면 길이에서 토양유실량과 단위 밭에서 유실량의 비이며, S 도 마찬가지로 실제 경사에서 토양유실량과 단위 밭에서 유실량의 비이다. C 와 P 또한 각각 해당 조건에서 단위면적당 유실량과 단위 밭의 단위면적당 유실량과의 비를 나타낸다. 식 (3.4)로 표시되는 USLE는 토사유출량이 아닌 토양침식량을 무게단위(톤/ha)로 산정하는 공식이며, 식의 우변 인자들은 모두 토양의 침식을 지배하는 인자들

---

[1] 여기서 영미 단위의 tons는 American tons으로서 1 American tons = 2,000 lbs = 0.91톤(metric tonnes)에 해당한다. 참고로, 1 acre = 0.405 ha이다.

[2] R은 표준 단위로 10^7J/ha·mm/hr를 이용하기도 하며, 이 경우 R값은 MJ 단위로 표시된 R값의 1/10이 된다.

임을 알 수 있다.

1980년대 중반 들어 기존의 USLE의 한계를 극복하기 위한 노력이 미 농무부(USDA) 농업연구국(ARS)에서 Renard 등(1991)을 중심으로 이루어졌다. 그 결과 1992년 말에 개정 범용토양유실 공식(Revised USLE) 1.02판이 처음 보급되었으며, 미 농무부 농업핸드북 #703(USDA 1998)은 특히 1.04판을 중심으로 RUSLE를 자세히 소개하고 있다. 미 농무부에서는 비교적 이용이 간단한 USLE 대신 상대적으로 복잡하지만 더 정교한 RUSLE를 이용할 것을 추천하고 있다. USLE나 RUSLE 공식을 이용하여 추정된 토양유실량은 해당지역에서 강우에 의해 침식되어 하류로 유실되는 토사량으로서, 일종의 초기침식량이다. RUSLE의 기본 골격은 USLE와 같으나 RUSLE는 기존의 USLE에 비해 컴퓨터를 이용하여 계산하기 쉽게 자료를 DB화 하였으며, 특히 C, P값의 계산을 각 단계별 물리과정에 기초하여 세분화하였다. 구체적으로, RUSLE는 각 인자의 추정에서 다음과 같이 개선, 확충되었다(Renard 등, 1994).

R : 미국 서부지역의 더 많은 R값을 제공
K : 흙의 동결과 융해에 의한 침식영향 고려
LS : 골(rill) 침식간의 관계를 고려한 4단계 도표 제공
C : 보름 간격으로 흙과 식생의 변화 고려
P : 경작지 보호대책의 효과를 세분화하여 고려

Israelsen 등(1980)은 도로공사 등 건설공사시 토양유실량을 예측하는데 적용하기 위한 USLE의 교통연구국(Transportation Research Board, TRB) 방법을 제안하였다. 이 방법에서는 작물관리 인자(C)와 토양보전대책 인자(P)를 하나로 묶어 토양침식조절인자(VM)라는 무차원 변수로 만들어 다음과 같이 제시되었다.

$$A = R \times K \times LS \times VM \qquad (5.2)$$

식 (5.1)과 식 (5.2)의 각 인자의 물리적 의미를 구체적으로 설명하면 다음과 같다.

강우침식도(R)

강우침식도 R 인자는 지역별로 상이한 강우강도와 강우지속기간 및 발생빈도를 고려하기 위한 인자로서 정상년 강우의 침식능력을 말한다. USLE는 원래 정상년의 R을 기준으로 토양유실량 A를 추정하도록 개발되었다. 연평균 R 값의 추정은 과거 강우자료를 가지고 각각의 강우사상에 대해 R 값을 산정하여 그 해의 R 값을 구하고 이를 다시 연도에 대해 평균하여 구한다. 국내에서는 정필균 등(1983)이 기상청 산하 51개 관측소의 1960~1980년대 6~21년간의 자료를 이용하여 연평균 $R(10^7\text{J/ha} \cdot \text{mm/hr})$ 값을 산정하였다.

다음 박정환 등(2000)은 R(MJ/ha·mm/hr)값 산정을 위해 전국 53개 지점 관측소의 24년간(1973~1996년) 강우자료를 이용하였다. 30분 강우강도와 일부 강우자료가 없는 기간에 대해서는 적절히 보정하였다. 그 결과를 등강우 침식도로 나타내면 그림 5.2와 같으며, 이는 정필균 등(1983)의 결과(단위 일치를 위해 10배 늘린 값)와 비슷하나 전체적으로 조금 큰 R 값을 보이고 있다. 이 그림과 같이 연평균 강우침식도의 분포는 연평균 강우량 분포와 비슷한 양상을 가지며, 2,000~7,000 정도의 범위에 있다. 강우침식도가 큰 지역은 남해안이며, 반면에 작은 지역은 경북의 내륙지역이다.

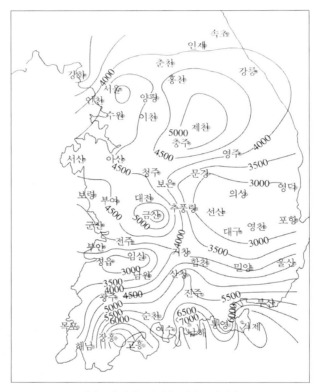

그림 5.2 **한반도의 연평균 등강우 침식도** (박정환 등, 2000)

위와 같은 연평균 R 값은 건설현장에서 단일호우에 의한 토양유실량 추정에 이용하기는 곤란하다. 특히 USLE나 RUSLE를 이용하여 대규모 개발로 인한 가속화된 유역침식을 예측하는 데는 연간 토양유실량보다는 단일호우에 의한 유실량이 필요하다. 더욱이 재해 예방 목적으로 토사유출이 예상되는 곳에 침사지를 설계하는 경우 침사지나 저류지 설계 기준이 되는 특정 재현기간의 설계강우에 의한 R 값의 추정이 필요하다. 실무에서 채택하는 재현기간은 통상 침사지의 설계빈도로 사용되는 30년이며, 지속기간은 24시간이다 (행정안전부, 2019). 단일호우에 대한 강우침식인자는 다음 식을 이용하여 산정할 수 있다.

$$R = \left(\sum_{i=1}^{n} E_i \right) I_{30} \tag{5.3}$$

$$E_i = e_i \cdot \Delta P_i \tag{5.4}$$

$$e_i = 0.029 \left[1 - 0.72 \exp(-0.05 I_i) \right] \tag{5.5}$$

여기서, R 은 단일호우에 대한 강우침식인자(10^7 J/ha·mm/hr), I_{30} 는 설계재현기간의 30분 강우강도(mm/hr), E_i 는 강우지속기간별 강우의 총 에너지(10^7 J/ha), ΔP_i 는 강우 지속기간 구분시 시간간격당 강우증가량(mm), e_i 는 강우지속기간별 강우의 운동에너지 (10^7 J/ha/mm), I_i 는 강우지속기간별 강우강도(mm/hr), n 는 강우지속기간의 구분 수 이다.

토양침식성 인자(K)

토양침식성 인자 K 는 강우에 의한 침식에 대해 토양이 저항하는 능력을 나타내는 척도로서, 토양입자의 분포, 구조, 공극과 공극 크기, 유기물 함량 등에 관계된다. K 값은 주어진 강우침식도 R 과 단위 밭에서 보통의 휴경지 상태에 의한 토양침식량을 측정하여 구한 것이다. 이 값의 범위는 0.1~0.7 tons/acre/R 이며, 표준 단위로는 0.013~0.092(톤/ha/R)이다. K 값은 Wischmeier 등(1971)의 K 값 추정도표, Wischmeier와 Smith(1965), Erickson(1977)의 삼각형 도표와 보정표 등을 이용하여 추정할 수 있다. 여기서 주의할 점은 이러한 도표들은 모두 영미 단위로 되어 있다는 것이다. Foster 등(1981)은 Wischmeier의 K 값 추정도표를 표준단위에 쓸 수 있게 수정하였다.

실트와 극세사의 구성비가 70% 이하의 경우 Wischmeier의 K 값(영미 단위) 추정 방법은 다음과 같은 수식으로 표시할 수 있다.

$$K = \frac{2.1 \times 10^{-4} (12 - OM) M^{1.14} + 3.25 (s - 2) + 2.5 (p - 3)}{100} \tag{5.6}$$

여기서, M 은 (실트와 극세사의 백분율)×(100−점토의 백분율), OM 은 유기물 함량(%), s 는 토양구조 코드(1-4), p 는 투수도 등급(1-6)이다.

점착성 토양종류 및 유기물 함량에 따른 토양침식성 인자 K 값(영미 단위, tons/acre/R)은 표 5.1과 같다.

표 5.1 **토양침식성 인자** K**(tons/acre/**R **)** (Julien, 2018; Schwab 등, 1981)

토양 종류	유기물 함량(%)	
	0.5	2
세사 (Fine sand)	0.16	0.14
극세사 (Very fine sand)	0.42	0.36
양질사토 (Loamy sand)	0.12	0.10
양질극세사 (Loamy very fine sand)	0.44	0.38
사질양토 (Sandy loam)	0.27	0.24
극세사양토 (Very fine sandy loam)	0.47	0.41
미사질양토 (Silt loam)	0.48	0.42
식양토(Clay loam)	0.28	0.25
미사질식양토 (Silty clay loam)	0.37	0.32
미사질식 (Silty clay)	0.25	0.23

지형인자(LS)

USLE에는 두 가지 지형인자가 고려된다. 하나는 배수구역의 길이(L)이며, 다른 하나는 배수구역의 경사(S)이다. 여기서 배수구역이란 비교적 균일한 지형특성을 가진 소규모 유역을 말한다. 따라서 엄격한 의미에서 USLE 공식의 적용은 균일한 지형특성을 가진 비교적 작은 유역, 또는 배수구역에만 적용 가능하다.

　L과 S 인자는 별개로 구분하여 추정하기보다는 보통 LS라는 하나의 인자로 보고 추정한다. Wischmeier와 Smith(1978)는 LS 인자 산정 공식을 제안하였으며, 아래 공식은 표준 단위로 환산된 것이다.

$$LS= \left(\frac{l}{22.1} \right)^m \left(\frac{65.4\,S^2}{S^2+10,000} + \frac{4.6\,S}{\sqrt{S^2+10,000}} + 0.065 \right) \qquad (5.7)$$

여기서, l은 경사 길이(m), S는 경사도(%), m은 경사에 따라 변하는 지수로 $S \langle 1$ %인 경우 0.2, $1\langle S \langle 3$ %인 경우 0.3, $3.5\langle S \langle 4.5$ %인 경우 0.4, $S \rangle 5$ %인 경우 0.5이다. 단일 경사의 균일한 지역이라도 사면의 흐름은 위보다는 아래가 크기 때문에 토양유실량도 위치에 따라 다르게 된다. Wischmeier와 Smith(1978)는 이러한 점을 고려하여 특히 사면이 오목하거나 볼록한, 불규칙한 사면을 비교적 균일한 경사의 등거리 소구역으로 나누어 LS 값을 산정하는 방법을 제안하였다.

작물관리 인자(C)와 토양보전대책 인자(P)

작물관리 인자(C)는 전작, 경작법, 작물 잔류물 처리, 생산성 수준, 그 밖에 특별한 작물 재배법 등 작물의 재배와 수확을 위한 실제 농경지 관리 특성을 나타내는 무차원값이다.

이 인자는 실제 작물관리에 의한 토양침식량과 앞서 K 값을 측정한 단위 밭의 휴경지 상태에서 토양침식량과의 비이다. Wischmeier와 Smith(1965)는 재배작물의 종류, 휴경 형태, 작물산출량, 파종 후 경과월수 등에 따른 적정한 C 값을 제시하였다. 작물관리 인자 C 값에 대한 일반적인 값은 Haan 등(1994) 또는 Julien(2018)을 참고할 수 있다(표 3.3). 그러나 이러한 자료를 국내에 적용하기 위해서는 작물 재배법에 대한 세심한 주의가 필요하다.

표 5.2 **작물관리 인자** C (Julien, 2018; Wischmeier와 Smith, 1978)

식생 및 관목 피복 면적률(%)	최소 2 in. 깊이의 더프(duff) 피복 면적률(%)	인자 값
100~75	100~90	0.0001~0.001
70~45	85~75	0.002~0.004
40~20	70~40	0.003~0.009

식생 및 관목 수관(canopy)	피복율에 따른 인자 값					
	0	20	40	60	80	95+
수관 없음	0.45	0.20~0.24	0.10~0.15	0.042~0.09	0.013~0.043	0.003~0.01
긴 잡초(50 cm)	0.17~0.36	0.10~0.20	0.06~0.13	0.032~0.083	0.011~0.041	0.003~0.011
덤불(2 m)	0.17~0.36	0.14~0.22	0.08~0.14	0.036~0.087	0.012~0.042	0.003~0.011
나무(4 m)	0.17~0.36	0.17~0.23	0.09~0.14	0.039~0.089	0.012~0.042	0.003~0.011

덮개 형태	덮개율(tons/acre)	인자 값
까는 짚	1.0~2.0	0.06~0.20
쇄석	7~240	0.02~0.08
나뭇조각	12~25	0.02~0.05

휴경 형태	인자 값
연속 휴경	1.0
개략적인 휴경	0.30~0.80
작물존치 휴경	0.10~0.50
무경작	0.05~0.25

토양보전대책 인자 P 는 등고선 경작(contouring), 띠 경작(strip-cropping), 테라스 경작(terracing) 등의 토양보전을 위한 대책의 효율성을 나타내는 무차원값이다. 이 값은 단위 밭에서 이러한 방법에 의한 토양유실량과 상하방향으로 단순 골 경작에 의한 토양유실량의 비이다. Wischmeier와 Smith (1965)는 사면경사별 각종 침식조절 대책에 따른 적정한 P 값을 제시하였다. 토양침식조절대책 인자의 대표적인 값은 표 5.3과 같다. 이 자료 역시 국내에 적용하기 위해서는 경작법에 대한 세심한 주의가 필요하다.

표 5.3 **토양보전대책 인자** P (Julien, 2018; Wischmeier와 Smith, 1978)

지표면 경사(%)	등고선 경작	띠 경작	테라스	
			경작	무경작
2~7	0.50	0.25	0.50	0.10
8~12	0.60	0.30	0.60	0.12
13~18	0.80	0.40	0.80	0.16
19~24	0.90	0.45	0.90	0.18

토양침식조절 인자(VM)

식 (5.2)의 토양침식조절 인자 VM 은 USLE 식 (5.1)의 작물관리 인자(C)와 토양보전대책 인자(P)를 결합한 형태이다. 그러나 식 (5.1)은 통상 연평균 토양침식량을 추정하는 반면, 식 (5.2)는 특정호우에 의한 토양침식량을 추정한다. 따라서 작물관리 인자(C)와 토양보전대책 인자(P)는 연간 인자인 반면에 식 (5.2)의 토양침식조절 인자(VM)는 토양유실량을 추정하는 그 시기의 인자이다. 식 (5.2)는 도로건설공사장으로부터 토양침식량을 산정하기 위해 개발된 식이며, 다양한 도로건설현장 조건의 종류에 대한 토양침식조절 인자(VM)는 교통연구국(TRB, 1980)에서 제시한 값들을 참고할 수 있다. 교통연구국(TRB, 1980)에서 제시한 값들 중 국내 공사현장 실정에 맞게 요약한 것이 표 5.4이며, 현재 국내 실무에서는 이보다 더 간략화 하여 VM 값을 사용하고 있다(행정안전부, 2019). VM 값은 대상유역의 식생특성과 침식조절 대책을 대표하는 값으로서, 그 값의 범위가 0에서 1.0 이상까지 매우 넓기 때문에 적정한 값의 선정에 세심한 주의가 필요하다.

표 5.4 **토양침식조절 인자** VM**의 대푯값** (한국수자원학회, 1998)

상 태	인자 값
• 나지(맨흙)	
- 15~20 cm 정도 기계로 새로이 긁은 흙	1.0
- 모든 방향으로 거칠게 바퀴 자국이 난 흙	0.9
- 문지른 것 외에는 교란되지 않은 흙	0.66~1.30
• 씨뿌리기(seeding)	
- 뿌린 후 60일 이전	0.40
- 뿌린 후 60일 이후	0.05
- 1년 후	0.01
• 관목	0.35
• 침식 방지 덮개(mulch) (종류에 따라 다름)	0.01~1.0

USLE의 A 값은 R 값이 1년 평균인 경우 1년 평균유실량을 의미하며, 특정 호우의 R 값인 경우 그 호우에 의한 유실량을 의미한다. 또한 이 공식은 박층침식과 세류침식에 의한 토양유실량 추정에 대해서만 적용이 가능하며, 구곡침식과 하안침식 등이 지배적인 경우 추가적인 침식량 보정이 필요하다.

이 공식은 영미 단위로 개발되었기 때문에 R과 K 값을 SI 단위로 환산하려면 각각 17.0과 0.13을 곱하면 된다. 이 경우 A 값은 표준단위로 나타난다. 즉,

$$R(\text{MJ/ha} \cdot \text{mm/hr}) = 17.0\,\text{R}\,(100\,\text{ft} \cdot \text{tons/acre} \cdot \text{inch/hr}) \qquad (5.8)$$

$$K(\text{톤/ha/R}) = 0.13\,\text{K}\,(\text{tons/acre/R}) \qquad (5.9)$$

$$\therefore A(\text{톤}/ha) = 2.2\text{A}\,(\text{tons/acre}) \qquad (5.10)$$

USLE는 기본적으로 다음과 같은 한계가 있으므로 그 적용에 세심한 주의가 요구된다.

- 이 방법은 길이 300 ft(100 m 정도) 이하, 경사 20% 이하의 자료를 주로 사용하여 만들어졌기 때문에, 긴 사면에 대해서는 적용성이 떨어진다. 다만 20% 이상의 급경사에 대해서도 그 적용성은 유효한 것으로 알려져 있다(Israelsen 등, 1980).
- 이 방법은 기본적으로 배수구역 1 ha 이하의 소규모 농경지에 적용되는 것으로서, 급경사 산림지역, 도시지역, 중대규모 유역의 경우 적절한 보정을 하여야 한다.
- 이 방법은 기본적으로 경험적인 방법으로서, 연평균 등 장기간의 토양유실량을 예측하는 것이 한 두 호우사상과 같은 단기간의 유실량을 예측하는 것보다 신뢰도가 높다.
- 이 방법은 사면의 박층침식이나 세류침식과 같은 비교적 균일침식에 의한 토양 유실량 예측을 위한 것으로서, 대규모 구곡침식이나 하도침식, 또는 중간퇴적과 같은 경우 적절한 보정이 요구된다.

USLE와 RUSLE는 그 특성상 GIS(지리정보시스템)를 이용하여 유역에 적용하기 적합하다. 토양침식량은 유역표면에서 침식된 토사의 총량을 의미한다. 따라서 침식된 토사의 총량은 GIS의 격자 크기가 100 m 미만인 경우에는 해당 유역의 모든 격자에 대한 토양침식량을 합한 총 값으로 결정된다. 그러나 GIS의 격자크기가 이 보다 큰 경우에는 Julien (1979), Julien과 Frenette(1985, 1986, 1987), Julien과 Tanago(1991)가 개발한 보정계수를 사용할 수 있다. 특히, Molnar와 Julien(1998)은 GIS를 이용하여 유역의 USLE 관련 인자를 구하고, 격자크기를 달리하면서 계산결과를 비교하였다. 격자크기는 30×30 m를 기본으로 하여 최대 6×6 km까지 확대한 결과, USLE에 의한 토양유실량은 격자크기가 커질수록 줄어드는 것으로 나타났다. 이러한 과소추정의 주요 요인은 격자크기가 커질수록 사면경사가 작아지기 때문이다. 따라서 USLE를 배수구역 1 ha 이상 되는 곳에 적용하

려면 유역을 1 ha 이하로 나누어 각각 적용하여 합하거나, 적절한 보정계수를 구해 하나로 보고 계산한 결과를 보정하는 것이 바람직하다. 지운 등(2012)은 낙동강 유역 전체에 대해 그리고 Kim과 Julien(2006)은 낙동강 임하댐 유역에 대해 관련 인자를 구하고 강우에 의한 토양유실량을 추정한 바 있다.

예제 5.1

강원도 춘천 지역에 유역면적이 3.5 ha의 지형이 비교적 균일한 관목임야로서, 경사면의 길이는 125 m이며, 평균 경사는 4%이다. 토양은 실트와 극세사 백분율이 50%, 점토의 백분율이 15%, 유기물 함량이 5%이다. 토양구조 코드는 3, 투수도는 4등급이다.

| 풀이 |
춘천 지역의 연평균 R은 그림 3.17에서 약 4,200이며, 이 지역의 토양침식성 K는
$M = (50)(100-15) = 4,250$과 함께 식 (5.6)을 이용하여 다음과 같이 계산한다.

$$K = \frac{2.1 \times 10^{-4}(12-5)4,250^{1.14} + 3.25(3-2) + 2.5(4-3)}{100} = 0.26$$

$$\therefore K = 0.26 \times 0.13 = 0.034 \ [톤/ha/R]$$

이 유역의 지형인자 LS는 식 (5.7)에서

$$LS = \left(\frac{125}{22.1}\right)^{0.4}\left(\frac{65.4(4.0)^2}{4.0^2 + 10,000} + \frac{4.6(4.0)}{\sqrt{4.0^2 + 10,000}} + 0.065\right) = 0.71$$

이 유역의 작물관리 인자(C)와 침식조절 대책 인자(P)의 곱으로서 토양침식조절 인자 VM 값은 표 5.4 에서 관목에 해당하는 0.35를 채택한다.
따라서 식(5.2)에서 토양유실량 $A = 4,200(0.034)(0.71)(0.35) = 35$ [톤/ha]이고, 유역면적 3.5 ha를 고려하면

$$\therefore 35 \times 3.5 = 122.5 \ [톤]$$

유사유출량의 추정

강수량의 크기와 강도는 지표면 침식에 직접 영향을 주며, 동시에 강우량은 그 유역의 자연식생에 영향을 주어 다시 지표면 침식에 영향을 미친다. 따라서 연강수량이 거의 없거나 매우 적은 지역에서는 강우에 의한 토양침식이 없거나 매우 적으나, 강수량이 증가하게 되면 그에 따라 토양침식량이 같이 커진다. 동시에 지표면은 사막에서 초원으로 식생의 번식도가 점차 커진다. 강우량이 어느 정도 커지면 지표면의 토립자를 침식시킬 수 있는 강우 침식도는 커지나 동시에 지표면은 식생으로 덮이게 됨에 따라 지표면의 토양은 빗방울의 운동에너지로부터 보호를 받게 되어 실제 토양침식률은 줄어들 수 있다. 따라서

한 유역의 유사유출량은 그 유역의 강수량에 직접적으로 관련되어 있으며 이러한 강우와 식생효과가 토양침식에 미치는 효과는 그림 5.3(a)에 잘 나타나 있다. 이 그림은 주로 온대에 속하는 미국의 유사유출 자료에 기초한 것으로, 유사유출량은 연강우량 300 mm 정도에서 최대가 되었다 그 이후는 계속 줄어든다.

Langbein과 Schumm(1958)은 유사유출량이 0에서 최대치까지를 사막의 관목지역, 그 다음부터 강우량 750 mm 정도까지를 초원지역, 그 다음은 수목지역으로 구분하였다. 그러나 이 그림은 온대지방의 자료만을 가지고 작성한 것으로 범용성이 적다. Walling과 Kleo(1979)는 열대지방의 자료를 포함한 세계 연강수량과 유사유출량 자료를 비교한 결과 자료 점들이 매우 흩어져서 일반적인 경향을 얻을 수 없음을 보고하였다. 그들은 다시 유역특성이 유사한 자료 점들을 묶어 평균한 결과를 이용하여 그림 5.3(b)와 같은 결과를 얻었다. 이 그림에서 분명한 것은 유사유출량은 연강수량에 대해 하나의 최대치를 가지는 것이 아니라 다수의 최대치를 가진다는 점이다. 즉 이 결과는 Langbein과 Schumm이 보여준 것과 비슷하게 연강수량 400 mm 정도에서 유사유출은 최대가 되었다가 점차 줄어들어 700 mm 정도에서 최소가 된다. 그러나 유사유출량은 다시 늘기 시작하여 1,400 mm 정도에서 최대가 되었다가 다시 줄어든다. 마지막으로 연강수량 2,000 mm 이상부터는 유사유출량이 다시 늘어나는 경향을 보인다. 이러한 결과는 유역의 유사유출량에 연강우량의 크기도 중요하지만 계절적 강수분포 또한 중요한 역할을 하기 때문이다. 즉 식생이 왕성한 계절의 강우보다는 시들어 마를 때 강수량이 유사유출에 더 크게 기여를 한다는 것을 의미한다.

국내의 경우 연강수량은 1,200 mm 수준이므로 그림 5.3(a)의 결과에 의하면 유사유출량은 100~200 톤/km^2/yr 정도이며, 그림 5.3(b)의 결과에 의하면 500 톤/km^2/yr 정도이다. 국내의 유사유출 자료로는 연구사업 목적으로 수집한 비유사량 자료가 있으며 표 5.5와 같다. 이 자료는 유역면적 200~2,000 km^{2}의 산지 유역을 대상으로 하천 유사량 측정과 기존 댐 퇴사량 자료를 수집하여 만든 것으로, 비유사량은 100~500 톤/km^2/yr 정도이다. 이 결과는 앞서 설명한 미국과 세계 비유사량 자료 범위 내에 있다.

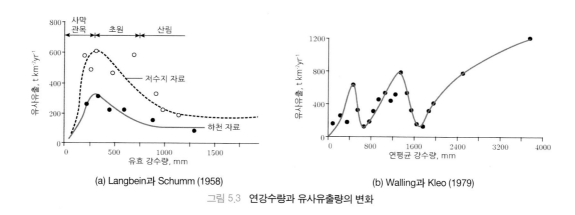

(a) Langbein과 Schumm (1958) (b) Walling과 Kleo (1979)

그림 5.3 연강수량과 유사유출량의 변화

표 5.5 **한국의 유사유출량 자료**(건설부/건설연 1992, p. 226)

구분	지점명	비퇴사량 $(m^3/km^2/yr)$	비유사량 $(톤/km^2/yr)$	유역면적 (km^2)	하천밀도 (km/km^2)	강우침식도 $R(10^7 J/ha)$	식생과 토지이용[1] (%)	토양침식성 $K(톤/J)$	유역기복 (m)	주하상재료
섬강	장현교	-	219	923	0.57	475	14.0	0.26	412	자갈
	화전교	-	136	188	0.52	424	6.1	0.25	460	자갈
내성천	송리원교	-	453	491	0.55	305	15.8	0.26	331	모래
	석포교	-	501	299	0.56	302	14.9	0.25	395	모래
위천	봉황교	-	324	567	0.65	251	14.4	0.22	282	모래[2]
	나호교	-	154	282	0.65	251	16.5	0.20	289	자갈
금강	대소교	-	107	971	0.56	411	13.9	0.25	439	자갈
	외송교	-	103	574	0.57	412	15.3	0.26	453	자갈
댐과 하굿둑	남강댐	357	436	2285	0.57	456	14.6	0.26	491	모래[2]
	안동댐	230	207	1584	0.59	276	4.0	0.22	437	자갈
	섬진강댐	460	414	763	0.59	452	12.0	0.27	301	자갈
	삽교호	279	408	1263	0.42	567	22.4	0.29	147	모래
	아산호	226	326	1369	0.40	559	23.5	0.28	79	모래

주) 1) 식생과 토지이용은 녹지 자연도(환경처, 1991)를 이용으로 상대적으로 매긴 것임
2) 모래와 자갈의 중간 정도임

이러한 유역의 유사유출량 또는 비유사량을 추정하는 방법에는 크게 유량-유사량 곡선과 유량지속곡선 방법 및 저수지 퇴사량과 포착률 방법과 같이 실측자료에 의해 유사유출량을 결정하는 방법과 유역의 토양침식량과 유사전달비에 의해 추정하는 방법, 지역에서 얻은 자료를 회귀분석하여 도출한 경험적 공식을 이용하는 방법, 그리고 확정론적 유사추적 모형을 활용하는 방법 등이 있다. 유사유출은 관련된 변수가 많고 지역성이 강하기 때문에 다른 지역에서 얻은 자료를 이용하여 단순히 회귀시킨 경험공식들에는 적용한계가 있다. 따라서 여기서는 위에서 언급한 유사유출량 결정방법 중 경험공식을 이용하는 방법을 제외한 나머지 방법에 대해서 알아본다. 경험적 방법을 통한 유사유출량 추정에 대한 설명은 하천수리학(우효섭 등, 2015) 10장을 참고한다.

유량-유사량 곡선과 유량지속곡선 방법

유량-유사량 곡선과 유량지속곡선을 이용하여 유사유출을 추정하기 위해서는 하천에서 유사량을 실측하여 유량과 유사량 간의 관계곡선을 만들고 그 하천지점의 장기적인 유량지속곡선(유황곡선)을 도출하는 과정이 필요하다. 유량-유사량 곡선은 한 하천지점에서 유량과 유사량과의 관계를 곡선으로 표시한 것으로, 유사량 곡선이라고도 한다. 한 하천에서 측정한 유사량 자료는 통상 유량-유사량 곡선으로 나타낸다. 이 곡선은 하천의 특정 호우에 의한 유사량은 물론 장기적인 유사유출량 추정에도 중요한 자료이다. 유량-유사

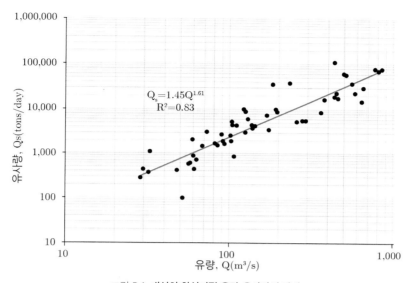

그림 5.4 내성천 향석지점 유량-유사량의 관계

(출처 : 국토해양부, 2011; 국토해양부, 2012; 국토교통부, 2014)

량 곡선은 그림 5.4와 같이 통상 유량을 횡축에, 유사량을 종축에 둔다. 여기서 유사량 대신 유사농도를 이용할 수 있다. 이러한 유량−유사량 곡선은 총유사량에 미립토사에 의한 세류사가 포함되는 정도, 강우강도, 강우 발생시점 또는 호우의 계절적 특성, 유사량 관측시점(홍수의 상승부와 하강부) 등의 이유로 근본적으로 불확실성이 존재한다. 이러한 불확실성은 그림 5.4의 내성천 향석지점 유량−유사량 곡선에서도 알 수 있다. 즉, 동일하거나 유사한 유량 값에 상응하는 유사량 값의 변동성이 크게 나타나는 것은 이러한 유사량 자료의 불확실성 때문이다. 유량−유사량 곡선의 불확실성에 대한 보다 구체적인 설명과 유사량 자료 수집을 위해 고려해야 할 사항들에 대한 설명은 Julien(2010)의 Erosion and Sedimentation 개정판 또는 하천수리학 개정판(우효섭 등, 2015) 제10장을 참고할 수 있다.

하천의 유사유출량을 추정하고자 하는 지점에서 유사량을 실측하여 유사량곡선을 만들 경우 하상토 유사의 실측 유사량에 유사채취기의 형상으로 인해 미측정 되는 수심구간에서의 미측정 유사량을 수정아인슈타인 절차로 보완한 후 하상토 총유사량을 최종적인 유사량 값으로 활용해야 한다. 그림 5.5(a)는 낙동강 지류 내성천 석포교 지점에서 수심적분 채취기로 부유사량을 측정하고 MEP로 총유사량을 산정하여 만든 유사량곡선이다. 다음으로는 기존의 유량자료를 이용하여 유사량 측정지점에서 해당기간의 유량지속곡선을 작성한다. 그림 5.5(b)는 낙동강 지류 내성천 석포교 지점의 유량지속곡선이다. 유량지속곡선의 각 기간별 유량에 해당하는 유사량곡선 상의 유사량을 구해 이를 해당기간으로 곱해 그 기간별 유사유출량을 구한다. 이렇게 구한 유사유출량을 전체 기간에 대해 더해서 그 기간 전체에 해당하는 유사유출량을 구한다. 위에서 구한 유사유출량을 해당 유역면적과 기간으로 나누면 톤/km²/yr로 표시되는 비유사량이 구해진다. 저수지 퇴사 문제에서는 이렇게 구한 무게단위의 유사유출량을 퇴적토 부피로 환산할 필요가 있으며, 이 경우 무게단위로 표시된 유사유출량을 퇴적토 단위중량으로 나누어준다.

유사량곡선과 유량지속곡선을 이용하는 방법에서 중요한 것은 정확한 유사량곡선을 작성하는 것이나 유사량곡선은 앞서 설명한 것과 같이 동일하거나 유사한 유량에 대해 서로 크게 다른 유사량이 산정되는 경우가 가능하기 때문에 이러한 특성을 충분히 고려하지 않으면 부정확해질 수 있다. 이러한 유사량곡선의 불확실성을 보완할 수 있는 방법으로 제안된 것이 단위유사량도와 순간단위유사량도 등이며 이에 대한 설명은 개정 전 하천수리학(우효섭, 2001) 제12장을 참고할 수 있다.

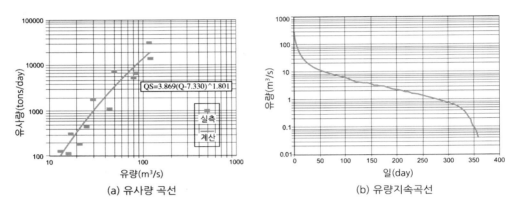

(a) 유사량 곡선　　　　　　　　(b) 유량지속곡선

그림 5.5 **내성천 석포교의 유사량곡선과 유량지속곡선** (건설부/건기연, 1992)

저수지 퇴사량과 포착률 방법

저수지 상류로 유입된 유사의 일부 또는 전부가 포착되는 효율, 즉 저수지 포착률과 저수지 바닥에 쌓인 퇴사량을 알면 역으로 상류유역에서 내려온 유사유출량을 구할 수 있다. 여기서 저수지 포착률(trap efficiency)은 저수지 상류에서 유입하는 유사량에 대한 저수지 바닥에 가라앉는 유사량의 비율(%)이다. 저수지 퇴적량을 $D\,(\mathrm{m}^3)$, 저수지 포착률을 $E_t\,(\%)$, 퇴적토 단위중량을 $W\,(\text{톤/m}^3)$라 하면 저수지 유입부에서 저수지로 유입되는 상류유역의 유사유출량 Y는 다음과 같다.

$$Y = \frac{D \times W}{E_t / 100}$$

(5.11)

정확한 저수지 퇴사 자료와 포착률 자료가 있으면 양호한 유사유출량 자료를 얻을 수 있다. 실제, 기존의 유사유출량 자료는 상당 부분이 위와 같은 저수지 퇴사량 자료에서 역산한 것들이다. 저수지 포착률에 대한 보다 자세한 사항들은 5.2절의 내용을 참고할 수 있다.

토양침식량과 유사전달비 방법

유사전달비(sediment delivery ratio)는 상류 산지 등에서 침식된 토사량에서 유출 지점까지 전달된 유사의 비율을 의미한다. 유사전달비는 토양특성, 하천 및 유역 특성, 기후, 토지이용, 국부적인 환경, 지형 등에 영향을 받는다. 유사전달비 D_r (%)은 유사유출량 Y 와 유역의 토양유실량 T 를 이용하여 다음과 같이 표시된다.

$$D_r = \frac{Y}{T} \times 100 \tag{5.12}$$

따라서 한 하천유역의 토양침식량(토양유실량)과 유사전달비를 알면 그 지점에서 유사유출량이나 비유사량을 추정할 수 있다. 이러한 방법은 산지계곡 하류나 하천에 일반 댐, 사방댐, 침사지 등 유사조절 시설을 계획하거나 설계하는 경우 유용하다. 그러나 상류유역에서 토양침식량은 박층침식과 세류침식뿐만 아니라 구곡침식이나 하도침식 등에 의한 것을 고려하여야 하므로 일반적으로 정확한 토양침식량을 추정하는 자체가 어렵다.

유역의 유사전달비는 일반적으로 유역면적에 반비례하며, 사립자가 클수록 작아진다. 이러한 유사전달비와 유역, 하천, 사립자 특성 등에 관한 경험적 관계식이나 도표 등은 1960년대부터 다양하게 제시되었다. 그림 5.6은 여러 연구자들에 의해 제시된 유역면적과 유사전달비 관계를 보여주고 있다. 이 그림에서 관계직선의 기울기는 개략적으로 -0.12 이다. 따라서 유사전달비 D_r 는 유역면적 A 를 이용하여 다음과 같이 나타낼 수 있다.

$$D_r = aA^{-0.12} \tag{5.13}$$

이 관계를 이용하면 어느 유역의 면적과 유사전달비를 알면 다른 유역의 유사 전달비를 추정할 수 있다.

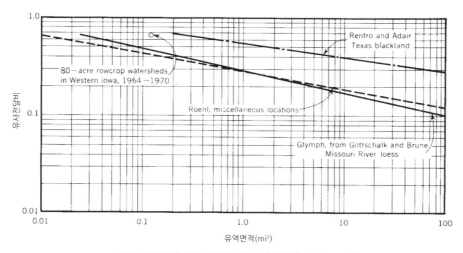

그림 5.6 **유역면적과 유사전달비의 관계** (ASCE, 1975, p.463)

미국 교통연구국(TRB, 1980)에서 침사지 설계 목적으로 다음 그림 5.7과 같이 유역면적과 사립자 크기를 가지고 유사전달비를 추정하는 개략적인 도표를 제시하였다. 이 곡선은 특히 배수면적이 4 km^2 이내의 비교적 작은 곳에 적용할 수 있다. 여기서 실트의 경우 안전 측면에서 점토곡선을 준용할 수 있을 것이다.

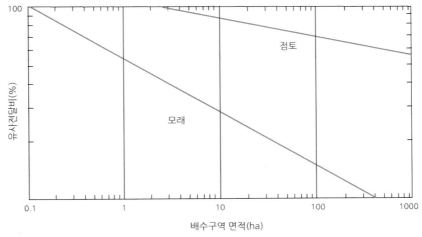

그림 5.7 **모래와 점토에 대한 유역면적과 유사전달비** (TRB, 1980)

예제 5.2

유역면적이 10 ha인 유역의 침식토가 대부분 모래이고 연평균 토양유실량이 150 톤인 경우 미 교통연구국(TRB, 1980)의 자료(그림 5.7)를 이용하여 유사전달비를 구하고 연 유사유출량을 산정하시오.

|풀이|
유역의 침식토가 대부분 모래이므로 그림 5.7에서 유역면적이 10 ha일 때 유사전달비는 약 28%이다. 따라서 식 (5.12)에 대입하면 연 유사유출량은

$$Y = 28 \times 150/100 = 42 \ [\text{톤}]$$

유사추적모형 방법

유역에서 강우에 의한 유출, 고지대 토양 및 하천 침식, 그리고 침식된 토양과 유사의 이송과 퇴적을 모의하는데 사용되는 유역모형은 유역에서 유사유출량을 산정하거나 예측하는데 활용할 수 있는 포괄적이고 유용한 도구이다. 특히 유사추적모형은 유역에서 흐름에 의해 침식, 이송, 퇴적되는 유사의 거동을 공간적, 시간적으로 추적하기 위한 것이며, 유역의 유사유출량 추정은 물론 사립자에 의해 묻어 나가는 비점오염물질의 추적에도 유효하다. 유사추적모형에서 토립자의 이탈은 USLE 등 침식모형으로 모의하고 이탈된 토립자가 흐름에 연행되어 이송되는 과정은 물과 유사의 추적모형을 이용한다.

이러한 유사추적모형에는 그 효시인 Negev(1967)의 모형과 Williams의 단순 유사유출 추정모형(1975)부터 매우 복잡하고 정교한 모형까지 다양하며, 지금도 향상된 유사추적 모형이 지속적으로 개발되고 있는 실정이다. Williams(1975)는 유역면적이 2,600 km^2 이내의 지역에서 호우로 인한 유사유출량을 추정하는 방법으로서 USLE와 유사한 수정된 USLE를 제안하였다. Williams의 단순 유사유출 추정모형 이후 많은 유사추적 모형이 개발되었다. 유사유출량을 추정하는 방법으로 USLE 인자와 호우의 용적과 첨두유량의 항으로 표현된 MUSLE(Modified Universal Soil Loss Equation) (Williams & Berndt 1977)를 이용한 대표적인 모형으로서 미 농무부 농업연구국에서 개발한 물리적 기반의 준분포형 모형인 SWAT(Soil and Water Assessment Tool) (Arnold 등, 1998; Neitsch 등, 2002) 모형이 있다. 이 모형은 복합 토지이용상태 및 토양특성을 갖는 유역에서의 장기간에 걸친 유출, 오염총량, 유사유출량을 예측할 수 있다. SWAT 모형은 국내 유역에 대해 적용된 사례들이 있으며 특히 SWAT 모형을 이용하여 낙동강 유역의 장기 유출에 따른 유사유출량을 분석한 사례연구로 지운 등(2014)을 참고할 수 있다.

대표적인 공공모형으로 Purdue 대학에서 개발한 ANSWERS (Beasley 등, 1980; Park 등, 1982), 미 농무부에서 개발한 CREAMS(Knisel, 1980), AGNPS(Young 등, 1987), Colorado 주립대에서 개발한 CASC2D (Julien과 Saghafian, 1991; Julien 등, 1995) 등이 있다. 이러한 모형들은 이른바 분포형 모형으로서, 비교적 균질의 작은 구역(cell)에서 물, 유사, 비점오염물 등을 적절한 방법으로 예측하여 하류로 추적하게 된다. 한 구역의 유출해석에는 SCS 방법 등을 이용하며, 토양유실은 USLE 등을 이용하고, 물에 녹거나 사립자에 묻어 나오는 비점오염물질도 적절한 경험식을 이용하여 추정한다.

한편, 유럽에서 개발한 유역의 유출과 유사 추적모형으로서 SHE 모형(Abbott 등, 1986a, 1986b)이 있다. 이 모형은 미국에서 개발된 것이 아니기 때문에 격자에서 유출과 토양침식은 미국의 모형들과 기본적으로 다른 방법들을 이용한다. 영국, 프랑스, 덴마크가 공동 참여하여 SHE 모형을 기반으로 MIKE SHE(Refsgaard와 Storm, 1995) 모형을 개발하였다. 이 모형은 모두 연속적인 장기 및 단기 호우사상을 모두 모의할 수 있으며, 표면류는 2차원, 하도와 비포화 흐름은 1차원, 지하대수층의 포화 흐름은 3차원으로 유출, 유사, 수질 매개 변수를 모의하는 분포형 물리기반 모형이다.

TREX 모형은 미국 Colorado 주립대학에서 개발한 CASC2D 모형 기반의 분포형 유역 모형으로 복잡한 유역에서 단기간에 걸친 호우사상을 모의할 수 있으며, 다양한 종류의 입력자료 및 조건에 따른 유역에서의 유출, 토양침식, 유사이송에 대한 시·공간적 변화를 모의 할 수 있다. TREX 모형은 극한호우에 대한 유역의 반응 분석에 매우 용이한 모형으로서, 토양손실이 극심한 지점, 유사 침식과 퇴적이 극심한 지점을 판단하는데 있어 유용하다(Ji 등, 2014). TREX 모형은 소스코드가 공개된 프로그램이며, 이에 대한 이론과 적용방법에 대한 내용은 TREX 사용자 매뉴얼(Velleux 등, 2006)을 참고할 수 있다.

5.2 댐상류 하천변화 - 저수지 퇴사

강우나 바람에 의해 유역에서 생산된 유사는 물의 흐름에 의해 하천으로 운반되며, 댐상류의 저수지에 도달하는 경우 유속이 감소하여 저수지 바닥에 쌓이게 되며, 이를 저수지퇴사라 한다. 댐 건설로 인해 필연적으로 발생할 수밖에 없는 저수지 퇴사 문제는 저수지유효용량을 감소시키고, 저수지 유입부의 홍수위를 상승시키며, 저수지에 유입된 미립토사가 가라앉지 않고 저수지 전체에 부유되거나 밀도류를 형성하여 저수지 수질을 악화(저수지 탁수 문제)시킨다. 전 세계 저수지의 퇴사량을 평가한 결과 저수지 퇴사로 인해 매년저수지 저수용량의 1%가 손실되는 것으로 나타났다(Morris와 Fan, 1998).

저수지로 유입된 유사가 저수지 바닥에 퇴적되는 일반적인 형태는 그림 5.8과 같다. 상류에서 유입되는 유사 중 가장 굵은 조립질 토사가 저수지 유입부에 먼저 쌓이게 되어그림 5.8과 같이 삼각주를 형성한다. 삼각주의 배면경사(topset slope)는 전면경사(foreset slope)에 비해 경사가 작고 길다. 전면경사는 유사의 수중 안식각과 비슷하다. 가는 모래와 미립토사는 저수지내 약한 흐름을 따라 저수지 안으로 계속 유입된다. 댐 가까이 갈수록 흐름은 급속히 약해져 가는 모래는 곧 가라앉아 바닥퇴적토를 이루고, 실트질 이하의 미립토사만 계속 진행하고 점토와 같은 아주 작은 입자는 밀도류를 형성하여댐 가까이까지 이동한다. 댐체에 가까운 밀도류 하상에는 점토와 물이 섞여 콜로이드 상태의 혼합물질이 존재한다.

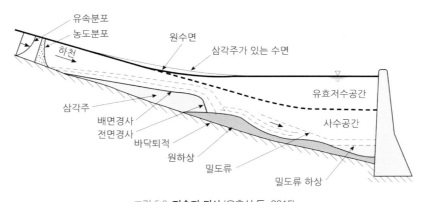

그림 5.8 **저수지 퇴사** (우효섭 등, 2015)

저수지 퇴사형상은 저수지로 유입되는 공급유사와 관련된 다양한 요인들과 저수지내에서 퇴사조건과 관련된 요인에 의해 다르게 나타난다. 유입되는 토사의 특성에 따라 삼각주가 댐체 가까이까지 형성되는 경우도 있다. 특히, 실트나 점토와 같은 아주 미세한 토사가 대부분인 경우 원하상과 거의 유사하게 퇴적되기 때문에 삼각주가 잘 형성되지 않는다. 반면, 자갈이나 호박돌과 같은 조립질 토사의 경우 저수지 유입부에 삼각주를 형성한 후 댐 방향으로 전진하기도 한다.

　세계적으로 퇴사가 많은 것으로 알려진 저수지들은 유사농도가 높은 중국의 황허유역이나 미국의 서부 등에 위치하고 있다. 특히 미국 남서부 리오그란데 강에 있는 Elephant Butte 댐은 유역면적 66,560 km^2, 저수용량 32.6억 m^3, 연평균 유입량 12.3억 m^{3}인데, 퇴사량은 5.1억 m^3, 연평균 퇴사량은 2천만 m^{3}로 매년 약 0.61%씩 용량이 감소하고 있다(Sentürk, 1994, p. 433). 또한 리오그란데 강과 산타페 강의 합류부에 위치하고 있는 Cochiti 댐의 경우 유역면적이 37,800 km^2, 저수용량 616,740천 m^3, 퇴사용량은 129,516천 m^{3}로 1975년에 완공되었으며, 1996년까지 매년 평균 6.6 cm 씩 퇴적고가 상승한 것으로 조사되었다(Wilson과 Van Metre, 2000).

　그림 5.9는 미공병단에서 1976년부터 2005년까지 Cochiti 댐 저수지의 최심하상고 변화를 관측한 결과이다. 중국 황허의 한 지류에서는 댐이 준공되자마자 저수지가 퇴사로 완전히 채워진 사례도 있다. 국내의 다목적댐의 경우 중대형 댐들의 비퇴사량은 200~400 m^3/km^2/yr 정도인 것으로 알려져 있으며, 연평균 퇴사율은 0.03~2% 정도이다. 그러나 유역면적이 50 km^2 이하의 소형 농업용 저수지의 비퇴사량은 이보다 훨씬 큰 100~3,000 m^3/km^2/yr 정도이며 연평균 퇴사율은 1~3% 정도로 알려져 있다(우효섭 등, 2015).

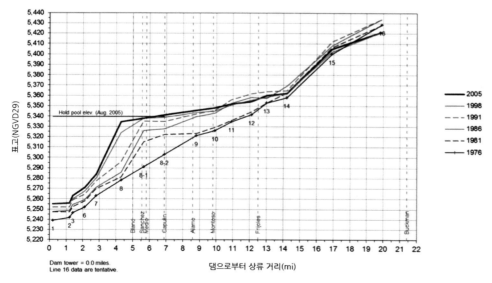

그림 5.9 Cochiti 댐 저수지의 최심하상고 변화(삼각주 형상) 관측 (Davis 등, 2014)

표 5.6 **국내 다목적댐 저수지 퇴사기록**

수계	저수지	비퇴사량	(조사년도)	총퇴사량(백만m³/)	
		(m³/km²/yr)		설계치	조사치
한강	소양강댐	914	(2006)	650	81.5
		930	(1994)		
		1,039	(1983)		
	충주댐	853	(2007)	596	130.5
		1,099	(1996)		
낙동강	안동댐	109	(2008)	248	5.5
		361	(1996)		
		201	(1983)		
	임하댐	680	(1997)	124	5.6
	합천댐	639	(2002)	150	8.3
	남강댐	350	(2004)	9.5	12.5
금강	대청댐	616	(2006)	450	81.4
		114	(1991)		
섬진강	섬진강댐	459	(1983)		
	주암(본)댐	469	(2003)	82	19.0
	주암(조)댐	1,089	(2003)		

출처 : 다목적댐 운영실무편람(한국수자원공사, 2010)

표 5.6은 2010년 다목적댐 운영실무편람(한국수자원공사, 2010)에서 확인할 수 있는 국내 다목적댐의 비퇴사량(109~1,099 m³/km²/yr)이다. 이 표를 보면 국내 댐설계에서 퇴사량은 대부분 과다추정된 것으로 보인다. 다만 낙동강의 남강댐의 경우 총퇴사량의 조사치가 설계치를 초과하는 것으로 나타났다.

저수지 퇴사 형상과 퇴사량에 영향을 미치는 인자는 유입유사량과 관련된 요소와 저수지내에서 퇴사조건에 관련된 요소로 구분된다. 예를 들어, 유역면적, 고도, 평균경사 등의 지형조건과 유역의 지질, 토양 특성과 같은 지질요소, 강우량과 강우강도, 강설량, 기온 등의 수문기상조건은 저수지내에서 유입유사량에 영향을 미치는 요소이다. 또한 나지와 같은 유역 내 유사공급원의 분포정도 및 하도 내 퇴적토사의 분포와 입도구성, 유량, 하상경사 등 유사이송과 관련된 조건뿐만 아니라 도로건설, 택지조성, 삼림벌채 등 토사유출을 증가시키는 인위적인 요소 또한 저수지내에서 유입유사량에 영향을 미치는 요소라고 할 수 있다. 저수지내에서 퇴사조건에 영향을 미치는 요소로는 저수지의 규모와 형태, 저수지의 수리특성, 유입유사의 입도분포, 저수지배사 방식 등이 있다.

저수지 퇴사 형상 및 퇴사량에 영향을 미치는 요소는 매우 다양하며, 요소간의 상호 연관성이 복잡하다. 따라서 퇴사량을 정확히 예측한다는 것은 매우 어려운 문제이기도 하다. 그러나 댐을 설계하고 저수지를 관리하는 측면에서 저수지 퇴사를 적절히 예측하고,

주기적인 퇴사조사를 수행하는 것은 중요하다. 저수지 퇴사량에 관계된 많은 요소들을 퇴사량 예측에 모두 적용하는 것은 불가능하기 때문에 단순화 및 간략화된 방법을 적절히 이용한다. 가장 간단한 방법으로는 상류에서 유입되는 유사 중 댐을 통해 하류로 유출되지 않고 저수지 바닥에 퇴적되는 유사의 비율인 포착률(trap efficiency)을 이용하는 것이다. 앞 절에서 기술한 바와 같이 저수지 유입유사량은 비유사량 추정방법으로 추정하고, 여기에 포착률을 곱해서 비퇴사량을 추정하는 방법이다. 이 방법은 유입유사량을 실측 또는 추정하여 알고 있는 경우에만 적용할 수 있다. 반면, 저수지 퇴사량 실측자료가 있는 경우 이를 이용하여 경험식을 개발하거나 추정방법을 만들어 미측정 저수지의 퇴사량을 추정할 수 있다.

저수지 포착률과 잔류수명

포착률이란 저수지로 유입되는 유사량에 대한 저수지 바닥에 퇴적되는 퇴사량의 비(%)이다. 포착률에 가장 크게 영향을 미치는 인자들은 유입유사의 크기(또는 침강속도), 저수지의 크기와 형태, 저수지내에서 흐름특성 등이다. 대표적인 포착률 추정방법으로는 Churchill(1948)과 Brune(1953)의 포착률 곡선을 들 수 있다.

Churchill(1948)은 침사지나 소형 저수지, 홍수조절 시설, 자주 바닥을 비는 저수지 등을 대상으로 포착률을 조사하였다. 한편 Brune(1953)은 주로 대형 저수지를 중심으로 포착률을 조사하였다. 이들의 조사결과를 한 그림에 같이 표시하면 그림 5.10과 같다. 여기서 Brune 곡선은 조립토사와 미립토사를 구분하여 곡선을 그렸으며, 이 그림에 나와 있는 곡선은 중간곡선이다. 이 그림과 같이 유입량에 대한 저수지 용량비가 0.01을 기준으로 그 이하에서는 Churchill 곡선은 Brune 곡선보다 높은 포착률을 그 이상에서는 반대로 낮은 포착률을 보인다. 소양강댐과 같이 저수량과 유입량의 비가 1.0 이상 되는 대형 저수지의 경우 Brune 곡선은 95% 이상 포착률을 보이는 반면에 Churchill 곡선은 85% 정도를 보인다. 소형 농업용 저수지와 같이 저수량과 유입량 비가 0.1 이하인 소형 저수지들은 Brune 곡선은 85% 정도를, Churchill 곡선은 70% 정도를 보인다. 여기서 Brune은 대형 저수지 자료를, Churchill은 소형 저수지 자료를 이용하였음을 유의할 필요가 있다. Salas와 Shin(1999)은 Brune의 포착률 계산을 위해 다음과 같은 경험식을 제안하였다.

$$E_t = a + b\left(\log\frac{C}{31.536\times10^6 QW}\right)^2 \tag{5.14}$$

여기서, E_t 는 포착률(%), C 는 초기 저수지 저수량(m³), QW 는 연평균 유입유량(m³/s), a 와 b 는 각각 99.508과 −13.547이다.

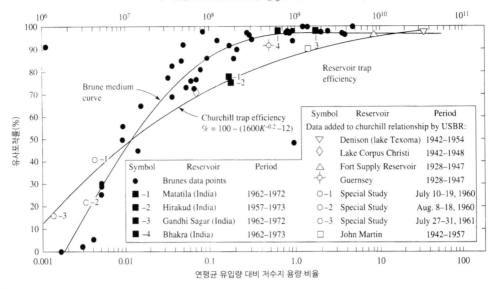

그림 5.10 Churchill(1948)과 Brune(1953)의 저수지 포착률 곡선 (USBR, 1987)

저수지 포착률은 저수지에 퇴사가 진행됨에 따라 줄어든다. 따라서 퇴사진행이 저수지 용량의 1/4을 넘게 되면 포착률은 저수지 잔류수명을 기간별로 나누어 증분하여 추정한다. 여기서 저수지 잔류수명이란 저수지가 퇴사로 완전히 채워지는데 까지 예상되는 시간을 의미한다. 저수지 잔류수명을 기간별로 나누어 증분하여 추정하는 이유는 저수지로 유입되는 연평균 유사량과 퇴적토의 건조단위중량이 기간별로 다른 점을 고려하기 위한 것이다. 일반적으로 퇴적토의 건조단위중량은 시간이 지날수록 증가하는 경향이 있다. 퇴적토 초기 단위중량은 입경분포에 따라 크게 달라지며, 저수지 퇴적토 단위중량에 영향을 주는 것은 퇴적토가 물 위로 노출된 환경이다. 표면이 건조한 퇴적토는 압밀이 더 빨리 진행되며, 이에 따라 단위중량도 커진다(우효섭 등, 2015). 일정 기간이 지난 저수지의 퇴적토 평균 단위중량은 초기 단위중량과 저수지 조작방법, 그리고 퇴적 연수의 함수로 나타낼 수 있다. 저수지 퇴적토의 단위중량을 구하는 경험식들의 상세한 내용은 우효섭 등(2015)의 하천수리학 개정판 제8장을 참고할 수 있다. 이처럼 저수지의 저수용량과 연평균 유입유사량, 유사 입도분포, 저수지 포착률, 퇴적토 건조단위중량에 대한 정보가 있는 경우 저수지의 잔류수명에 대한 계산이 가능하다(Julien, 2010). 저수지의 잔류수명은 저수지의 경제적 유효성에 기초한 평균기간을 의미하며, 예측정확도는 연평균 유입유사량 추정에 좌우된다.

저수지의 잔류수명이 짧게 추정되거나 연평균 유사유출량이 상대적으로 큰 유역의 경우에는 극한사상에 대한 분석이 중요할 수 있다. 하나 또는 여러 극한 홍수사상에 의해 잔류수명 내에 저수지가 퇴사로 완전히 채워지는 지를 파악할 필요가 있다. 예를 들어,

5년 내에 발생 가능한 극한홍수의 위험성과 저수지 잔류수명에 미치는 영향 등을 고려해야 할 것이다. 최근 기후변화로 인한 이상홍수 및 극한홍수가 이전보다 자주 발생하는 경우 이러한 수리수문 변화가 저수지 퇴사에 미치는 영향을 검토할 필요가 있다. 기후변화로 인한 1,000년 빈도 이상의 홍수사상이 발생했을 경우 저수지 저수용량과 운영에 미치는 저수지 퇴사의 영향을 검토하는 것이 필요하다. 또한 저수지 유역 내 유사공급을 증대시키는 토지이용 및 인위적인 변화가 발생한 경우에도 유입유사량의 변화에 따른 저수지의 잔류수명 변화를 지속적으로 분석해야 한다.

예제 5.3

저수용량(R_{vol})이 13.8 km^3 저수지로 유입되는 연평균 유사량(Q_s)이 182×10^6 톤/yr인 경우 저수지의 잔류수명(T_R)을 개략적으로 예측하시오. 유입되는 유사량은 모두 건조단위중량(W)이 1.494 톤/m^{3}인 모래라고 가정하시오.

| 풀이 |

저수지 잔류수명을 기간별로 나누어 증분하여 추정하는 것이 원칙이나, 잔류수명 기간 동안 유입유사량과 건조단위중량의 변화가 없다고 가정한다. 그리고 저수지 조작 또한 없고 유입되는 유사는 모두 저수지에 퇴적된다고 가정(저수지 포착률, $E_t = 100\%$)하면 다음과 같이 잔류수명을 개략적으로 예측할 수 있다.

$$T_R = \frac{R_{vol} \times W}{E_t/100 \times Q_s} = \frac{13.8 \times 10^9 \times 1.494}{1 \times 182 \times 10^6} \approx 113년$$

따라서 이 저수지의 잔류수명은 약 113년이다.

저수지 퇴사량과 비퇴사량

댐을 계획하고 설계하거나 관리할 경우 상류에서 유입되는 유사량을 알면 그림 5.11을 이용하여 저수지 포착률을 추정하여 유입유사량을 곱해 저수지에 퇴적되는 퇴사량을 추정할 수 있다. 여기서 일정기간 동안 상류하천에서 저수지로 유입하는 유사량을 Y(톤), 저수지 포착률을 E_t(%), 퇴적토 단위중량을 W(톤/m^3)라 하면 저수지 퇴사량의 부피 D (m^3)는 다음과 같다.

$$D = \frac{Y \times E_t/100}{W} \tag{5.15}$$

이 식은 저수지로 유입되는 상류유역의 유사유출량을 구하는 식 (5.12)를 저수지 퇴사량에 대해 다시 나타낸 것이다. 퇴적토 단위중량은 퇴적토의 입경분포와 저수지 조작방법 등에 따라 달라지며 가능한 실측을 통해 추정한다.

저수지 비퇴사량은 유역의 비유사량과 비슷한 개념으로 저수지 상류 단위 유역당 단위 기간당 퇴사량으로, 일정기간중의 저수지 퇴사량을 상류 유역면적과 기간으로 나누어 결정된다. 비퇴사량의 단위는 비유사량과 달리 부피단위를 이용하며, 보통 $m^3/km^2/yr$로 쓴다. 사실상 저수지 퇴사조사 측면에서는 유역의 비유사량이나 저수지 포착률보다는 비퇴사량 자료가 필요하다. 저수지 상류유역의 비유사량 Y_r (톤/km^2/yr)을 이용하여 저수지의 비퇴사량 D_r ($m^3/km^2/yr$)을 구하려면 다음과 같은 식을 이용할 수 있다.

$$D_r = \frac{Y_r \times E_t/100}{W}$$ (5.16)

위와 같은 비퇴사량 자료는 저수지 계획이나 설계 측면에서 직접 활용되기 때문에 일본이나 한국에서는 비유사량보다는 비퇴사량 추정에 관심을 두고 있다. 일본과 한국에서 개발된 저수지 비퇴사량 추정 공식은 모두 저수지 실측자료를 이용한 경험적 방법으로, 건설부/건설연 자료(1992)에 잘 요약되어 있다.

예제 5.4

어느 저수지에서 30년 동안 퇴적된 토사량이 18×10^6 m^3이며, 퇴적토의 평균 단위중량이 1.2 톤/m^3이다. 저수지의 포착률이 50%라고 가정할 경우 저수지 상류유역의 비유사량을 추정하시오. 상류유역의 면적은 1,000 km^3이다.

| 풀이 |
저수지의 연평균 퇴사량은

$$18 \times 10^6/30 = 6 \times 10^5 \text{ [m3/yr]}$$

상류유역의 연평균 유사유출량은 식 (5.15)에서

$$Y = \frac{60,000 \times 1.2}{50/100} = 144,000 \text{ [톤/yr]}$$

따라서 비유사량은 $144,000/1,000 = 144$ [톤/km^2/yr]

일본에서 개발되어 이용되는 저수지 비퇴사량 추정방법들은 1) 인근 저수지 퇴사 자료를 이용한 방법, 2) 퇴사자료의 통계처리에 의한 경험적 방법, 3) 추계적 개념에 의한 방법, 4) 도표식 방법 등으로 나눌 수 있다(ダムの技術センタ, 1987). 인근 저수지 퇴사자료를 이용하는 방법은 계획 댐 인근에 퇴사자료가 있는 경우 그것을 적절히 보정하여 이용하는 것이다. 자료보정시 대상저수지와 유역의 규모, 형상, 퇴사 기간, 수문 특성 등을 고려한다.

통계적 방법은 저수지 퇴사에 영향을 주는 인자를 결정하고 기존 퇴사자료를 이용하여 통계처리하여 경험적으로 결정하는 것으로, 퇴사량 추정방법의 주류를 이룬다. 통계적 방법 중 하나인 에사끼(江埼, 1966) 방법에서는 저수지 퇴사량에 영향을 미치는 인자로서 홍수량, 하상경사, 유역 내 경사지 크기 등이 고려된다. 에사끼는 일본에서 저수량 백만 m³ 이상의 저수지 40개를 선택하여 관련자료를 통계처리하여 퇴사량에 관한 경험공식을 제안하였다. 그 후 에사끼(江埼, 1977)는 상류 유입하천의 수를 고려하여 그의 공식을 일부 수정하여 제안하였으며, 그 결과 원 공식보다 적합도가 향상된 것으로 알려졌다. 단일 유입하천의 경우 그의 수정공식은 다음과 같다.

$$D = 0.94\,IS + 1.33\,I\frac{A_d}{A} \tag{5.17}$$

위 식에서 D 는 퇴사량(m³), I 는 일평균 유입유량(m³/s)과 저수지 유입부 하천의 평균 경사(S)의 곱이 1 이상 되는 유입량의 퇴사기간 동안 누적된 부피(m³), A_d 는 1 : 50,000 지형도에서 구한 상류유역의 경사지 면적(km²), A 는 유역면적(km²)이다. 두 개 이상의 하천이 저수지로 유입하는 경우 유입하천의 개수 n 을 고려하여 다음과 같이 표시된다.

$$D = 0.94\left(\sum_{i=1}^{n} I_i S_i\right) + 1.33\left(\sum_{i=1}^{n} I_i \frac{A_d}{A}\right) \tag{5.18}$$

추계적 방법은 장기간에 걸친 저수지 퇴사 현상이 연속적이기보다는 불연속에 가까우며, 호우에 의한 경사면 붕괴나 토석류 등의 우발적인 이상 현상이 지배적이라고 보는 것이다. 이러한 경사면붕괴나 토석류는 일 강우량 100 mm와 같은 일정규모 이상의 강우량에 의해 발생하므로 먼저 일정규모 이상의 강우량과 유사유출량과의 관계를 구한다. 다음, 그 강우량에 대한 연 초과확률을 구한 후 이들을 이용하여 연평균 유사유출량과 퇴사량의 기대치를 구할 수 있다.

도표식 방법은 저수지 퇴사량은 지역별로 상이하므로, 이를 지역별 지형, 지질, 유역면적, 하천경사 등 특성인자와 관련시켜 특성별 비퇴사량 범위를 도표로 제시하는 것이다. 이러한 도표식 방법에 의하면, 일본의 비퇴사량은 50~1,200 m³/km²/yr 범위에 걸쳐 있다.

국내에서 비퇴사량 공식은 1978년부터 국내 자료를 가지고 경험적으로 개발되어 소개되었다. 이러한 공식들은 모두 통계적 방법에 의한 경험공식으로, 개발에 이용된 자료도 모두 소규모 농업용 저수지 자료이다. 국내문헌에 처음 소개된 경험식에 의하면(윤용남 1981), 퇴사량 $D_r\,(m^3)$ 은

$$D_r = 1334\,A^{-0.2} E_t^{\,6.2668} \tag{5.19}$$

위 식에서 A 는 유역면적(km²)이며, E_t 는 저수지 포착률에 관련된 계수로서 초기 저수용량 C (ha · m)를 이용하여 다음 공식으로 계산할 수 있다.

$$E_t = \left[1 - \frac{1}{1 + 2.1(C/A)} \right] \qquad (5.20)$$

위 공식은 국내의 113개 관개용 저수지 퇴사자료를 이용하여 다중회귀분석하여 얻어진 것이다.

다음 소개할 만한 경험공식으로 서승덕 등(1988)은 유역면적이 200 ha 이상 되는 국내의 122개 농업용 저수지 퇴사 자료를 이용하여 지역별, 저수지 제방표고별 경험식을 제안하였다. 식의 기본형은 다음과 같다.

$$D_r = a A^b L_p^c L^d \qquad (5.21)$$

위 식에서 L_p 는 유역경계의 총 연장(km), L 은 유로연장(km), a, b, c, d 는 지역별, 표고별 회귀계수이다.

국내 비유사량 추정연구의 일환으로 건설부/건기연(1992)은 100개의 국내 농업용 저수지 퇴사자료를 이용하여 다음과 같은 비퇴사량 공식을 제안하였다.

$$D_r = 196 A^{-1.163} C^{0.301} \qquad (5.22)$$

위 식에서 C 는 저수지 초기 저수용량(m^3)이다. 위 식에서 알 수 있듯이 비퇴사량은 비유사량과 마찬가지로 일반적으로 유역면적에 반비례하고 초기저수량에 비례함을 알 수 있다.

식 (5.22)의 개발에 이용된 퇴사자료는 국내 농업용 저수지 퇴사자료를 망라한 것으로, 비유사량 연구 보고서(건설부/건기연, 1992)의 부록에 수록되어 있다. 이들 자료의 특성을 보면 저수지들은 1920년대부터 1970년대에 건설된 것들이며, 경과연수는 최소 10년 미만부터 최대 65년까지이다. 유역면적은 2~53 km^{2}이며, 만수면적 10~300 ha, 저수량 5만~7백만 m^3, 연평균 유입량 1백만~5천만 m^3, 비퇴사량 100~3,000 m^3/km^2/yr, 저수지 포착률 30~95%, 퇴적토 단위중량 1.3 톤/m^3 정도이다. 저수지 포착률과 퇴적토 단위중량을 이용하여 역추정한 비유사량은 200~5,000 톤/km^2/yr이다. 따라서 소규모 농업용 저수지들은 중대형 저수지들에 비해 비퇴사량이나 비유사량의 변화범위가 대단히 크다.

저수지 퇴사 모델링

저수지 퇴사를 모델링하는 방법으로는 실험적 방법, 해석적 방법, 수치모형을 이용한 방법 등이 있다. 실험적 방법과 해석적 방법을 활용한 저수지 퇴사 모델링은 주로 1960년대와 1970년대에 행해졌으며, 최근에는 주로 수치모형을 이용한 방법이 활용된다.

하천의 하상변동이나 저수지 퇴사를 모델링하기 위해서는 해석적 방법이든 수치모형을 이용한 방법이든 기본 지배방정식으로 흐름에 대해서는 연속방정식, 운동량방정식, 흐름 저항공식이 필요하며, 유사에 대해서는 연속방정식과 유사이송공식이 요구된다. 유사의 연속방정식은 하상형상을 계산하기 위한 지배방정식이기도 하다. 즉, 물에 의해 이송되는 유사입자가 침강하여 하상재료가 되고 반대로 하상재료가 흐름에 의해 부유되어 유사로 되는 과정에서 검사체적 내의 전체 유사량 보존을 나타내는 식을 의미한다. 일반적으로 3장에서 소개한 식 (3.5) 또는 식 (3.8)의 Exner 방정식이 하상변동을 계산하기 위한 지배방정식이며, 포착률을 변수로 포함하여 나타내면 다음과 같다.

$$\frac{\partial z}{\partial t} = -\frac{E_t}{(1-P_0)}\left(\frac{\partial q_t}{\partial x}\right) \tag{5.23}$$

여기서, z는 하상고, x는 하류방향 거리, P_0는 공극률, q_t는 단위 폭당 총유사량이다.

유사의 연속방정식에 의하면 하류방향으로 갈수록 유사이송능력이 감소하고, 따라서 총유사량의 일부는 하상에 퇴적된다. 저수지에서도 이러한 이유로 삼각주의 퇴사 형상이 나타나게 된다. 유사 연속방정식으로부터 하상형상을 계산하기 위한 식 (5.23)과 유사입도분포에 따른 포착률과 침강속도 및 수리조건 사이의 관계식 유도는 Morris와 Fan(1998) 및 Julien(2010)의 문헌을 참고할 수 있다.

저수지 퇴사 모델링을 위한 지배방정식은 하상변동의 모의과정과 거의 유사하다. 저수지 퇴사의 퇴적과정과 침식과정을 이론식으로 나타낼 때는 유사가 소류사, 부유사, 세류사 중 지배적인 형태가 무엇인가에 따라 지배방정식이 다르게 된다. 그러나 수치모형에 적용되는 기본식은 퇴적과 침식 과정 모두 같고 단지 경계조건만이 다르게 적용된다. 시간에 따른 흐름의 변화와 유사 입경분포의 변화 그리고 침식에서 나타나는 물길의 발생여부 등에 따라 수치모형 내에서 적용되는 기본방정식의 차이는 발생할 수 있다.

저수지의 장기퇴사는 주로 1차원 수치모형을 이용하여 예측할 수 있다. 댐 구조물 근처의 상세한 침식과 퇴적 형상을 분석하기 위해서는 하상변동모형과 마찬가지로 2차원/3차원 모형이 필요하다. 하천과 저수지에서의 유사 이송과 퇴적을 모의할 수 있는 대표적인 일차원 모형은 앞서 4장에서도 소개한 미공병단의 HEC-RAS 모형이다. 당초 HEC-6라는 이름으로 HEC에서 개발되었고(Thomas와 Prashun, 1977), 이후 HEC-RAS 모형에 통합되었다. HEC-RAS(USACE, 2011; Gibson 등, 2006)의 유사이송 모듈은 장기 하상변동을 모의하도록 설계된 1차원 이동상 개수로 흐름 모형이다. 1차원 유사이송모형은 저수지 시나리오에서 효과적일 수 있지만, 1차원모형에 내재된 몇 가지 한계가 있다(Davis 등, 2014). 예를 들어, 사행하도의 발달을 모의하거나 횡단면 전체에 걸친 유사량의 측면분포를 계산할 수는 없다. 하지만 HEC-RAS 공개버전에서는 단일 횡단면에 걸친 복합적인 이동상 하상의 제한 및 횡방향 하도의 이동에 대한 모의가 가능하도록 개발되고 있다. 저수지 퇴사 모의 또한 하상변동 모의와 같이 어떤 유사이송공식을 선택했는지, 그리고 선택한 유사이송공식은 어떠한 수리조건과 대표입경 또는 유사입도분포 조건에서 개발되었는지에 따라 모의결과가 크게 좌우된다. 저수지 퇴사 및 하상변동모형에서는 경험이 풍부한 사용자가 이러한 한계를 고려하여 모의결과를 평가하는 것이 중요하다. HEC-RAS 외에도 하천과 저수지의 퇴사과정을 모의하고 예측하기 위해 개발된 미 개척국(USBR)의 GSTARS, 덴마크 DHI의 MIKE11, 영국 HR Wallingford의 RESSASS 등의 모형이 있다.

그림 5.11은 그림 5.9에서 소개한 미국의 리오그란데 강에 있는 Cochiti 댐 상류의 저수지 및 하천 구간에서 대해 Davis 등(2014)이 장기 유사이송과 퇴사형상을 HEC-RAS로 모의한 결과이다. Cochiti 댐 완공 후 상류의 저수지에서 1975년부터 2005년까지 지형변화를 측량한 자료를 저수지 퇴사모의에 활용하였다. 1975년부터 1998년의 23년 동안의 측량자료는 HEC-RAS 모형을 보정하는데 활용하였으며, 보정된 모형을 이용하여 1998년부터 2005년까지의 검증을 수행하였다. 최종 검증결과는 그림 5.11에서 확인할 수 있듯이 하류방향으로 삼각주 형태의 하상형상이 실제 측량자료와 매우 유사하게 모의되었다.

반면, 댐이나 배사 구조물 주변의 저수지 지형변화를 모의하는 데는 2차원모의가 필요하다. 저수지 퇴사를 모의할 수 있는 대표적인 2차원 수치모형으로는 미국 미시시피 대학교의 CCHE에서 개발한 CCHE2D, DHI의 MIKE21C, SMS 2차원 동수역학 모형의 RMA-2와 SED2D 등이 있다(Chaudhary 등, 2019; Basson, 2007; EMRL, 2000; 김기철 등, 2014). 국내에서도 RMA-2와 SED2D 모형을 사용하여 김기철 등(2014)이 합천댐 저수지의 76년 장기 퇴사분포를 예측하였으며, 이원호와 김진극(2008)이 운문댐 저수지에 대해 퇴사량 예측을 하였다.

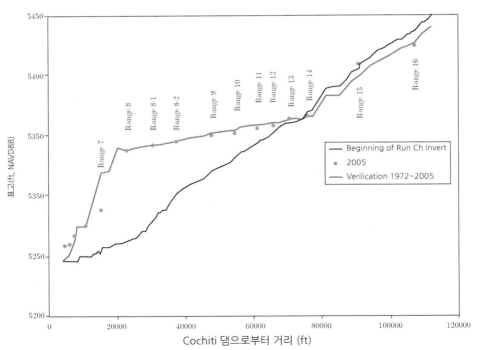

그림 5.11 보정된 HEC-RAS 모형을 이용한 1975년부터 2005년까지의
Cochiti 댐 상류 저수지 퇴사모의 결과 및 2005년 측정 하상과의 비교 (Davis 등, 2014)

저수지 밀도류

밀도류는 밀도가 다른 유체집단이 중력에 의해 이동하는 현상이다. 저수지 밀도류는 흐름이 매우 약한 저수지 상류에서 고농도의 미립토사 흐름이 유입하는 경우 유입한 물-유사 혼합물의 밀도가 주변 물의 밀도보다 커져 중력에 의해 하류로 흐르는 현상이며, 흔히 탁류(turbidity current)라고 한다.

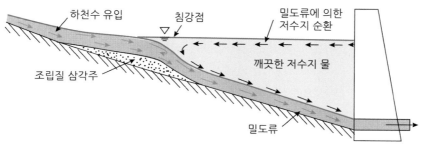

그림 5.12 **저수지 밀도류의 형성(표수층)**

　저수지에서 발생하는 밀도류의 일반적인 형태를 표현하면 그림 5.12와 같다. 이 그림과 같이 상류에서 유입한 유사흐름은 델타를 지나 저수지 내로 흘러들어 간다. 이 때 침강점(plunge point)가 발생하는데 그 위치는 보통 댐 방향에서 거슬러 오는 역류에 의한 수면 부유물이 집중되는 것으로 알 수 있다. 델타를 지난 밀도류는 저수지 바닥을 따라 하류로 계속 진행하여 댐체까지 와서 점토 등 미립토사는 침전된다. 저수지 바닥에서 하류로 흐르는 밀도류는 수면에서 상류방향으로 역류를 형성하게 된다. 그러나 이러한 밀도류와 역류는 통상 매우 미미한 흐름으로 쉽게 감지되지 않는다. 유사의 농도에 따라 그리고 온도에 따라 물-유사 혼합물의 밀도는 조금씩 다르기 때문에 상류에서 유입되는 혼합물의 온도와 저수지에 담수되어 있는 물의 온도차가 큰 경우 그림 5.5와 같은 형태를 보인다. 이는 가장 일반적인 저수지 밀도류 형태이며, 표수층(epilimnion) 형태는 수온약층(thermocline) 또는 심수층(hypolimnion)의 형태를 보이기도 한다. 일반적으로 유입되는 혼합물의 유사농도가 5,000 mg/l 이상의 고농도일 경우 온도차에 의해 발생하는 밀도류 차이는 크지 않다.
　밀도류의 유사는 이동 중에 쉽게 침전되지 않는 크기 20 μm (0.02 mm) 이하의 실트와 점토로 되어 있다. 이러한 작은 사립자의 침강속도는 Stokes의 법칙에 의하면 약 0.03 cm/s 이하이며, 따라서 유속 3 cm/s인 흐름의 1% 정도 난류 성분만 있으면 이 같은 사립자를 부유시킬 수 있다. 이러한 미립토사는 저수지 상류하도보다는 유역에서 세류사의 형태로 유입한다. 밀도류의 구성입자는 매우 작기 때문에 밀도류 전체 유사농도는 균일한 편이다.
　저수지 밀도류, 즉 탁류를 구성하고 있는 실트와 점토 유사는 모래와 달리 저수지 유입부에 퇴적되지 않고 바닥을 따라 탁류층을 이루면서 하류의 댐체까지 와서 퇴적되기 때문에 댐체 출구를 통해 저수지 바깥으로 방출시킬 수 있다(그림 5.12). 특히 밀도류는 저수지 바닥에 집중되어 고농도의 실트와 점토가 이동하기 때문에 이러한 특성을 이용하여 저수지에 담수되어 있는 저류량의 손실을 최소화하면서 저수지 퇴사관리를 수행할 수 있다. 이러한 밀도류 배출방법을 저수지 퇴사 저감방법으로 활용하고자 할 경우 상류에서 유입하는 밀도류는 반드시 댐체까지 이동하게 하여 댐하류로 방류한다. 따라서 이를 위해서는 밀도류의 이동속도(유속), 두께, 유사이송량, 이동 중 밀도류와 위층 물과의 경계면 혼합에 의한 미립토사 이송의 감소 정도, 댐체까지 이동 중 밀도류의 안정성 등의 검토자료가 필요하다. 이와 같은 정보를 도출하는 데는 다음과 같은 저수지 밀도류 수리학의 내용이 기본이 된다. 다음에서 설명할 저수지 밀도류 수리학은 Ippen과 Harleman(1952), Julien(2010), 우효섭 등(2015)의 문헌에서 일부내용을 참고하여 정리한 것이다.

저수지 밀도류는 기본적으로 유체의 밀도만 달리하는 개수로 흐름이다. 우선 탁류의 밀도(ρ_s)와 주변 물의 밀도(ρ) 차($\Delta\rho$), 또는 단위중량의 차($\Delta\gamma$), 그리고 유사의 부피농도(C_v)의 관계를 식으로 나타내면 다음과 같다.

$$\frac{\Delta\rho}{\rho} = \frac{\Delta\gamma}{\gamma} = C_v(G-1) = 10^{-6}\frac{(G-1)}{G}C_{mg/l} \tag{5.24}$$

여기서, γ는 주변 물의 단위 중량, G는 유사입자의 단위 중량과 물의 단위 중량의 비(보통 2.65), $C_{mg/l}$는 mg/l로 표시되는 유사농도이다.

그림 5.12의 침강점 수심을 h_p, 유속을 V_p라고 했을 때 침강점에서의 밀도 프루드 수($Fr_p = V_p/\sqrt{gh_p\Delta\rho/\rho}$)는 대략 0.5에서 0.78 사이이다. 침강점에서 수심(h_p)은 단위 폭당 유량(q)으로부터 $h_p = (\rho q^2/Fr_p^2 g\Delta\rho)^{1/3}$로 계산할 수 있다.

밀도류의 유속 V_d는 탁류의 밀도와 주변 물의 밀도와의 차를 이용하여 다음과 같이 유도된다(Ippen & Harleman, 1952).

$$V_d = \sqrt{\frac{8(\Delta\rho/\rho)gh_dS_o}{f_d(1+\alpha_d)}} \tag{5.25}$$

여기서, f_d는 Darcy-Weisbach의 밀도 마찰계수, h_d는 밀도류 수심, S_o는 바닥경사, α_d는 밀도류 경계면에서 소류력과 바닥의 소류력의 비이다. 밀도류 단위 폭당 유량은 $q_d = V_d h_d$이며, 상대적으로 밀도류의 유사농도가 균일할 경우 단위 폭당 부피유사량은 $q_s = C_v q_d$가 된다. 밀도 레이놀즈 수를 $Re_d = V_d h_d/\nu$로 정의하면, $Re_d < 1,000$ 범위의 층류에서 유속 V_d는 다음과 같다.

$$V_d = \frac{Re_d^{1/2}}{2.7}\sqrt{(\Delta\rho/\rho)gh_dS_o} \tag{5.26}$$

$Re_d > 1,000$인 난류에 대해서 유속은 해석적으로 구하지 못하고 실험에 의존한다. 이 경우 $f_d \simeq 0.01$, $\alpha \simeq 0.5$ 정도로 알려져 있다.

밀도류가 난류가 되면 물과 밀도류의 경계면 간에 난류변동성분에 의해 유사가 확산되므로 밀도류는 위로 흩어지게 된다. 유속이 매우 작은 층류밀도류는 물과의 경계면이 확연히 구분되고 안정되어 있다. 그러나 두 층간의 유속차가 커지면 경계면은 파가 형성되며, 유속차가 더욱 커지면 파는 점차 분쇄되어 유사의 혼합이 시작된다. Keulegan(1949)은 밀도 프루드 수($Fr_d = V_d / \sqrt{gh_d \Delta\rho/\rho}$)와 밀도 레이놀즈 수($Re_d = V_d h_d / \nu$)를 이용하여 밀도류의 안정지표($\Omega$)를 다음과 같이 정의하였다.

$$\Omega = \left(\frac{1}{Fr_d^2 Re_d} \right)^{1/3} \tag{5.27}$$

여기서 밀도류가 불안정해지는 한계 안정지표 Ω_c는 층류의 경우 $\Omega_c = 1/Re_d^{1/3}$이며, 이는 한계수심($Fr_d = 1$)에 해당한다. 난류의 경우 실험에 의해 $\Omega_c = 0.18$이다. 따라서 $\Omega > \Omega_c$이면 난류확산이 일어나 밀도류는 불안정하고, $\Omega < \Omega_c$이면 안정해진다.

저수지 퇴사 제어

저수지에 대한 수요가 증가하는 반면 신규댐 건설의 실현가능성과 경제적 타당성이 높은 적지를 찾기 힘들어지면서 기존 저수지의 저수용량 손실은 수자원의 지속가능한 이용을 위협하는 요인이 되었다(Anandale, 2013). 또한 저수지 퇴사를 제어하는 문제는 저수용량을 최대화하는 문제와 함께 저수지 퇴적물이 댐하류로 이동하지 못함으로써 나타나는 댐 하류하천의 지형변화와 생태환경 유지문제와도 밀접한 연관이 있다. 대부분의 댐에서 유사가 저수지에 쌓이는 것은 피할 수 없는 문제이지만 다양한 조건에 적용할 수 있는 입증된 퇴사제어기술을 적절히 활용한다면 저수용량을 효과적으로 유지하면서 유사가 댐이나 저수지를 통과하도록 설계할 수도 있다. 그러나 아직까지 이러한 복합적인 저수지 퇴사제어방법이 댐 개발자와 운영자에게 충분히 전파되지 않았거나, 그 제어방법의 효과성을 입증하지 못한 이유로 잘 적용되지 않고 있다. 따라서 앞으로는 저수지기능을 유지하면서도 유사차단으로 인한 댐하류 영향을 최소화할 수 있는 댐과 저수지 설계 및 관리방법과 기준이 필요할 것이다.

저수지 퇴사를 제어하고 퇴적량을 최소화하는 것은 곧 저수지 저수용량을 최대한으로 확보하는 것이다. 저수지 퇴사 문제는 유역의 지형, 지질적 요인이나 기상수문 요인의 영향을 크게 받으면서 동시에 댐 운영이나 저수지 조절상태 등에 의해서도 영향을 받기 때문에 저수지 퇴사 대책에는 일관된 표준방법이 정해져 있지 않으며 댐과 저수지 조건에 맞는 개별적인 대책이 적용되어야 한다.

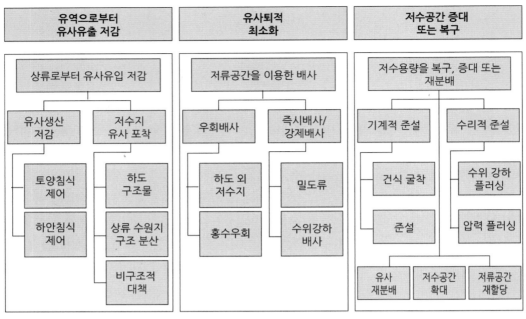

그림 5.13 **저수지 저수용량을 지속적으로 보전하기 위한 유사제어방법의 분류** (Kondolf 등, 2014)

저수지 퇴사 제어방법을 구분하고 설명하는 용어는 문헌에 따라 조금씩 다르지만 기본적으로는 저수지 퇴사 대책은 크게 저수지 상류로부터 유입되는 유사량을 최소화 하는 방법, 유사가 저수지를 통과하거나 주변으로 이동하게 함으로써 저수지내에 가라앉는 유사량을 최소화하는 방법, 그리고 이미 저수지내에 퇴적된 유사를 제거하기 위한 방법으로 구분할 수 있다(그림 5.13). 첫 번째 방법은 상류에서 전달되는 유사량을 줄이는 것으로서, 댐 하류하천으로 유사가 전달되는 목적이 배제된 저수용량 확보만을 위한 방법이라고 할 수 있다. 두 번째와 세 번째 방법은 저수지 용량을 유지하면서 하류에 유사공급차단 문제를 해결할 수 있는 방법들이다.

저수지로 유입되는 유사의 퇴적을 최소화하기 위한 대표적인 방법으로 댐상류부에 저사(貯砂) 댐을 설치하여 상류하천에서 내려오는 유사 중 입자크기와 중량이 큰 소류사를 저사댐 내에 침강시켜 포착하는 방법이 있다. 저사댐을 이용한 상류 소류사 포착 방법 외에 홍수시 저수지로 유입되는 흐름을 우회시키는 우회배사(sediment bypassing) 방법과 홍수시 유입유사를 여수로나 방류수로로 바로 배사하는 즉시배사(sediment sluicing) 방법이 있다. 또한 이미 저수지내 퇴적된 유사를 제거하는 방식으로 댐 배사문을 통해 퇴사를 강제로 배사하는 강제배사(sediment flushing) 방법과 저수지내 퇴적된 토사를 굴착 또는 준설에 의해 인공적으로 반출하는 방법이 있다. 앞서 언급한 바와 같이 저수지 퇴사 제어를 위해 한 가지 방법을 채택할 수도 있으나, 저수지의 퇴사 및 주변 여건에 따라 여러 방법을 혼합하는 경우도 있다. 여기서 다루지 않는 저수지 퇴사 대책에 대한 추가적인 내용은 Kondolf 등(2014), Morris와 Fan(1998), UNESCO(1985), ICOLD(1989) 등의 자료를 참고할 수 있다. 또한 Basson 등(1997)의 문헌에는 저수지 퇴사 저감시설에 대한 실제 운영사례 및 저수지 퇴사의 효율적인 관리를 위한 방안들을 소개하고 있다.

저사댐을 이용한 상류 소류사 포착

저수지 상류로부터 유입되는 유사량을 최소화 하는 방법 중 대표적인 것은 댐 상류부에 저사댐을 설치하여 상류하천으로부터 유입되는 유사 중 입자크기와 중량이 큰 소류사를 저사댐 내에 침강시켜 포착하는 방법이다. 상류에서 유입되는 유출토사를 저류하고 조절한다는 측면에서 저사댐은 체크댐 또는 사방댐의 한 종류라고 할 수 있다. 저수지로의 유입토사 방지를 위해 저사를 주목적으로 하는 경우에 저사댐이라고 지칭한다. 저사댐의 경우에는 상류 측이 완만하면서 상류하천 폭이 넓어 주머니 형태를 갖는 지형일 경우 효과적이다. 저사댐 내에 퇴적된 소류사는 기계적 준설이나 배사설비에 의해 제거된다. 다음에서 설명하게 될 우회배사 방법을 적용하여 저사댐에 퇴적된 토사를 유수의 힘을 이용하여 하류하도에 배출할 수도 있다.

저사댐 계획은 저수지 운영에 문제가 없는 조건에서 수립되어야 하며, 저사댐 설치시 예측되는 퇴사로 인한 저사댐 상류 하도구간의 홍수위 상승 및 배수위 영향으로 인한 문제가 없어야 한다. 홍수위 상승 또는 지하수위 상승으로 인해 내수피해와 토사재해가 발생할 수 있기 때문에 계획홍수위와 상시만수위 범위를 고려하여 저사댐의 위치와 규모를 결정하여야 한다. 저사댐 내에 퇴적된 토사의 준설과 처리 등도 함께 계획해야 한다.

저사댐은 하류댐 운영시 수위가 상시만수위 이하로 운영되기 때문에 수중에 잠기지 않고 항상 노출되어 있다. 따라서 필요에 따라 폭포나 폭기에 의한 수질정화 효과를 기대할 수도 있으며, 오탁물의 침전 등 부수적 효과를 볼 수 있다. 또한 유목이나 쓰레기 등을 제거하는데도 유용하게 활용할 수 있다. 그러나 저사댐을 설치하여 저수지 퇴사를 해결하고자 할 경우 비용이 상당히 많이 든다. 주기적인 퇴사 준설 및 굴착, 유목이나 쓰레기 제거 등 추가적인 관리가 필요한 것도 고려해야 할 점이다.

우회배사

우회배사는 저수지 상류단에 하천수의 흐름을 나누는 시설을 설치하여 유입된 토사를 유수와 함께 저수지를 우회시켜 하류에 유하하는 방법이다. 우회배사 방식은 배사기구의 성능이나 입지조건에 따른 공사비의 문제가 발생할 수 있으나 저수지 퇴사 저감과 함께 댐 하류로 일부 유사를 이동시킬 수 있는 효과가 있다. 경우에 따라서는 토사유출이 자연하천의 상태에 가깝게 운영될 수도 있다. 따라서 댐 하류부의 유사결핍현상으로 인한 하상저하를 억제할 수 있다. 장기적인 관점에서 퇴사에 의한 저수기능의 저하문제나 유지관리를 위한 준설 및 굴삭 등을 고려하면, 우회배사 방법이 경제적인 타당성을 가질 수 있으며 동시에 유사관련 환경을 자연에 가깝게 한다는 취지에서도 효과적일 수 있다.

표 5.7 **일본과 스위스의 우회배사터널 특징**(Kondolf 등, 2014)

댐 이름	국가	건설 연도	터널형상	규모 (BxH) (m)	길이 (m)	경사도 (%)	설계 유량 (m^3s^{-1})	설계 유속 (ms^{-1})	연간 운영빈도 (days/yr)
Nunobiki	일본	1908	Archway	2.9 × 2.9	258	1.3	39	7	—
Asahi	일본	1998	Archway	3.8 × 3.8	2,350	2.9	140	12	13
Miwa	일본	2004	Horseshoe	2r = 7.8	4,300	1	300	10	2~3
Matsukawa	일본	2015	Archway	5.2 × 5.2	1,417	4	200	15	—
Koshibu	일본	2016	Horseshoe	2r = 7.9	3,982	2	370	9	—
Egshi	스위스	1976	Circular	R = 2.8	360	2.6	74	10	10
Palagnedra	스위스	1974	Circular	2r = 6.2	1,800	2	110	13	2~5
Pfaffensprung	스위스	1922	Horseshoe	A = 21 m^2	280	3	220	14	ca. 200
Rempen	스위스	1983	Horseshoe	3.5 × 3.3	450	4	80	12	1~5
Runcahez	스위스	1961	Archway	3.8 × 4.5	572	1.4	110	9	4
Solis	스위스	2012	Archway	4.4 × 4.68	968	1.8	170	11	1~10

우회배사는 저수지의 운영에 따른 수위저하와도 관련이 있기 때문에 운영규칙을 고려하면서 적절히 적용되어야 한다. 특히 고농도의 유사를 하류로 우회할 경우 하류생태계에 미치는 영향이 크므로 사전 조사와 분석을 통해 우회배사 방법을 적용해야 한다.

우회배사 방법은 유사이송이 주로 홍수시에 발생하기 때문에 지형조건이 적합한 장소가 아니라면 우회를 위한 수로가 대규모가 되는 경우 기술적, 비용적 어려움과 고가의 유지관리비용 문제가 발생할 수 있다. 이상적인 조건은 우회수로나 우회관의 길이를 최소화하면서 중력을 이용한 흐름발생을 극대화 할 수 있는 조건이다. 때로는 유사이송에 의해 우회관이 마모되는 문제와 적절한 수문조작이 같이 고려되어야 하는 문제가 있다. 따라서 수로터널 길이가 짧고, 하도가 급경사이며, 우회배사시 본 댐에 저수용량의 확보가 수월한 곳이나 소규모 댐에 설치하는 것이 바람직하다.

표 5.7을 참고하면 우회터널을 이용한 우회배사 방법을 가장 잘 활용하고 있는 나라는 일본과 스위스이다(Vischer 등, 1997; Auel 등, 2010). 일본에서 가장 오래된 우회터널은 1900년 고베시 인근의 Nunobiki 댐에 있으며, 댐 완공 후 8년 만에 설치되었다. 일본의 Miwa 댐과 Asahi 댐은 댐의 하류로 대부분의 유사를 이송시킬 수 있는 직선터널을 설치하기에 하상경사가 충분한 조건이었다(Sumi 등, 2004; Suzuki, 2009; Sumi 등, 2012). Miwa 댐의 경우 중력식 콘크리트 댐으로 저수용량이 약 3,000만 m^3으로 설계되어 1959년에 건설되었으며, 그동안 2,000만 m^3에 해당하는 저수지 퇴사가 발생하였다. 저수지 수명을 연장하기 위해 저수지 상류 끝에 4.3 km 길이의 우회배사 터널과 분류위어를 2005년에 건설하였다. 체크댐에서는 상대적으로 입자가 큰 소류사를 포착하고 분파제를 통해 고농도의 부유사를 배사터널로 우회시킨다. 상대적으로 유사가 많이 이송되는 홍수 초기와 상승기에는 우회터널을 통해 하류로 물을 흘려보내며, 홍수 하강기에는 우회터널을 폐쇄하고 저수지에 맑은 물이 저장되도록 하였다(그림 5.14). 배사효과는 홍수의 규모

와 운영시기에 따라 차이가 있지만 최근까지 이러한 Miwa 댐의 우회배사 시스템은 성공적으로 운영되고 있으며, 이러한 시스템이 개시된 후 7년 동안 하류생태계에 어떠한 영향도 감지되지 않았다(Sumi 등, 2012).

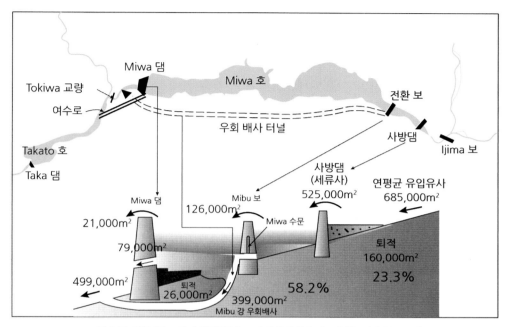

그림 5.14 **일본 Mibu 강에 위치한 Miwa 댐의 우회배사 시스템** (Kondolf 등, 2014)

즉시배사

즉시배사는 홍수 시 저수지내로 유입하는 부유사를 댐의 여수로나 방수로를 통해 배사하는 방법이다. 즉시배사 방법이 다음에서 설명할 강제배사와 다른 점은 퇴적된 유사를 제거하기 위한 목적이 아닌 유사의 저수지내 포착을 최소화하고 유사가 계속 하류로 운반되도록 한다는 것이다. 저수지내에 퇴적된 비점착성 토사는 일단 퇴적되어 압밀되면 세척이 어렵다. 따라서 토사퇴적을 억제하려면 저수지로 유입하는 부유사가 퇴적하기 전에 부유상태로 댐 하류로 방류하는 것이 바람직하다.

즉시배사는 홍수기 동안 저수위를 유지하는 운영방법을 적용한다(그림 5.15). 저수위의 유속조건에서도 많은 양의 흐름을 배출하기 위해서는 댐에 상대적으로 큰 용량의 배출구가 필요하다. 즉시배사를 위한 배출구나 배사구는 댐의 낮은 위치에 설치될 필요는 없다. 즉시배사 방법은 대부분의 모든 크기의 저수지에 적용될 수 있다. 즉시배사를 위해 수문과 같은 배출구나 배사구를 개방하는 기간은 유역의 크기와 홍수사상의 발생시간 규모에 따라 달라진다. 홍수가 빠르게 상승하는 비교적 작은 규모의 유역에 건설된 댐의 경우 저수지는 몇 시간에 한정되어 수문을 개방할 수도 있다. 또한 저수지의 저수용량이 작은 경우 배사효과를 극대화하기 위해 전 홍수기간 내내 저수지의 수위를 낮게 유지할 수 있다. 비교적 큰 하천의 저수지에서는 홍수가 시작되는 시점부터 몇 주 동안 저수위를 유지하고 홍수가 끝나는 시기에 물을 채우는 방법을 채택할 수 있다. 일반적으로는 홍수위가 상승하는 기간에 유사의 농도가 홍수위 하강기 때보다 크기 때문에 저수지 운영 시 최대한 늦게 배사문을 조작하는 것이 바람직하다. 퇴사방류 시 하류지역에 영향이 발생하므로 이에 대한 검토를 수행해야 한다.

중국의 삼협댐은 즉시배사 방법을 적용한 잘 알려진 사례 중 하나이다. 그림 5.16과 같이 홍수기간에 장기간 수위를 저하시킴으로써 유속을 최대화하고 댐 하류로 유입되는 유사뿐만 아니라 이미 퇴적된 유사의 일부까지를 이송시키도록 운영한다. 홍수기간 후기에 다시 담수를 하여 비홍수기에도 물을 방류할 수 있도록 한다. 즉시배사 방법은 "흙탕물은 배출하고 맑은 물은 저장한다."는 중국의 저수지 퇴사 전략에 효과적인 방법이다(Wang과 Hu, 2009).

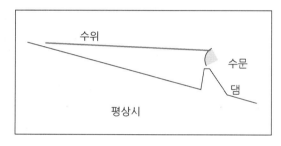
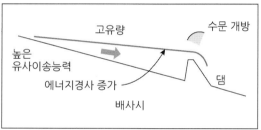

그림 5.15 **즉시배사 방법의 운영원리**

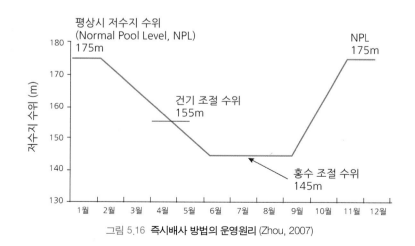

그림 5.16 **즉시배사 방법의 운영원리** (Zhou, 2007)

강제배사

저수지의 퇴사저감 시설로는 배사문을 이용한 즉시배사와 강제배사 운영사례가 가장 많다. 즉시배사의 경우 저수지 유사침전을 저감하는 방법으로 저수지 조작에 의해 고농도의 유사흐름을 하류로 방류하는 방법인 반면, 강제배사는 이미 퇴적된 저수지내 퇴사를 강한 흐름을 이용하여 댐 하류로 씻어내는 방법이다(그림 5.17). 또한 즉시배사가 홍수기에 주로 수행되는 반면 강제배사는 비홍수기에 배사구를 통해 퇴사를 댐 하류로 내보낸다.

그림 5.17 **강제배사 방법의 원리** (Kondolf 등, 2014)

강제배사 방법은 저수지에 담수되어 있는 저류량의 손실이 불가피하다. 강제배사 방법의 성공적 사례는 연평균 저수지로 유입되는 물의 유입량 대비 저수지 저장용량의 비가 0.04(4%)보다 적은 경우가 대부분인 것으로 조사되었다(Sumi, 2008). 이는 저수지 규모가 클수록 수위를 쉽게 저하시키기 어렵기 때문이다. 강제배사를 위한 배사구는 댐의 낮은 곳에 위치하며 저수지가 좁고 수위저하를 쉽게 할 수 있는 경우에 유용하다. 배사를 위한 배사문은 댐지점에서 5년 빈도 홍수량을 기준으로 설계하는 것을 추천하고 있다 (ICOLD, 1999; 안재현 등, 2006; Basson, 2007).

강제배사 방법은 전 세계적으로 일본의 Unazuki 댐과 Dashidaira 댐(Kokubo 등, 1997; Liu 등, 2004; Sumi와 Kanazawa, 2006), 중국의 Sanmenxia 댐(Wan, 1986; Wang 등, 2005), 코스타리카의 Cachi 댐(Jansson과 Erlingsson, 2000), 프랑스 론 강의 Génissiat 댐(Thareau 등, 2006) 등에서 성공적으로 적용되고 있는 방법이다. 미국의 Missouri 강에 위치한 Gavins Point 댐의 경우 대중의 수용성과 비용적 측면에서 강제배사 방법이 유일한 저수지 퇴사관리 방법으로 추천되었다(Kondolf 등, 2014). 국내에서는 아직까지 강제배사 방법이 저수지 퇴사 문제를 해결하는 방법으로 활용되고 있지 않으나, 최근에 낙동강 하굿둑의 퇴사문제를 해결하기 위해 기계적 준설 방법을 대체할 방법으로 강제배사가 검토된 바 있다(Ji 등, 2011; Ji, 2006). 또한 비교적 최근에 계획되고 있는 댐의 경우 설계단계에서 저수지 저수용량의 지속적인 확보와 저수지 퇴사 문제해결을 위해 댐에 배사구를 설치하는 방안이 검토되고 있다(장은경 등, 2011; 지운 등, 2009).

다른 저수지 퇴사 제어방법과 마찬가지로 강제배사 방법만으로 저수지 퇴사의 모든 문제를 해결할 수는 없다. 강제배사를 효과적으로 적용할 수 있는 저수지의 폭의 한계뿐만 아니라 강제배사를 위한 제한적인 수리조건에 의해 적용이 불가능할 수 있다. 따라서 강제배사는 주로 가는 입자의 퇴사를 제거하는데 효과적이며, 큰 홍수에 의해 저수지로 유입되는 굵은 입자의 퇴사들은 강제배사에 의해 제거되지 않고 여전히 저수지에 쌓이게 된다.

강제배사에 의해 하류로 이송되는 퇴사의 양이 많을 경우 하류하천의 통수능에 문제를 발생시킬 수 있고 하류하천 생태계 또는 환경에도 상당한 영향을 미칠 수 있다. 특히 강제배사는 비홍수기에 수행되고 하류하천의 하상에 퇴사가 남아 있는 경우 더욱 그러하다. 생태적으로 중요한 웅덩이에 모래나 자갈이 채워지고 가는 입자의 유사가 자갈하상에 퇴적되어 쌓이는 경우 하천수와 지하수 사이의 혼합대 흐름(hyporheic flow) 교환에 문제가 발생하여 물고기 알을 질식시키고, 수생 무척추동물과 어류 등의 서식처로 사용되는 자갈 사이 공극이 막히는 문제가 발생할 수 있다. 강제배사에 의해 저수지로부터 배출되는 퇴사의 양이 상대적으로 적은 경우에도 이와 같은 문제들은 발생할 수 있다.

저수지 준설

준설은 저수지 퇴사 처리방법으로 보편적으로 이용되고 있는 방법이다. 특히 오염된 퇴사를 처리하기 위해 대부분 준설방법을 활용한다. 저수지에서 저류용량 확보와 퇴적된 유사를 제거하기 위해 적용되는 준설작업은 준설하고자 하는 위치, 하상토 및 퇴적토 입자 크기, 퇴적된 형태 및 수심 등에 따라 그 적용성이 결정된다. 준설은 비용이 많이 들기 때문에 댐 취수구 근처의 특정지역의 침전물을 제거하는데 많이 사용되고 있다(Kondolf 등, 2014). 저수지 퇴사를 준설하는 방법에는 여러 가지가 있으나 주로 수리적 준설과 기계적 준설 두 가지로 분류된다.

수리적 준설은 물의 흐름 및 유속 등을 활용하여 유사를 이동시키는 방법이며, 기계적 준설은 하상면의 퇴사를 직접 기계나 관을 이용하여 제거하는 방법이다. 특히, 수리적 준설은 가는 모래에서부터 자갈까지 다양한 분포의 크기를 가지는 퇴적토에 대해서 매우 효과적이다. 국내의 경우 낙동강 하굿둑의 상류수로에서 하굿둑 준공이후 연간 약 665,000 m³에 해당되는 퇴사를 커터를 이용한 펌프준설공법을 이용하여 준설하였다(Ji 등, 2011). 즉, 커터로 연질토를 교란시키고 이를 대형 펌프로 흡입하여 배사관을 통해 원하는 적치장까지 이송하여 적치하는 공법이다. 이러한 펌프준설공법 이외에 수리적 준설방법 중 펌프나 배사관 등이 필요 없는 사이폰 준설방법이 있다. 이는 저수지 수면의 수두차를 이용하여 저수지 하류로 유사를 이동시키는 방법이다. 이 방법은 중국의 여러 저수지에서 작은 규모의 사이폰 준설이 활용되고 있다(Morris와 Fan, 1998). 그러나 이러한 방법들은 수두차를 확보해야 하는 조건과 저수지에서 수위를 낮추어야 하는 몇 가지 제한적인 사항들을 고려해야 한다.

기계적 준설은 주로 개방형 또는 폐쇄형 버켓을 이용하여 퇴사를 제거하는 방법이다. 기계적인 준설방법은 일반적인 수리적 준설방법보다 비용이 적게 들지만 퇴적토 제거를 위해 저수지의 물을 충분히 비워야 하기 때문에 홍수조절댐 저수지 등에서 비홍수시에 적용된다. 기계적 준설 방법은 수리적 준설 방법과 비교했을 때 적은 양의 물을 포함하는 퇴사를 제거하는 반면에 준설되는 양은 상대적으로 적다. 따라서 입자크기가 상대적으로 큰 자갈 이상의 퇴사를 제거하는데 효과적이다. 따라서 앞서 서술한 저사댐을 이용한 상류 소류사 포착방법에서 저사댐에 퇴적된 소류사를 제거하는 방법으로 기계적 준설방법이 적용될 수 있다.

준설에 의한 저수지 퇴사제거 방법은 어떤 대책보다 손쉽게 그 효과를 볼 수 있다. 퇴사의 입경이 적당한 경우 골재자원으로도 활용할 수 있는 장점이 있다. 또한 최근 준설 방법과 기계 등의 신기술 발전에 따라 무공해 준설과 같은 방법을 적용하여 오염된 퇴사를 제거하기도 한다. 그러나 퇴사가 다량의 실트를 포함하고 있는 경우 골재자원으로서 활용도가 떨어지고 준설토사의 처리가 곤란해진다. 또한 대형 기계를 필요로 하기 때문에 채산성이 없는 경우 적절한 저수지 퇴사 제거방법이 될 수 없다. 준설토사의 수송에 따른 도로나 주변 환경문제 또한 준설방법을 적용하는데 검토해야 할 사항이다.

저수지 퇴사 조사

저수지 저수용량의 효율적 관리 및 적절한 퇴사제어 방법을 적용하기 위해서는 주기적인 저수지 퇴사 조사를 수행해야 한다. 저수지 퇴사 조사는 기본적으로 저수지 퇴사량 산정과 퇴적토 조사를 의미한다. 저수지 퇴사량 조사는 수심측량으로 저수지 내용적을 산정하고 과거 내용적과 비교하여 그동안 퇴적된 유사의 공간적 분포를 조사하는 것이다. 저수지 퇴사량 조사를 통해 새로운 표고–저수량–수면적 곡선을 작성한다. 퇴적토 조사는 저수지 퇴적토를 채취하여 입경분포와 단위중량 등을 파악하는 것이다.

이러한 저수지 퇴사 조사는 저수지관리에서 기본적인 사항 중 하나이다. 대부분의 중대형 저수지들은 10년 주기로 퇴사조사를 하여 퇴사에 의한 저수지 효용성의 변화를 모니터링 하고 필요시 대책을 세운다. 그러나 기록적인 홍수가 지나간 후에는 바로 저수지 퇴사 조사를 할 필요가 있다. 국내에서 저수지 퇴사 조사는 댐관리의 일환으로 대형댐을 위주로 주기적으로 행해지고 있다. 여기에는 다목적댐, 발전댐, 대형 관개용댐 등을 포함한다. 그러나 다수를 차지하고 있는 중소형 관개용댐들에 대해서는 사실상 정기적인 퇴사조사가 행해지지 않고 있기 때문에 실제 가용한 저수용량이나 수위별 용량분포를 알 수 없다.

저수지 퇴사 자료는 전적으로 저수지측량을 통해서 가능하다. 저수지측량은 처음에는 긴 막대기를 이용하거나 납추를 실에 매달아 물속으로 내려서 수심을 재는 원시적인 방법부터 시작하였다. 최근에는 전자기술의 발전을 통해 '소나'를 장착한 배에서 연속적인 수심측량이 가능하게 되었다. 선박에 장착하여 수중에서 음파가 지형이나 물체에 부딪쳐서 되돌아오는 시간, 즉 음파속도를 이용하여 수심측정을 목적으로 제작된 장비를 음향측심기라고 한다. 보통 물밑 수심을 주목적으로 측정하는 장비를 에코사운더라고 하며, 어떠한 음역대를 이용하느냐에 따라 그 명칭이 다르지만 기본적으로 원리는 같다. 최근에는 소나(sonar) 또는 수중초음파 촬영장치와 무인 원격조종보트 또는 수중 드론을 이용하여 유인선박이 접근하기 어려운 협소한 지형이나 얕은 수심지역에도 보다 용이하고 정확한 수중 지형자료를 취득할 수 있게 되었다.

저수지 퇴사 측량에 이용되는 거리-방위 측량법은 육지에서 한 각을 측정하고 동시에 거리를 측정하여 배의 좌표를 측정하는 것이다. 특히 자동화된 거리-방위 측정장치는 동시에 수심(z)과 배의 좌표(x, y)를 읽어서 저장함으로써 수많은 자료를 쉽게 처리할 수 있게 하였다. 또한 자료수집시스템을 통제하는 소프트웨어에 따라 완전한 저수지 측량을 미리 프로그램화하여 배 항해사에게 운항정보를 마련해줄 수 있게 되었다. 이러한 방법들은 모두 이른바 '가시선' 방법으로, 배와 저수지 연안의 기준점들 간에 시야가 트여야만 운영이 가능하다. 특히 거리-방위 기술이 이용되기 전까지는 이러한 가시선 방법들은 매우 노동 집약적인 기술로서 시간과 노력의 소모가 크다. 다행히 '거리-방위' 기술의 보급으로 하루에 20,000~30,000개 정도의 좌표점들을 처리할 수 있게 됨으로써 측량 효율을 증가시켰다.

1980년대 들어 미국에서 군사용으로 이용되었던 GPS가 민간에게 개방되면서 GPS를 이용한 좌표측량이 보급되었다. 이에 따라 저수지 퇴사 조사도 이러한 GPS와 기존의 수심측량 방법을 결합함으로써 기존의 가시선 방법을 대체하기 시작하였다(Schall과 Fisher, 1996; 우효섭, 1999). 또한 GPS 기술은 하천에서 하상변동 측량에도 이용되고 있다. 이러한 신기술의 장점은 기존의 기술에서 지상측량으로 보트의 위치를 지속적으로 재는 것을 인공위성에 의한 좌표측량으로 대신할 수 있다는 점이다. GPS를 이용한 저수지측량 방법은 기존의 측선방법에 비해 우선 측선과 말뚝이 불필요하므로 말뚝의 유지·관리나 측량시 위치확인 노력이 불필요해진다. 특히 숲, 지형 등에 의한 가시선의 제한이 있는 경우 발생하는 측량효율의 저하문제가 없어진다. 따라서 측량오차의 획기적인 향상을 기대할 수 있다. 또한 측선을 따라가는 보트의 위치를 육지에서 확인할 필요가 없어지므로 육상측량 노력이 불필요해진다. 마지막으로 DTM(수치지형모형)의 이용은 측량자료 처리와 분석을 신속하고 정확하게 해주는 장점이 있다.

저수지 퇴적토의 시료채취는 퇴적토 단위중량과 입경분포를 알기 위해 수행한다. 퇴적토 시료채취시 중요한 것은 시료가 교란되지 않도록 채취하는 것이다. 저수지 퇴적토 시료채취 방법을 결정하는 요소는 저수지 수심과 퇴적토 두께이다. 대형 저수지의 경우 중력식과 피스톤식 시료채취 방법이 있다(ASCE, 1975, p. 369). 중력식은 기다란 관으로 된 무거운 채취기를 배나 부선에서 자유 낙하시켜 채취기가 퇴적토에 깊숙이 박히게 되면 전동 권양기를 이용하여 회수하여 관속의 시료를 채취하게 된다. 이러한 방법으로 수심

30 m까지, 점토성 퇴적토의 경우 두께 3 m까지 시료채취가 가능하다. 피스톤식은 시료채취관을 저수지 바닥에 놓고 타설하여 강제로 인입시키는 방법으로 대형 저수지에서 시료를 깊숙이 채취하는 데 이용된다. 이 방법은 대형 부선에서만 가능하다. 퇴사가 물 위에 노출된 경우 하천에서 하상토 채취용으로 수동으로 조작하는 BMH-53 등을 이용하여 시료를 채취할 수 있다. 또는 직경 10~15 cm 정도의 PVC관을 이용하여 간단히 채취할 수 있다. 퇴적토의 단위중량만을 알기 위해서는 시료채취를 하지 않고도 감마 탐침과 같은 방사선 물질을 이용할 수 있다.

5.3 댐하류 하천변화

댐은 하천에서 물질과 에너지의 종방향 연속성을 교란시킨다. 여기에는 흐름, 유사이송, 생물 등이 대상이 된다. 전 5.2절에서 설명한 바와 같이, 하천수가 저수지로 유입될 때 하폭과 수심이 증가하여 흐름의 이송능력이 크게 감소한다. 이에 따라 댐 상류 저수지 유입부에서 삼각주가 발달하고 하상고가 상승하며, 그에 따라 하상경사는 감소한다(그림 5.18).

댐 건설에 의하여 하류하천에 미치는 영향은 첨두 홍수량과 유사량이 크게 감소하는 것이다. 댐 하류하천에서 유사량 감소는 저수지 저류량, 댐 운영 및 유사 공급원과 관련된 댐의 상대적인 위치에 따라 다양하게 변한다(Brandt, 2000; Pitlick과 Wilcock, 2001). 일찍이 Lane(1955)은 하천유사량 Q_s와 하상토입경 D_{50}, 그리고 유량 Q와 하천경사 S_0 간 관계 (식 3.4)를 이용하여 유량 및 유사량 변화에 따른 하천반응을 예측하였다. 이 관계를 이용하면 하천에 댐을 건설하여 유사이송을 차단하면 하류하천은 식 (3.4)의 좌변이 감소하고 그에 따라 우변에서 유량은 변화가 없다고 보면 하류하천의 하상경사 S_0는 줄어들어야 좌우변의 균형이 유지된다. 즉, 하류하천의 하상은 침식된다. 실제로, 댐에서 방류된 유량은 유사량을 이송시킬 에너지를 갖고 있으나 유사가 거의 포함되어 있지 않으며, 이를 "빈수(貧水, hungry water)"라 한다. 빈수는 하류하천의 하상과 강턱을 침식시키며 에너지를 소산하게 된다(Kondolf, 1997). 이에 따라 댐건설 후 수년 동안 하류하천의 하상과 강턱은 침식된 다음, 일정기간이 지나면 새로운 평형상태에 도달하게 된다.

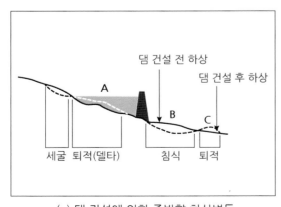

(a) 댐 건설에 의한 종방향 하상변동

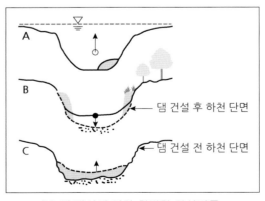

(b) 댐 건설에 의한 횡방향 하상변동

그림 5.18 **댐 건설에 의한 하천의 종횡단 변화** (Brierley 등, 2005)

하상저하

앞서 3.2절에서 소개하였듯이, 댐 하류하천에서는 유사공급이 없기 때문에 하상침식에 의한 하상저하가 발생하며(그림 5.18), 하상저하의 규모는 저수지 운영, 하천특성, 하상토 크기, 그리고 댐건설 후의 시계열 홍수사상에 따라 결정된다. 일반적으로, 댐 하류하천에서 하폭이 축소되거나 하상이 저하되는 현상은 하상의 장갑화가 진행되거나 에너지경사가 감소되어 새롭게 하상이 안정화 될 때까지 지속된다. 그림 5.19는 1976년 안동댐 건설과 1992년 임하댐 건설 후에 하상고 변화를 보여주고 있다. 안동댐 건설 후인 1983년에는 유입유사가 감소하였음에도 불구하고 댐 직하류에서 하상고가 약간 상승하였다. 그러나 임하댐 건설 후인 1993년에는 하천에 유입되는 유사가 감소하면서 하상고가 저하되었다. 하상저하가 현저하게 발생하는 조건에서, 하상경사가 점진적으로 줄어들고 하상의 조도증가 등 수리조건이 변화하면서 하상저하율이 감소된다(William과 Wolman, 1984).

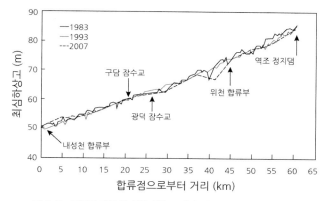

그림 5.19 **안동댐 하류의 최심하상고 변화** (장창래와 Shimizu, 2010)

하상토 입경이 작은 사주와 저수로 경계면에서 유사가 퇴적되면, 통수 단면적이 작아져서 유하능력은 감소된다. 여기에 식생이 발달하게 되면 저수로의 안정성은 커지나, 식생에 의한 조도증가로 유속은 감소하고, 수위는 상승한다. 더욱이 소류사 공급이 감소하면 하천형태는 변한다. 일반적으로 망상하천은 단일 사행하천으로 바뀌며, 하상저하 및 측방향 이동이 발생한다(그림 5.20). 그림 5.20(b)에서 보여주는 것처럼, 1977년 5월에 안동댐이 완성되었으며, 사주에 식생이 성장하기 시작하였다. 그 후 1993년 12월에 상류에 임하댐이 준공되었으며, 2005년에는 하도에 식생이 활착되고 저수로가 분열되며 고착화되었다(그림 5.20(d), 장창래와 Shimizu, 2010).

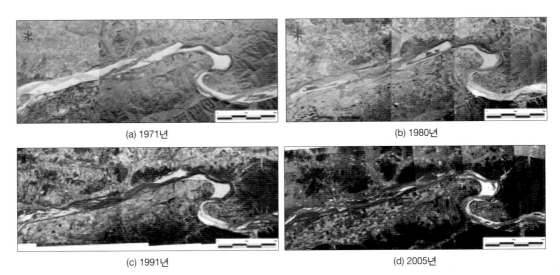

(a) 1971년   (b) 1980년

(c) 1991년   (d) 2005년

그림 5.20 항공사진으로 본 안동댐 하류 하천변화 (가운데 우측의 큰 점사주 건너가 하회마을임) (장창래와 Shimizu, 2010)

하상토의 조립화

댐 하류하천에서 하상이 저하되면 하상토 입경이 변하고, 자갈과 세립토사가 분리되어 하상 표면은 자갈, 호박돌 등으로 구성되며 장갑화 층을 형성하게 된다(그림 5.21). 이러한 장갑층 의 발달은 댐 하류하천에서 변화된 조건에 대한 하천의 새로운 적응방식이다. 하상표면은 새롭게 노출된 하상토가 저수지방류에 의해 더 이상 이동할 수 없을 때까지 장갑화 된다.

그림 5.21 임하댐 직하류에서 장갑화현상

댐 하류하천에서 하폭의 감소와 세립토사의 퇴적

댐 하류하천에서 첨두홍수량은 감소하게 되며, 그 감소량은 저수지의 크기와 운영에 따라 결정된다. 즉, 하천흐름에 비해 저수지 용량이 크고 주어진 홍수에 대하여 이용가능한 홍수조절용량이 클수록, 첨두홍수량은 감소한다. 댐에 의해 감소된 홍수는 하류하상을 세척(flushing) 하는데 적합하지 않기 때문에, 지류에서 본류로 유입된 토사는 본류하상에 퇴적된다. 동시에 식생은 댐하류에서 유사가 퇴적된 곳에 침입하여 번성하게 된다(그림 5.22).

댐으로 교란된 하천이 회복되는 데에는 하상침식과 지류유입 유사량이 댐 건설 전 하천 유사량과 평형을 이루어야 하기 때문에 시간이 필요하다.

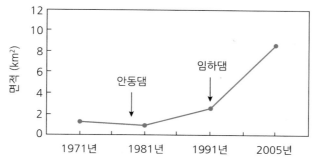

그림 5.22 **시간에 따른 낙동강 상류구간의 식생사주 면적변화** (박봉진 등, 2008)

댐 하류하천의 하상저하는 중간에 유입하는 지류하천에서 상류방향으로 하상저하를 일으킨다. 즉, 지류관점에서 본류의 하상저하는 침식기준면의 저하이기 때문에 지류하상은 상류방향으로 침식되어 올라가는 두부침식 현상을 보인다. 하천이 호소나 바다로 유입하는 하구부에서는 상류에서 유사공급이 차단되고 첨두홍수량이 감소하여, 해안선이 침식되거나, 하구에서 해수침입을 증가시키기도 한다(Kondolf, 1997). 일반적으로 댐에 의한 하천의 지형변화와 하천환경에 미치는 영향은 표 5.8에 정리하였다.

표 5.8 **댐에 의한 하천의 지형 및 환경에 영향** (국토해양부/건설연, 2011)

유형	항목	내용
하상 및 지형변동	하상변동	• 댐에 의한 유사포착 • 댐하류에서 하상저하 • 댐상류에서 하상고 상승과 배수(backwater)구역에서 삼각주 형성
	하폭감소	• 하폭감소와 고수부의 육역화 현상 • 식생번성과 세립토사의 퇴적으로 저수로폭 감소
	하상장갑화	• 하상토의 조립화와 장갑화 발생 • 생태계 서식처 파괴
	수리구조물의 영향	• 하상저하에 의한 수리구조물의 노출과 손상 • 하천수의 취수장애와 취수효율 저하
	지류에 영향	• 지류의 하상경사 증가 • 두부침식에 의한 하상저하

(계속)

유형	항목	내용
수문	해안지역에 미치는 영향	• 해안선침식 발생 및 가속화
	식생의 침입과 번성	• 홍수빈도의 감소에 의한 식생침입 • 홍수에 대한 흐름의 저항 증가, 유속감소, 수위상승 • 미립토사의 퇴적유발, 하상고 상승
	첨두홍수위 및 유사량 감소	• 댐저류에 의해 첨두홍수위 감소 • 댐에 의한 유사포착으로 하류에 빈수방류
	수위저하	• 하상저하로 인한 수위저하 유발 • 대수층의 저류능력 감소
	홍수 침수빈도에 미치는 영향	• 댐조절에 의해 홍수터의 침수빈도 감소 • 식생번성
생태 및 환경의 영향	하구영향	• 댐조절에 의한 첨두홍수량 저감 및 하상저하로 인한 하구의 조류침입 증가
	수생생태계의 서식처 손실	• 하상재료 조립화 및 균일화에 의한 생태계 서식처 및 다양성 파괴 • 수위저하에 의한 식생군락 파괴 • 미소식물(microphytes)을 위한 저층(substratum) 손실
	이동통로 차단	• 어류와 생물의 이동통로 차단 • 댐에 의한 수심과 유속 변화로 이동경로 교란
	수온	• 어류 산란과 성장에 영향 • 댐방류수의 수온저하로 인한 고유어종 영향
	수질	• 저수지 수질악화 • 댐하류 탁수방류

댐의 용도별 하류하천의 변화

하천에 임시적으로 가설된 작은 수리구조물(보)에서 거대한 다목적 댐에 이르기까지, 댐은 하천에 크고 다양한 영향을 주며, 그 범위와 영향은 댐의 목적과 규모에 따라 달라진다.

발전전용 댐의 방류량은 첨두발전의 필요에 따라 시간 또는 일 단위로 변하며, 댐 하류하천의 지형에 영향을 준다. 유량변화는 강턱침식과 하류 서식처에 지속적으로 손실을 주는 주요인자이다. 댐은 상류에서 유입되는 유량을 조절하여 하류로 방류하기 때문에, 댐 하류하천에서 흐름은 느리고, 특히 소에서 흐름이 느려져서 흐르는 정수환경(lotic environment)은 때로는 유수환경(lentic environment)이 된다.

용수공급 댐은 유지유량을 감소시켜서 하천의 지형, 식생, 서식처를 변화시키거나, 때로는 반대로 흐름을 증가시켜 하천지형을 변화시킨다. 댐은 하천에서 생태계의 서식 및 이동에 영향을 준다. 댐에 의해 흐름이 교란되며, 수생생물의 이동을 막고, 생태계의 먹이사슬에 영향을 준다. 홍수가 없어지면 실트질 토사는 수생동물의 산란장소로 쓰이는 자갈하상에 쌓이게 된다. 이에 따라 자갈사이로 산란된 물고기 알은 진흙으로 덮여 사멸한다. 상류로 이동하는 어류는 상대적으로 작은 구조물(보)로도 그 이동이 차단된다. 나아가 댐은 수질을 변화시켜 생물종에 영향을 미친다. 상대적으로 일정한 흐름은 일정한 온도를 만들고, 이는 산란 또는 성장시에 수생생물 서식처환경에 부정적인 영향을 줄 수 있다.

관개용수를 공급하는 농업용 저수지에서는 인공적으로 저수위 흐름이 발생하며, 쉽게 더워지고, 용존산소가 결핍된다. 이는 수생생물에게 스트레스를 주거나 심하면 사멸시킨다. 마찬가지로, 많은 물을 저류하는 저수지는 수온이 낮아지고, 방류된 물에 의해 댐 하류하천의 수온이 낮아져 고유어종이 적응할 수 없게 된다.

우리나라 댐 현황

우리나라는 농경문화권에 속하여 오래 전부터 벼농사를 위한 관개시설이 발달하였다. 현재까지 확인된 가장 오래된 댐은 백제시대에 건립된 전라북도 김제시에 위치한 벽골제이다. 신라시대에는 시제(矢堤), 의림지(義林池), 대제지(大堤池), 수산제(守山堤) 및 공검지(恭儉池) 등이 문헌기록으로 나타난다. 지금까지 현존하는 댐으로 제천의 의림지, 영천의 청제, 밀양의 수산제 등이 알려지고 있는데, 의림지(충북 제천시 청전)는 댐규모는 높이 15.0 m, 길이 310 m, 저수용량 501,000 m^{3}의 규모이고, 1914~1915년 용수공급을 위한 복통(覆桶) 개수공사를 하였다고 전해지고 있다(한국수자원공사, 2000).

국내의 댐은 약 18,000개소로, 그 중 대댐 기준에 속하는 댐(높이 15.0 m 이상, 또는 높이 10~15 m로서 길이가 2,000 m 이상이거나 저수용량이 300만 m^3 이상)은 1,218개소이다. 이중에서 다목적댐이 19개소, 발전댐 21개소, 홍수조절용댐이 1개소, 생공용수댐 63개소가 축조되어 있으며, 농업용수댐은 1,114개소로 가장 많이 건설되었다(그림 1). 낙동강유역은 310개댐(25.5%)이 건설되었으며, 가장 많은 댐을 보유하고 있다. 그 다음으로는 금강수계이며 137개소(10.8%)이고, 한강수계 131개소(10.5%), 섬진강수계 103개소(8.1%), 영산강수계 72개소(5.9%)의 순이다(그림 2). 발전용댐은 한강유역에 10개소로 가장 많이 건설되었다. 수계별 다목적댐과 발전용댐이 유역의 댐 전체에서 차지하는 비율로는 한강수계가 83 %로 가장 많이 차지하고 있으며, 섬진강, 금강, 낙동강 순이다. 용도별로는 농업용수댐이 1,114개소(91.8%)로 가장 많으며, 댐형식 별로는 코아형 필댐이 795개소(65.5%)로 가장 많다.

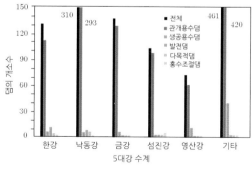

그림 1 수계별 댐의 개소수

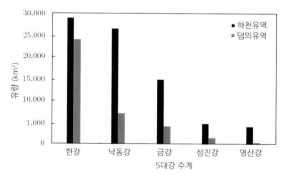

그림 2 수계별 댐의 점유율

댐 하류하천 복원

앞서 절에서는 댐에 의한 하류하천의 물리적, 화학적, 생물적 영향에 대해 간단히 설명하였다. 이 중 가장 먼저, 분명히 나타나는 물리적 영향은 한 마디로 하천유황의 변화와 유사이동의 차단이다. 특히 댐과 저수지에 의한 유사이송의 차단은 바로 댐하류에 유사부족을 가져온다. 그 결과, 댐에서 방류된 물에는 유사이송 에너지에 비해 유사농도가 매우 낮은 상태가 된다. 이러한 유사가 결핍된 유량은 하류하천의 하상과 강턱침식에 에너지를 소비하며, 연쇄적으로 하상저하를 유발하여 하상재료는 조립화 된다. 이러한 과정은 하천이 새로운 평형상태에 도달하여 하상재료가 이동할 수 없거나, 종국적으로 세굴심이 암반에 이르기까지 지속된다. 따라서 새로운 유사공급이 없으면, 결국에는 여울과 소와 같은 중요 생물서식처가 소멸되고, 교각세굴, 해안선 후퇴와 같은 지형변화를 유발한다. 수문학적으로는 홍수량이 감소되며, 홍수량의 빈도와 크기가 줄고 연중 유량이 균일화되어, 하도 내에 육상식생의 침입을 용이하게 한다. 결과적으로 이러한 생물서식처의 물리적 변화는 생태계의 구조 측면에서 이를 기반으로 살아가는 어류와 저서생물, 조류 등의 종다양성을 감소시킨다(Power 등, 1996).

댐 하류하천에서 서식처와 생태계 기능을 복원하기 위한 기술로써, 증가방류(flushing flow), 하안서식처 (조성) 유량(beach habitat (building) flow), 댐 하류에 유사를 공급하는 유사환원(sediment augumentation) 등이 있다.

증가방류

댐 직하류 하천은 전형적으로 홍수량과 유사공급량이 감소한다. 홍수에 의한 범람이 발생하지 않는 하천 구역은 수생태 서식처로써의 기능이 상실된다. 지형, 수심, 유속의 변화는 유황의 변화에 따라 감소한다. 댐 운영은 하류하천의 흐름과 유사공급량에 변화를 주고, 하천의 지형과 하상토 입경이 변하며, 수생태 서식처에 영향을 준다.

댐 하류하천의 적응은 홍수의 크기와 유사이송 능력, 공급되는 유사량과 유사입경의 크기, 댐 하류하천의 지류에서 유입되는 유량과 유사량의 변화에 의해 결정된다. 댐 저류에 의해 하천의 이송능력이 감소되면, 하류 지류에서 유입된 세립토사는 하상에 퇴적된다. 또한 홍수량이 줄어든 하천에서 하천 가장자리를 따라 퇴적된 유사에 의하여 하폭이 줄어들고, 저수로 수가 감소하며 식생이 성장하여 침입한다.

댐에 의한 하천의 인위적인 충격을 줄이기 위하여, 유사제거를 위한 증가방류가 사회적으로 요구되고 있으며, 하천복원의 한 프로그램으로 제시되고 있다. 과거에 하천유지유량을 목적으로 최소한의 흐름이 필요하였다. 그러나 최근에는 생태계 서식처와 수생태계 동적특성을 유지하는데 홍수가 중요하기 때문에, 증가방류가 요구된다.

표 5.9 **증가방류 목적**

생태계 혹은 하천관리 목적	세부 목표	흐름 조건
여울 서식처 복원/개선	자갈 표층 세립토사 제거 자갈 틈새 세립토사 제거 느슨한 자갈층 유지	모래 이동 자갈 이동 자갈 이동
소 서식처 복원/개선	퇴적 세립토사 제거	소 밖으로 모래 이송
수로폭과 지형 다양성 유지	묘목을 뽑아내서 식생침입 방지	전체 단면의 자갈 이동
홍수터 서식처 창조	홍수터에 퇴적 발생	강턱의 범람과 부유사 발생
다양한 연령대의 식생 서식처 형성	수로의 이동 및 지형의 다양성 발달	하안침식, 점사주 및 홍수터 퇴적

증가방류에 대한 생태학적 관리목표는 유사의 특성과 하천지형을 유지할 것인지 혹은 변화시킬 것인지에 따라 유사유지와 하천유지로 나누어질 수 있다. 또한 최대 증가방류는 홍수조절 조건, 물값, 댐에서 의해 유사공급이 차단된 구간에서 자갈 손실에 의한 제약조건에 의해 결정된다(표 5.9, 5.10). 증가방류는 전력생산 손실, 용수공급량 감소, 산란장의 자갈 손실과 같은 비용을 포함한다.

증가방류의 세부 목표에 도달하기 위하여 유량은 명확하게 제시되어야 한다. 어떤 경우에는 증가방류의 세부 목표에 도달하는데 필요한 유량을 간단한 방법으로 결정하는 것이 어려울 수 있다. 유사량을 추정하고 하천변화를 예측하는 데에는 불확실성이 많다. 따라서 유사이송을 추정하거나 증가방류 효과를 정확하게 평가하기 위해서는 시험방류가 효과적이다. 각각의 목적은 하천의 물리적 변화와 그 변화를 일으키는 유량과 관련이 있다.

여울 서식처 복원 및 개선은 세립토사를 제거하고, 연어산란을 위하여 자갈층을 느슨하게 유지하는 것이 필요하다. 여울 서식처를 복원하거나 개선하기 위하여 특정 증가방류 목표를 3가지로 정의할 수 있다. 즉, 특정 세립토사의 퇴적물 제거, 자갈 사이에 있는 세립토사 제거, 그리고, 자갈층을 느슨하게 유지하는 것이다.

특정 세립토사의 퇴적물 제거는 자갈 표층에서 모래만 제거하는 것이다. 자갈은 움직이지 않고, 모래만 움직이게 하는 하상전단응력, τ_0, 는 표층에 있는 세립토사의 입경크기와 그 아래층에 있는 자갈의 중앙값을 기준으로 정의할 수 있다. 가장 효율적으로 모래를 제거하려면 자갈을 이송시킬 수 있는 무차원소류력 τ_*보다 작아야 한다. 자갈 사이에 있는 세립토사 제거는 굵은 자갈 직경보다 더 깊은 곳에 있는 세립토사를 세척하기 위해서 자갈을 움직이는 것이 필요하다. 일단 자갈 쇄설암이 움직이면, 자갈 쇄설암 아래에 있는 모래는 움직이기 시작하고 하상에서 제거된다. 무차원 한계소류력, τ_{*c}, 은 자갈의 중앙 입경의 함수로 계산된다. 자갈하천에서 하상소류력, τ_0, 의 공간적 변동성은 시험방류 기간에 관측된 유사이송으로부터 직접 검증된 유량의 함수로 계산된다. 자갈층을 느슨하게 유지하는 방법은 자갈 틈 사이에 있는 세립토사를 제거하는 방법과 유사하게 주기적으로 자갈을 움직이는 것이 필요하다. 그래서 자갈을 이동시키는데 필요한 한계유량을 추정하는 방법을 이용하여 이 목적을 충족시켜야 할 것이다. 이때 한계유량 Q_c은 하천의 지형과 조도계수로 계산한다(Wilcock 등, 1995).

소 서식처는 연어나 송어 등 수생 생물에게 중요하다. 깊은 소는 은신처를 제공하고 연어나 송어가 여름철에 살 수 있도록 적절한 수온을 유지한다. 홍수시에 세립토사가 소에 유입되어 퇴적되고, 서식지 손실이 발생한다. 소에서 퇴적된 세립토사를 배출시키는 것이 수생태계 복원을 위한 증가방류의 목적이다. 소에서 복잡한 흐름과 소에서 소까지 다양한 지형 때문에 소에서 침식을 추정하는 것은 어렵다. 어떤 구간에서 세립토사가 점차로 침식되어 배출되고 소에 유입되는 유사가 감소하면, 유량에 의한 세굴심은 증가한다. 증가 방류 기간 동안 소에서 퇴적되고 침식되는 것을 모니터링 하는 것은 소에서 세립토사가 배출되는 것을 정확하게 계산하는데 필요하다.

생태계 다양성은 물리적 서식처의 공간적 범위, 복잡성, 다양성과 직접 관련이 있다. 홍수가 감소되면서, 하천식생은 하도에 침입하여 성장하고 그 후 홍수시에 유사가 퇴적된다. 식생이 침입하고 유로 폭이 좁아져서 통수능이 감소하고 수생태계 면적이 좁아진다. 그리고 지형의 변동성과 수생태계의 다양성이 감소한다.

계절별 유황에 대한 하폭의 변화와 지형의 다양성을 유지하기 위한 목적은 하천식생이 하도에서 성장하는 것을 막기 위한 방법도 포함되어야 한다. 유황변화가 큰 하천에서 고유량은 지형학적으로 더 유효하다. 하폭은 큰 홍수(재현기간은 10~20년임) 이후 시간 길이에 의해 결정된다. 그 이유는 큰 홍수 후에 식생은 제거되고 하폭은 증가하며, 식생이 없는 모래나 자갈이 퇴적되기 때문이다. 홍수가 끝난 후에 식생은 다음 홍수가 발생할 때까지 노출된 노지에 성장하고 하폭이 좁아진다. 따라서 Q_{10} (10년 빈도 홍수량) 혹은 그 이상의 유량은 하도형성유량으로 나타낼 수 있다. 만약에 댐 하류하천에서 하폭이 좁아지고 식생이 하천변에 성장하면, 댐 건설 이전의 하천으로 복원되기 위하여 필요한 유량은 사회적으로 받아들이기 힘들 만큼 큰 유량이다. 그런 대책은 충분한 유량이 있을 때만이 가능하다. 따라서 실행가능한 대안은 적응된 하천에서 사주가 이동해서 하천지형의 다양성을 만드는 것이다.

홍수터 서식처는 홍수시 홍수터에 물이 넘쳐흐를 때, 부유사가 다량으로 퇴적되어 형성된다. 유량이 조절되거나 하상이 저하되면, 홍수터가 침수되는 빈도가 줄어들고, 홍수터 서식처를 형성하거나 유지하는데 필요한 모래나 실트가 감소한다. 홍수터를 넘쳐흐르는 유량은 생태계의 산란과 성장에 중요하다. 홍수터 퇴적은 홍수터 침수를 일으키는 홍수뿐만 아니라, 부유사 농도가 충분해야 한다. 홍수터 퇴적은 지류에서 유입되는 고농도 부유사량과 시간적으로 일치해서 방류해야 한다.

식생대 서식처의 다양성은 자갈로 구성된 점사주와 세립토사로 퇴적된 홍수터의 식생에 대한 물리적 서식처의 다양성에 따라 결정된다. 댐 하류하천에서 홍수와 유사공급이

표 5.10 증가방류의 제약조건

생태학적 혹은 하천관리 제약조건	구체적인 제약조건
산란장소의 자갈 보전	자갈이동량을 최소로 함
산란구역 보전	부화기에 증가방류를 피함
발전손실과 물값의 최소화	증가방류 유량을 최소화 함
홍수조절	구조물의 홍수범람을 피하기 위하여 방류량을 제한함
구조물 보호	구조물이 있는 하안의 침식을 피하기 위하여 유량, 지속기간, 그리고 수위변화를 제한함

감소되어 하상이 저하되고 하천의 이동이 줄어든다. 따라서 사행하천에서 만곡부 침식이 발생하고 새로운 점사주 서식처가 발생한다. 결론적으로 점사주에서 발달한 식생대는 감소하고, 종의 다양성이 손실되는 결과를 초래한다.

하천식생이 다양한 종과 연령대로 형성되기 위해서는 역동적인 하천의 이동이 필요하다. 사행을 유지하기 위해서 증가 방류량은 하안침식을 일으킬 수 있을 만큼 충분해야 하며, 과거의 유량 자료로 산정할 수 있다.

증가방류의 목적을 이루기 위해서 표 5.10에서 제시된 제약조건을 고려해야 한다.

증가방류 기간 동안에 자갈 이동이 상류에서 공급되는 양보다 많으면, 산란 자갈이 감소한다. 자갈 손실을 최소화하기 위해서는 자갈이동량이 최소화되어야 한다. 증가방류 목적은 하상토의 이동이 필요하기 때문에, 자갈이동량이 최소화되어야 하는 제약조건은 증가방류의 목적과 모순된다. 그런 경우에 중요한 대안으로 국부적인 하안침식을 유도하여 인위적으로 자갈을 공급한다.

유량이 많이 흘러서 산란구역이 침식되면, 수생동물들의 산란환경은 취약해 진다. 산란구역의 침식을 피하기 위해서 산란구역의 자갈은 알이 자갈에 있는 동안 세굴 되어서는 안되기 때문에 부화기에 증가방류를 해서는 안 된다. 유사를 유지하기 위해서는 자갈 하상을 움직이는데 필요한 증가방류를 해야 한다. 그리고 해석적인 방법을 통하여 세굴심을 예측해야 한다. 이때, 제약조건에 적합한 수위를 지정해야 한다.

증가방류의 이익은 유량 손실과 발전 손실을 고려한 최적의 방류량을 산정해야 한다. 최적 증가방류는 최소비용으로 증가방류 목적을 얻는 것이다. 증가방류의 비용은 방류되는 유량뿐만 아니라, 방류시간과 전기생산량도 고려되어야 한다.

댐 건설 후에 홍수로 침수된 지역은 더 이상 침수되지 않는다. 댐 하류하천에서는 댐 건설 전에 100년 빈도로 침수된 지역에 비하여, 침수 범위가 감소되어 구조물을 지을 수 있다. 댐 건설 전에 하천이었던 곳은 댐 건설로 사람의 거주지로 확대될 수 있다. 그러므로 이러한 거주지는 증가방류의 크기와 지속시간에 또 다른 제약조건이 된다. 구조물 손실이나 하안침식으로 토지 소유주는 불평하거나 법적인 행동을 할 수 있다.

인위적으로 교란된 댐 하류하천은 새로운 환경에 적응하여 새로운 평형이 유지되기 위해서는 시간이 필요하다. 이러한 댐 하류하천의 교란충격을 감소하기 위하여, 댐 하류하천에 인공홍수를 일으켜 사주 및 생태계의 서식처를 복원하거나, 하상에 퇴적된 유사를 제거한다(Milhous, 1982). 또한 하천환경을 개선하기 위하여 증가방류를 한다(장창래와 우효섭, 2009).

증가방류는 최소증가방류와 최대증가방류로 나눌 수 있다. 최소증가방류는 하천유사 및 하천지형을 유지하기 위한 조건으로 결정되며, 최대증가방류는 홍수조절 및 용수공급 조건, 발전손실, 물값 등의 제반조건으로 결정된다(Kondolf와 Wilcock, 1996).

갈수기에 댐의 방류형식에 변화를 주어, 댐 하류하천의 수질을 개선하고 생태계의 서식처 환경기능을 개선하기 위하여 증가방류를 한다. 그 결과 하상토의 평균입경은 증가하고, 유사의 수직분급이 발생하며(그림 1과 2)(장창래와 우효섭, 2009), 하상토에 퇴적된 미립토사의 세척으로 수생생태계의 서식환경을 개선하는데 기여할 수 있다.

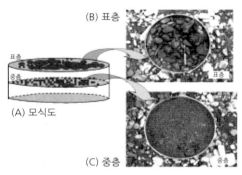

그림 1 증가방류에 의한 하상토의 수직분급

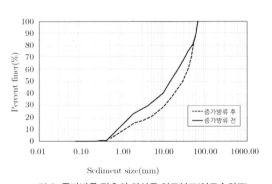

그림 2 증가방류 전후의 하상토 입도분포(현도수위표)

하안서식처 (조성) 유량

이 용어는 미국 서부의 콜로라도 강에 있는 그랜드캐니언의 하안서식처 복원을 위해 1996년에 상류 글랜캐니언 댐에서 일주일 동안 인공적인 홍수를 만들어 흘려보낸 것을 지칭한다. 이에 대해서는 아래 특별기사에서 구체적으로 소개한다.

콜로라도 강은 미국 중서부 콜로라도/와이오밍 주에서 발원하여 유타/애리조나 주를 거쳐 태평양으로 흐르는 강이다(그림 1). 이 강 상류에는 1963년 완공된 글랜캐니언 댐(그림 2)이 있고, 그 하류에 그랜드캐니언 국립공원이 있다. 문제는 상류댐에서 시작하였다. 매년 5～7월 로키산맥의 융설에 의한 콜로라도 강의 홍수(최대 3,500 m^3/s 규모)와 유사이송이 댐건설로 사라지면서(댐에서

98% 유사포착) 하류 그랜드캐니언을 흐르는 콜로라도 강의 수생/육상 서식처가 훼손되기 시작한 것이다. 특히 강 양안에 쌓여있던 하안사주가 상류댐의 일정 발전방류(약 500 m³/s 규모)로 인해 지속적으로 침식되어 소멸되었으며, 나아가 귀중한 수생서식처인 소와 역류역이 사라졌다. 하안사주의 소멸로 각종 물고기와 식생 서식처가 사라졌으며, 급류타기 사람들의 중간야영지도 사라졌다.

그런데 우연히 1983년 6월 상류역의 홍수로 비상여수로 방류를 하자 하류계곡의 사주가 되살아난 것이다. 이를 통해 그랜드캐니언의 서식처 훼손은 상류댐에 의한 자연 유황과 유사이송의 인위적인 조절 때문인 것으로 판명되었다. 이에 댐 관리자인 미 개척국은 1989~1995년 동안 환경영향조사(EIS)를 하였다. 그 결과 지류에서 유입하는 부유사가 하상에 퇴적되도록 댐방류량 변화폭을 줄이고, 모래하상이 세굴 되어 양안에 퇴적되도록 인공홍수를 계획하고, 장기간 모니터링을 통해 적응관리를 하도록 하였다(우효섭과 박성제, 1999). 여기서 인공홍수는 훼손된 서식처를 적극적으로 복원할 수 있는 하안서식처 조성유량(beach habitat building flow, BHBF)과 댐 발전방류량 이내(약 940 m³/s)의 서식처 유지유량(habitat maintenance flow, HMF)로 구분하였다.

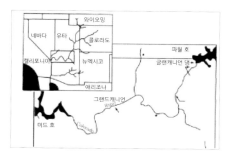

그림 1 **콜로라도 강, 그랜드캐니언, 글랜캐니언 댐**

그림 2 **글랜캐니언 댐**
(4개의 우회관으로 인공 홍수를 보내고 있음)

이에 따라 첫 BHBF로 1996년 3월에 일주일 동안 1,270 m³/s을 방류하였으며(그림 2와 3), 그 결과는 그림 4와 같은 하안퇴적 등 상당히 긍정적으로 나타났다. 이어서 2004년과 2008년에 비슷한 규모의 실험을 하였으며(우효섭, 2008), 세 번째 실험부터 이러한 인공홍수를 고수실험(high flows experiment)라 개칭하였다. 마지막 실험은 2012년 11월에 1,200 m³/s 규모로 하루 정도 지속되었다.

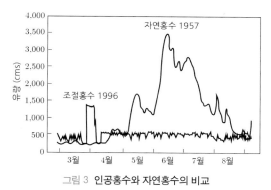

그림 3 **인공홍수와 자연홍수의 비교**

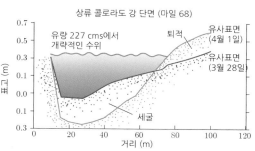

그림 4 **인공홍수에 의한 하상세굴 및 하안퇴적**

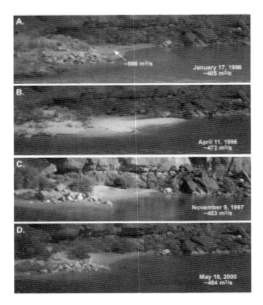

그림 5 1996년 BHBF에 의한 하안사주 복원(A, B)과 1997(C), 2000년(D) HMF에 의한 낮은 사주복원 효과 (URL #1)

위와 같은 지속적인 인공홍수실험 결과를 바탕으로 댐관리자인 개척국은 2006~2007년에 장기실험계획의 환경영향조사(LTEP EIS)를 수립하였으며, 여기에는 증가방류와 비증가방류 두 대안이 제시되었다(URL #1).

그러나 위와 같은 인공홍수실험에 대해 부정적인 의견도 있다. 이러한 실험은 아까운 물을 낭비하게 되며, 나아가 댐건설로 따뜻한 물에 사는 humpback chub과 같은 토종물고기가 차가운 물에 사는 송어와 같은 외래종에 의해 압도되었다는 것이다. 1996년 첫 번째 인공홍수실험 비용은 발전포기비용 1.85백만 불과 조사비용 1.50백만 불 등 총 3.35백만 불(우리 돈으로 약 40억 원)이었다. 특히 이러한 인공홍수의 가장 큰 목적 중 하나인 하안사주 복원효과는 일시적인 것으로서(그림 5), 적절한 시기에 적절한 크기의 인공홍수를 계속 만들기 전에는 큰 효과가 없다는 것이다. 그럼에도 불구하고 이 같은 실험은 그 규모나 전후조사의 철저함 등에 있어 세계적으로 드문 것이다. 특히 이 같은 현장실험을 계획하기 위해 그들은 5년 동안 환경영향조사를 수행하여 모니터링 등을 철저하게 준비하고 추진하였다. 즉 개발사업 후 예기하지 못했던 환경영향의 저감방안을 도출하거나, 나아가 개발사업을 종료·정지하고자 할 때도 개발사업 계획시만큼 철저한 평가를 한다는 점에서 이 실험은 의의가 크다.

유사환원

댐 하류하천에서 인위적인 토사공급은 하상이 저하되는 현상을 저감하고, 어류산란을 유지하는데 중요한 역할을 한다. 이를 위하여 인위적으로 모래, 자갈 등 하상재료를 댐 하류하천에 공급하는 것을 유사환원(sediment augmentation, sediment feeding)이라고 하며, 1970년대 회귀성어류의 산란여울을 인공적으로 조성하기 위하여 미국 서부 트리니티 강(Trinity River)에서 처음으로 실시되었다. 미국 California 주에서는 1992년 이후 13개 이상의 댐 하류하천에서 토사를 공급해 왔다. 이로 인하여 단기간에 서식처가 형성되었지만, 공급된 토사는 댐 하류하천에서 결핍된 유사량에 비하여 적은 양이며, 홍수시에는 하류로 씻겨 내려가므로, 더 많은 토사가 지속적인 공급되는 것이 필요하다. 이후 1990~2000년대 초반을 거치면서 Clear Creek 등 캘리포니아 Sacramento-San Joaquin 강 전 유역 20여개의 하천, 워싱턴 서부해안, 캐나다 서부해안 등에 하천지형과 생태계 관리에 적용되어 왔다(Kondolf 등, 2014).

일본은 2000년을 전후하여 중부의 Miharu 천, Nagashima 천, Akiha 천에서 저수지 퇴사 문제 해결을 위하여 유사공급을 수행하여 왔다. 이후 간사이지역의 Nunome 천, Muro 천 및 홋카이도의 Nibutani 천에서 하류 하천환경 개선을 목적으로 실시하는 등 현재 전국적으로 적어도 15개 댐에서 유사공급 사업을 실시하고 있다(Ock 등, 2013b). 이에 비하여, 국내에서는 2010년 양양발전소 하부댐 하류에서 부착조류를 제거하기 위한 수질관리 목적으로 홍수기에 모래를 공급하였으나, 댐 하류하천에 유사공급을 실시한 사례가 거의 없다.

캘리포니아의 트리니티 강은 캘리포니아 북서부에 위치한 클라매스 강의 제 1지류로서, 1962년 상류역에 트리티니 댐과 르위스튼 댐이 건설된 후, 초기 90 %의 유량이 새크라멘토 유역으로 도수되어, 트리니티 강 하류로 공급되는 유량과 유사량이 급감하였다. 그 결과, 전형적인 댐 하류하천의 지형변화가 발생하여, 하류지역에는 하상저하와 하도수림화가 진행되어 회귀성 어류인 연어서식처가 급속도로 파괴되거나 줄어들었다. 이러한 복합적인 영향으로 연어회귀율은 종에 따라 최대 96% 까지 떨어졌다. 1970년 미연방정부는 캘리포니아 주정부와 협력하여, USGS, NOAA 등 연방정부 기관과 공동으로 트리니티 강 복원프로그램(TRRP)을 수립하고 유사공급을 하여 하류하천의 생물다양성을 높이는 노력을 하고 있다(옥기영 등, 2019). TRRP는 2000년에 그동안의 시행착오와 연구성과를 바탕으로 하천복원의 패러다임을 재설정하여(USDOI, 2000), 직전 연도의 저수지 유입유량을 기준으로 5개의 수문연도로 구분하여, 세크라멘토로 도수되는 유량비율을 결정하고, 트리티니 강으로 방류할 수 있는 유량을 체계적으로 설정하여, 이를 기준으로 공급유사량과 홍수첨두 유량을 설정하였다(표 5.11).

표 5.11 **수문연도에 따른 트리니티 강 방류량 및 공급유사량 설정기준** (Ock 등, 2013b)

수문연도	(a) 저수지 유입량에 따른 댐하류 방류				(b) 첨두유량과 유사공급		
	저수지 유입량 (mcm)	하류 방류량 (mcm)	유입량과 방류량의 비(%)	재현 확률	방류된 첨두유량 (cms)	첨두홍수 기간 (days)	유사 공급량 (m²)
매우 습함	> 2,467	1,005	35%	0.12	311	5	23,701~51,224
습함	1,665~2,466	865	44%	0.28	241	5	7,645~13,761
보통	1,264~1,664	798	58%	0.20	170	5	1,376~1,682
건조	801~1,263	559	56%	0.28	127	5	115~191
매우 건조	< 801	455	81%	0.12	42	36	0
평균		733	43%				

'mcm'은 10^6 m³이며, 'cms'은 m³/s임

트리니티 강 하천복원사업 구간 중 Lowden Ranch 복원사업지구는 자갈사주가 형성되었다. 자갈크기 이상의 하상재료를 5일 동안 지속적으로 약 37,000 톤을 하도에 직접 투입하여, 세굴과 이동, 퇴적의 지형형성 과정을 통하여 새로운 자갈사주의 형성을 유도하였

다(그림 5.23, Gaeuman, 2014). 이렇게 복원된 사주는 다양한 생태기능이 있다. 유사의 이동과 퇴적작용에 의해 복원된 사주는 수면경사와 하상토 투수성을 증가하여 하상간극류 발생을 유도하고, 이를 통하여 서식처의 수온다양성, 먹이원 다양성, 하천지형의 다양성이 창출되며, 댐 하류 생태계 기능에도 중요한 역할을 한다(옥기영 등, 2019).

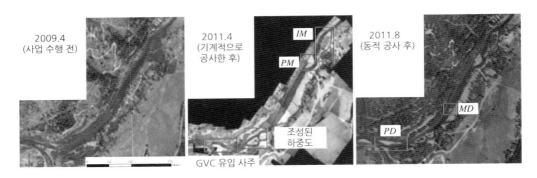

그림 5.23   **트리니티 강 사주지형 재생과정(Lowden Ranch)** (Ock 등, 2015)

1950년 이후에 프랑스와 독일의 국경 라인 강에서 직렬로 발전전용 댐(하류로 순차적으로)이 건설되었으며, 1970년대에는 마지막으로 라인 강 최상류 댐인 Barrage Iffezheim이 완성되었다. 그러나 Iffezheim 댐 하류에서 유사결핍 문제가 발생하였으며, 이를 해결하기 위하여 1978년 이후로 연평균 170,000톤의 토사(정확한 양은 연간유출량에 의해 결정됨)를 하류하천에 공급하였다(그림 5.24). 이 방법은 하류에서 하상이 저하되는 것을 방지하는데 중요한 역할을 하는 것으로 입증되었다(Kondolf, 1997).

그림 5.24   **Rhine 강에서 유사 공급 사례(1994. 6)** (Kondolf, 1997).

일본 나라현에 위치한 누노메 천은 상류 누노메 댐이 건설된 후 10여년 밖에 지나지 않았지만, 지난 2006년 당시 저수지 퇴사율은 이미 계획저수용량의 13%를 넘어섰고, 하류에는 상류에서 유사차단으로 하상저하 현상이 빠르게 진행되었다. 따라서 댐의 적절한 퇴사대책과 함께 댐하류의 하상저하를 방지하기 위한 연구로서, 2004년부터 홍수시 비축 방식의 유사공급사업을 시행하였다. 저수지 상류에 소규모 사방 댐을 설치하여 큰 입자의 소류사를 채취하여 댐에서 1 km 떨어진 홍수터에 500 m³의 모래와 자갈의 혼합재료를 적치하였다. 다음, 여름철 홍수유출(첨두유량 80 m³/s, 지속시간 4시간) 기간에 하류수위가 높아지면서 유수역을 이용하여 적치된 토사를 하류로 공급하였다(그림 5.25). 그 결과, 토사가 직하류 만곡부에 퇴적되었지만, 새로운 사주지형을 형성할 정도로 홍수량과 공급토사의 양이 충분하지 못하였다(Kantoush 등, 2010). 그러나 기존여울의 구성재료를 보충하는 효과를 보여 하류구간에서 하상저하를 방지하면서 여울과 소가 지속적으로 유지되었다(옥기영 등, 2019).

(a) 홍수 전
(토사 적재)

(b) 홍수기(2009.10.8)
(홍수에 적재된 토사 침식)

(c) 홍수 후(2009.10.14)
(하류로 이송된 토사)

그림 5.25 **누노메 댐 하류하천의 유사환원 사진** (Ock 등, 2013b)

영주댐 하류하천에서 유사공급에 의한 하도 지형변화 수치모의

댐에 의하여 유사가 차단된 하천에서 일반적인 복원사업은 유사를 하천에 공급하는 것이다. 이것은 상류에서 자연적으로 공급되는 유사가 댐에서 포착되는 것을 대체하는 것이지만, 댐 상하류에서 동적 평형상태를 유지하는 데에는 많은 한계가 있다. 하천에 유사를 공급하는 방법은 여러 가지가 있으며, 유사공급의 주요 목표에 의하여 구체적인 수행방법이 결정된다. 이중에서 자갈더미를 홍수가 발생하기 전인 갈수시에 하천에 놓아두고 홍수시에 하류에 쓸려 내려가도록 하는 방법이 있다. 유사공급은 계획단계에서, 유사공급을 통한 하류 영향범위를 예측하여 사업의 공간범위를 결정해야 하며, 하류로 유입되는 지류의 위치와 그 지류에서 공급 가능한 유사의 양과 크기도 고려해야 한다.

최근에 우리나라에서도 댐 하류하천에서 하천환경 변화에 의하여 이를 개선하기 위하여 다양한 방법을 시도하고 있다. 특히, 내성천에 있는 영주댐 하류하천에서 유사를 공급하여 하천환경을 개선하기 위한 유사공급 방안을 계획하고 있으며(그림 1a), 강기호 등(2016)은 이를 수행하기에 앞서서 수치모의(Nays2DH)를 통하여 그 효율성을 검토하였다. 유사공급을 위하여 영주댐 하류하천에서 유사를 포설할 때, 댐에서 공급되는 유량에 대하여 충분한 소류력을 확보하기 쉬운 여울이나 사행이 형성된 만곡부를 대상으로 후보지로 선정하였다(그림 1b). 1번 지점에서 유사 포설량(공급량)은 12,040 m³이고, 2번 지점에서 유사 포설량(공급량)은 6,988 m³이다.

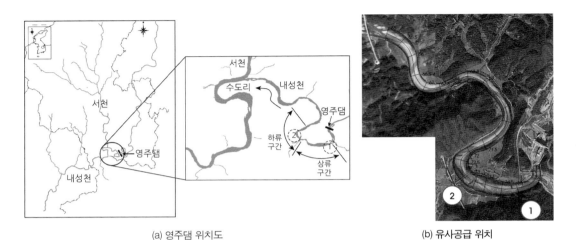

(a) 영주댐 위치도   (b) 유사공급 위치

그림 1 영주댐 위치도 및 유사공급 위치

본 연구에는 댐 하류하천에 유사를 공급하기 위하여 강턱유량인 9.0 m³/s(Run-1)와 댐 하류의 용수공급량을 고려한 유량인 15.13 m³/s(Run-2)에 대하여 유사공급 효과를 검토하였다.

수치모의 결과, 댐 직하류에서 좌안에서 흐름이 집중되어 하상고가 저하 되었다. 이곳은 유사공급을 위하여 댐 직하류에서 토사를 포설한 1번 지역이며, 흐름에 의하여 하류로 이송된다. 그러나 직선구간에서 흐름이 분리되면서 하상고가 상승하는 특성을 보여주었다. 토사더미가 설치된 2번 지점에서 흐름이 집중되어 하상이 저하되었다. 그러나 하류의 만곡부 외측에서는 하상고가 저하되지만, 만곡부 내측에서 하상고가 상승하였다(그림 2).

그림 2 Run-2에 대한 하상변동 모의 결과

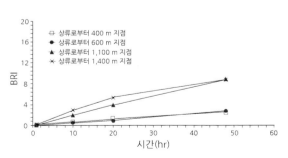

그림 3 시간의 변화에 대한 하상기복지수의 변화(Run-2)

하상고의 변화를 정량적으로 파악하기 위하여 평균하상고에 대한 각 단면의 표준편차를 나타내는 하상기복지수를 적용하여 분석하였다(강기호 등, 2016). 시간이 증가함에 따라 하상기복지수가 증가하였다(그림 3). 즉, 하상이 세굴되는 부분과 퇴적되는 부분이 크게 나타나며, 하상고의 변화가 크고 역동성이 증가하는 것을 의미한다. 또한 상류인 1번 지점인 400 m 지점과 600 m 지점 보다는 하류인 2번지점인 1,100 m 지점과 1,400 m 지점 에서 큰 것을 보여주고 있다. 유량이 증가하면 유사공급에 의하여 하상변화의 역동성을 크게 하며, 댐 직하류보다는 1,400 m 하류에서 하도의 역동성이 크며, 유사공급에 의한 효과가 큰 것을 알 수 있다. 따라서 댐 하류 하천에서 토사공급에 의한 하도변화에 효과를 증가시키기 위해서 댐에서 방류되는 유량을 증가시켜 하도의 역동성을 증가시켜야 한다.

5.4 댐 가동종료

댐은 일반적으로 하천이나 자연호수 출구를 가로질러 인공적으로 만든 구조물로서, 순수 우리말로는 둑이라 한다. 앞서 간단히 설명하였듯이, 댐의 기능은 기본적으로 저수지에 물을 가두는 '물그릇' 역할과 댐 상하류 낙차를 만드는 것이다. 댐의 용도는 관개, 용수, 양식, 수운 등을 위해 필요한 물을 공급하거나(이수), 하천홍수를 조절(치수)하거나, 낙차를 이용하여 수력발전을 하는 것이다. 부수적으로, 댐에 의해 만들어진 인공호수(저수지)는 새로운 수환경을 조성하여 경관과 위락 기능을 제공한다.

한편, 이른바 보(weir, 위어)는 하천이나 자연적/인위적 호수의 출구에 가로질러 만든 인공구조물이라는 점에서 기본적으로 '소형댐'이다. 따라서 보도 그 규모 요건이 맞으면 대댐으로 구분할 수 있다. 보의 기능은 기본적으로 구조물 상류의 수위를 높여서 일정 수위와 수면적을 유지하여 취수를 가능하게 하거나, 깊고 넓어진 수면을 이용하여 수운이나 수상위락 활동을 하는 것이다. 따라서 댐은 저수와 수위높임 기능 모두가 있지만, 보는 기본적으로 수위높임 기능만 있다. 더욱이 국내 대부분의 보는 그 규모가 매우 작은 농업용 취수보이다. 보의 또 다른 용도는 유량관측이다.

모든 사회기반시설물이 당초 기대한 긍정적 효과가 있는 반면 피할 수 없거나 피하기 어려운 부정적 효과가 있듯이 댐도 마찬가지이다. 댐은 그 기능이 가져다주는 저수, 흐름 조절, 수위높임과 낙차를 이용한 다양한 편익을 준다. 반면에 하천이라는 물리적, 생태적 자연통로의 차단에 따른 환경적으로 부정적인 영향이 있다. 나아가 댐건설로 인한 수몰민 이라는 사회적으로 피하기 어려운 부정적인 영향이 있다.

20세기 말부터 자연환경의 보전, 복원이라는 새로운 사회정서가 미국, 유럽 등을 중심으로 대두되면서 하천복원운동의 파장이 댐의 기능정지와 나아가 물리적 철거에까지 이르렀다. 미국의 예를 들면 대부분 회유성 어류서식처 복원을 위한 하천생태통로 복원차원에서 20세기말까지 약 500개의 댐(대부분 오래되고 작은 댐, 우리 표현으로 보 포함)이 철거되었으며, 이때부터 철거되는 대댐의 수가 새로이 건설되는 대댐의 수를 능가하기 시작하였다(WCD, 2000). 미국에서 댐철거의 대표적인 사례는 워싱턴 주 Elwha 강에 있던 높이 32 m의 Elwha 댐과 그 상류에 있는 높이 64 m의 Glines Canyon 댐이다(East 등, 2015).

국내에서는 2000년대 말에 경기도 곡릉천과 한탄강에서 연구목적으로 시범적으로 소형댐(보)이 각각 철거되었으며, 그 후 지역적으로 수 개의 보가 철거되었다. 이 기간에 국내에서 철거된 보들은 모두 오래되어 그 기능과 용도가 소멸된 소형 보들이다. 이러한 시범사업을 통해 국가연구개발사업의 일환으로 보철거 가이드라인이 개발되었다(환경부/건설연, 2008).

그러나 댐이든 보든 사전 충분한 검토 없이 구조물의 기능을 정지하거나 물리적으로 철거하게 되면 또 다른 환경적, 사회적 문제가 발생할 수 있다. 예를 들면 상류 저수지에 퇴적된 토사의 급격한 하류이동으로 하류 수생서식처에 부정적 영향을 준다던지, 상류저수지 바닥이 노출되어 마르게 되면 바람에 의한 분진이 생긴다던지 하는 문제이다 (Wilcox 등, 2014). 즉 댐철거 자체도 또 다른 하천교란을 가져오는 활동이므로 이 또한 환경영향평가(EIA)의 대상이 되어야 할 것이다. 환경영향평가에서는 환경영향조사(EIS)가 기본이다.

여기서 댐 가동종료와 철거를 구분할 필요가 있다. 댐 가동종료(decommissioning) 또는 은퇴(retirement)란 여러 가지 이유로 댐의 저수 및 낙차 기능을 종료하는 것이다. 댐 기능을 종료하는 가장 손쉬운 방법은 댐에 의해 형성된 저수지의 수위를 완전히 낮추어 댐이 없었던 과거 하천흐름으로 복원하는 것이다. 기존의 댐 방류구로 저수지 물을 완전히 배수하기 어려운 경우 댐체나 주변지반에 배출구를 만들어 댐의 저수기능을 종료하는 것이다. 저수지 바닥까지 수문이 달린 댐이나 보의 경우 수문을 상시 개방하는 것이다. 나아가 수생생물의 이동통로 복원을 위해 댐 상하류 수위차를 완전히 없애는 것이 필요한 경우 댐이나 보를 부분 철거하여 하천흐름을 복원하는 것이다.

반면에 철거(removal)란 댐체를 물리적으로 해체(disintegration)하여 댐주변의 하천환경을 댐 전의 과거상태로 복원하는 것이다. 영어권에서는 일반적으로 decommissioning 이라는 말은 은퇴(retirement)와 철거(removal) 모두를 포함한다.

이 절에서는 댐개발의 개요, 댐철거의 이유 및 방법, 댐철거의 환경영향 예측, 댐철거 의사결정과정, 그리고 국내외 댐/보 철거 사례 등에 대해 설명한다. '댐개발의 개요'에서는 역사적, 세계적 댐개발의 개요와 20세기 말 댐개발의 가속화로 인해 발생한 문제점 등을 간단히 설명한다. '댐철거의 이유 및 방법'에서는 댐철거(가동종료 포함)를 추진하는 몇 가지 대표적인 이유를 설명하고, 물리적으로 철거하는 방법에 대해 설명한다. '댐철거의 환경영향'에서는 댐철거도 결과적으로 또 다른 하천교란이라는 차원에서 물리적, 생태적 영향에 대해 간단히 설명한다. '댐철거 의사결정 과정'에서는 오래되고 낡아서 그 기능과 용도가 없어졌거나, 남아 있는 기능을 대체할 수 있는 대안이 있는 경우 댐에 의한 부정적 환경영향을 방지하기 위해 댐의 가동종료와 물리적 철거를 위한 과정에 대해 설명한다. 마지막으로, '국내외 댐/보 철거 사례'를 소개한다.

댐개발 개요

인류 최초의 댐은 약 5000년 전 요르단과 이집트 지방에서 발견된다. 요르단의 Jawa 댐은 높이가 9 m, 폭이 1 m의 돌로 만들어진 중력식 댐이었다(Viollet, 2005). 관개나 물 이용을 위한 본격적인 댐 건설은 그보다 약 1000년 후부터 지중해 연안, 중동, 중국 등지에서 시작되었다. 지금도 그 기능이 살아있는 가장 오래된 댐은 중국 쓰촨 성의 두장옌 관개시설로서, 지금부터 약 2200년 전에 건설되어 약 800,000 ha의 농경지에 물을 공급하였다(Cao 등, 2010). 또한 지금부터 약 2000년 전 로마시대 도시에 깨끗한 물을 공급하기 위해 만들어진 댐과 도수관(aqueduct) 시설은 지금도 지중해 주변에 상당수가 남아있다.

산업혁명 이후 수력발전을 위해 1890년에 처음으로 발전댐이 등장한 이후 10년 후인 1900년까지 수백 개의 댐, 특히 대댐이 건설되었다. 20세기 들어와 대댐(이후 댐이라 함)의 건설은 가속화되어 1949년 기준 5,000개의 댐이 건설되었으며, 20세기 말 기준 140개 나라에서 총 45,000개의 댐이 있다(WCD, 2000). 2020년 기준 ICOLD 통계에 의하면, 전 세계적으로 대댐은 모두 58,713개가 있으며, 이 중 단일목적의 댐은 전체의 49%, 다목적 댐은 17.6%이며, 나머지는 불명이다. 단일목적 댐을 용도로 구분하면, 관개 47%, 수력발전 21%, 용수공급 12%, 홍수조절 9%, 위락활동 5%, 기타 6%이다. 댐의 구조형식을 보면 사력댐 65%, 록필댐 13%, 중력식댐 14%, 아치댐 4%이며, 기타 4%이다.

나라별 댐 수를 보면 중국이 단연 1위로서 전 세계 댐의 40.6%를 차지하며, 다음이 미국이 15.8%, 인도 7.5%, 일본 5.3%, 브라질 2.3%, 그리고 한국이 총 1,338개로서 2.3%이다(URL #2). 특히 중국의 경우 현 정부가 설립되기 전 1949년까지 22개에 불과했던 댐 수가 1960년대 이후, 특히 1970년대 폭발적으로 증가하여 현재 약 23,800개로서 전 세계 댐의 반 가까이 차지하고 있다.

우리나라의 경우도 1960년대 일련의 경제개발 5개년계획에 의거 전국에 다수의 다목적댐, 농업용댐, 용수전용댐 등이 건설되었다. 이러한 흐름은 1973년 소양강댐 준공, 1985년 충주댐 준공 등 다수의 대규모 댐 건설로 이어졌으나, 1999년 정부의 영월댐(일명 동강댐) 계획 포기이후 국내에서 대규모 댐건설은 사실상 없어졌다.

댐은 현대사회를 유지하는데 필수적인 사회기반시설이다. 댐 없는 현대사회, 특히 도시사회는 존재할 수 없음을 다음과 같은 간단한 물수지분석으로도 알 수 있다. 수도권 인구를 약 25백만 명, 일인당 하루 물 소비량을 약 300 리터라 하면 단순 계산하여 하루에 약 7.5백만 m^3의 물이 필요하다. 수도권은 필요한 용수 모두를 팔당댐 상하류 한강에 의존한다. 한강대교 지점에서 상류에 댐이 없는 상태의 자연유량의 평균 갈수량이 63.5 m^3/s라면 이는 일 유출량으로 5.5백만 m^3이다. 따라서 상류에 소양강댐이나 충주댐이 없으면 한강 물을 모두 끌어다 쓴다 해도 갈수기에 하루 2.0 백만 m^3의 물이 부족하게 된다.

구체적으로, 전 세계적으로 댐의 경제사회적 편익은 다음과 같다(WCD, 2000).

- 세계 식량생산의 12~16 %를 기여하며,
- 세계 생공용수 공급의 12 %를 담당하며,
- 세계 총 발전량의 19 %를 담당하며,
- 세계 댐의 13%가 홍수조절 기능이 있다.

반면에 댐에 의한 사회환경적 폐해는 다음과 같다(WCD, 2000).

- 세계 주요 수계 106개 중 46%가 댐으로 유황과 댐 상하류 하천이 물리적으로 변형되었으며,
- 저수지 퇴사로 모든 댐의 저수지 용량이 매년 0.5~1.0 % 감소하고 있으며(즉 댐편익이 지속가능하지 않으며),
- 댐으로 인해 홍수와 가뭄 같은 자연의 역동성이 사라져서 전 세계 9,000여종의 민물어류의 20%가 멸종 위기나 위협을 받고 있으며(이는 특히 회유성 어류에 치명적이며),
- 댐건설로 세계적으로 총 40~80백만 명의 이주민이 생겼다.

한편 앞서 설명한 대로 보는 수위높임 기능이 있는 소형댐(높이 15 m 이하), 또는 저낙차 댐(low-head dam, 수리낙차 7.5m 이하) 이다. 보는 국내에 약 18,000개가 있으며, 그 중 높이 2 m 이하의 소형보가 전체의 95 %를 차지한다. 국내 보는 대부분 농업용 취수용 보이며, 소수가 생공용수 취수용 보이다. 이 중 매년 50~150개의 보가 주변토지이용 변화, 양수장/취수장의 통폐합, 시설노후화 등의 이유로 폐기된다. 이렇게 폐기되는 보의 높이는 대부분 2 m 이하이다. 문제는 이렇게 보가 그 기능과 용도가 사라져서 폐기되어도 구조물 자체는 그대로 하천에 남아있어 생태통로 단절과 토사이동 차단, 수질문제 등을 야기한다는 것이다(환경부/건설연, 2008).

댐철거 이유 및 방법

1980~90년대는 세계적으로 환경 보전과 복원의 중요성이 대두된 시기이다. 그 전만 하더라도 개발도상국은 물론 선진국에서도 댐은 개발사업의 표상으로 인식되어 크고 작은 댐개발사업이 추진되었다. 그러나 1992년 리우환경회의를 시작으로 모든 개발사업에 환경적 건전성과 지속가능성(ESSD)이 기본적인 평가잣대가 되면서 선진국에서 댐개발은 이른바 '일몰'사업이 되었다. 미국의 경우 그 상징적인 사건이 1998년 미국 볼티모어에서 열린 미국생태학회(ESA) 기조강연에서 댐개발의 수장격인 그 당시 내무부장관 Bruce Babbitt이 '댐은 영원하지 않다(Dams are not forever)'라고 주창한 것이다.

이와 같은 시대적 여건의 변화 속에 20세기 전반부에 건설된 미국의 댐들은 시간이 가면

서 상류 저수지에 쌓인 퇴사 등으로 노화 되어 그 기능이 줄어들었다. 나아가 댐체의 안전, 댐에 의한 생태통로의 단절, 유지관리비용 증대, 강을 보는 시민들의 의식변화 등의 이유로 주로 규모가 작고 오래된 댐을 대상으로 가동종료와 철거라는 대안이 대두되었다.

전 세계적으로 상대적으로 더 이상 기능과 용도가 크지 않는 댐을 그대로 놔두지 않고 가동종료 하거나 물리적으로 철거 하여야 하는 일반적인 이유(논거)는 다음과 같다(Lane, 2006).

- 환경(생태) : 댐은 물고기를 포함한 다양한 수생생물의 이동통로를 단절하고, 하도, 유속, 탁도, 수온 등 하천환경의 물리적 특성을 변화하게 한다. 특히 댐은 회유성 물고기가 산란하기 위해 바다에서 강으로 거슬러 올라가는 통로를 막는 이른바 생태통로 단절 문제는 미국을 비롯한 유럽 많은 지역에서 댐철거의 가장 중요한 사유가 되고 있다. 다만 회유성 물고기의 서식범위가 매우 제한적인 우리나라의 경우 이 문제는 한정적이다.

회유성 어류(migratory fish)

상당수의 어류는 각각 시간과 거리는 서로 달라도 먹이와 산란을 위해 규칙적으로 이동하며, 이를 회유성 어류라 한다. 민물과 짠물을 기준으로 회유성 어류에는 크게 나누어 소하성 어류(anardromous fish)와 강하성 어류(catadormous fish)가 있다. 전자는 민물(강과 호수)에서 태어나 강을 내려가 짠물(바다와 해양)로 이동하여 성어가 되어 살다가 알을 낳을 때가 되면 다시 원래 태어났던 강으로 돌아오는 어류를 말한다. 대표적인 소하성 물고기는 연어이다. 반면에 후자는 그 반대로 민물에서 살다가 산란기가 되면 강을 타고 내려가 짠물(바다와 해양)로 이동하여 산란하고, 그 새끼는 다시 민물로 회유하여 사는 어류를 말한다. 대표적인 강하성 물고기는 장어이다.

- 용도 : 당초 댐이 건설될 시기에는 중요한 댐 편익으로 고려된 것들이 시간이 가면서 그 중요성이 떨어지거나 대체방안이 충분히 있는 경우 그 댐은 용도가 없어진다. 구미의 경우 1900년대 전후 지어진 많은 중소형 댐들의 용도는 수력발전이었으나, 수력발전 편익은 현 시점에서 보면 주변의 다른 방안으로 경제적으로 대체될 수 있다. 우리나라의 경우 댐보다는 보의 경우 용도폐기 되었으나 보 자체는 그대로 남아있어 생태통로, 수질, 경관 등의 문제를 주고 있다. 그 대표적인 예가 서울 중랑천에 남아있는 용도폐기 된 보들로서, 과거에 주변 농경지에 물을 공급하던 농업용 보들이다(환경부/건설연, 2008).

- 안전 : 댐도 인공적으로 만든 구조물이므로 언제라도 댐체의 안전에 문제가 생길 수 있다. 특히 노후화된 댐은 그럴 가능성이 상대적으로 더 크다. 국내의 많은 댐들은 1960년대 이후에 만들어진 비교적 '젊은' 편에 속하나, 과거에 만들어진 중소형 농업용댐들은 안전문제가 상존한다. 비근한 예로 지난 2020년 8월 상순 전국적인 폭우로

농업용 소형댐들이 붕괴된 사례를 들 수 있다. 보의 경우 그 규모가 상대적으로 작기 때문에(보통 0.5~2 m 범위) 노후화로 인한 안전문제는 상대적으로 적다. 한편, 댐철거에서 안전과 관련하여 특별히 검토할 사항은 홍수 및 하천관련 시설물의 안전과 기능 문제이다. 홍수조절기능이 조금이라도 있는 댐의 철거는 대안검토가 필수적이다. 다음, 댐/보로 높아진 수위에 맞춘 각종 양수·배수 시설물은 철거로 수위가 떨어지면 그 기능을 다할 수 없게 된다. 이 문제는 국내 '4대강 살리기 사업'으로 대하천 본류에 건설된 보의 폐기 및 철거 검토시 현실적으로 부딪치는 문제이다.

• 유지관리 : 노후화된 댐이나 보는 어느 시점부터는 댐이 주는 편익보다는 유지관리에 더 많은 비용이 들 수 있다. 국내의 경우 모든 댐이나 보는 공공시설물로 관리되기 때문에 노후화 되면 편익규모를 고려하거나 대안마련보다는 보수관리 하게 된다.

• 시민의식 : 근래 들어 시민들의 의식은 일반적으로 댐이나 보가 주는 편익보다는 정서적인 이유 등으로 '자연스럽게 흐르는' 강이 주는 경관적 심미성을 먼저 생각하게 된다.

• 기타 : 댐이나 보는 여건에 따라 수질문제를 야기할 수 있다. 이는 특히 우리나라의 경우 매우 큰 논란의 대상이 되고 있다. 국외의 수많은 댐 가동종료나 철거 사례에서 수질문제 때문에 댐이나 보를 철거한 경우는 찾아보기 쉽지 않다.

• 복합적 이유 : 댐이나 보의 철거문제는 위와 같은 다양한 이유 중에서 어느 한 이유 때문이 아니라 보통 2개 이상의 복합적인 이유로 대두된다. 지금까지 전 세계의 댐철거 사례 중 가장 높은 댐으로 간주되는 미국 워싱턴 주 Elwha 강 두 댐 철거사례(뒤에 소개됨)도 회유성 물고기인 연어의 이동통로 복원과 시민의식 등으로 시작되었다.

댐철거 방법은 대상 댐의 규모, 상류 저수지의 퇴사정도, 하류 하천환경의 특성에 따라 다르다. 댐철거 방법을 결정하는 일차적인 요인은 댐에 의해 형성된 저수지 규모와 퇴사 상태이다. 각각의 방법론을 간단히 설명하면 다음과 같다.

• V자 홈(notch) 파기 : 이 방법은 그림 5.27과 같이 댐체 마루에서부터 복수의 V 자형 홈을 파서 물과 유사를 지속적으로 천천히 방류하는 것이다. 이 방법은 하류의 하천환경에 주는 교란을 줄이면서 상류의 퇴사도 같이 하류로 이송한다. 이 방법은 교란효과는 적은 반면에 저수지 배수에만 수개월 이상 걸릴 수 있다.

• 긴급방류 공법 : 이 방법은 댐 밑에 터널을 파서 일시에 저수지 물과 퇴사를 하류하천으로 방류하는 것이다. 이 방법의 장점은 짧은 기간 내에 댐철거사업을 마무리 할 수 있다는 점이다. 그러나 단 시간에 많은 물과 고농도의 유사가 하류로 이송되면서 하류 하천환경에 큰 교란을 줄 수 있기 때문에 매우 조심스럽게 접근하여야 한다. 이

방법으로는 하류하천에 엄청난 과농도류(hyperconcentrated flow) 홍수가 발생하므로 저수지 규모나 퇴사량이 상대적으로 적고 하류하천이 상대적으로 큰 경우에만 신중히 고려할 수 있다.

• 저수지 퇴사 굴착 및 탈수 공법 : 이 방법은 상대적으로 저수지 퇴사량이 적고, 특히 퇴적토가 오염된 경우 검토할 수 있는 공법이다. 저수지 물을 다 빼고 퇴적토를 말리면서 굴착, 탈수 한 후 사토장으로 운반, 처리한다. 이 방법은 저수지가 상대적으로 크고 퇴적토량이 많은 경우 비용과 시간문제로 채택되기 어렵다.

• 저수지 퇴사 유지공법 : 이 방법은 앞서 설명한 저수지 퇴사 굴착 및 탈수 공법의 대상이 되는 댐 중에서 마땅한 사토장이 없는 경우 택하는 공법이다. 즉 퇴적토 운반처리 비용 문제가 매우 큰 경우 저수지 물만 완전히 뺀 다음 퇴적토는 그대로 나두는 것이다.

• 수문 상시개방 공법 : 이 방법은 수문이 달린 댐이나 보에서 수문을 완전히 개방하여 상하류 수위차를 없애서 '흐르는' 하천으로 복원하는 것이다. 기존 수문개방 만으로 완전한 하천흐름이 복원되지 않고 여전히 낙차가 있게 되면 낙차를 없애기 위한 일부 추가적인 조치가 필요할 수 있을 것이다. 이 공법은 경제적 이유나 비상시를 고려하여 댐이나 보 구조물은 존치하는 경우에 채택될 수 있다. 이 공법은 댐 가동종료 대상구조물로서, 팔당댐과 같이 월류식(run-of-river) 댐이나 4대강 보와 같이 수문을 개방하면 상하류 수위차가 없어지고 사업 전 하천과 같이 흐르는 하천으로 복원되는 경우에 적용될 수 있다.

그림 5.26 V 자 홈파기 댐체 철거공법
(미국 Elwha 강 Glines Canyon dam, 2014) (URL #3)

댐철거의 환경영향

댐철거는 수십 년 또는 그 이상 댐에 의해 새로이 형성된 댐 상하류 하천환경의 물리적, 화학적, 생물적 특성의 기반을 또다시 인위적으로 변경하는 것으로서, 댐철거 자체가 하나의 환경교란으로 작용한다. 댐철거는 기본적으로 정수형(lentic) 하천을 다시 유수형(lotic) 하천으로 되돌리는 것이다. 따라서 댐이나 보의 철거사업은 관련법령에 의하든 아니든 환경영향평가의 대상이 된다.

댐이나 보의 철거사업의 환경영향평가 대상인자는 수리, 수문, 지형, 수질 등의 변화, 동식물 서식환경 등 생태변화, 사회경제적 변화 등으로 나누어 검토할 수 있을 것이다. Hart 등(2002)은 20세기 미국에서 일어난 약 500개의 댐철거 사례 중 기록이 잘 되어있는 20개의 사례를 철거에 의한 물리적, 화학적, 생물적 반응으로 나누어 정리하였다. 이 자료를 보면 댐철거에 의한 물리적 영향은 크게 유사이송의 증가와 그에 따른 댐 상하류 지형변화로 나타났다. 화학적 영향으로는 일부 수질이 개선된 경우도 있으나, 유기오염물과 인, 질소 등의 추가적인 움직임이 시작되었다. 생물적 영향으로는 많은 사례에서 물고기 이동통로가 열렸고, 하천에 서식하는 생물종, 특히 대형 무척추동물 종이 저수형에서 유수형 종으로 바뀌었다. 일부 사례에서 식생의 이입확대가 관찰되었다.

댐철거에 의한 일반적 영향을 물리, 화학, 생물 등으로 나누어 설명하면 다음과 같다.

물리(수리·수문·지형) 영향

댐철거는 철거방법에 따라 공간적, 시간적으로 하천의 수리, 수문 변화가 일어난다. 이러한 변화는 통상 유사이송을 통해 하상변동 및 하안 침식/퇴적 등 지형변화를 유발한다.

그림 5.27 Elwha 강의 Glines Canyon 댐철거 후 과거 저수지 바닥에 새로 형성된 다지하천 (과거 댐 위치는 사진하단) (Nature, 2020)

특히 철거되는 댐에서 하구가 멀지 않은 경우 하구퇴적 촉진으로 삼각주의 형태변화가 올 수 있다. 댐이나 보의 철거를 통해 하천 상하류 지형이 댐건설 전 원 하천지형으로 돌아오기를 기대하기는 어렵다. 다만 새로운 하천지형이 형성된다. 그림 5.27은 Elwha 강의 상류댐 철거 직후 저수지 바닥에 형성된 다지하천을 보여준다. 그림 5.28은 댐 건설 전/후, 철거 직후, 철거 후 시점에서 하천형태 변화를 도식적으로 보여준다.

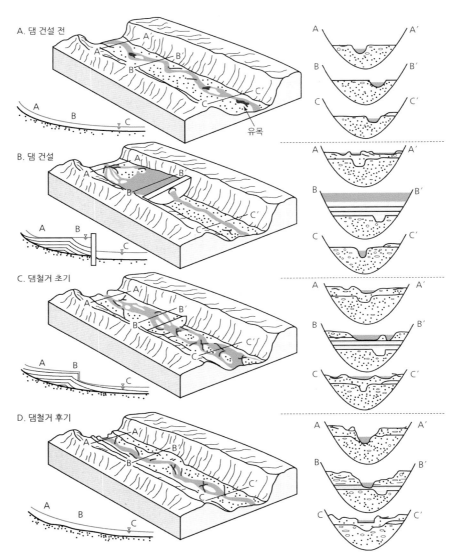

그림 5.28 **댐철거 후의 하천지형 변화 개념도**
(A : 댐 건설 전 자갈하상, B : 댐 건설 후 저수지상류에 델타형성, 하류에 하도 침식, 협착, 하상조립화,
C : 댐철거 후 1~2년 내. 댐위치 상하류에 다지하천 형성, 두부침식점 이동 및 하류 자갈하상이 고운모래로 덮임,
D : 댐철거 2~10년 후 형태. 상하류 퇴적된 하상에 하도침식 진행) (East 등, 2018)

화학(수질) 영향

댐이나 보 철거를 단순히 수질개선 목적으로 추진하는 경우는 문헌에 알려진 바가 사실상 없다. 또한 수질개선 목적으로 오래된 댐이나 보를 철거하게 되면 그 동안 퇴적된 저수지 퇴적토가 일시에 하류로 이송하게 되어 하류하천 수질에 부정적인 영향을 줄 수 있다. Hart 등(2002)은 미국 댐철거 사례에서 저수지 퇴사에 함유된 PCBs, PAHs 등 유기오염물이나 중금속 오염물의 이동과 그에 따른 하류하천의 2차오염 가능성 문제를 제기하였다. 댐철거 검토시 이와 같은 2차오염 가능성 문제는 충분히 검토되어야 한다.

저수지로 들어오는 질소와 퇴적토에 함유된 인 등 영양염류는 댐철거로 물과 미립토사가 하류로 이송되면서 동반 이송된다. Stanley와 Doyle(2002)의 연구에 의하면, 미국 위스콘신 주의 Rockdale 댐철거 사례에서 저수지에 퇴적된 미립토사는 인(P)으로 오염되었고, 질소(N)는 저수지로 유입되었다. 그러나 댐철거로 저수지에 퇴적된 토사가 비교적 단기간에 하류로 이송되지 않고 저수지 바닥에 새로운 하도를 형성하면서 하안침식이 지속되며 하도가 확대되는 경우 하천 상하류 영양염류 농도가 비슷해지기 위해서는 상당기간 걸리는 것으로 나타났다. 즉 인과 질소 같은 영양염류는 댐철거 방법과 규모에 따라 그 이동양상이 달라진다.

생물 영향

댐철거는 생태적으로 정수성 수생생태계를 유수성으로 바뀌게 되어 상당기간 하천생태계 교란은 피할 수 없다. 댐 철거기간이 짧아서 일시에 바뀌는 경우 그 동안 안정되었던 저수지 수생태계에는 치명적인 교란이 온다. 더욱이 퇴적토의 이송으로 수질이 급격히 악화되면 하류 수생태계와 하안 및 홍수터 육상생태계는 큰 교란을 받게 된다. 이러한 부정적 천이과정을 완화하게 위해서는 대상 댐에 맞는 철거방법의 선정이 중요하다.

문헌상에 나타난 댐철거에 의한 일반적인 생물상 변화는 다음과 같다(Hart 등, 2002).

- 댐철거는 하천의 생태통로를 다시 연결해주는 것이므로, 특히 회유성어류의 서식처 복원에 효과적이다.
- 대상하천에 회유성 물고기가 없는 경우에도 유수성 토종물고기에게는 서식공간의 확대효과가 있다.
- 정수성 물고기 대신 유수성 물고기가 지배적이 된다.
- 저수지 바닥에는 서식하지 못하는 하저조류(benthic algae)와 대형무척추동물 등이 다시 나타난다.

그러나 댐철거로 나타날 수 있는 부정적 생물영향도 상존한다(Hart 등, 2002). 구체적으로, 댐철거로 인한 급격한 유사이송은 하류하상토 특성을 바꾸어 기존 생물서식처에 부정적 영향을 줄 수 있다. 미국 사례의 경우 잔 모래하상에 상류에서 굵은 모래가 쓸려 내려와 하상토 구성비가 교란되어 민물조개 개체수가 급감한다던지, 기존의 여울과 소를 유입토사가 메꾸어서 토종물고기 개체수가 급감한다던지, 댐으로 외래어종 상류유입이 차단된 것이 댐철거 후 상류하천에 외래어종이 서식하는 문제 등이다.

한편, 댐건설로 상당기간 동안 저수지 주변토지의 지하수위가 일정높이를 유지한 경우 댐철거는 지하수위의 급속한 저하로 육상식물의 서식처에 부정적 영향을 준다. 국내 4대 강 보 건설로 주변 토지의 지하수위가 높아져서 그에 맞는 농경활동을 한 경우 보의 수위 저하는 지하수 양수에 부정적인 영향을 주는 것은 잘 알려져 있다.

마지막으로, 사회경제적 측면에서 댐이나 보 철거는 그동안 새로이 형성된 수변공간의 심미적, 경관적 가치변화를 가져오며, 나아가 토지가치의 변화를 가져올 수 있다.

표 5.12는 이러한 댐/보 철거에 따른 제요소에 미치는 영향을 정리한 것이다.

표 5.12 **댐/보 철거 영향 인자 및 요소** (환경부/건설연, 2008)

영향인자	댐/보 철거영향 요소
수리, 수문, 지형	• 수위변화, 하상경사 변화, 흐름 및 유사이송 변화 • 상류 저수지/하상 침식, 하류하천의 하상퇴적 • 하도형태변화, 하안 및 강턱 침식 등
수질	• 오염물질 이송, 오염물질 지체시간 변화 등 • 수온, 탁도, DO, pH 등 수질지표 변화
생태	• 정수형에서 유수형 생태계로 변환 • 수생 및 육상 서식처의 물리환경 변화 • 지형변화로 인한 생태영향 • 수질변화로 인한 생태영향 • 유사이송 및 재퇴적으로 인한 생태영향 • 생태통로 복원에 따른 생물서식처 변화 • 식생 도입 및 천이로 식물상 변화 • 전반적인 생물상 변화 • 외래종 및 침입종 서식처 확대
사회 · 경제	• 심미가치 변화 • 역사문화가치 변화 • 관광가치 변화 • 지하수 영향을 받는 주변 토지 여건변화 • 지역사회 영향

여기서 댐/보 철거로 인한 생태적 영향을 긍부정적으로 나누어 정리하면 표 5.13과 같다. 이 표에서 제시된 긍정적, 부정적 영향은 어디까지나 장기적 관점에서 본 것으로서, 댐철거 후 천이기에 나타날 수 있는 부정적 영향은 다양하다. 구체적으로, 댐철거로 저수지 바닥에 쌓인 토사가 일시에, 또는 비교적 단기간 내에 하류로 이송하게 되면 댐 하류하천의 반복적인 소와 여울 생태계는 일시에 매몰되거나 변형되어 수생서식처가 급작스럽게 훼손될 수 있다. 다음, 댐으로 인해 장갑화 현상이 일어난 하류하상에 미립토사가 퇴적되면 자갈하상의 수생서식처는 일시에 교란되고, 특히 연어나 송어 등 회유성물고기가 선호하는 산란처가 훼손될 수 있다. 또한 댐이라는 인위적 생물이동장벽이 무너지게 되면 하천생태계의 구조가 변형될 수 있다.

댐/보 철거의 생태적 영향은 위와 같이 댐 상하류에 걸쳐 일시적, 장기적으로 서로 다르게 나타난다. 이를 도식적으로 표시하면 그림 5.30과 같다. 이 그림에서 보는 바와 같이 댐철거의 환경영향은 공간적으로 상류부, 저류부, 하류부로 구분하고, 시간적으로 철거 후 수일~수년, 수년~수십 년 등으로 구분하여 검토할 수 있다.

표 5.13 **댐/보 철거로 인한 생태적 영향**(환경부/건설연, 2008)

댐철거 후 변화	긍정적 영향	부정적 영향
자연적 물 흐름 복원	• 하천의 역동성 향상 • 하천변 습지의 복원 • 하안식생의 회복 • 생물다양성, 개체군밀도 증가	• 정수역의 소멸
정수생태계에서 유수생태계로 변환	• 유수역 고유생태계 복원	• 정수역 생태계 소멸(생물 다양성 및 개체군 밀도감소)
수온/용존산소 변화	• 저수지 성층화 파괴로 용존산소의 농도 증가 • 저수온 선호 고유어종의 증가 • 수온장벽의 제거	• 단기적으로 일시적인 용존산소 과포화로 생물에 위해
유사방출과 이송	• 하류에 신선한 유사공급 시스템 복원 • 장기적으로 하상재료 및 형태(여울과 소 등) 복원	• 일시적 탁도증가 및 수질악화 • 저수지바닥에서 세립토사가 바람에 날려 새로운 환경문제 발생(미국 Condit dam 철거사례, 그림 5.29)
생물이동	• 회유성 물고기 이동 • 비회유성 생물서식처 질 향상 • 파편화된 개체군의 연결	• 외래종 유입증대 • 독성물질에 오염된 물고기 이동 가능성

이러한 환경영향과 과정을 구체적으로 설명하면, 댐철거 후 수일~수년의 비교적 단기간 내에서 저수지역은 자연적 물 흐름은 회복되나 유사유출은 급속히 증대하며, 수심과 물 체류시간은 급속히 짧아지며, 심수층 과정도 감소한다. 생물상은 정수역에서 유수역으로 바뀌고, 생물교환은 활발해지고, 식생이입이 시작되고, 퇴적토에 함유된 영양염류나 오염물이 방출되면 수질은 오히려 나빠질 수 있다. 댐지점의 하류하천에서는 유사유입이

급속히 커지고, 자연적 물흐름은 회복되고, 생물교환도 활발해지고, 상류에서 이송된 토사로 홍수터 식생이입에 영향을 주고, 마지막으로 퇴적토에 함유된 영양염류나 오염물이 유입하면 수질은 오히려 나빠질 수 있다.

그림 5.29 미국 워싱턴 주 Condit 댐철거 후 저수지 바닥의 침식 및 주변에 먼지발생 문제 (출처 : URL #4)

댐철거 후 수년~수십 년의 비교적 장기적으로는 저수지역은 자연적 유사이송과 하천형태는 복원되고, 식생역은 천이하고, 유기물수지는 더 커지거나 작아진다. 하류하천에서고 상류저수지역과 비슷한 현상이 나타난다.

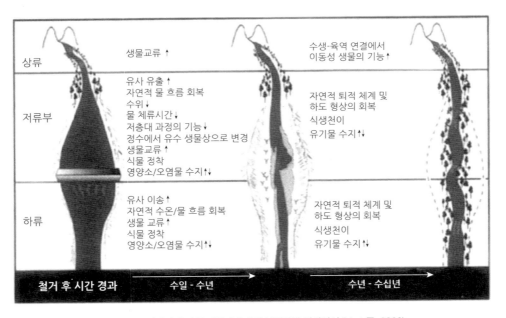

그림 5.30 댐철거에 따른 하천생태계의 시공간적 변화양상 (Hart 등, 2002)

그림 5.30에서 댐철거에 의한 식생이입의 변화현상은 특히 우리나라 하천여건에서 중요하다. 이 책의 제7장에서 자세히 설명한 대로 국내하천은 댐과 같은 인공구조물에 의한 흐름 및 유사이송 양상의 변화는 물론 기타 여러 원인으로 하천에 식생이입 현상이 가속화되고 있다. 이러한 상태에서 댐/보 철거는 그림 5.30에서 설명한 대로 대부분의 경우 식생이입에 큰 영향을 준다.

식생이입 관점에서 댐철거는 보통 2가지 유형의 새로운 나지를 제공한다(Shaforth 등, 2002). 즉 저수지 물이 빠져서 드러나는 댐 저류부의 나지와 댐 상류로부터 이송되는 유사에 의하여 형성되는 하류의 나지이다. 댐철거 후 하류부에서는 상류로부터 이송되어 퇴적된 나지에 천이 초기종인 선구식물(pioneer plants)이 새로 이입된다. 경우에 따라서 기존식생이 토사에 매몰되어 고사되는 경우가 있다. 또한 하류의 물 흐름이 변경되어 하천의 고유 식물군집이 재생되어 복원되기도 한다. 한편 댐철거 후 상류에서는 드러난 저수지 바닥이 선구식물의 정착지가 될 수 있다. 나지에 도입되는 선구식물은 성장이 빠르고 종자생산이 많으며 번식체가 효과적으로 전파된다. 결국 이러한 선구식물은 천이를 통해 후기식물에게 서식지를 넘기게 된다.

댐철거 후 노출된 나지의 초기이입 식물의 종류와 확산되는 정도는 수문, 퇴적물 조성, 지형에 의하여 결정된다. 초기에는 화본과, 사초과 및 광엽성 천이초기 초본이 혼재하지만 철거 후 수십 년이 경과하면 목본식물이 우점하게 된다. 일반적으로 노출된 나지에서 천이의 진행은 일년생 초본 → 다년생 초본 → 관목 → 교목의 순서가 된다. 댐철거에 의하여 상류에서는 노출된 하상에서 천이가 진행될 뿐만 아니라 수생역에서도 식생변화가 나타난다. 즉 댐철거에 의하여 정수생태계에서 유수생태계로 변화함에 따라서 수생식물의 종과 수는 대폭 감소하게 된다.

과거 약 50년간 미국에서 철거된 30개 댐에서 식생변화를 추적한 결과, 댐철거 후 시간이 경과함에 따라서 식물종수는 증가하였다(Orr와 Stanley, 2006). 또한 수생식물은 시간이 경과함에 따라서 감소하였지만, 교목은 증가한다. Orr와 Stanley는 댐철거에 따른 식생의 변화유형을 다음과 같이 3 가지로 분류하였다.

• 예측가능형(predictable pattern) : 댐철거 후 천이 초기종에서 천이 후기종으로 천이가 일어나므로 일반적으로 자생식물이 정착함

• 장소특정형(site-specific pattern) : 댐철거 장소의 면적, 저질(하상토)의 입자 크기, 영양소 가용도, 수분 가용성 등의 변화가 큰 영향을 줌

• 정지형(arrested pattern) : 댐철거에 의하여 나타난 빈영양 상태의 척박한 나지에 침입식물(invasive plant)이 들어오면 오랜 시간동안 유지되고 이들이 천이를 방해함

마지막으로, 댐철거에 따른 생태환경영향 평가시 고려사항은 다음과 같다(AR and TU, 2002).

- 댐상류 저수지의 정수형 서식처나 하안습지가 가지는 생태적 가치와 댐철거로 복원된 하도 및 하안 서식처의 생태적 가치의 상호비교
- 댐철거에 따른 댐 하류부에서 물흐름의 회복효과가 댐철거 전 물흐름을 선호하는 수생생물에 미치는 효과와 비교
- 댐철거가 어류와 야생생물에 미치는 효과가 총체적으로 긍정적인지, 부정적인지
- 댐철거가 회유성 어류와 기타 비회유성 어류 및 야생생물의 이동에 안전한 통로를 제공하는지
- 댐철거에 따른 토사이송이 하천 및 하안 생물에 미치는 장단기영향은 어느 정도인지
- 댐철거에 따른 수질변화가 하천 및 하안 생물에 미치는 장단기영향은 어느 정도인지
- 댐철거 후 하안 서식처의 면적과 서식환경의 변화가 순이익인지
- 댐철거에 따라 소실되는 습지에 비해 새로 형성되는 습지의 면적, 종류, 서식처 가치는 어느 정도인지

댐철거 의사결정 과정

댐이나 보의 철거는 보통 하천에 장단기적으로 상당한 영향을 주기 때문에 과학적, 합리적 이유 및 절차에 의해 추진되어야 한다. 구체적으로, 우선 철거의 목적과 목표가 분명하여야 하고, 다음 철거에 관련된 주요 영향인자들을 도출하고 각각의 인자에 관련된 세부적인 영향을 확인하여야 한다. 의사결정은 통합적인 접근법으로 필요시 피드백을 반복하여 각 단계별로 세운 가정들을 확인하여야 한다. 이러한 일련의 절차와 내용은 사실상 환경영향평가를 하는 것이다.

그림 5.31은 미국 Heinz Center(2002)에서 제시한 댐철거 결정의 일반적인 방법론을 보여준다. 여기서 주목할 것은 댐철거의 당위성으로 주로 거론되는 항목들은 안전 및 보안 문제, 환경(생물 및 수질 등) 문제, 법규 및 행정 문제, 사회적/경제적/행정적 문제 등이다. 여기서 댐이나 보 같이 특히 지역사회의 이해관계에 직결된 기간시설물의 철거 검토는 지역주민들의 참여가 필수적이다.

국내에서 2000년대 중반 환경부 국가연구개발사업의 일환으로 기능과 용도가 없어진 보를 대상으로 물리적 철거를 통한 하천환경 개선효과 연구를 수행하였다(환경부/건설연, 2008). 이 연구에서는 경기도 고양시 곡릉천 곡릉2보와 경기도 연천군 전곡읍 한탄강 고탄보를 시범철거하고 전 후 모니터링을 통해 환경영향을 평가하였다. 이러한 경험을 바탕으로 그림 5.32와 같은 보철거에 대한 의사결정 절차를 개발하였다. 이 성과는 보철거 관련 국내 제반여건을 고려하여 개발된 것으로서, 외국에서 개발된 댐/보 철거 가이드보다 적용성이 높을 것이다. 다만 이 성과는 높이 수 m의 소형보를 대상으로 한 것으로서, 대형보나 댐 규모 이상의 구조물에 대해서는 보다 심층적인 검토절차가 필요하다. 이러한

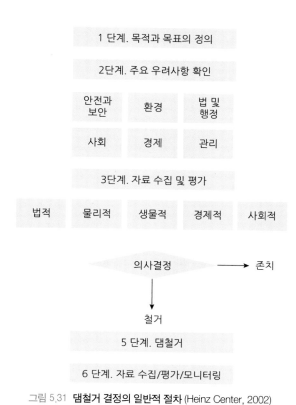

그림 5.31 **댐철거 결정의 일반적 절차** (Heinz Center, 2002)

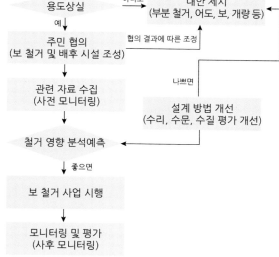

그림 5.32 **댐철거 의사결정 과정** (환경부/건설연, 2008)

대형구조물의 경우 특히 상류에 퇴적된 토사의 하류이송에 따른 하천변화와 새로이 노출된 저수지바닥에 식생이입 및 천이변화의 예측 및 대응이 중요한 내용이 될 것이다.

결론적으로, 환경적 이유든 안전상 이유든 기존의 댐이나 보를 철거하기 위해서 기본적으로 검토될 것은 제기된 문제를 해소하기 위해 댐철거 이외에 대안이 있는지, 있다면 각각의 대안에 대한 환경적, 사회경제적 평가를 과학적으로 추진할 수 있는 지(환경영향조사, EIS), 그리고 의사결정과정에 이해당사자들이 충분히 합리적으로 참여하고 있는 지 등이다.

댐/보 철거 사례

댐이나 보 철거사례로서 국내의 경우 연천 전곡읍 한탄강에 설치된 고탄보 철거사례를, 국외의 경우 미국 워싱턴 주 Elwha 강 댐 철거사례를 간단히 소개한다.

고탄보 철거

국내에서 처음으로 당초기능이 제한적이거나 없어졌고, 나아가 당초 용도도 더 이상 없어진 보를 대상으로 체계적인 모니터링 계획을 가지고 보를 철거한 사례는 2006년 경기도 고양시 곡릉천의 곡릉2보와 2007년 경기도 연천군 한탄강의 고탄보 둘이다. 이 중 전자는 다른 책(우효섭 등, 2018)에 이미 소개되었으므로, 이 책에서는 고탄보 철거사례를 소개한다.

고탄보는 경기도 연천군 전곡읍 한탄강에 놓인 고탄교 바로 밑에 있는 길이 190 m, 높이 2.8 m의 중형급 보(그림 5.33 좌)이다. 이 보는 1970년대 전곡읍 주민의 생활용수 제공을 위해 취수원 확보차원에서 설치되었으나, 한탄강 수질악화와 팔당댐 광역용수망이 연천군까지 도달함에 따라 더 이상의 취수가 불필요해져 그 용도가 없어졌다.

그림 5.33 **보 철거 전(좌)과 철거 후(우)의 비교사진** (안홍규 등, 2008)

고탄보는 한강하구부 서해에서 시작하여 임진강과 그 1차 지류인 한탄강으로 이어지는 물길 중 유일하게 남아있던 하천횡단구조물이다. 따라서 이 보는 바다와 상류하천을 연결하는 하천이라는 자연의 생태통로를 물리적으로 차단하는 문제를 일으킨다. 다행이 생활용수 확보 차원에서 만든 이 구조물이 더 이상 용도가 없어짐에 따라 뱀장어와 같은 강하성 물고기의 생태통로 복원을 위해서도 보철거 당위성이 컸다.

이 보는 당시 환경부 국가연구개발사업의 일환으로 진행된 보철거 관련 연구의 시범사업의 일환으로 2007년 7월 철거되었다. 그림 5.33(우)는 철거 직후(2007년 10월)의 전경으로서, 당시 9월 홍수로 보지점 상류 자갈이 상당부분 하류로 이동하여 보에 의해 형성된 하상낙차가 사실상 없어졌다. 보철거에 의한 상하류 하천에서 나타난 물리적, 화학적, 생물적 영향은 다음과 같다(환경부/건설연, 2008; 안홍규 등, 2008).

그림 5.34와 같이 보철거 직후 보 상류부에서 하상침식이 발생하고 보 하류부에서 퇴적이 일어났다. 횡단면상으로는 보 직상류부는 전체적으로 침식이, 보 하류부에서 여울, 하중도, 사주 등 다양한 지형으로 변모되었다. 2007년 9월 비교적 큰 홍수에도 불구하고 하상변동이 크게 발생하지 않은 것은 하상재료가 직경 30 cm 내외의 호박돌로 구성되어 있기 때문이다. 보철거 후 전체적으로 우측 상류의 하상재료가 좌측 하류로 쓸려 내려와 하류하상에 퇴적된 양상을 보여준다.

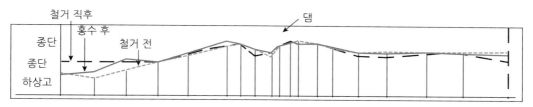

그림 5.34 **고탄보 상하류 종단변화 (파랑색은 철거 전 5월, 자주색은 철거 직후 8월, 연두색은 9월 홍수 후 10월의 하상종단고이다. 흐름은 우에서 좌로) (안홍규 등, 2008)**

그림 5.35 **보철거 후 상류역에 뱀장어(이 하천의 대표적인 강하성 어류)의 출현**

BOD 기준 수질변화는 보철거 전후로 크게 변하지 않은 것으로 나타났다. 그 이유는 이 구간의 수질은 전체적으로 비교적 양호한 상태였으며, 자갈하천구간이라 보가 있었어도 오염물질이 잔류하기 좋은 실트질 토사가 많지 않았기 때문으로 보인다.

생태적 변화를 보면 보철거로 인하여 전체적인 물길의 방향이 변화되어 하류에 크게 형성되어있던 사주가 축소되었으며, 특히 좌안측 사주부에는 큰달뿌리풀 군락이 정착해 가는 양상을 보였다. 저서성 대형무척추동물의 경우 보철거 이전과 철거 이후를 비교하면 상류지역의 하상재료(저질)가 다양해지고 정수역이 유수역으로 변화함으로써 줄날도래와 통날도래 등이 새로이 출현하여 상하류간의 연결성이 서서히 회복되고 있는 것으로 보였다. 반면에 잠자리와 다슬기 등 철거 전에 출현하였던 종이 철거 후 보이지 않는 것으로 나타났다. 어류의 경우 보철거 전후를 비교하면 철거 전에 보 최상류역 대조구간에서 조사된 종이 16종에서 26종으로 늘어났으며, 특히 뱀장어, 강준치, 쏘가리와 같은 어류의 개체수가 증가한 것으로 나타났다(그림 5.35). 결론적으로, 보철거로 생물이동통로가 확보됨으로써 종다양도지수는 전반적으로 커진 것으로 나타났다.

다만 이러한 모니터링은 1년이라는 비교적 단 기간에 이루어진 결과로서, 보철거에 따른 물리적, 화학적, 생물적 영향을 확인하게 위해서는 5~10년 중장기적 관찰이 요구된다.

Elwha 강 두 댐의 철거

Elwha 강 생태복원사업은 미국에서 플로리다 주에 있는 Kissimmi 강을 포함하는 Everglades 복원사업(우효섭 등, 2011) 다음으로 규모가 큰 하천복원사업이다. 이 사업의 백미는 이 강에 있는 두 댐(하류 Elwha 댐, 상류 Glines 댐)을 물리적으로 철거하여 하천의 생태통로를 복원한 것이다.

Elwha 강은 그림 5.36과 같이 미국 서북부 워싱턴 주 올림픽 국립공원에 있는 유역면적 833 km^2, 연장 72 km의 계곡하천이다. 이 하천은 태평양으로 흘러가며, 두 댐 건설 전에는 하구에 상류에서 실려 온 토사가 쌓여 만들어진 삼각주가 있었다.

20세기 초 Elwha 강에 발전용댐이 건설되기 전에는 이 강은 연어, 송어 등 회유성 물고기의 보고였다. 매년 40만 마리의 연어 등이 산란을 위해 바다에서 하천을 거슬러 올라가면서 이 지역에 사는 인디언 원주민 Klallam 족의 기본적인 식품이었으며, 나아가 수변생태계의 중요 영양공급원이었다.

그러나 그 지역의 목재산업이 시작되면서 전력이 필요하게 되어 1910년에 하구에서 7.9 km 상류지점에 높이 32 m의 Elwha 댐, 1927년에 21.6 km 상류지점에 높이 64 m의 Glines Canyon 댐이 건설되면서 하천생태계는 급격한 변화가 나타났다. 댐에 의한 유사공급의 중단은 하천의 형태와 하상상태의 변화를 가져왔으며, 특히 하구 삼각주가 점차 침식되어 얼마 안가서 해안암반이 노출되었다. 그러나 댐건설로 인한 가장 큰 변화는 하천생태통로의 단절로 인한 연어, 송어 등 회유성 물고기 수가 연 3천 마리로 급격히 감소한 것이다.

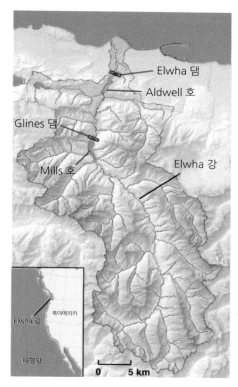

그림 5.36 Elwha 강과 두 댐(Elwha 댐, Glines 댐)

이러한 댐에 의한 환경영향이 부각되고, 나아가 댐의 유일한 편익인 발전량 자체도 주변 목재산업이 필요로 하는 전체발전량의 38 % 수준밖에 안 되고, 20세기 초 댐 건설시에는 없었던 발전공급 대안이 있는 현 시점에서 댐이 주는 발전편익으로는 환경피해를 보상한다고 강변하기 어렵게 되었다. 이에 따라 1992년 미 의회에서 'Elwha 강 생태계 및 어업 복원법'이 통과되면서, 약 20년간의 준비기간을 거쳐 2011년 9월 하류 Elwha 댐을 시작으로 미국에서 가장 큰 댐철거사업이 시작되었다. 이어서 2014년 12월에 상류 Glines Canyon 댐철거 사업이 뒤따랐다.

댐철거에 앞서 1996년에 철저한 환경영향보고서(EIS)가 공개되었다. 이 보고서에서는 첫 째, 두 댐으로 인한 Elwha 강의 회유성 물고기서식처 훼손문제와, 둘째 유사공급의 차단으로 인한 하구삼각주를 포함한 하천지형의 변형문제가 제기되었다. 이에 따라 연방정부는 그 때까지 민간소유이었던 두 댐의 시설 및 발전 소유권을 매입하여 댐철거사업을 시작할 수 있게 하였다.

댐철거 전에 저수지에서 용수를 공급받아온 지역사회에 산업지역에 용수공급을 위해 두 개의 수처리시설이 설치되었다. 댐철거 방법은 댐의 특성별로 채택되었다. 상류 Glynes Canyon 댐의 경우 그림 5.38(우측사진)과 같이 먼저 저수지 수위를 여수로 수문

바닥까지 낮추고 수면 위에 있는 높이 5.1 m의 댐체가 철거되었다. 그 다음 약 52 m의 댐체는 이른바 V자형 홈파기(notching process) 방식으로 철거되었다. V자형 홈파기에서 그 폭은 저수지 상류에 형성된 델타형 유사퇴적물을 침식하여 하류로 이송할 수 있을 수류력이 나오게 조정되었다.

하류 Elwha 댐의 경우(그림 5.37 좌측) 처음 4.5 m 정도는 저수지 수위를 낮추면서 댐체를 철거하였으며, 그 다음은 좌측 여수로 아래로 터널을 뚫어 저수지 물을 추가로 방류하였다. 그 다음 댐 주위로 임시 물막이댐을 쌓아서 그 사이 물을 양수하고 대신 사력으로 채워 댐과 같이 마르게 하였다. 그 다음 댐체를 파쇄하여 철거하였다. 동시에 주변 발전소 등 댐시설물도 철거하였다. 두 댐 모두 새롭게 노출된 하상과 수변은 적절한 식생으로 복원하였다.

그림 5.37 Elwha 댐(좌)과 Glines Canyon 댐(우) 철거장면 (출처 : URL #5, 미국 국립공원관리청)

두 댐의 물리적인 철거 후 하천복원을 위해 가장 먼저 한 것이 과거 저수지이었던 지역과 댐철거로 인한 하류하천의 퇴적지역에 재식(revegetation) 이었다. 재식사업의 목표는 외래종의 출현을 최소화하고, 자연생태과정을 복원하고, 원래의 수림을 복원하는 것이었다.

Elwha 댐 철거사업의 중요한 목적은 연어, 송어 같은 회유성 물고기가 다시 돌아오는 것이었다. 댐철거 후 모니터링 결과, Chinook, Coho 연어 개체 수는 매우 큰 증가를 보여서, 전체적으로 5배 이상의 회유성물고기 개체수가 증가한 것으로 나타났다. 그러나 Pink 연어와 Chum 연어의 회귀율은 큰 변화가 없게 나타나서, 이 문제는 앞으로 지속적인 모니터링을 통해 원인과 대책이 필요한 것으로 판단되었다.

댐철거로 인한 하천과 지형의 변화는 우선 저수지였던 곳이 노출되면서 초기에 다지하천이 형성되는 것부터 시작하였다. 그림 5.27은 그 중 하나로서, 토사가 과잉인 상태에서 하천흐름은 망상하천을 만들면서 사행하는 것을 볼 수 있다.

하구 삼각주에서도 댐철거 영향이 가시적으로 나타났다. 하천지형 모니터링 결과, 그림 5.39에서 보는 바와 같이 댐철거 후 삼각주는 약 1 m 두께로 400 m 정도 확장된 것으로 나타났다. 이는 댐철거 후 저수지에 쌓인 토사 3천만 톤 중 약 65%가 이번 댐철거로 세굴되었고, 이중 약 10%만이 하천에 퇴적되고 나머지는 모두 하구에 퇴적된 결과이다 (Ritchie 등, 2018). Elwha 강은 댐철거 후 전체적으로 유사량, 탁도, 하도 등의 측면에서 안정화 되고 있다. 특히 댐철거 후 유사퇴적으로 만들어진 다지하도도 안정화되고 있다.

결론적으로, Elwha 강의 두 댐철거 및 하천복원 사업은 규모 면에서 세계 최대의 생태계 복원사업으로서, 기념비적 사업이다. 그러나 이 사업은 문제제기부터 사업추진까지 무려 20년이 걸렸다. 전 절에서 소개하였듯이 미국은 콜로라도 강 상류에 건설된 글랜캐니언 댐으로 인해 하류 그랜드캐니언언 국립공원이 훼손되는 문제(우효섭과 박성제, 1999)를 해소하고자 일찍이 1996년부터 댐에서 이른바 '인공홍수'를 만들어 하류 하천서식처를 복원하려고 하였다. 여기서 이런 댐정책 전환을 구체적으로 실천하기 위해서는 수년에서 수십 년간에 걸쳐 사전에 철저한 과학적 검증과 이해당사자 간의 협의를 거쳐 이루어지는 미국의 의사결정과정을 염두에 둘 필요가 있다.

그림 5.38 Elwha 댐철거 후 하구 삼각주 복원(좌 : 철거 전 2011, 우 : 철거 후 2014) (출처 : URL #6)

5.1 USLE를 이용하여 다음 조건에서 연평균 토양유실량을 추정하시오. 서울 근교에 유역 면적 15.5 ha의 지형이 비교적 균일한 지역에서 단지 개발을 위해 건설 기계로 나지를 새로 긁었다. 경사면의 길이는 350 m이며, 평균 경사는 3.3%이다. 토양은 실트와 극세사의 백분율이 50%, 점토의 백분율이 25%, 유기물 함량이 5%이며, 토양 구조는 2, 투수도는 3등급이다.

5.2 한강과 낙동강의 유역면적을 조사한 후 식 (5.13)을 이용하여 유사전달비를 각각 추정하고 그 결과를 평가하시오.

5.3 비교적 양호한 임상의 유역 면적 3.5 km^2, 유역 경사 5~10%의 임야를 개발하여 신도시를 만든다. 신도시 개발 중에 유역에서 많은 토사유출로 하류 하천의 하상이 높아져 하류 하천을 끼고 있는 기존 도시의 홍수 위험 문제가 대두되었다. 그 도시 하천 관리자의 입장에서 이 문제를 접근하는 기술적 방법과 절차를 설명하시오.

5.4 어느 저수지의 포착률이 60%이고 상류유역의 비유사량이 200 톤/km^3/yr일 경우 저수지의 비퇴사량을 추정하시오. 퇴적토의 단위중량은 1.2 톤/m^{3}이라고 가정하시오.

5.5 저수용량이 15 km^3 저수지로 유입되는 연평균 유사량이 200 × 10^6 톤/yr인 경우 저수지의 잔류수명을 계산하시오. 유입되는 유사량은 모두 건조단위중량이 1.2 톤/m^{3}이라고 가정하시오.

5.6 댐에 의한 하류하천의 하상과 지형에 미치는 영향 중에서 수리구조물과 지류에 미치는 영향을 각각 서술하시오.

5.7 댐 하류하천에서 서식처와 생태계 기능을 복원하기 위한 기술은 증가방류, 인공홍수, 댐 하류에 유사를 공급하는 유사환원이 있다. 이중에서 생태계나 하천관리를 위한 증가방류 목적과 제약조건을 기술하시오.

5.8 주변의 비교적 규모가 큰 보(높이 2 m 이상)를 대상으로 먼저 그림 5.31과 그림 5.32를 기준으로 각각 보 철거 의사결정 절차를 밟으면서 단계별로 정성적으로 평가하시오. 자료가 미비하면 적절히 가정하시오. 그 결과를 가지고 두 절차의 기본적 차이를 평가하시오.

참고문헌

강기호, 장창래, 이기하, 정관수. 2016. "댐 하류하천에서 유사공급에 의한 하도의 지형변화 수치모 의 분석(영주댐을 중심으로)" 한국수자원학회논문집, 49(8): 693-705.

건설부/건설연(한국건설기술연구원). 1992. 댐 설계를 위한 유역단위 비유사량 조사, 연구. p. 61/218.

국토해양부. 2011. 2010년도 수문조사 보고서: II. 유사량, 토양수분량, 증발산량 측정 부문.

국토해양부. 2012. 2011년도 수문조사 보고서: II. 유사량, 토양수분량, 증발산량 조사 부문.

국토교통부. 2014. 2013년도 수문조사 보고서: II. 유사량, 토양수분량, 증발산량 조사 부문.

김기철, 김종해, 정구열, 김현식. 2014. 2차원 수치모형을 이용한 저수지 내 퇴사분포 예측. 한국수 자원학회 논문집, 46(8): 729-742.

박정환, 우효섭, 편종근, 김광일. 2000. 토양유식공식의 강우침식도 분포에 관한 연구. 한국수자원 학회 논문집, 33(5), 603-610.

서승덕, 임홍익, 천만복, 윤경덕. 1988. 유역의 지상적 요인과 저수지 비퇴사량과의 상관 분석. 한국 농공학회지, 30(4).

안재현, 장수형, 최원석, 윤용남. 2006. 저수지 장기운영을 위한 퇴적토사의 효율적 관리(2) – 저수 지 퇴사분포 및 저감방안. 한국물환경학회지, 22(6): 1094-1100.

안홍규, 우효섭, 이동섭, 김영주. 2008. 기능을 상실한 보철거를 통한 하천생태통로 복원 – 한탄강 고탄보를 대상으로. 한국수자원학회 2008년도 학술발표회 논문집, 1536-1539.

옥기영, 장창래, 김범철, 최미경. 2019. 댐하류 조절하천의 자연성 회복을 위한 하천 유사환원 연구 고찰. 한국수자원학회 논문집, 52(2): 835-844.

우효섭. 1999. GPS를 이용한 저수지 퇴사 조사−기술 원리와 응용. 건설기술정보, 한국건설기술연 구원, 통권 193호.

우효섭, 박성제. 1999. 글렌캐니언 댐 폐기 논쟁, 진정한 자연환경복원 운동인가, 우스꽝스러운 주 장인가? 대한토목학회지, 47(3): 80-89.

우효섭. 2001. 하천수리학. 청문각.

우효섭. 2008. 그랜드캐니언의 세 번째 인공홍수−배경 및 효과. 대한토목학회지, 56(12): 86-91.

우효섭, 김혜주, 한명수, 오종민, 김현준, 김한태, 원두희, 김원, 김상호. 2011. 생명의 강 살리기- 국내외 사례. 생태공학포럼. 청문각.

우효섭, 김원, 지운. 2015. 하천수리학(개정판). 청문각.

우효섭, 오규창, 류권규, 최성욱. 2018. 인간과 자연을 위한 하천공학. 청문각.

윤용남. 1981. 관개용 저수지의 연평균 퇴사량과 저수 용량 감소년의 산정. 대한토목학회 논문집, 1(1).

이원호, 김진극. 2008. 2차원 모형을 이용한 저수지 퇴사량 예측. 한국지반환경공학회 논문집, 9(5): 21-27.

장은경, 임종철, 지운, 여운광. 2011. 배사구 유입부 흐름 및 하상변동 수치모의를 위한 매개변수 검 정 및 민감도 분석에 관한 연구. 한국환경과학회지, 20(9): 1151-1163.

장창래, Shimizu, Y. 2010. 안동댐 하류 하천에서 사주의 재현 모의. 대한토목학회논문집, 대한토 목학회, 30(4B) 379-388.

정필균, 고문환, 임정남, 윤기대, 최대웅. 1983. 토양유실량 예측을 위한 강우인자의 분석. 한국토양비료학회지, 16(2): 112–118.

지운, 손광익, 김문모. 2009. 홍수조절댐에서의 배사관 설치에 따른 상류 하천의 하상변동에 관한 수치모의 연구. 한국수자원학회 논문집, 42(4): 319–329.

지운, 김태근, 이은정, 류경식, 황만하, 장은경. 2014. SWAT 모형을 이용한 낙동강 유역의 장기 유출에 따른 유사량 분석. 한국환경과학회지, 23(4): 723–735.

지운, 황만하, 여운광, 임광섭. 2012. 토지이용도, RUSLE, 그리고 산사태 위험도를 이용한 낙동강 유역의 토양 침식에 대한 위험성 및 잠재성 분석. 한국수자원학회논문집, 45(6): 617–629.

한국수자원공사. 2010. 다목적댐 운영실무편람.

환경부/한국건설기술연구원(건설연). 2008. 기능을 상실한 보철거를 통한 하천생태통로 복원 및 수질개선효과 보고서(2004~2008).

한국수자원공사. 2010. 다목적댐 운영실무편람.

한국수자원학회. 1998. 제6회 수공학워크숍.

행정안전부. 2019. 재해영향평가 등의 협의 실무지침.

환경처. 1991. 녹지자연도(축척 1:250,000).

Abbott, M. B., Bathurst, J. C., Cunge, J. A., O'Connell, P. E., and Rasmussen, J. 1986a. An introduction to the European Hydrological System—Système Hydrologique Européen, 'SHE', 1: History and philosophy of a physically-based, distributed modelling system. Journal of hydrology, 87(1–2): 45–59.

Abbott, M. B., Bathurst, J. C., Cunge, J. A., O'connell, P. E., and Rasmussen, J. 1986b. An introduction to the European Hydrological System—Système Hydrologique Européen, 'SHE', 2: Structure of a physically-based, distributed modelling system. Journal of hydrology, 87(1–2): 61–77.

Annandale, G. W. 2013. Quenching the Thirst: Sustainable Water Supply and Climate Change. North Charleston, SC.

Arnold, J. G., Srinivasan, R., Muttiah, R. S., and Williams, J. R. 1998. Large-area hydrologic modeling and assessment. I: model development. Journal of the American Water Resources Association, 34(1): 73–89.

ASCE. 1975. Sedimentation Engineering. Vanoni, V. (ed), Manuals and Reports on Engineering Practice—No 54. American Society of Civil Engineers.

ASCE. 2008. Sedimentation Engineering. Garcia, M. H. (ed), Manuals and Reports on Engineering Practice—No 110. American Society of Civil Engineers.

AR (American Rivers) & TU (Trout Unlimited). 2002. Exploring dam removal: a decision-making guide.

Auel, C., Berchtold, T., and Boes, R. 2010. Sediment management in the Solis reservoir using a bypass tunnel, in Proceedings of the 8th ICOLD European Club Symposium, Innsbruck, Austria.

Basson, G. R. 1997. Hydraulic Measures to deal with Reservoir Sedimentation: Flood Flushing, Sluicing and Density Current Venting. Third International Conference on River

Flood Hydraulics, Stellenbosch, South Africa.

Basson, G. R. 2007. Mathematical modelling of sediment transport and deposition in reservoirs. Guidelines and case studies, ICOLD Bulletin 140, International Commission on Large dams, 61, avenue Kleber, 75116, Paris.

Beasley, D. B., Huggins, L. F., and Monke, A. 1980. ANSWERS: A model for watershed planning. Transactions of the ASAE, 23(4): 938-0944.

Brandt, S. A. 2000. Classification of geomorphological effects downstream of dams. Catena, 40, pp. 375-401.

Brune, G. N. 1953. Trap Efficiency of Reservoirs. Transactions, American Geophysical Union, 34(3).

Cao, S. Liu, X., and Er, H. 2010. Dujiangyan irrigation system − a world cultural heritage corresponding to concepts of modern hydraulic science. J. of Hydro-environment Research, 4(1): 3-13.

Chaudhary, H. P., Isaac, N., Tayade, S. B., and Bhosekar, V. V. 2019. Integrated 1D and 2D numerical model simulations for flushing of sediment from reservoirs. ISH Journal of Hydraulic Engineering, 25(1): 19-27.

Churchill, M. A. 1948 Discussion of Analysis and Use of Reservoir Sedimentation Data, by L. C. Gottschalk. Proceedings of Federal Interagency Sedimentation Conference, Denver, Colorado, Jan.

Davis, C. M., Bahner, C., Edison, D., and Gibson, S. 2014. Understanding Reservior Sedimentation along the Rio Grande: A Case Study from Cochiti Dam. Proceedings of World Environmental and Water Resoources Congress: Water without Borders, Portland, Oregon, June 1-5.

East, A. E. et al. 2015. Large-scale dam removal on the Elwha River, Washington, USA: River channel and floodplain geomorphic change. Geomorphology, 228: 765-786.

East, A. E. et al. 2018. Geomorphic evolution of a gravel-bed river under sediment-starved versus sediment-rich conditions: River Response to the World's Largest Dam Removal, JGR Earth Surface, AGU, 123(12): 3338-3369.

EMRL. 2000. SMS(Surface Water Modeling System) SED2DWES version 4.3 user's manual. Environmental Modeling Research Laboratory, Brigham Young University, UT.

Erickson, A. J. 1997. Aids for estimating soil erodibility-K value class and soil loss tolerance. US Department of Agriculture, Soil Conservation Services, Salt Lake City of Utah.

Foster, G. R., McCool, D. K., Renard, K. G., and Moldenhauer, W. C. 1981. Conversion of the universal soil loss equation to SI metric units. Journal of Soil and Water Conservation, 36(6): 355-359.

Fuller, I. C., Large, A. R., Charlton, M. E., Heritage, G. L., and Milan, D. J. 2003. Reach-scale sediment transfers an evaluation of two morphological budgeting approaches, Earth surface processes and Landforms: 28: 889-903.

Gaeuma, D. 2014. High-flow gravel injection for constructing designed in-channel features, River Research and Applications, 30: 685-706.

Gibson, S., Brunner, G., Piper, S., and Jensen, M. 2006. Sediment Transport Computations in HEC-RAS. Eighth Federal Interagency Sedimentation Conference (8thFISC), Reno, NV, 57-64.

Haan, C. T., Barfield, B. J., and Hayes, J. C. 1994. Design hydrology and sedimentology for small catchments. Academic Press.

Hart, D. D. et al. 2002. Dam removal: challenges and opportunities for ecological research and river restoration. Bioscience, 52(8): 670–681.

Hartley, D. M. and Julien, P. Y. 1992. Boundary shear stress induced by raindrop impact. Journal of Hydraulic Research, 30(3): 341–359.

Heinz Center. 2002. Dam removal: Science and decision making. The Heinz Center.

ICOLD. 1989. Sedimentation Control of Reservoir-Guidelines, International Commission on Large Dams. Bulletin no. 67. Paris.

ICOLD. 1999. Dealing With Reservoir Sedimentation. Bulletin no 115. Paris.

Ippen, A. T. and Harleman, D. R. F. 1952. Steady State Characteristics of Subsurface Flow. Circular no. 521, Gravity Waves Symposium, National Bureau of Standards, Washington, D. C.

Israelsen, C. E., Clude, C. G., Fletcher, J. E., Israelsen, E. K., Haws, F. W., Packer, P. E., and Farmer, E. E. 1980. Erosion Control during Highway Construction. Manual of Principles and Practices, Nat. Coop. Highway Research Program, Report 221, Transportation Research Board, Nat. Research Council, Washington D.C., 98p.

Jansson, M. B. and Erlingsson, U. 2000. Measurement and quantification of a sediment budget for a reservoir with regular sediment flushing. Regul. Rivers Res. Manage., 16: 279–306.

Ji, U. 2006. Numerical Model for Sediment Flushing at the Nakdong River Estuary Barrage. Ph.D. Dissertation, Colorado State University, Fort Collins, CO.

Ji, U., Julien, P. Y., and Park, S. K. 2011. Sediment flushing at the Nakdong River Estuary Barrage. Journal of Hydraulic Engineering, 137(11): 1522–1535.

Ji, U., Velleux, M., Julien, P. Y., and Hwang, M. 2014. Risk assessment of watershed erosion at Naesung Stream, South Korea. Journal of environmental management, 136: 16–26.

Julien, P. Y. 1979. Erosion de bassin et apport solide en suspension dans les cours d'eau nordiques. M.Sc. thesis, Civil Engineering, Laval University, Québec, Canada, 186.

Julien, P. Y. 2010. Erosion and Sedimentation, Second Edition. Cambridge University Press, Cambridge.

Julien, P. Y. 2018. River Mechanics, 2nd Ed. Cambridge: Cambridge University Press.

Julien, P. Y. and Frenette, M. 1985. Modeling of rainfall erosion. Journal of Hydraulic Engineering, 111(10): 1344–1358.

Julien, P. Y. and Frenette, M. 1986. LAVSED-II-A model for predicting suspended load in northern streams. Canadian Journal of Civil Engineering, 13(2): 162–170.

Julien, P. Y. and Frenette, M. 1987. Macroscale analysis of upland erosion. Hydrological Sciences Journal, 32(3): 347–358.

Julien, P. Y. and Saghafian, B. 1991. CASC2D user's manual. Civil Engineering Report, Department of Civil Engineering, Colorado State University, Fort Collins, Colo.

Julien, P. Y. and Tanago, M. G. 1991. Spatially varied soil erosion under different climates. Hydrological sciences journal, 36(6): 511–524.

Julien, P. Y., Saghafian, B., and Ogden, F. L. 1995. RASTER-BASED HYDROLOGIC

MODELING OF SPATIALLY-VARIED SURFACE RUNOFF 1. JAWRA Journal of the American Water Resources Association, 31(3): 523−536.

Kantoush, S. A., Sumi, T., and Kubota, A. 2010. Geomorphic response of rivers below dams by sediment replenishment technique. Proceedings of River Flow 2010, Braunschweig, Germany, pp. 1155−1163.

Kashef, A. A. I. 1981. Technical and ecological impacts of the High Aswan Dam. Journal of Hydrology, 53. pp. 73−84.

Keulegan, G. H. 1949. Interfacial Instability and Mixing in Stratified Flows. Journal of Research, National Bureau of Standards, 43(487).

Kim, H. S. and Julien, P. Y. 2006. Soil Erosion Modeling Using RUSLE and GIS on the IMHA Watershed. Water Engineering Research, 7(1): 29−41.

Knisel, W. G. 1980. CREAMS: A field scale model for chemicals, runoff, and erosion from agricultural management systems (No. 26). Department of Agriculture, Science and Education Administration.

Kondolf, G. M. 1997. Hungry water: Effects of dams and gravel mining on river channels. Environmental Management, 21(4): 533−551.

Kondolf, G. M. et al. 2014. Sustainable sediment management in reservoirs and regulated rivers: Experiences from five continents. Earth's Future, 2: 256−280.

Kokubo, T., Itakura, M., and Harada, M. 1997. Prediction methods and actual results on flushing of accumulated deposits from Dashidaira reservoir. in 19th ICOLD Congress, Q74 R47, 761−791, Florence, Italy.

Lane, E. W. 1955. Design of stable channels. Transactions of the American Society of Civil Engineers, 120: 1234−1279.

Lane, N. 2006. Dam removal: issues, considerations, and controversies. CRS report for Congress, U.S. Congressional documents, Library of Congress.

Langbein, W. B. and Schumm, S. A. 1958. Yield of sediment in relation to mean annual precipitation. Eos, Transactions American Geophysical Union, 39(6): 1076−1084.

Liu, J., Minami, S., Otsuki, H., Liu, B., and Ashida, K. 2004. Environmental impacts of coordinated sediment flushing. Journal of Hydraulic Research, 42: 461−472.

Merz, J. E., Pasternack, G. B., and Wheaton, J. M. 2006. Sediment budget for salmonid spawning habitat rehabilitation in a regulated river. Geomorphology, 76: 207−228.

Mohammad, M. E., Al−Ansari, N., Issa, I. E., and Knutsson, S. 2016. Sediment in Mosul Dam reservoir using the HEC−RAS model. Lakes and Reservoirs: Research and Management, 21: 235−244.

Molnar, D. K. and Julien, P. Y. 1998. Estimation of upland erosion using GIS. Computers & Geosciences, 24(2): 183−192.

Morris, G. L. and Fan, J. 1998. Reservoir Sedimentation Handbook: Design and Management of Dams, Reservoir and Watersheds for Sustainable Use. McGraw Hill, New York.

Nature. 2020. River bounces back after world's largest−ever dam removal. Research Highlights/Articles, Geophysics 10, Dec. 2018.

Negev, M. 1968. A sediment model on a digital computer. Department of Civil Engineering, Stanford University, Stanford, California.

Neitsch, S. L., Arnold, J. G., Kiniry, J. R., Srinivasan, R., and Williams, J. R. 2002. Soil and water assessment tool user's manual version 2000. GSWRL report 02-02; BRC Report 02-06; TR-192, Texas Water Resources Institute, College Station, Tex.

Ock, G., Gaeuman, D., McSloy, J., and Kondolf, G. M. 2015. Ecological functions of restored gravel bars, the Trinity River, California. Ecological Engineering, 83: 49-60.

Ock, G, Kondolf, G. M, Takemon, Y., Sumi, T. 2013a. Missing link of coarse sediment augmentation to ecological functions in regulated rivers below dams: comparative approach in Nunome River, Japan and Trinity River, California of US. Advances in River Sediment Research, pp 1531-1538.

Ock, G, Sumi, T., Takemon, Y. 2013b. Sediment replenishment to downstream reaches below dams: implementation perspectives. Hydrological Research Letters, 7: 54-59.

Ock, G., Takemon, Y. 2014. Effect of reservoir-derived plankton released from dams on particulate organic matter composition in a tailwater river (Uji river, Japan): source partitioning using stable isotopes of carbon and nitrogen. Ecohydrology, 7: 1172-1186.

Orr, C. H. and Stanley, E. H. 2006. Vegetation development and restoration potential of drained reservoirs following dam removal in Wisconsin. River Research and Application, 22: 281-295.

Park, M., Lee, J., Jung, S., Park, C., Chang, K., Kim, B. 2012. Effects of sand supply and artificial floods on peripgyton in the downstream of a dam(Yangyang Dam, Korea). Journal or Korea Society on Water Evironment, 28: 418-425.

Park, S. W., Mitchell, J. K., and Scarborough, J. N. 1982. Soil erosion simulation on small watersheds: a modified ANSWERS model. Transactions of American Society of Agricultural Engineers, 25(6): 1581-1588.

Pitlick, J., and Wilcock, P. 2001. Relations between streamflow, sediment transport, and aquatic habitat in regulated rivers, In: Dorava, J.M., Montgomery, D.R., Palcsak, B.B and Fitzpatrick, F.A. (eds), Geomorphic processes and Riverine Habitat. American Geophysical Union, Washington, DC., pp. 185-198.

Power, M. E, Dietrich, W. E, Finlay, J. C. 1996. Dams and downstream aquatic biodiversity: potential food web consequences of hydrology and geomorphic change. Evironmental Management, 20: 887-895.

Refsgaard, J. C. and Storm, B. 1995. MIKE SHE. Chap. 23. In Computer Models of Watershed Hydrology, Singh, V. P. (ed.), Water Resources Publications, Highlands Ranch, Colo., 809-846.

Renard, K. G., Foster, G. R., Weesies, G. A., and Porter, J. P. 1991. RUSLE: Revised universal soil loss equation. Journal of soil and Water Conservation, 46(1): 30-33.

Renard, K. G., Foster, G. R., Yoder, D. C., and McCool, D. K. 1994. RUSLE revisited: status, questions, answers, and the future. Journal of Soil and Water Conservation, 49(3): 213-220.

Ritchie, A. C. et al. 2018. Morphodynamic evolution following sediment release from the world's largest dam removal. Scientific Reports, Nature, vol. 8, Article number 13279.

Salas, J. D. and Shin, H.–S. 1999. Uncertainty Analysis of Reservoir Sedimentation. Journal of Hydraulic Engineering, 125(4).

Schall, J. D. and Fisher, G. A. 1996. Hydrographic Surveying Using Global Positioning Techniques. Proceedings of International Conference on Reservoir Sedimentation, vol. 1, M. L. Albertson, et al. ed., Fort Collins, Colorado, Sept. 9–13.

Schwab, G. O., Frevert, R. K., Edminster, T. W., and Barnes, K. K. 1981. Soil and water conservation engineering, 3rd ed. John Wiley and Sons, New York.

Sentürk, F. 1994. Hydraulics of Dams and Reservoirs. Water Resources Publications, Colorado.

Shaforth, P. B., Friedman, J. M., Auble, G. T., Scott, M. L., and Braatne, J. H. 2002. Potential responses of riparian vegetation dam removal. Bioscience, 52(8): 703–712.

Stanley, E. H. and Doyle, M. W. 2002. A geomorphic perspective on nutrient retention following dam removal: geomorphic models provide a means of predicting ecosystem responses to dam removal. Bioscience, 52(8): 693–701.

Sumi, T. 2008. Evaluation of efficiency of reservoir sediment flushing in Kurobe River. ICSE, in 4th International Conference on Scour and Erosion, pp. 608–613, Tokyo, Japan.

Sumi, T., Okano, M., and Takata, Y. 2004. Reservoir sedimentation management with bypass tunnels in Japan, in Proceedings of 9th International Symposium on River Sedimentation, ii, 1036–1043, Yichang, China.

Sumi, T. and Kanazawa, H. 2006. Environmental study on sediment flushing in the Kurobe River, in 22nd International Congress on Large Dams, Q85 R16, Barcelona, Spain.

Sumi, T., Kantouch, S. A., and Suzuki, S. 2012. Performance of Miwa Dam sediment bypass tunnel: Evaluation of upstream and downstream state and bypassing efficiency, in 24th ICOLD Congress, Q92 R38, 576-596, Kyoto, Japan.

Suzuki, M. 2009. Outline and effects of permanent sediment management measures for Miwa dam, in 23rd ICOLD Congress, Q.90 R1, Brasilia, Brazil.

Thareau, L., Giuliani, Y., Jimenez, C., and Doutriaux, E. 2006. Gestion sedimentaire du Rhone suisse: Implications pour la retenue de Genissiat, in Congres du Rhone ≪Du Leman a Fort l'Ecluse, quelle gestion pour le futur?≫.

Thomas, W. A. and Prasuhn, A. L. 1997. Mathematical Modeling of Scour and Deposition. Journal of the Hydraulic Division, ASCE, 103(8): 851–863.

TRB. 1980. Design of Sedimentation Basin: National Cooperative Highway Research Program, Synthesis of Highway Practice #70. Transportation Research Board, National Research Council, Washington D. C.

UNESCO. 1985. Methods of Computing Sedimentation in Lakes and Reservoirs. A Contribution to the International Hydrologic Program, Paris, France.

USACE. 2011. HEC–RAS River Analysis System, Hydraulic Reference Manual, Version 4.2 Beta. US Army Corps of Engineers, Hydrologic Engineering Center, Davis, CA.

USBR. 2006. Erosion and sedimentation manual. US Department of the Interior Bureau of Reclamation, Denver, CO.

USBR. 1987. Design of Small Dams. 3rd ed., US Bureau of Reclamation, Denver, CO.

USDA. 1998. Predicting Soil Erosion by Water, US Department of Agriculture-Agriculture Handbook # 703. U.S. Government Printing Office, Washington, D. C.

Velleux, M. L., Julien, P. Y., Rojas-Sanchez, R., Clements, W. H., and England, J. F. 2006. Simulation of metals transport and toxicity at a mine-impacted watershed: California Gulch, Colorado. Environmental science & technology, 40(22): 6996-7004.

Viollet, P.-L. 2005. Water engineering in ancient civilizations: 5000 years of history, translated into English by F. M. Holly, Jr. in 2007. IAHR.

Vischer, D., Hager, W. H., Casanova, C., Joos, B., Lier, P., and Martini, O. 1997. Bypass tunnels to prevent reservoir sedimentation. Q74 R37, in Proceedings of 19th ICOLD Congress, Florence, Italy.

Walling, D. E. and Kleo, A. H. A. 1979. Sediment Yields of Rivers in Areas of Low Precipitation: A Global View. In, Proceedings of the Canberra Symposium: The Hydrology of Areas of Low Precipitation, IAHS-AISH Publication, 128: 479-493.

Wan, Z. 1986. The function of bottom sluice gates of gorge-shaped powerstation. Journal of Sediment. Research. 4:64-72 (in Chinese).

Wang, G. Q., Wu, B. S., and Wang, Z. -Y. 2005. Sedimentation problems and management strategies of Sanmenxia reservoir, Yellow River, China. Water Resources Research, 41: W09417

Wang, Z. -Y. and Hu, C. 2009. Strategies for managing reservoir sedimentation. International Journal of Sediment Research, 24: 369-384.

Wilcox, A. C., O' Connor, J. E., and Major, J. J. 2014. Rapid reservoir erosion, hyperconcentrated flow, and downstream deposition triggered by breaching of 38-m-tall Condit Dam, White Salmon River, Washington. J. of Geophysical Research: Earth Surface, 119(6).

Willams, J. R. 1975. Sediment-yield prediction with universal equation using runoff energy factor. Present and prospective technology for predicting sediment yields and sources. Department of Agriculture, Science and Education Administration.

Williams, J. R. and Berndt, H. D. 1977. Sediment yield prediction based on watershed hydrology. Transactions of the ASAE, 20(6): 1100-1104

Wilson, J. and Van Metre, P.C. 2000. Deposition and Chemistry of Bottom Sediments in Cochiti Lake, North-Central New Mexico. U.S. Geological Survey, Albuquerque, New Mexico.

Wischmeier, W. H. and Smith, D. D. 1960. A universal soil-loss equation to guide conservation farm planning. Transactions 7th Int. Congr. Soil Sci., 1: 418-425.

Wischmeier, W. H. and Smith, D. D. 1965. Predicting Rainfall-Erosion from Cropland East of Rocky Mountains-Guide for Selection of Practices for Soil and Water Conservation, Agricultural Handbook no. 282.

Wischmeier, W. H. and Smith, D. D. 1978. Predicting rainfall erosion losses: a guide to conservation planning (No. 537). Department of Agriculture, Science and Education Administration.

Wischmeier, W. H., Johnson, C. B., and Cross, B. V. 1971. Soil erodibility nomograph for farmland and construction sites. Journal of soil and water conservation 26: 189-193.

World Commission on Dams (WCD). 2000. Dams and development, a new framework for decision-making. The report of the World Commission on Dams, Earthscan, London, UK and Stering, VA, USA.

Xu, J. 1990. Complex response in adjustment of the Weihe River channel to the construction of the Sanmenxia Reservoir. Zeitschrift fur Geomorphologie, N.F., 34(2), pp. 233-245.

Xu, J. 1996. Channel pattern change downstream from a reservoir: An example of wandering raided rivers. Geomorphology, 15, pp. 147-158.

Young, R. A., Onstad, C. A., Bosch, D. D., and Anderson, W. P. 1987. AGNPS, An agricultural non point source pollution model. Conservation Research Report, 35.

Zhou, Z. 2007. Reservoir sedimentation management in China. PowerPoint Presentation in the Advanced Training Workshop on Reservoir Sedimentation Management.

タムの技術センタ. 1987. 多目的タムの建設, 第2巻. 調査編.

江琦 一博. 1966. 貯水池の堆砂に關する研究. 土木研究報告, 第128巻 2.

江琦 一博. 1977. 貯水池の堆砂量の豫測に關する研究. 土木學會論文報告集, 第262巻.

URL #1 (USDI, USBR, USNPS): https://ltempeis.anl.gov/documents/final-eis/. 2021년 12월 20일 접속

URL #2 (ICOLD): http://www.icold-cigb.net/, Constitution page 3. 2020년 9월 25일 접속.

URL #3 (American River): https://www.americanrivers.org/2016/09/five-years-later-elwha-reborn/. 2020년 10월 3일 접속.

URL #4 (Condit dam removal) https://whitesalmontimelapse.wordpress.com/. 2021년 12월 23일.

URL #5 (USNPS) https://www.nps.gov/olym/learn/nature/dam-removal.htm. 2021년 12월 20일 접속

URL #6 (USNPS) https://www.nps.gov/olym/learn/nature/restoration-and-current-research.htm. 2021년 12월 20일 접속

하천교란은 생태계의 구조, 군락 또는 개체수를 붕괴시키고 물리적인 환경을 변화시키는 불연속적인 사상이다. 하천교란은 홍수, 가뭄, 산불, 산사태, 태풍 등 자연적인 요인이나 하천 정비, 하천 구조물 설치 등 인위적인 요인에 의해 발생하며, 이로 인하여 하천 생태계 서식처의 물리적, 화학적 특성이 변화되고, 그에 따라 하천의 생태계가 변하게 된다. 이 장에서는 하천교란에 의한 물리적, 생태적 영향을 알아보고, 이를 저감할 수 있는 방법을 소개한다. 또한 과학적 방법을 바탕으로 관리 과정에서 습득한 지식을 학습하고, 이를 의사결정에 반영하는 반복적인 과정을 통해 불확실성을 줄여나가는 체계적 과정인 적응관리를 기술하였다. 또한 자연기반해법(Nature-based Solution, NbS)을 하천관리에 적용하는 방법을 자세히 소개한다.

6

하천교란과
적응관리

6.1 하천교란과 영향

하천교란은 생태계의 구조, 군락 또는 개체수를 붕괴시키고 물리적인 환경을 변화시키는 상대적으로 불연속적인 사상으로 정의된다(Picket와 White, 1985). 하천에서 교란은 자연스러운 것이며, 다양한 형태로 나타난다. 하천교란은 홍수, 가뭄, 산불, 산사태, 태풍 등 자연적인 요인에 의한 자연적 교란과 하천 정비, 하천 구조물 설치, 하천골재 채취, 유역의 토지이용 변화에 의한 하천의 영향 등 인위적인 요인에 의한 인위적 교란이 있다. 이로 인하여 하천 생태서식처의 물리적, 화학적 특성이 변화되고, 그에 따라 하천의 생태계가 변하게 된다(그림 6.1). 교란은 외부의 변수로써, 생태계의 종, 개체수, 구조의 다양성과 생물군집의 시간적 변화에 대한 중요한 인자이다. 하천 수변에 가해진 교란활동의 영향은 하도 또는 회랑을 따라 상하류로 전파되면서, 교란의 주기, 지속기간, 강도 등에 따라 다양한 교란을 일으킬 수 있다. 교란은 규모, 시간, 공간 등 3가지의 차원을 갖는다 (Picket와 White 1985). 규모 차원으로는 강도, 교란정도, 후유증이 있고, 시간 차원에는 빈도, 재현기간, 주기, 변동, 교란의 리듬이 있으며, 공간 차원에는 공간의 크기와 규모가 있다.

하천과 수변에 영향을 주는 홍수, 가뭄, 산불, 산사태, 태풍, 병해충 등 자연적인 교란의 요인 중에서 홍수와 가뭄은 하천에서 흔하게 발생하는 요인이다. 이러한 가뭄과 홍수로 인한 하천교란은 심각할 정도로 지속되지 않는 한, 스스로 되살아나 복원되거나, 새로운 환경에 적응하여 재생산 된다. 이와 같이 자연적 교란은 그 자체가 생태계를 재생산하고 복원하는 매체가 된다. 특히, 몇몇 수변 식물들은 홍수와 가뭄이 교대로 나타나는 환경에서 적응할 수 있도록 그 생장 주기를 맞추어 왔다. 자연상태의 홍수는 수변 생태계 다양성을 유지하는데 필수적인 현상이다(환경부, 2002).

인위적 교란은 유역교란과 하천교란이 있다. 유역교란은 유역의 토지이용 변화에 따른 하천 영향과 그에 따른 교란이다. 하천교란은 하천 골재채취에 따른 교란, 하천정비에 의한 하천의 물리적, 화학적 특성 변화에 따른 교란, 하천에 대규모 수리 구조물이나 시설물 설치에 따른 교란 등으로 나눌 수 있다. 이러한 교란의 결과는 좁은 범위에서 단기간에 나타날 뿐만 아니라, 넓은 범위에서 장기간에 걸쳐 나타나기도 한다.

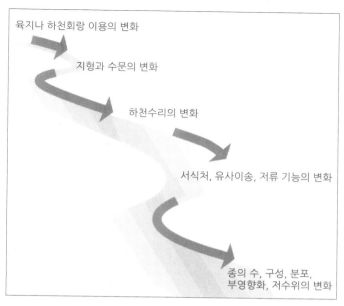

육지나 하천회랑 이용의 변화

지형과 수문의 변화

하천수리의 변화

서식처, 유사이송, 저류 기능의 변화

종의 수, 구성, 분포,
부영향화, 저수위의 변화

그림 6.1 **수변 교란의 하류 전파** (환경부, 2002)

인위적인 교란에 의한 물리적 영향

골재채취에 의한 하천 교란

하천에서 골재채취는 물리적, 생태환경적으로 많은 영향을 준다. 하천에서 골재채취는 주로 홍수터 또는 과도하게 퇴적된 사주와 같은 충적 퇴적지에서 수행되며, 직접적으로 하천지형과 하상고를 변화시킨다(그림 6.2). 하천의 골재채취는 하천환경의 직접적인 변화뿐만 아니라, 하상고 저하, 하상토의 조립화, 하도의 불안정성을 일으킨다.

그림 6.2 **경북 내성천에서 골재채취** (2006년 11월)

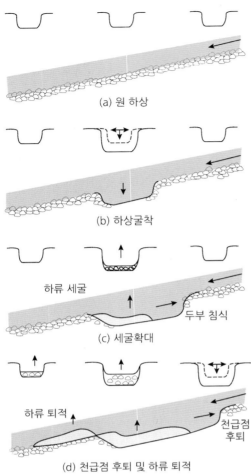

(a) 원 하상

(b) 하상굴착

하류 세굴

두부 침식

(c) 세굴확대

하류 퇴적

천급점 후퇴

(d) 천급점 후퇴 및 하류 퇴적

그림 6.3 **골재채취에 의한 하상 종단고 변화** (Kondolf, 1994)

하도에서 대량의 골재를 채취하면, 평균 하상고가 저하된다. 하상이 굴착된 지점의 상류 하상경사는 급하며, 이로 인하여 두부 침식이 발생하고, 상류 수 km까지 침식이 전파된다(그림 6.3).

골채채취 규모가 크고 장기화 되면, 채취 지점에서 넓고 깊게 파인 웅덩이(pit)가 생기게 된다. 이는 흐름 및 유사의 이송 특성에 영향을 주게 된다. 웅덩이 주변에서 발생하는 하천의 지형변화 특성은 초기에 웅덩이 상류에서 침식이 발생하며(그림 6.3b), 이로 인하여 지속적으로 웅덩이 내부에서 되채움 현상이 발생하게 된다(그림 6.3c). 또한 웅덩이 직하류는 웅덩이에서 포착된 유사에 의해 하상이 저하된다(그림 6.3d). 이로 인하여 하류에서 유사가 결핍된다. 하상저하는 하천의 측방향 불안정이 발생하고, 하폭이 변하며, 하안침식이 발생한다.

골재채취에 의해 채취장 하류에서는 유사의 결핍이 발생하고, 하상에서 세립토사는 선택적으로 유실되며, 장갑화 현상이 발달한다. 더욱이 선택적인 골재채취는 하상토의 조립

화를 더욱 심화시킨다.

사주는 모래와 자갈이 임시로 저장되는 장소이다. 일반적으로 사주는 평형상태를 유지하고, 상류에서 유입하여 하류로 이송하는 유사도 수년 동안 평균했을 때 평형상태이다. 사주에 도달하는 모래와 자갈이 제거되면, 하류에 있는 사주로 공급되는 유사가 감소하며 하상이 저하된다. 하상저하에 의해 홍수범람은 감소되지만, 하상 전단응력과 유사이송능력은 증가한다. 그러나 하상과 제방은 불안정하게 된다. 또한 지하수위도 저하되며, 식생의 분포와 구조가 변한다.

그림 6.4 **구미권 광역상수도 낙동강 횡단관로 노출 및 손상** (2011년 6월 30일)

하상이 저하되면, 교량과 하천 구조물의 기초가 세굴되고, 하상에 묻힌 관로나 다른 수리구조물은 노출되어 손상이 된다(그림 6.4). 또한 취수장이 손상되거나 하상 저하에 의해 취수장애가 발생한다.

유역에서 침식에 의해 유사가 발생하고, 하천으로 유입되어 하류로 이송되며, 해안에 유사가 공급된다. 하천에서 공급되는 유사가 감소하게 되면, 해안은 줄어들게 되고, 해안 절벽은 침식이 가속된다.

일반적으로 하상은 모래와 자갈이 퇴적되어 있으며, 하천변에 지표수와 지하수의 교환이 이루어지는 대수층이 형성된다. 지표수에 의해 지하수로 함양하거나 지표수로 유출이 이루어지고 있는 하상간극수역 또는 혼합대는 지표수와 지하수의 직접 교환에 의해 수온과 수질에 영향을 준다. 그리고 이러한 직접 교환은 지표수의 수온과 수질 변화를 완충시킨다. 수생 무척추 동물은 서식처나 피난처로 하상간극수역을 사용한다. 또한 작은 물고기도 이곳을 피난처로 사용한다.

하상간극수역에서 모래와 자갈의 전달계수와 투과계수는 수평과 수직 길이의 규모에 따라 변하며, 지하수와 지표수의 복잡한 교환이 발생한다. 지하수와 지표수의 가장 간단한 교환은 지표수가 하천의 여울 상부나 사주의 상류에 유입되어 하상을 통과하여 이동하고, 여울이나 사주의 하류 끝단에서 솟아 나온다. 자갈 사주의 하류 끝단이나 하천변에서 솟아나와 흐르는 것은 일반적으로 최근에 함양된 지하수와 과거에 침투된 지하수가 혼합되어 흐르는 것이다. 주변의 하천 수온과 비교하여 여름철에는 상대적으로 차가운 물이 흐르고, 겨울철에는 따뜻한 물이 흐른다.

인위적 교란에 의한 하상저하는 하천을 따라 물이 솟아 나오거나 침투하는 것에 영향을 준다. 자갈이 두껍게 퇴적된 하상이 저하된 곳에서는 차가운 지하수가 솟아 나온다. 그러나 기반암 위에 자갈이 퇴적된 곳에서는 퇴적된 두께가 제한되며, 이곳에서 하상이 저하되면 기반암 위의 자갈 퇴적량과 저층(substratum)이 감소된다. 또한 무척추동물의 서식처가 감소되며, 지하수 흐름 경로와 물, 영양분, 무기물 및 화학성분의 지하수-지표수 교환 특성이 변화된다.

하상저하로 인하여 하천과 연결된 지하수위가 저하되고, 충적 대수층의 저류능력이 감소된다. 인위적 교란에 의해 하상고가 저하될 때, 지하수위도 저하된다. 지하수위 저하는 투수성이 큰 충적층이 있는 하천에서는 훨씬 멀리까지 영향을 미치지만, 미세한 세립토로 구성된 투수성이 작은 하천에서는 그 영향권이 짧다. 계곡이나 지류로부터 지속적으로 지하수 함양을 받고 있는 세립토로 구성된 충적 대수층에서 하천으로 유입되는 지하수위 경사는 하상이 저하되면 급하게 유지한다. 지하수위 저하는 제방 주변의 서식처 손실뿐만 아니라 생태학적 경관도 변화시킨다. 지하수위가 식생의 뿌리 이하로 저하될 때, 식생의 손실 또는 식생의 성장이 둔화된다.

지하수 저류량 감소로 인하여 주변 충적 대수층으로부터 하천에 기여되는 유량이 감소되어 여름에 기저유출이 줄어든다. 이러한 영향은 투수성이 큰 자갈하천의 하상이 저하된 곳에서 크게 나타난다. 유역의 상류에서 유사를 공급받고 있는 세립토로 구성된 대수층에서 하상이 저하되면, 지하수위 경사는 급하고, 지하수 유출은 증가한다.

골재채취에 의해 하상이 저하되면, 홍수에 의한 침수깊이와 침수빈도가 감소된다. 그리고 골재채취에 의해 하상경사가 완만해 지면, 유속이 감소된다. 이는 골재채취에 의해 부분적으로 증가된 하도단면의 효과를 상쇄시킨다. 홍수기에 수면곡선은 하류에서 해수면 상승이나 인공적으로 고정된 수리구조물에 의해 통제되어서, 하상저하 효과가 무시된다. 또한 하류로 유출되는 유사가 결핍되어 하구에서 염수침입이 증가한다.

하천에서 골재채취는 생태환경적으로 다양한 영향을 준다. 특히 서식처의 다양성을 감소시킨다. 사주나 하중도가 없어지면, 하천의 지형학적, 수리학적 다양성이 감소되고, 수생 생태계의 서식처도 줄어든다. 더욱이, 수심이 얕은 하천을 준설하면 수생식물을 위한 저층이 사라진다. 지하수위가 저하되면, 수변식생이 손실되고, 야생동물의 서식처가 감소한다. 골재채취에 의한 하천의 지형 및 하천환경에 대한 영향은 표 6.1에 정리되어 있다.

표 6.1 **골재채취에 의한 하천의 지형 및 환경에의 영향** (국토해양부, 2008)

유형	항목	내용
하상 및 지형변동	하상저하	• 상류 하상경사 증가 • 두부침식(head cutting) • 지류의 하상고 저하 • 유사이송 저감 • 유사의 결핍
	하천의 불안정	• 측방 불안정성 발생 • 하폭의 변화 • 강턱침식 발생 및 하천측방 이동
	하상의 장갑화	• 유사의 결핍 및 유속의 증가에 의해 세립토사가 하류로 씻겨 내려감 • 선택적인 골재채취로 인한 하상토의 조립화 심화
	사주의 골재채취 영향	• 유사이송의 연속성을 변화시킴 • 하상저하 및 측방의 불안정성 유도 • 유사이송량 증가
	홍수터 굴착공과 하천의 재활동	• 하천의 분할 및 이동에 의해 홍수기에 굴착공을 포획 • 제내지 굴착공이 제외지 굴착공으로 변함 • 지하수의 오염물질 이송
	수리구조물의 영향	• 하상저하에 의한 교량과 수리구조물의 세굴, 송유관로 또는 다른 수리구조물의 노출 및 손상
	해안지역의 영향	• 유입 유사량 저감에 의한 해안선의 침식을 촉발하거나 가속시킴
수문학적 영향	지하수위 저하	• 지하수위 저하 발생 • 대수층의 저류능력 감소
	홍수 침수 빈도에 영향	• 홍수에 의한 침수깊이와 빈도 감소됨
	하구에서 조석에 영향	• 하구의 조류 침입 증가
생태 및 환경의 영향	수생 서식처의 손실	• 생태계 서식처 및 다양성 파괴 • 수위저하에 의한 식생 군락 파괴 • 홍수터 손실에 의한 습지 손실 • 미소식물(microphytes)을 위한 기저(substratum) 손실
	기타	• 골재채취 작업은 하류에 부유사 이송량을 증가시키며, 무척추동물과 어류의 개체수에 영향을 미침 • 중장비의 소음과 교통량은 야생동물에게 악영향을 줌 • 골재채취에 의해 만들어진 장소는 주변경관을 저하시킴

하천정비에 의한 하천교란

홍수로부터 침수를 막기 위하여 하천에 제방을 축조하고 제방에 호안공을 시공하거나, 사행하천을 직강화 하여 치수위주의 하천정비사업을 수행하여 왔다. 그리고 경제적인 측면을 고려한 하천부지의 점용과 주차장이나 하천복개사업을 통하여 토지이용을 효율화하였다. 그러나 이러한 하천정비사업은 하천의 인위적인 교란의 일부로써, 하천교란의 결과는 장기간에 넓은 범위에 걸쳐 나타난다.

하천정비에 의해 하천과 유역간의 연결성이 차단된다. 제방에 의해 자연스럽게 이어지던 생태계가 하천의 제외지로 단절된다. 범람을 반복하며 형성되었던 강턱과 습지는 인공제방 축제로 인해 대부분 소실되었고 주변 저지대로 범람이 차단되어 홍수시 첨두유량을 완화시키던 역할을 할 수 없게 됨에 따라 하류부의 홍수를 가중시키기도 한다.

하천정비사업은 복잡한 하천의 지형구조와 이와 관련된 흐름의 상호작용, 그리고 서식처의 변화를 초래하면서, 이질적인 하천 시스템을 균질적인 것으로 변화시킨다. 특히, 하천의 직선화에 의하여 여울과 웅덩이의 형상은 변하고, 고정사주는 이동사주로 변한다. 또한, 웅덩이에서 수심은 낮아지고, 하폭 대 수심의 비가 증가하게 되면, 사주는 복렬사주로 변하게 된다. 그러나 소하천에서 하천의 직선화는 하폭 대 수심의 비가 사주를 발생시키는 조건에 이르지 못하므로, 여울과 웅덩이가 소멸된다(그림 6.5).

하천정비사업을 통해 하천의 좌안과 우안에 높은 제방을 축제하고, 하안침식을 방지하기 위하여 수충부에 호안공을 시공한다. 그러나 하안침식은 충적지형을 형성하는 하나의 과정으로써, 하안 부근에서 서식하는 식생은 하도의 측방향 이동에 의하여 변하며, 하안에 서식하는 식생에 의하여 독특한 식생경관을 형성한다. 호안보호공은 하안에 식생이 성장할 수 있는 기반을 빼앗으며, 식생분포의 다양성이 감소되어 건전한 하안 생태계 형성에 영향을 준다.

그림 6.5 **영강의 하천정비** (2004년 6월)

우리나라 하천 총연장은 30,268 km이며(소하천 제외), 이중에서 국가하천은 3,298 km이고, 지방하천은 26,970 km이다(그림 1). 하천기본계획 수립율은 87.7%이며, 국가하천과 지방하천의 하천기본계획 수립율은 각각 99.4%, 86.3%이다(그림 2)(국토교통부, 2018). 또한 우리나라 전체 하천제방 완료 구간은 17,804 km(51.2%) 이며, 국가하천은 2,649 km(81.4%)이고, 지방하천은 15,156 km(48.1%)이다. 주요도시의 국가하천은 대부분 제방이 보강되었다. 특히 서울, 대구, 광주, 세종은 국가하천의 완전개수율이 90% 이상으로 집계되었다. 제방보강이 미미한 지역은 제주(완전개수율: 66.3%)이며, 과거 화산활동이 일어난 도서지역으로써, 토양의 분포가 대부분 현무암으로 구성되어 있고 기저유출이 크다.

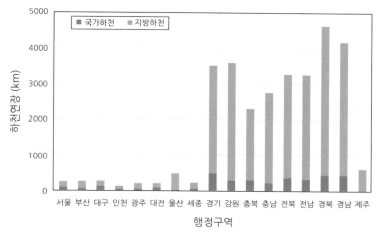

그림 1 **국내 하천등급별 하천연장 현황**

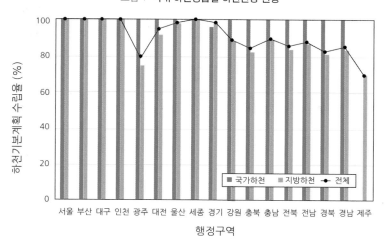

그림 2 **국내 하천등급별 하천기본계획 수립현황**

도시화에 의한 하천교란

일반적으로 도시화에 의하여 유역의 물 순환과 유출특성은 변한다. 하천 직강화, 퇴적과 오염물질의 유출로 인하여 수질은 악화되며, 서식처와 수서생물의 생태계도 변한다. 이는 하천의 인위적 교란의 중요한 원인 중에 하나이다.

유역의 도시화가 진행될수록 건물, 도로, 광장 등의 불투수 포장면적이 점유하는 비율이 증가하여, 강우에 의한 지표면 유출수의 비율은 증가하고, 지하수 충진량과 기저유출량은 감소된다(환경부, 2002). 또한 지하철과 지하도의 건설로 인하여 지속적으로 지하수가 배제되어 지하수량이 감소하여 하천의 건천화가 초래된다.

대규모 하수처리시설은 하수를 대규모 관로로 차집하여 하수처리장에서 처리한 후, 하천에 방류되므로, 평갈수시에 도시하천에 유입되는 유량이 감소하여 건천화의 주요 요인이 된다. 홍수시에 퇴적물, 탄소, 영양물질, 금속류, 탄화수소, 염화물, 세균 등이 포함된 빗물이 도시하천에 유입되어 수중생물에게 해를 끼치고 있으며, 하상에 퇴적되는 오염물질 또한 하천 생물군집에 나쁜 영향을 준다.

도시하천에서 수중생물의 서식처는 그 규모와 질이 낮다. 자연 하천에서 존재하는 여울과 웅덩이와 같은 미소서식처는 평탄하상으로 정비되어 서식처의 유형이 단조롭게 변하며, 그 양도 매우 적다. 물이 접하는 하안은 자연제방, 거석, 자갈 등이 제거되고, 시멘트 호안 블록으로 대체되어 하안이 매우 단조롭게 변한다. 따라서 부착조류 이외의 수서생물이 필요한 서식처가 소멸된다(국토해양부/건설연, 2011). 또한 보 등의 하천구조물에 의하여 유속이 감소되거나 정체되면서 오염물질과 미세한 세립토사가 퇴적되어 심한 악취가 발생하고, 수중생물의 호흡기관을 폐쇄시킨다.

그림 6.6 도시하천인 신천(대구)의 하천정비(2004년)

도시하천의 공간이용 극대화를 위하여, 무분별하게 하천 공간계획을 수립하여 축구나 야구 등의 운동장과 체육시설 설치, 산책로, 자전거 도로, 주차시설 등을 설치하였다(그림 6.6). 이러한 무분별한 공간 이용은 수변 생태계에게 악영향을 주고, 물오염을 증가시키며, 하천 경관을 훼손시킨다.

경작에 의한 하천교란

하천변 토지를 개간하여 경작하면, 자연에서 식생이 성장하는 토지에 비하여, 토양 노출 기간이 길어지고, 토양 압밀도가 증가하여, 토양 입상구조의 파괴, 표면 침식 증대, 토양의 함수능력 저하 등이 초래한다. 특히, 단단하게 굳어진 토양은 토양밀도가 증가하여 투수율이 감소되고 지하로 침투되는 표면수의 침투율이 저하된다. 이로 인하여 지표수와 지하수의 흐름이 변화되어 하도를 단절시키고, 하도변경과 유사한 결과를 초래한다(환경부, 2002).

　　고랭지 농업에 의하여 산림은 훼손되고, 유역은 침식되어 토사가 유실되고 하천으로 유입되어 하상이 변동된다. 또한 하천이나 호소가 부영양화 되고, 탁도가 증가되어 하천의 수환경이 심각한 영향을 받는다. 특히, 소양호 유역은 여름철 집중호우로 해발 400 m 이상의 고랭지 채소밭에서 발생하는 토사유실에 의해 탁수가 발생한다. 특히, 고랭지 밭은 지력증진을 위하여 객토를 실시하고 있다. 이는 강우시에 많은 양분과 토사가 하천으로 유출되어 하상변동, 수질악화, 탁수증가 등을 일으키며, 하천의 수환경에 악영향을 미친다(한국수자원공사, 2007).

　　농업용수를 이용하기 위하여, 하천에 보를 건설하여 하천수를 취수하거나 지하수를 많이 이용하고 있다. 최근에는 농업경작의 형태가 변화되어 비닐하우스 등을 많이 이용하고 있으며, 겨울철에 비닐하우스의 온도를 일정하게 유지하기 위하여 지하수를 이용하는 등, 지하수의 이용이 크게 증가하고 있다. 이와 같이 지하수의 이용량 증가와 배수시설의 설치 등은 지하수위 저하, 자연적 범람 주기를 변경시켜서 수변 식생의 생육환경을 파괴하고, 환삼덩굴, 돼지풀 등의 외래 식물이 번성하는데 적합한 환경을 조성한다(환경부, 2002). 또한, 지하수 고갈로 인하여 하천을 건천화를 초래하여, 웅덩이나 실개천을 서식처로 이용하는 어류나 양서류의 서식환경을 악화시켜서 생물 다양성을 저하시킨다.

　　농업 생산량 향상을 위하여 비료나 살충제 등의 과다 사용은 하천에 유입되는 오염물질을 증가시켜서 하천의 물오염을 일으킬 수 있다. 살충제와 질소, 인, 칼륨 등의 영양물질이 지하수로 유입되거나 지표수에 섞여 하천으로 흘러들어가거나 용해되어 토양입자에 흡착되며, 공기를 통하여 하천에 유입될 수 있다. 또한 축산 농가의 부실한 가축분뇨 처리시설은 하천의 화학적 또는 세균성 오염물질 발생의 잠재적 원인이며, 철저한 관리가 필요하다(환경부, 2002).

벌목에 의한 하천 교란

벌목은 입목을 자르는 행위로써, 어린 나무의 성장을 촉진하기 위한 간벌작업과 필요한 자원을 얻기 위하여 성숙한 나무를 자르는 최종 벌목으로 구분된다. 벌목은 지표면의 식생을 감소시킨다. 벌목은 벌목기간에 큰 가지들이 하천에 떨어져 썩을 경우에 일시적으로 하천 내 영양물질이 증가하지만, 장기적으로는 영양물질이 감소한다(환경부, 2002).

하천에 인접한 지역에서 넓은 지역에 걸쳐 벌목할 경우에 홍수시에 첨두수위가 상승하며, 유역의 토사 유출이 증가되어 하천에 다양한 문제가 발생할 수 있다. 특히, 하천변 수목을 관리하기 위하여 벌목할 경우에 하안침식이 증가하여 하폭이 넓어지고, 하안의 안정성이 감소하며, 치수적으로 문제가 발생한다.

하도에서 발달한 수목군은 동물의 서식처를 훼손시키고, 여름철에 수온을 상승시키며, 겨울철에는 수온을 더욱 낮추어 다양한 곤충과 어류 등이 서식하는데 악영향을 미친다. 하천변에서 벌목은 곤충이나 조류의 먹이가 되는 수목의 잎이나 종자를 감소시키며, 홍수시에 하천흐름을 증가시키고 어류의 피난장소나 이동통로를 훼손시킨다. 따라서 하천변에서 과도한 벌목은 어류, 무척추 동물, 수생 포유류, 양서류, 새, 파충류 등의 서식처를 훼손시켜서 생태계에 악영향을 줄 수 있다.

인위적 교란에 의한 생태계 영향

식생영향

생태계에서 교란이란 생태계나 생물군집 또는 개체군 구조를 파괴시키고 자원이나 물리적 환경을 변화시키는 시간적으로 비교적 뚜렷한 사건이라고 정의된다(Whitte와 Pickett 1985). 즉, 수관층을 이루고 있는 성숙한 나무를 적어도 하나 또는 그 이상 죽이는 힘이라고 볼 수 있으며, 삼림에서 이러한 성숙한 나무의 개체들이 죽는 양식을 교란체계(disturbance regime)라고 한다(Runkle, 1985).

교란은 그 요인이 발생한 위치에 따라서 외생적(exogenous) 교란과 내생적(endogenous) 교란으로 나눈다. 수관층을 이루는 나무가 외부적인 힘과 관계없이 노쇠하여 죽는 현상이나, 해충의 피해와 같은 많은 생물적 교란은 내생적 교란에 속하며, 대부분의 물리적 교란은 외생적 교란에 속한다.

식물군집은 교란의 종류, 강도, 빈도에 영향을 받는다. 하천은 하천정비사업 등에 의하여 대규모 교란이 일어나고, 상류에서 댐건설에 의해 조절하천으로 변화되면서 식물군락은 안정화된다. 매년 주기적으로 반복되는 홍수에 의한 자연적 교란은 하천식생의 종류와 군집의 크기를 결정하는 주요한 원인이 된다. 물의 흐름과 침수기간, 수심 등에 따라 식생 분포와 군집구조가 달라진다. 따라서 하천식생은 교란에 지속적으로 적응하고, 그 결과에 따라 생태적 지위가 결정 된다.

대규모 교란으로 형성된 나대지인 숲틈(forest gap)은 온도와 수분의 변화가 심하고 많은 양의 빛이 들어오며, 이러한 환경에서 잘 견딜 수 있는 천이초기의 식물들이 들어온다. 숲틈의 크기와 그 발생빈도 및 공간적 분포는 각 수종의 종자전파속도와 어린 식물의 생존에 따라 다르게 나타난다. 또한 식물의 재생에 결정적인 영향을 미친다(Schupp 등, 1989). 특히, 교란지역의 선구식물은 귀화식물이 대부분이다. 귀화식물은 인간의 매개에 의하여 자생지로부터 타 지역에 이동하여 그곳에서 자력으로 생활하게 된 식물이다(임양재와 전의식, 1980). 1993년에 발효된 생물다양성협약 제8조에 의해 외래침입종에 대한 문제가 인식된 후, 귀화식물에 대한 관심이 높아지고 있다. 일부 귀화식물들은 기존의 생태계를 교란할 위험이 있어 미국과 캐나다 같은 선진국에서는 생태계를 교란시키는 귀화식물을 위해식물(harmful plant)로 지정하여 관리하고 있다.

일반적으로 외래종은 불안정한 환경에서 번성하여 세력을 확장해 나가기 때문에, 교란과 외래종의 확산은 밀접한 관계가 있다. 외래종을 제거하는 것은 또 다른 교란을 불러일으키는 행위이기 때문에 추가적으로 다른 외래종의 침입을 불러올 수 있다. 그러므로 외래종이 침입한 환경에서 고유의 자연을 보강하여 안정성을 도모하는 생태학적 복원이 바람직한 외래종 퇴치방법이다.

저서동물영향

저서성 대형무척추동물은 물에 잠겨있는 하안이나 하상을 서식공간으로 삼아 생활하므로 물오염과 같은 화학적 요인뿐 아니라 물리적 요인에도 민감하게 반응한다. 하천에서 저서동물상에 영향을 줄 수 있는 홍수와 같은 자연적 요인과 준설, 하천공사 등 인위적 요인이 있다. 이 두 요인에 의한 물리적 환경변화는 모두 서식공간의 상태변화로 이어지므로 저서동물의 분포에 영향을 미친다(그림 6.7).

자연적 교란은 저서동물상이 일시적으로 빈약해 졌더라도 교란요인이 사라지면 다시 이전 상태로 회복된다. 그러나 하천준설과 같은 인위적 교란을 받은 지역은 저서동물상이 빠른 속도로 회복되지 않는다. 인위적 교란은 그 영향이 교란동안 제한된 범위 내의 생물 서식공간의 파괴에만 국한되지 않는다. 교란으로 인하여 발생한 부유토사는 하류 쪽으로 흘러가므로 교란된 구간의 하류에서 많은 토사가 유입된다. 이는 저서동물의 호흡을 방해하거나 하류에 퇴적되면서, 그곳에서 서식하는 저서동물을 매몰시키는 등 교란된 구간으로부터 멀리 떨어져 있는 다른 지역에까지 장기적으로 악영향을 미칠 수 있다.

이런 인위적 교란에 따라 발생하는 생물종의 물리적·생태적 영향을 완충하기 위한 방법 중에 하나는 수질등급에 따라 생물지표종을 선정하고, 생물지표종에 대한 조사결과를 바탕으로 생물학적인 평가를 실시하여 하천생태계의 교란정도에 따라 생물종을 보호하는 것이다.

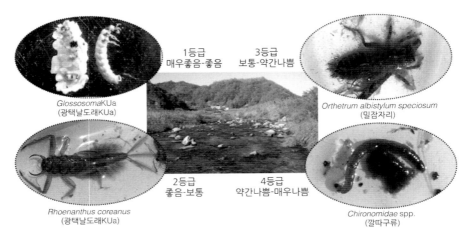

1등급
매우좋음-좋음

3등급
보통-약간나쁨

GlossosomaKUa
(광택날도래KUa)

Orthetrum albistylum speciosum
(밀잠자리)

2등급
좋음-보통

4등급
약간나쁨-매우나쁨

Rhoenanthus coreanus
(광택날도래KUa)

Chironomidae spp.
(깔따구류)

그림 6.7 **수질등급에 따른 저서동물의 생물지표종** (한국수자원공사, 2007)

어류영향

하천에서 인위적 교란은 크게 화학적 교란, 생물적 교란, 물리적 교란 3가지 형태로 구분할 수 있으며, 이는 생태계의 구조와 기능에 큰 변화를 초래한다. 이 중 생물적 교란에서 어류는 배스나 블루길과 같은 외래종의 이입으로 한국토종어류의 생태환경에 교란을 야기하며, 그 원인과 영향은 표 6.2와 같다.

표 6.2 **어류서식환경을 악화시키는 원인과 그 영향**(Yates와 Noel, 1988)

사항	원인	어류에의 영향
하상토 퇴적	측안침식, 호안공사, 도로공사, 진입로공사, 토사붕괴, 토사유기	산란장의 파괴, 아가미에의 자극, 수생곤충의 감소, 습지 용적의 감소
댐과 보	발전용댐, 홍수조절댐, 관계용수 등의 취수	유수역에서 정수역에의 변화, 소상·강하속도의 저하, 방류구 직하류부 및 발전기 통과시의 충격에 의한 손상
취수	농·공·생활용수의 취수	하류역에서의 유량 감소, 수온 상승, 취수구로의 유입
회유장해	댐, 칼버어트 수로, 유목퇴적, 폭포, 급류, 수중산소농도 결핍	산란장과의 왕복 불가능
유독물질	저장탱크누설, 돌발사고, 심야방류, 공장폐수, 농약, 가정폐수	어류폐사, 질병, 돌연변이, 수생생물의 감소
부영양화	농·목장, 골프장	수중산소농도 결핍, 수질 변화
오수	하수처리장(처리탱크누설 등), 식품공장, 농·목장의 폐수	병원균 증가, 용존산소 감소, 수질 악화
수변식물 감소	호안공사, 도시화	수온상승, 영양물/먹이의 감소, 피난장소의 감소
모래사장 감소	골재채취	산란장의 감소, 서식처의 감소, 저니질의 퇴사
하도의 콘크리트화	도로확장, 하천개수, 배수로	유속의 증가, 소형어의 서식처 및 산란장의 감소, 서식환경의 단순화
도시하천화	도시화	침출수의 감소, 수질의 악화

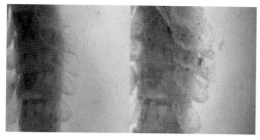
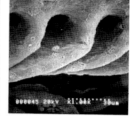

(a) 옛하루살이 기관아가미
(좌 : 대조지역, 우 : 탁수영향지역)

(b) 붕어 아가미
(좌 : 대조지역, 우 : 탁수영향지역)

그림 6.8 **하천준설로 발생한 탁수와 그에 따른 어류 아가미의 영향** (한국수자원공사, 2007)

어류는 산란장이 파괴되거나 아가미에 장애가 오는 생태적인 영향을 받거나 급류에서 담수의 변화, 수온상승, 먹이 감소, 생식환경의 단순화와 같은 서식환경의 교란에 영향을 받는다.

하천공사나 준설 등에 의한 교란은 부유사를 확산시키고 탁수와 부유물질을 발생시킨다. 입자가 큰 부유물질은 일정한 거리까지 이동한 후, 정체된 미소서식지에서 침강하여, 퇴적되거나 저서생물들에게 영향을 준다. 그러나 입자가 작은 부유물질은 장기간 부유되어 어류나 저서성대형무척추동물의 아가미에 축적되어 기관조직이 변형되거나 기능이 저하된다. 또한 호흡에 영향을 미친다(그림 6.8). 따라서 어류 생태계나 환경적으로 민감한 수역, 산란기와 같이 보호가 필요한 시기에는 적절히 공사시기를 제한하는 등 공사가 환경에 미치는 영향을 최소화하기 위한 방안이 필요하다.

교란으로 인한 어류생태의 악영향을 최소화하기 위해서는 최대한 어류 산란기와 치어기가 교란시기와 같지 않아야 한다. 우리나라 담수어류 대다수는 장마 전 수온 상승기에 해당하는 봄철(4~6월)에 산란하여 여름철까지 성장한다. 특히, 장마 전 갈수기에 산란이 끝난 서식지에서, 홍수에 의한 교란은 탁수발생으로 인해 부유입자가 수정란 표면에 부착되어 어류의 부화율이 감소된다. 이미 부화된 치어는 탁수에 성어보다 더 민감하게 반응하여 생존율에 영향을 준다. 어류생태의 악영향을 최소화하기 위해 교란구간에서 상하류의 생물 이동통로를 확보해야 한다. 교란구간이 짧거나 길어도 제한된 기간에 교란이 발생하면, 구간 내 서식하는 생물들에게 물리·화학적으로 교란을 줄 수 있으며, 구간 내 교란지점을 생물들이 이동·도피할 수 있는 공간을 고려해야 한다. 이러한 공간의 선택적 배치를 통해 교란지점에서도 하천 내 생물들이 일정하게 이동하거나 도피할 수 있는 통로를 확보해야 한다.

6.2 교란저감과 적응관리

하천의 인위적 교란저감

하천의 인위적 교란은 복잡하고 다양한 형태로 나타나며, 그 영향도 광범위하다. 그러나 이러한 문제를 해결하는데 공학적으로 어려움이 있다. 교란된 하천을 적응관리하거나 보전 및 복원을 위해서는 그 목적을 설정하고, 여러 가지 기술적인 검토를 해야 한다. 또한, 적용될 기술에 대한 반응을 예측하고 평가해야 한다. 하도의 적응관리나 하천 생태계의 보전 및 복원을 위한 기술적인 목표를 설정할 경우에는 이에 대한 목표 수준을 정하고 그에 적합한 기술을 적용해야 하며, 그 내용은 다음과 같다.

홍수량 조절

홍수시 유량은 하천 생태계 변화에 영향을 주는 중요한 요인 중의 하나이다. 홍수량을 직접 조절하는 댐은 이수와 치수를 목적으로 운영하지만, 하천생태계의 보전과 복원을 목적으로 홍수시에 운영하지는 않는다.

　홍수조절량이 큰 댐은 연평균 최대유량이 감소하고, 하천 수변경관과 하천 생태계에 변화가 발생한다. 홍수시에는 치수와 이수가 조화를 이루면서 하천의 교란규모를 최소화 하거나 하류 하천의 복원을 고려하면서 댐의 방류방법을 고려해야 한다. 적은 유량을 장기간 방류하는 것보다 고수부지를 범람할 만큼의 많은 유량이 하천교란에 더 중요하며, 고수부지를 범람할 때에는 하천의 이용을 고려하여 유량을 조절해야 한다.

평수시 유량

평수시 유량은 하천의 정상적인 기능을 유지하기 위하여 필요한 유량으로 댐 저수지 방류량을 조절하여 확보한다. 정상유량은 주운, 어업, 경관, 염해방지, 하구폐쇄 방지, 하천관리시설의 보호, 지하수위 유지, 동식물의 확보, 유수의 청결유지 등을 종합적으로 고려하여, 갈수시에 유지 가능한 유지유량과 그것이 정한 지점에서 하류의 유수 점용을 위해 필요한 유량을 모두 만족시키는 유량이다.

토사관리

산지에서는 사방댐에 퇴적된 토사를 배출하기 위한 배사시설을 설치하여 퇴적토사를 하류에 방류시키는 등 토사를 조절하기 위한 여러 가지 방법이 있다. 충적하천에서는 적절한 하도 준설, 취수보 퇴적토사의 하류 배출, 가동보 설치 및 운영 등 토사를 조절하는 방법이 있다. 실제로 하천생태계를 복원하거나 악화된 하천 환경을 개선하기 위해 취수보에 퇴적된 토사를 하류로 이동시키기 위하여 보에 수문을 달아 가동보로 대치하거나, 보를 개축하는 등 여러 가지 기술을 적용한다.

하도형상 조절

하천관리자는 과거에 치수와 이수 목적으로 하도의 종방향으로 하상경사를 조정하고, 하도관리를 위하여 수리구조물을 건설하고 관리했다. 이것은 오히려 하천생태계에 인위적인 충격 요인이 된다. 그러나 최근에는 하천생태계를 복원하기 위한 기법으로 이 방법을 적용하고 있다. 즉, 국소적으로 악화된 하천공간을 생태계 보전 및 복원을 위하여 하도를 재사행 시키거나, 인공적으로 배후습지와 저류지를 조성하며, 자연친화적인 호안을 설치하는 등 다양한 하도의 형상조절 방법이 적용된다. 하천구조물은 하천의 종횡단 방향으로 생물의 이동과 물질의 이동을 단절시키지 않도록 설치되어야 한다.

수위(지하수위) 조절

하상저하 등에 의하여 수위가 저하되거나 고수부지에 식생이 성장하고 유사가 퇴적되어 육역화가 진행되고 있다. 육역화란 하도 내 수역(水域)의 일부가 식생역(植生域)으로 천이가 진행되면서 최종적으로 수생태계가 육지생태계로 변화하는 현상이다. 이러한 고수부지의 식생 천이가 발생한 하천은 보를 설치하고 수위를 조절하여 건천화를 방지할 수 있다. 또한, 고수부지에 수로를 조성하여 지하수위의 상승을 유도할 수 있다.

식생관리

하도 내에서 성장하는 식생은 홍수시 흐름을 원활히 하거나 치수기능을 향상시키기 위하여 벌채를 하고 있다. 그러나 근래에는 하천생태계와 경관형성 요소로 하천식생은 보전되거나 육성되고 있다. 하천식생은 하도에서 치수적 안정성을 확보하면서, 하천(고수부지)을 이용하고, 하천환경과 조화를 이룰 수 있도록 관리되어야 한다.

하도형상과 식생에 의해 물길이 정해지며, 유사 이송은 물길의 형상과 식생에 의하여 영향을 받는다. 또한 하상토 분포와 유사 이송은 지형변화에 영향을 주면서 상호 작용계가 형성된다. 유량 변화와 상류에서 공급되는 토사는 이 시스템에서 상호 작용을 형성하는데 중요한 경계조건이다. 이러한 조건은 긴 시간 동안에 정상적인 상태로 유지되면, 이

상호 작용계는 동적평형 상태를 유지한다. 그러나 하도가 직접 변하거나, 댐 건설 등에 의하여 유역이 변하게 되면, 이 시스템도 변하게 된다. 하도 변화과정은 그 공간에서 흐름, 유사의 분포, 식생 등을 포함한다. 하천을 관리하기 위해서 하도 변화와 상호 작용과정을 파악하는 것이 중요하며, 식생의 변화와 상호관련성을 파악하는 것도 필요하다.

하도 식생관리는 홍수시에 흐름을 원활히 하고, 유목(流木)을 방지하며, 하천관리 시설을 보호하여 수재해로부터 피해를 최소화시키는 것이 대부분이었다. 그러나 최근에 하천환경을 정비하고 보전하는 하천관리의 목적이 되고 있다. 따라서 하도 식생관리도 하천특성과 식생이 갖고 있는 환경적인 기능을 충분히 고려하여 관리방안이 수립되어야 한다. 또한 생태계에 미치는 영향을 최소화 하면서 주변경관 조화를 이루기 위하여 하천공학, 생태환경, 사회환경 등 다학제간의 융합된 새로운 방안이 도입되어야 한다.

교란하천의 적응관리

하천을 복원하거나 관리할 때, 불확실한 요소들이 많이 있다. 사업 중간 또는 후에 모니터링을 하여 자료를 확보하고 이를 다시 사업에 적용하여 수행해야 할 필요가 있다.

적응관리는 시스템 모니터링을 통하여 시간이 경과함에 따라 불확실성을 줄이는 것을 목표로 하며, 불확실성을 줄여가기 위해 의사결정을 하기 위한 구조화된 반복적인 과정이다. 따라서 적응관리는 과학적 방법을 바탕으로 관리 과정에서 습득한 지식을 학습하고, 이를 의사결정에 반영하는 반복적인 과정을 통해 불확실성을 줄여나가는 체계적 과정이다. 이는 '행동에 따른 학습(learning by doing)'을 강조하는 관리의 한 체계로써 시작되었다.

적응관리는 관리와 학습을 동시에 하는 접근방법으로써, 과거 수십 년 동안 있어 왔으며, 상업, 실험과학, 시스템 이론, 생태학 등 많은 분야에서 기원하고 있다. 적응관리는 단순히 관리 행동을 모니터링하고 임의로 계획을 수정하는 시행착오 방식이 아니며, 불확실성에 대한 가정과 이행이라는 실험을 통해 관리 대상인 시스템을 학습하고, 학습을 통해 가정과 관리 방향을 수정하는 과정이다(그림 6.9).

적응관리는 특정 조건을 만족하는 상황에 적용하는 것이 바람직하다. 첫째, 관리 목표에 따라 이행결과를 비교하여 계획 과정에서 설정한 가정이 적합한지 여부를 판단해야 하기 때문에, 프로젝트의 관리 목표가 명확하게 정의되어야 한다. 둘째, 불확실성이 높은 시스템은 적응관리가 필요하다. 그 이유는 불확실성이 높은 경우 시스템에 대한 가정과 그에 따른 실험을 통해 그 불확실성을 줄여가면서 관리를 해야 하기 때문이다. 셋째, 적응관리는 이해당사자 간 논의를 통해 관리 행동을 유동적으로 조절하는 것이 필요하다. 적응관리는 행동의 결과를 학습하고 이를 바탕으로 계획을 수정하는 유연한 의사결정과정이 핵심이므로, 이해당사자 간 논의를 통한 유동적 관리 행동 조절이 불가능한 상황에서는 적용이 어렵다.

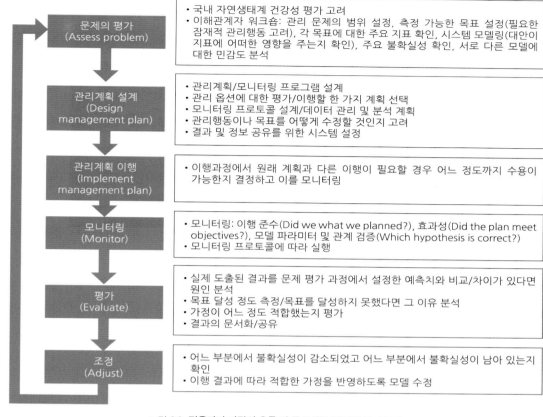

그림 6.9 적응관리 과정의 흐름 및 주요내용 (권영한 등, 2015)

따라서 하천복원 및 관리를 위한 적응관리 목표는 사업 후 모니터링과 인위적인 관리를 통해 바람직한 생태계 형성과정을 촉진시켜 생물의 다양성을 증진시키고, 다양한 복원기법에 의한 통수능을 확보하여 치수적 안정성을 확보하는 것이다(국토해양부/건설연, 2011).

적응관리는 복원하는 과정 또는 이후에 실시될 수 있으며, 결과에 따라 목표나 복원과정에 변화가 있을 수 있다. 적응관리는 모니터링 자료를 기초로 하며, 필요하면, 부가적인 자료와 외부 전문가의 의견을 참고할 수 있다. 그리고 이를 토대로 사업 목적 또는 예산측면에서도 타당한 선까지 합리적인 방안을 도출하고 이를 적용할 수 있다. 적응관리내용은 특정 사업에서 얻은 교훈을 다른 사업에 적용할 수 있으며, 물리모형이나 모델링을 하여 미리 모의하기도 하고, 사업의 설계와 시공에 불확실성을 감안하여 유연성과 융통성을 부여한다.

적응관리는 많은 불확실성과 가능성을 가지고 있으며, 복원 후에 발생하는 많은 불확실한 현상을 파악하고, 지속적인 관리를 통해 이를 개선해 가고자 하는 의지가 중요하다. 또한 복원 후에 도출되는 개선되어야 할 사례를 정확하게 인식하고 학습하며, 이를 다른 사업에 적용해야 한다.

적응관리 기법은 하천의 물리적, 화학적, 생물학적 분야로 나눌 수 있으며, 모니터링하고 이를 보완할 수 있는 대책을 수립해야 한다. 물리적 분야는 수리학적 변화를 모니터링하여 그 결과를 적응관리에 활용하는 것을 의미한다. 특히, 대상구간에 대하여 홍수 이후에 발생한 상황을 모니터링하고, 이를 개선하거나 보완해야 할 대책을 수립한다. 또한 유황변화, 만곡부에서 편수위 등을 포함한 수위변화, 수리구조물 주변에서 2차원적 흐름변화 등 수리학적 변화, 하상고의 장단기 변화, 하도의 평면변화, 하안침식 및 퇴적, 하상토의 입경변화, 서식처의 변화, 식생에 의한 수리특성 및 하도의 변화 등을 모니터링하고, 공학적으로 대안을 수립해야 한다. 그리고 복원 목표와 하도특성에 따라 모니터링 항목과 횟수 등을 정한다.

화학적 분야에서는 용존산소 농도, 탁도, 질소, 인 등을 모니터링하고 이에 대하여 적응관리 방안을 수립해야 한다. 예를 들면, 수체 내 유기물 및 영양물질의 양이 증가하여 수질이 악화되면, 오염물질의 유입 원인을 확인하고 이에 대한 대책을 수립한다.

생물학적 분야에서는 식생, 어류, 그리고 저서성 대형 무척추동물 등을 모니터링하여 이에 대한 방안을 수립하며, 이러한 과정을 통하여 사업에 대한 불확실성을 저감하고 유연하게 사업을 관리하여 복원 목표를 달성한다(국토해양부/건설연, 2011).

6.3 NbS와 하천관리

NbS는 자연기반해법(Nature-based Solutions)의 약어로서, 2000년대 후반 들어 세계자연보전연맹(IUCN)과 세계은행(World Bank)을 중심으로 대두된 개념이다(우효섭과 한승완, 2020). 여기서 해법의 상당부분이 기술적인 것이므로 '자연기반기술'이라 해도 크게 틀리지 않을 것이다. 이 개념은 당초 기후변화대책에 초점을 맞추어 기후변화영향을 저감하고 적응하면서 동시에 종다양성을 보호하고 지속가능한 삶을 지향하는 해법으로서 등장하였다. 그 후 이 개념은 생태계 기능을 이용하여 사회환경적 문제를 해결하기 위해 자연을 지속가능 하게 관리하고 이용하는 것으로 확대되었다. 여기서 사회환경문제란 기후변화를 포함하여 물안보, 보건, 재해위험, 사회경제개발 문제 등이다.

이 절에서는 먼저 NbS의 이해를 돕기 위해 NbS의 정의부터 시작하여 의의, 인간의 조정 정도에 따른 유형구분 등에 대해 설명한다. 다음 NbS와 기존의 유사개념들 간의 상호위계에 대해 간단히 설명하고, 마지막으로 본 절의 주제인 하천관리 측면에서 본 NbS에 대해 설명한다. NbS에 대해 본격적으로 논하기에 앞서 이 개념의 핵심적 지식인 생태계 기능과 서비스를 하천에 초점을 맞추어 간단히 설명한다.

생태계의 기능과 서비스

생태계는 그 자체로서 공급, 조절, 정보, 서식처 기능이 있다(de Groot 등, 2002). 여기서 기능(function)이란 생태계의 자연적 과정과 구성요소들이 직접적, 간접적으로 인간이 필요로 하는 재화와 서비스를 제공하는 능력을 의미한다. 참고로, 생태계 구조와 기능이라는 표현에서 '기능'은 한 생태계에서 종 다양성과 먹이망으로 표현되는 '구조'와 대비하여 물질과 에너지의 흐름을 의미하는 것이다. 따라서 생태계의 기능과 서비스라는 표현에서 '기능'은 재화와 서비스를 제공하는 능력을, 생태계의 구조와 기능이라는 표현에서 '기능'은 물질과 에너지 흐름이라는 생태계 과정(process)을 의미한다. 이 경우 '과정'이란 물질과 에너지의 자연적 흐름을 통한 생물적, 무생물적 구성요소 간 복잡한 상호작용의 결과물이다.

이러한 각각의 기능이 인간사회에 주는 재화와 서비스는 다시 공급적, 조절적, 사회문화적 재화와 서비스(또는 둘을 묶어서 간단히 서비스라 함)가 있다. 여기서 재화(goods)는 자연생태계가 인간에게 지속가능하게 제공하는 목재, 연료, 자연섬유, 약재, 물 등과 같은 것들을 의미하며, 서비스(service)는 자연생태계와 그 생물종이 인간생활을 유지하게 하고 만족시키는 조건과 과정을 의미한다.

반면에 하천기술자들은 전통적으로 하천의 기능을 공학적 기능과 자연적(또는 환경적) 기능 등 크게 둘로 나누었다. 이때의 '기능'은 보통 '역할' 정도의 의미로서, 과학적인 표현이라기보다는 일반적 표현이다. 공학적 기능은 다시 이수와 치수 기능, 자연적 기능은 생물 서식처, 수질자정, 친수 기능으로 구분한다. 그림 6.10은 기술자들이 보는 하천의 기능과 생태학자들이 보는 하천의 서비스를 상호 연결한 것이다. 여기서 생물서식처는 하천의 자연적 기능 중 하나이며, 그 특성상 인간사회에 주는 서비스는 별도로 특정화 하지 않는다.

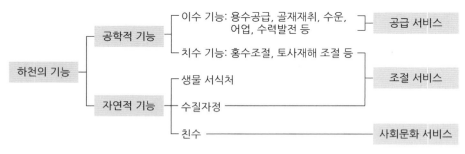

그림 6.10 **하천의 기능과 생태계 서비스** (우효섭 등, 2018, 그림 1.5)

NbS의 이해

NbS라는 용어를 처음 도입한 IUCN(2016)은 NbS를 '인간복지와 종다양성 모두의 이익을 위해 사회적 도전과제에 대해 효과적, 적응적, 동시적으로 대처할 수 있도록 자연 및 개변(modified) 생태계를 보호하고, 지속적으로 관리하고, 복원하는 행위'라고 정의하였다. 다시 말하면, 인간사회에 위협을 주는 사회환경 문제를 해결하는 방안으로서 생태계 기능을 직접 이용하거나 모방하는 것이다. 이러한 해법을 통해 동시에 생태계의 종다양성에도 도움이 되도록 하는 것이다. 여기서 개변생태계란 인간활동에 의해 어느 정도 영향을 받은 생태계를 의미한다.

NbS는 자연생태계의 보전, 보호라는 시공간적으로 대규모 대상부터 시작하여 작게는 '자연형 하천기술'이라는 인간의 적극적인 조정과 간섭이 요구되는 소규모 대상에 이르기까지 다양한 대상을 망라한다. 이를 도시적으로 표시하면 그림 6.11과 같다. 이 그림에서 횡축은 인간에 의한 대상 생태계의 개변정도, 즉 NbS 목표달성을 위해 인간이 생태계를 어느 정도 조정하는 지를 나타낸다. 좌측 종축은 그에 따른 생태계 서비스와 이해당사자의 범위를 나타내며, 우측 종축은 그를 통해 얻어지는 생태계 서비스 전달수준을 나타낸다.

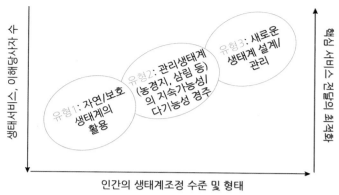

그림 6.11 **인간의 생태계조정 수준 및 형태에 따른 NbS의 유형화** (Eggermont 등, 2015)

이 그림에서 NbS의 유형은 크게 셋으로 구분되며, 유형1은 자연생태계나 보호생태계를 그대로 이용하는 것으로서, 인간에 의한 조정은 최소한이며 제공되는 서비스와 이해당사자 수는 상대적으로 많으나, 기대되는 서비스 수준은 적은 유형이다. 여기에는 자연적 습지에서 어류의 개체 수를 늘려 식량안보에 도움을 준다던 지, 해안생태계를 보전하여 폭풍해일 위험을 저감하거나, 삼림을 잘 보전하여 삼림의 함수량을 늘려서 물안보에 도움을 주는 것 등이다. 유형2는 자연생태계를 적극적으로 관리하거나 복원하는 것으로서, 인간의 조정정도는 중간이며 그에 따른 서비스 기대치도 중간 정도이다. 여기에는 자연상태의 삼림에서 경제성이 높은 수종으로 대체하여 전통적인 농업-삼림 체계를 재확립하거나, 하천복원을 통해 자연하천이 주는 조절서비스를 확대하는 것이다. 마지막으로 유형3은 새로운 생태계를 창출하는 것으로서, 인간의 조정 정도가 가장 크고, 그에 따른 의도한 특정분야의 생태계서비스 수준 또한 가장 크나, 서비스와 이해당사자 수는 제한적이다. 여기에는 지역특화적인 그린빌딩이나 인공습지 등이 포함될 것이다.

NbS의 실천방법론은 그림 6.12와 같이 생태계보호, 생태계에 기반을 둔 관리, 인프라 기능, 특정사안의 생태계 관련, 그리고 복원 등 크게 다섯 가지로 구분한다(IUCN, 2016).

생태계 보호는 보호지역관리 등 지역에 기반을 둔 보전방식을, 생태계기반 관리는 통합해안역관리나 통합수자원관리 등을, 인프라관련은 자연인프라와 그린인프라, 특정사안(issue-specific)의 생태계 관련은 생태계기반 적응이나 완화, 기후적응 서비스, 그리고 생태계기반 재해위험저감 등을, 마지막으로 생태계복원은 서식처복원, 삼림경관복원 등을 망라한다. 여기서 자연인프라(natural infra)는 삼림이 자연저수지 역할을 한다던 지, 해안삼림대가 폭풍해일이나 쓰나미 같은 자연재해위험을 저감하는 인프라 역할을 한다던 지 하는 것이다. 반면에 그린인프라는 인간의 조종이나 간섭이 어느 정도 가미된, 생태계서비스를 이용한 인프라로서 수변과 녹색축의 생태 네트워크로 이루어진 블루그린 인프라(넓은 의미의 그린인프라) (EC, 2009)와 호우유출수 관리를 위한 그린인프라(좁은 의미의 그린인프라) (USEPA, 2019)로 나눌 수 있다. 따라서 그림 6.11을 그린인프라에 초점을 맞추면 유형1은 자연인프라, 유형2는 블루그린 인프라, 유형3은 그린인프라에 해당될 것이다.

그림 6.12 **NbS의 다양한 실천방법론** (IUCN, 2016)

NbS와 유사개념들

위와 같은 NbS 개념은 2000년대 후반 몇 국제기관 전문가들이 처음 시작한 개념일까? 용어 자체는 처음이겠지만 그 안에 내재된 실천방법론은 사실 그 전부터 있었던 유사개념들과 원리 면에서는 크게 다르지 않다. 구체적으로 NbS와 유사한 개념으로 생태기술 (ecological engineering, EE), 그린인프라(green infra, GI) 또는 블루그린 인프라 (blue-green infra, BGI), 저영향개발(low-impact development, LID), 자연형 하천기술(close-to-nature river techniques, CRT) 등을 들 수 있다. 여기에 재해위험저감이라는 특정목적으로 쓰이는 생태기반 재해위험저감(ecological disaster risk reduction, eco-DRR) 해법은 블루그린 인프라에 포함시키거나, 별도로 고려할 수 있다. 이러한 기존의 유사개념들은 사실상 NbS의 하위개념으로서, 제 기술, 또는 방법론의 상호위계는 그림 6.13과 같이 표시할 수 있을 것이다. 각각의 개념에 대한 구체적인 설명은 우효섭과 한승완(2020) 등의 자료를 참고할 수 있다.

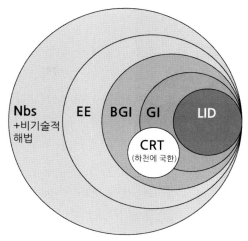

그림 6.13 **NbS와 유사개념들 간 상호위계** (우효섭과 한승완, 2020)

그림 6.13에서와 같이 NbS는 개념적, 공간적으로 가장 큰 의미로서, 특히 비기술적 해법도 포함한다. 다음은 생태기술(EE)로서, 이는 특히 기술 또는 공학이라는 학술적인 면이 강한 의미로 쓰이기 때문에 하위개념으로 그려졌지만 내용면에서는 사실상 NbS 수준이다. 실제 생태기술은 흔히 '인간사회와 자연생태계 모두에게 이익이 되도록 인간사회와 자연환경을 통합하는, 지속가능한 생태계를 설계하는 것'으로 정의된다(Mitsch와 Jorgensen, 1989). 이를 앞서 설명한 NbS의 정의와 비교하면, NbS는 특정한 목적을 위해 생태계를 보호, 관리, 복원하는 데 초점을 두고 있으며, EE는 그러한 생태계를 기술적으로 설계하는 데 초점을 두고 있다는 점이 구별된다.

다음, 광의의 그린인프라(GI), 또는 블루그린 인프라(BGI)는 조성환경(built environment)과 주변 자연/반자연 환경의 물과 식생 축으로 이루어진 생태적 네트워크의 보호, 복원을 통해 사회환경문제를 해결하는 것이다. 이는 EU에서 주목받는 개념이다. 여기서 eco-DRR를 포함시키면 블루그린 인프라는 실제 방법론에서 NbS와 크게 다르지 않다. 다만 BGI는 주로 계획단계에서 고려하는 것으로서, NbS의 주요 실천적 방법론이라 할 수 있다. 또한 좁은 의미의 GI는 자연적 원리를 이용하여, 또는 자연을 모방하여 호우유출수를 관리한다는 점에서 개념적으로는 LID와 사실상 같지만 공간적으로 더 포괄적이다.

자연형 하천기술(CRT)은 살아있는 나무나 풀과 돌, 목재, 섬유망 등 자연재료를 이용하여 하천을 자연에 가깝게 꾸미는 기술이다. 하천은 사회인프라인 동시에 자연환경의 일부이다. CRT는 하천의 자연환경기능을 되살리면서 홍수관리 등 사회인프라 기능을 유지하는 기술이기 때문에 광의의 그린인프라, 즉 BGI 범주에 포함될 것이다.

마지막으로, LID는 자연생태계의 기능을 이용, 모방하여 개발사업지역의 호우유출을 개발 전과 같은 수준으로 조절하는 것으로서, 일종의 최적관리실무(BMP)이다.

NbS와 하천관리

위와 같은 NbS와 유사개념들을 하천관리에 초점을 맞추면 그림 6.14와 같이 표시할 수 있다. 여기서 맨 우측의 전통적 하천기술은 이른바 '그레이 인프라'를 의미하며, 토목재료를 이용하여 댐, 제방, 수제, 보 등을 각종 이치수 시설물을 설치하고, 직강화하여 하천을 정비하는 전통적 하천관리를 의미한다. 자연형 하천기술(CRT)은 이른바 재료의 자연형과 형태의 자연형이라는 두 원칙을 가지고(환경부/건설연, 1995~2001) 하천을 자연에 가깝게 정비하거나 복원하는 것이다. 다음으로 자연에 기반을 둔 하도나 홍수터 관리는 구 홍수터나 하도를 복원하여 하천으로 편입하거나, 제방이 있는 경우 이를 뒤로 물리거나 철거하여 원 홍수터를 복원하거나, 하천에 편입하는 것이다. 이를 통해 하천의 통수능 확보는 물론 과거 홍수터의 샛강, 자연습지, 수림대와 같은 하천서식처를 조성, 복원하는 것이다. 이는 사실상 블루그린 인프라라 할 수 있다. 마지막으로, 자연하천의 홍수터를 보전하여 홍수터가 주는 치수 기능과 서비스를 기대하는 것은 하나의 자연인프라에 해당하는 것으로서, 이는 NbS 관점에서 생태계를 보호하는 것에 해당한다. 따라서 그림 6.14는 좌측에서부터 Natural infra > NbS (BGI) > CRT > Grey infra의 위계를 지닌다.

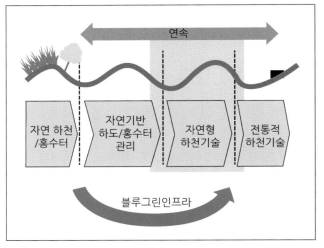

그림 6.14 **하천관리 차원에서 NbS와 그린인프라**
(NERC, 2017 자료에 기초하여 보완)

하천에서 블루그린인프라의 범위는 네덜란드 하천관리 개념인 '하천에게 공간을 (Room-for-the-river)' 개념에서 쉽게 이해할 수 있다. 그림 6.15는 이 개념을 도식적으로 표시한 것으로서, 이 그림에서 우리나라 여건에 적용 가능한 실무는 #3(하도준설), #7 (불필요한 제방 철거), #8(샛강복원), #9(홍수터 준설), #10(식생복원), #12(제방보강), #13(제방물림), #14(제내지 저류), #16(제방증고) 등일 것이다.

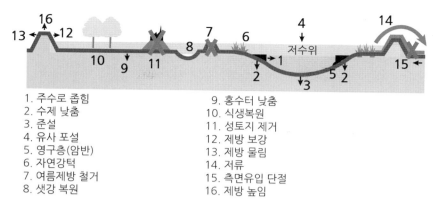

1. 주수로 좁힘
2. 수제 낮춤
3. 준설
4. 유사 포설
5. 영구층(암반)
6. 자연강턱
7. 여름제방 철거
8. 샛강 복원
9. 홍수터 낮춤
10. 식생복원
11. 성토지 제거
12. 제방 보강
13. 제방 물림
14. 저류
15. 측면유입 단절
16. 제방 높임

그림 6.15 **네덜란드의 '하천에게 공간을' 개념** (Silva 등, 2001)

#3 하도준설은 과거부터 구조물적 하천치수대책의 하나로서 지속적으로 이용된 방안이다. 특히 이 방안은 2010년대 초 이른바 정부의 '4대강 살리기 사업'에서 보편적으로 쓰인 방안이다. 이를 통해 통수능 확대는 하도준설을 통해 충분히 기대할 수 있는 편익이다.

그림 6.16은 #9와 #13 개념에 입각하여 제방을 물려서 홍수터를 복원하여 하천에 공간을 되돌려준 네덜란드 사례이다. 이를 통해 하천의 통수능을 확대하고, 홍수터를 복원하여 하천의 홍수터 생태계서식처를 복원하게 된다.

그림 6.16 **제방물림을 통한 홍수터 복원 및 통수능 확대 사례(네덜란드 Arnhem 인근의 Bakenhof)** (Nijland, 2007)

그림 6.17은 '하천에게 공간을'개념에서 #8에 해당하는 샛강복원 사례이다. 대상은 남한강 지류인 청미천으로서 과거 하천정비 및 농지정리 차원에서 사행하천을 직강화 하고 제방을 쌓아 구하도는 폐천을 방치되어 있었으나 구하도 복원 차원에서 2014~2015년에 추진된 사업이다. 이 사업을 통해 1) 하천의 통수능 확대, 2) 구하도 서식처 복원, 3) 지역 주민에 위락공간 제공 등을 기대하였다. 이 사업에서 기존제방의 일부를 뒤로 후퇴시켜 홍수터와 구하도를 복원하였다.

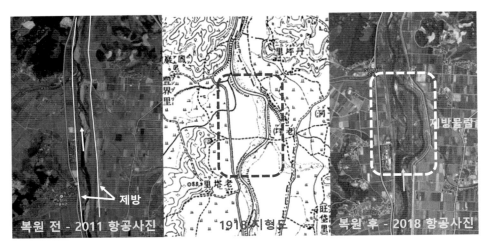

그림 6.17 남한강 지류 청미천의 구하도 복원을 통한 통수능 확보 및 서식처 복원 사례
(좌 : 복원 전 사진, 중간 : 1918 지형도, 우 : 복원 후 사진) (우효섭 등, 2018, p. 408)

마지막으로 제방철거는 홍수관리나 생태적 가치 측면에서 제방으로 보호 받을 재산가치가 상대적으로 적은 경우 고려할 수 있는 대안이다. 이는 그림 6.15의 #7 '여름제방' 철거에 해당한다. 다만 여기서 여름제방이라 함은 서유럽과 같이 여름철보다 겨울철에 하천 홍수가 더 크고 빈번한 지역에서 겨울홍수보다 상대적으로 적은 여름홍수를 대비하는 제방을 일컫는 것이다. 이는 우리나라의 경우 해당되지 않으며, 여기서는 상대적으로 재해 위험저감 가치가 낮은 제방, 예를 들면 구릉지나 산지를 끼고 만들어진 하천제방이 해당될 수 있을 것이다. 한 예로서 그림 6.18과 같이 제방을 통해 보호받는 농경지 가치보다 제방철거를 통해 기대되는 통수능 확대 및 홍수터 복원 가치가 높은 경우 과거 기준에서 정당화 되었던 제방이라도 현재의 가치기준에서 철거를 통한 홍수터 복원과 통수능 확대 등을 기대할 수 있을 것이다.

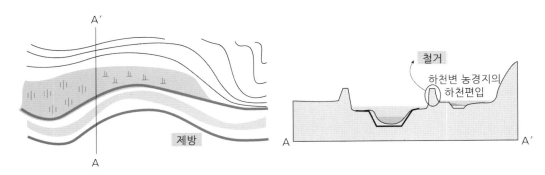

그림 6.18 제방철거를 검토할 수 있는 지형여건 사례

그 밖에 #12(제방강화)와 #16(제방증고)은 제방보강을 위한 대책들이며, #14(제내지 저류)도 하천 밖에 홍수를 일시 저류하여 첨두홍수량을 줄이는 대책으로서, 모두 현재 실무에서 채택하고 있다. 마지막으로 #10(식생복원)은 하안이나 홍수터에 식생을 복원하여 생태계 서식처 기능과 서비스를 기대하는 것이다. 특히 하안식생은 이른바 수변완충대(riparian buffer strip, RBS)로서 기능을 기대할 수 있다(우효섭 등, 2018).

한국의 전통 생태기술 – 수방림(水防林)

그린인프라, 또는 eco-DRR은 우리의 전통생태기술에서도 찾을 수 있다. 그 중 하나인 마을숲은 풍수, 토착신앙과 같은 민속적 의의와 더불어 마을의 공기정화와 같은 방제(防除) 기능뿐만 아니라 방풍, 수방, 해일방지와 같은 방재(防災) 기능을 위해 이용되었다(Woo 등, 2017). 특히 하천홍수로 인한 수해를 예방, 저감하는 차원에서 하천에 연해 조성된 수방림으로 전라남도 담양군의 관방제림과 경상남도 상림 등이 지금도 남아있다(우효섭과 김철, 2017).

담양 관방제림(官防堤林)은 담양군 담양읍 남산리 일원 영산강 상류를 따라 이어진 마을숲으로서, 1991년에 천연기념물 366호로 지정되어 있다. 면적은 약 123,000 m^{2}이며, 당초 조성시 남산리 동정마을에서 천변리까지 약 2 km 구간이었다 한다. 역사적으로 조선 인조 26년(1648년) 당시 담양부사 성이성이 담양고을의 수해방지를 위해 제방을 축조하고 나무를 심기 시작하여, 그 후 철종 5년(1854년)에 부사 황종림이 다시 제방을 보축하고 추가로 나무를 심었다 한다. 지금은 살아있는 나무보다는 다른 토목공사용 호안재료가 있고, 제방식재의 긍정적인 기능보다는 부정적인 기능이 있어 금하고 있지만, 그 시대에는 홍수시 흙제방의 침식을 억제하게 위해 살아있는 나무를 이용하였다. 지금의 큰 나무는 인조 시대에, 작은 나무는 철종 시대에 심은 것으로 알려져 있다. 관방제림을 구성하는 나무로는 푸조나무, 팽나무, 벚나무, 음나무, 개서어나무 등 총 420 그루가 있다.

관방제림보다 훨씬 오래된 수해방지용 방수림으로 경남 함양군 위천 가의 상림(上林)이 있다. 이는 AD 9세기 통일신라의 진성여왕 시대 최치원에 의해 처음 조성된 것으로 알려져 있으며, 천연기념물 154호로 지정되어 있다. 상림은 그 모양이 사각형으로, 총 면적은 약 119,000 m^{3}이다. 수종은 느티나무, 이팝나무, 떡갈나무, 때죽나무, 서어나무 등이다. 역시기록에 의하면 함양마을을 관통하는 위천의 홍수로 매년 수해를 입게 되자 하도를 우회시켜 제방을 쌓고 원래 하천과 주변에 나무를 심어 홍수류가 직접 마을로 들이닥치는 것을 막았다고 한다(Woo와 Ji, 2018).

우리나라의 전통생태기술-수방림 (좌 : 담양의 관방제림, 우 : 함양의 상림)

6.1 수변에 가해진 교란의 영향은 상류나 하류로 전파되면서 교란의 주기, 지속기간, 강도 등에 따라 다양한 교란을 일으킨다. 그리고 교란은 규모, 시간, 공간 등 3가지 차원을 갖고 있으며, 각 차원의 종류를 설명하시오.

6.2 하천 교란은 자연적 교란과 인위적 교란으로 나눌 수 있는데, 이 중 인위적 교란에 대하여 설명하시오.

6.3 하천식생은 교란에 지속적으로 적응하고, 그 결과에 따라 생태적 지위가 달라진다. 스트레스와 교란의 정도에 따른 식물의 생존전략을 간단히 설명하시오.

6.4 하천복원이나 관리를 할 때, 불확실한 요소 들이 많이 있으며, 사업중간 또는 후에 모니터링을 하여 자료를 확보하고 이를 다시 사업에 적용하여 불확실한 요소를 제거하게 된다. 이때 적응관리 개념을 도입하게 되는데, 이러한 적응관리의 개념과 적응관리 과정을 설명하시오.

6.5 다음 문장에서 적합한 용어를 넣으시오.

'적응관리는 행동의 결과를 학습하고 이를 바탕으로 계획을 수정하는 유연한 (   )이 핵심이므로, 이해당사자간의 논의를 통한 유동적 (   )이 불가능한 상황에서는 적용이 어렵다.'

6.6 다음 괄호 안에 적정한 용어를 삽입하여 하천수목의 긍부정적인 효과를 제시하시오(참고자료 : 우효섭과 김철, 2017).

▶ 하천수목의 부정적 효과

1. 홍수터 수목은 홍수시 (   )을 높여 (   )을 증가시키며, 홍수로 뽑혀진 수목은 하류에 2차 문제를 야기할 수 있다.

2. 제방에 심은 나무는 홍수시 1) 그루터기 주변에 (   )을 일으켜 제방안정에 위협이 될 수 있고, 2) 나무뿌리가 썩으면 그 자체가 빈 구멍이 되어 홍수시 (   ) 일으킬 수 있으며, 3) 홍수시 큰 나무가 쓰러지면 제체의 (   )을 일으킬 수 있다.

▶ 하천수목의 긍정적 효과

1. 나무숲 자체가 홍수를 일부 머금어서 홍수류를 저감할 수 있고, 나무뿌리가 흙을 움켜잡아 홍수에 의한 (   )을 저감할 수 있고,

2. 특히 하안/강턱의 식생은 홍수시 전체적인 형태를 유지하게 할 수 있고,

3. 상류에서 떠내려 온 부유물을 흡수하여 하류에 (   )를 줄일 수 있고,

4. 마지막으로 하천변 식생은 (   )를 저감하여 하류에 피해를 줄일 수 있다.

6.7 이 책과 기타 자료를 참고하여 좁은 의미의 GI와 LID의 유사점과 차이를 각각의 1) 정의, 2) 연혁, 3) 구체적인 적용실무 사례 등을 비교하여 제시하시오.

6.8 담양의 관방제림과 함양의 상림의 예를 가지고 1) 전자같이 제방사면이나 정부에 수목을 식재하여 홍수류의 소류력으로부터 제방을 보호하는 방안과 2) 후자와 같이 수목을 넓게 식재하여 홍수류로부터 민가와 전답을 보호하는 방안에 대해 현대적 제방기술 측면에서 각 방안의 한계점을 제시하시오.

참고문헌

건설교통부. 2002. 자연 친화적 하천관리 지침.

국토해양부/한국건설기술연구원(건설연). 2011. 하천복원통합매뉴얼. 자연과 함께하는 하천복원 기술개발연구단(ECORIVER21), pp. VII-38-40.

국토교통부. 2018. 한국하천일람.

권영한, 이승준, 박채아. 2015. 기후변화에 대응하기 위한 생태계 환경안보 강화방안(III), 한국환경정책·평가연구원.

우효섭, 김철. 2017. 수방림 제방의 기술사적 고찰 – 담양 관방제림을 중심으로, 대한토목학회 정기학술대회, 전문연구세션. 1884-1885.

우효섭, 오규창, 류권규, 최성욱. 2018. 인간과 자연을 위한 하천공학. 청문각.

우효섭, 한승완. 2020. 물관리를 위한 자연기반해법과 유사개념들의 유형분류 및 체계. Ecology and Resilient Infrastructure, 7(1): 15-25.

임양재, 전의식. 1980. 한반도의 귀화식물 분포. 한국식물학회지 23(3-4): 69-83.

한국수자원공사. 2007. 다목적댐(소양강 등) 탁수저감방안 수립 보고서.

환경부. 2002. 하천복원 가이드라인. G-7 국내여건에 맞는 자연형 하천공법 개발 연구.

환경부/한국건설기술연구원. 1995~2001. 국내여건에 맞는 자연형 하천공법의 개발 보고서(I, II).

de Groot, R, Wilson, M., and Boumans, R. 2002. A typology for the classification, description and valuation of ecosystem functions, goods and services. Ecological Economics, 41(3).

EC (European Commission). 2009. Green infrastructure: supporting connectivity, maintaining, and sustainability.

Eggermont, H. et al. 2015. Nature-based solutions: New influence for environmental management and research in Europe. GAIA 24(4): 243-248.

IUCN (International Union for Conservation of Nature). 2016. Nature-based solutions to address global societal challenges. Cohen-Shacham, E., Walters, G., Janzen, C, and Maginnis, S. edited.

Kondolf, G. M. 1994. Geomorphic and environmental effects of instream gravel mining. Landscape and Urban Planning 28: 225-243.

Mitsch, W. J., Jorgensen, S. E., 1989. Ecological engineering: An introduction to ecotechnology. John Wiley & Sons, Inc., New York: 472.

NERC. 2017. Green approaches in river engineering-supporting implementation of green infrastructure. H. R. Wallingford.

Nijland, H. 2007. Slides of "Room for the rivers, programme cost of flood protection measures in The Netherlands". The Ministry of Transport, Public Works and Water Management. https://www.riob.org/IMG/pdf/roma_2007_nijland.pdf

Pickett, S. T. A., and White, P. S. (eds.) 1985. The Ecology of natural disturbance and patch dynamics. Academic Press, San Diego.

Runkle, J. R. 1985. Disturbance regimes in temperate forests. In, The ecology of natural disturbance and patch dynamics, S.T.A. Pickett and P. S. White (eds.). Academic Press, New York: 1533–1546.

Schupp, E. W., Howe, H. F., Augspurger, C. K., and Levey, D. J. 1989. Arrival and survival in tropical treefall gaps. Ecology 70: 562–564.

Silva, W., Klijn, F., and Dijkman, J. 2001. Room for the Rhine branches in the Netherlands, what the research has taught us. WL Delft Hydraulics, Directorate-General for Public Works and Water Management, IRMA.

USEPA (United States Environmental Protection Agency). 2019. https://www.epa.gov/green-infrastructure/what-greeninfrastructure. Accessed on November 21 2020.

Woo, H., Joo, J.-C., Yeo, H.-G., and Oh, J.-M. 2017. Green infra for natural disaster risk reduction revived from old wisdom of traditional ecological practices in Korea-focused on restoration of ecological functions of river. The 37th IAHR World Congress. Special session on green infra, Kuala Lumpur, Malaysia. August 13–18.

Woo, H. and Ji, U. 2018. Technographical review of levee planting for flood-risk reduction focused on riparian strips in Korea. Proceedings of the 21st IAHR-APD Congress, Yogyakarta, Indonesia.

Yates, S. Y. and Noel, S. 1988. The Adopt-a-stream, Univ. Washington Press.

본 장에서는 하천식생에 의한 하천 흐름과 지형의 변화와, 그 반대로 흐름과 유사이송에 의한 식생생장의 영향에 대해 체계적으로 다룬다. 이는 식생-수문-지형 간 상호작용을 말한다. 이 분야는 학문적으로 이른바 생물수문지형학이라 하여 생물(이 경우 사실상 식생)과 수문과 지형의 상호작용을 다루는 비교적 새로운 분야이다. 그러나 이 장에서 본격적으로 생물수문지형학을 다루기보다 자연적, 인위적 외부요인에 의한 수문지형(이 경우 하천지형)과 식생의 상호작용을 다룬다는 취지에서 장의 제목도 '식생과 하천 변화'로 하였다. 하천지형변화를 식생영향을 고려하지 않고 전통적인 물-유사-지형-(구조물) 간 상호작용만으로 설명하기에는 한계가 있다. 또한 식생에 의한 하천흐름의 추가적인 저항을 평가하는 것은 실무적으로도 중요하다. 특히 근래 들어 국내의 하천뿐만 아니라 세계의 많은 하천들이 이른바 '화이트리버'에서 '그린리버'로 바뀌고 있으며, 그에 따른 공학적, 생태적 문제는 이제 하천관리의 새로운 숙제가 되고 있다.

7

식생과
하천변화

7.1 하천과 식생

하천은 자연이 만든 개수로이다. 하천기술자들은 하천을 공학적으로 간단하고 다루기 쉬운 고정상 개수로로 간주하여 흐름과 하천지형(단면형, 종단형, 하상재료 등)만 가지고 하천흐름을 해석한다. 그러나 실제 자연하천은 대부분 충적하천이다. 즉 흐름에 의해 이송되는 유사재료와 하상과 강턱(bank), 사주, 홍수터 등을 구성하는 재료가 기본적으로 같다. 따라서 흐름은 유사이송을 통해 하천지형을 '조각'하고 동시에 '조각'된 하천지형은 흐름을 변화시킨다. 이러한 흐름, 유사, 하천지형 간의 상호작용을 연구하는 분야를 수문지형학(hydro-geomorphology), 또는 조금 더 구체적으로 하천지형학(fluvial geomorphology)이라 한다. 이 분야는 2장에서 구체적으로 다루었다. 여기에 댐, 보, 제방과 같은 수리구조물을 추가할 수 있다.

그러나 실제 하천은 상당수가 위와 같은 무생물적 인자 간의 상호작용의 결과물이 아니다. 그림 7.1은 그 한 예를 보여준다. 이 사진은 금강 대청댐 상류구간으로서 댐의 배수영향이 미치어 하중도, 사주, 하안이 모두 식생으로 덮이어 있다. 이 사진에서 좌측은 바로 고지(uplands)로 연결되어 있고, 우측은 하중도, 사주, 하안으로 연결되어 있다. 이 사진에서 강조하는 것은 바로 하천에 자생하는 식물의 존재이다. 이 하천상태는 후술할 '그린 리버'로서, 하중도, 사주, 하안 모두 초본류와 목본류로 덮여있다. 이렇게 식생이 왕성하게 자란 상태에서 하천시스템 내에서 상호작용하는 인자는 무생물적 요소인 물(흐름), 유사, 지형, 구조물 외에 추가적으로 식생이 있다. 하천 내 식생의 존재는 하천의 물리적, 화학적, 생태적 특성에 직간접적인 영향을 주고, 동시에 영향을 받는다.

이 절에서는 먼저 하천을 경관생태 관점에서 거시적으로 조망하고, 특히 수변(river corridor) 관점에서 그 기능을 알아본다. 여기서 수변은 '하천변'이라는 제한적 의미보다는 하도, 강턱, 홍수터를 포함한 하천 그 자체를 의미하며, 경관생태학 용어이다. 다음, 조금 더 미시적 측면으로 추이대 관점에서 하천식생분포의 특징을 알아보고, 나아가 하안 식생의 생태적 기능을 알아본다. 마지막으로, 기후적으로 온대습윤 혼합림 지역에 속하는 우리나라 하천에 자생하는 수생 및 육상 식물의 특성에 대해서 간단히 알아본다. 참고로 이 책에서는 식물(plant)과 식생(vegetation)을 명확히 구분하지 않고, 보통 단일 생물체를 지칭할 때는 식물이라고 하고, 어느 서식처에 나타나는 식물의 집합체를 지칭할 때는 식생이라 한다.

그림 7.1 **자연상태 하천과 식생**(한국하천협회 하천사진공모전, 유지훈, 2007)

참고로, 이 장에서는 수문-지형-식생 인자간 상호작용, 또는 그러한 모형에 초점을 맞추고 있지만 그보다 포괄적이면서 세분화된 모형은 수문(흐름)-지형-동식물-수공구조물-유사이송 간 상호작용이나 관계를 개념적으로 표현하는 것이다. 이에 대해서는 생태수리학을 설명하기 위해 제시된 개념도(우효섭 등, 2015, 그림 13.1)를 참고할 수 있다.

경관생태 관점에서 본 하천

비행기를 타고 육지를 내려다보면 지상은 경관적으로 다양하다. 단일 수종이나 혼합림으로 구성된 숲이 있는가 하면 벌판이 있고 그 안에 강이 흐르면서 습지와 호수 등을 만든다. 또한 크고 작은 농경지, 도시와 마을, 도로와 철도, 기타 인공시설물 등 인간이 만들어 놓은 경관이 있다. 경관생태학(landscape ecology)은 이러한 각각의 경관요소의 공간형태와 생태과정 간 관계를 연구하는 학문이다.

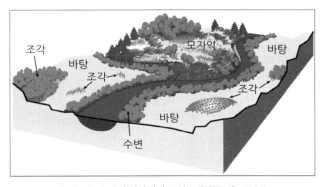

그림 7.2 **수변의 경관생태 모식도** (FISRWG, 1997)

그림 7.2는 하천을 포함한 주변환경의 경관생태 모식도이다. 여기서 지배적인 경관생태요소는 바탕(matrix)이라 한다. 바탕의 구성요소는 대부분 숲, 초원, 농경지 등이나 다른 구성도 가능하다. 조각(patch)은 바탕보다 덜 지배적인 것으로서, 다각형이나 길게 조각나 보이는 경관생태 요소이다. 조각들이 모인 것을 모자익(mosaic)이라 하며, 이는 경관 전체를 통해 안에서 서로 단절되어 있다. 회랑(corridor)은 띠 모양의 기다란 경관생태조각을 말한다. 따라서 수변(river corridor, 직역하면 하천회랑)은 하천을 따라 길게 형성된 경관생태 조각이다. 수변은 하도 자체와 하안, 그리고 하안을 따라 길게 형성된 홍수터 수림대 등을 망라한다.

자연하천의 수변을 횡방향으로 보면 하도, 하안, 사주, 홍수터, 그리고 주변 지형과 연결되는 고지연결부(upland fringe) 등으로 구성되어 있다. 이를 수변생태 측면에서 보면 그림 7.3과 같다. 이 그림과 같이 주하도는 거의 상시로 물이 흐르는 곳이다. 홍수터는 홍수시에만 잠기기 때문에 식생이 자생한다. 홍수터 곳곳에는 지형에 따라 샛강이나 습지가 형성된다. 따라서 수변에는 각 위치에 따른 수분조건(물에 잠기는 빈도와 지하수위 변화)에 맞는 식물이 자라게 된다. 고지연결부는 고지의 숲과 언덕의 풀 등을 포함한다.

수변을 최상류에서 최하류까지 종방향으로 보면 수문지형 관점에서 상류의 침식구역, 중류의 운반구역, 하류의 퇴적구역 등으로 나눌 수 있다(그림 2.3 참조). 이러한 하천구분을 식생과 연관시키면, 침식구역은 높은 지역에서 자라는 수변식생에서 나오는 유기물과 토양침식으로 생기는 유사를 하류에 제공한다. 특히 자연하천에서 침식구역에서 내려온 통나무나 중하류에 걸린 유목(large woody debris, LWD)은 수생생태계의 귀중한 서식환경을 제공한다. 운반구역은 침식구역에 없는 넓은 홍수터를 가지고 있기 때문에 수변식생이 다양하다. 이 구역에서는 토양과 수분 특성에 따라 여러 종류의 식물이 자라게 된다. 퇴적구역은 상류 두 구역보다 더 큰 홍수터를 가지게 되고 유사의 퇴적이 활발하다. 그러나 많은 하천에서 평평하고 넓은 토지는 인간의 농경과 주거 지역으로 바뀌었고, 특히 치수차원에서 제방을 쌓아 수변을 좁혔기 때문에 수변식생은 사실상 제방 안으로 제한되어 있다.

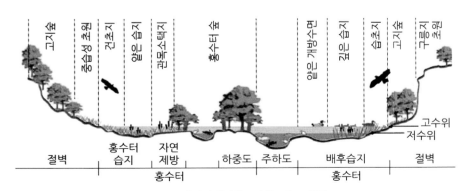

그림 7.3 **수변의 횡방향 조망** (Sparks, 1995)

수변의 생태기능

경관생태 관점에서 수변의 생태기능에는 기본적으로 서식처, 전달, 여과, 차단, 공급, 수용부 기능 등이 있다. 여기서 경관생태 관점이라고 강조한 것은 위와 같은 제 기능들은 하도, 하안, 수림대 등으로 구성되는 수변을 생태기능을 가진 하나의 묶음으로 보았다는 것이다. 각각의 기능을 그림 7.4와 같은 모식도와 같이 설명하면 다음과 같다. 이러한 기능은 상당부분 수림대의 기능이다.

■ 서식처(habitat)

수변은 다양한 생물의 삶의 터전이다. 즉 생물이 생육, 번식, 먹이활동 등을 하는 공간이다. 서식처는 생물에게 공간 자체뿐만 아니라 먹이, 물, 피난처 등을 제공한다. 인위적인 활동으로 인한 서식처의 단절, 훼손은 결국 그 안에 사는 동식물의 종수와 개체 수에 부정적인 영향을 준다. 한편 생물다양성 보전을 위해서는 특히 수생서식처와 육상서식처가 맞물리는 하안 추이대(ecotone)와 같이 물리적으로 서로 다른 서식환경의 연결부가 중요하다. 따라서 이러한 연결부가 콘크리트 호안 등으로 인위적으로 단절되면 종의 다양성에 부정적 영향을 준다.

■ 전달(conduit)

수변은 앞서 설명한 에너지, 물질, 개체군의 이동통로 역할을 한다. 수변에 의해 전달되는 물질 중 가장 대표적인 것은 물과 유사이다. 그밖에 다양한 형태의 에너지와 물질, 그리고 생물체가 수변에 의해 전달된다. 이러한 전달기능은 하천흐름 방향(종방향) 뿐만 아니라 수변을 가로지른 방향(횡방향)으로도 일어난다.

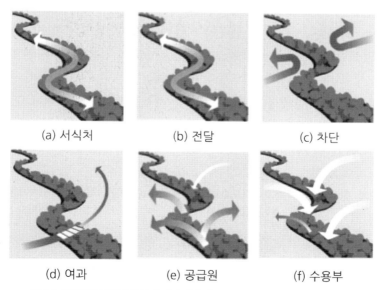

(a) 서식처 (b) 전달 (c) 차단

(d) 여과 (e) 공급원 (f) 수용부

그림 7.4 **경관생태 관점에서 본 수변의 생태기능 모식도** (FISRWG 1997; Fig. 2-37)

■ 여과(filter)

수변은 에너지, 물질, 개체군을 선택적으로 통과, 전달하는 기능이 있다. 예를 들면 수변에 유입된 오염물질, 유기물, 토사 등은 하상에 침전, 흡착, 분해되고 그 일부만 전달된다.

■ 차단(barrier)

수변은 흐름과 수변완충대 등에 의해 에너지, 물질, 개체군의 전달을 차단하는 기능이 있다. 예를 들면 육지에서 유입되는 오염물은 수변을 따라 자연적/인위적으로 형성된 식생대에 의해 하도유입이 차단된다.

■ 공급(supply)과 수용부(source)

수변에서 에너지, 물질, 개체군의 유출이 유입보다 크면 공급원으로서 기능을 하고, 그 반대의 경우 수용부로서 기능을 한다. 수변은 하도, 홍수터, 제방, 수림대 등으로 구성된 수변과 주변 서식공간을 연결하여 생물개체군을 이동시켜 타 지역에 공급한다. 동시에 지표수, 지하수, 영양염류, 에너지, 물질 등을 저류하거나 공급한다.

위와 같은 수변의 생태기능을 결정하는데 중요한 두 가지 특성은 연결성과 폭이다. 연결성은 하도, 홍수터, 제방 등으로 구성된 수변의 규모 자체와 수변이 얼마나 서로 연결되어 있는 지를 나타내는 척도이다. 연결성이 높으면 에너지, 물질, 생물군집의 이동이 원활해진다. 다른 하나는 수변을 가로질러 주변 임야, 토지, 산까지 거리를 나타내는 폭이다. 폭이 좁으면 중간에 단절부가 생기기 쉽고 그에 따라 이동성이 감소하거나 단절된다. 따라서 연결성은 폭에 영향을 받는다.

식생천이

식생천이(plant succession)란 식물군락이 시간이 감에 따라 일정한 방향성을 갖고 변화해 가는 것을 말하며, 생태천이(ecological succession)의 일종이다. 자연적, 인위적 교란으로 기존의 식생이 파괴되고 나지가 생기면 새로운 식물군이 들어오며, 이 단계를 시상(始相)이라 한다. 이어 몇몇 중간단계를 거쳐서, 최종적으로 종구성이나 군락구조가 크게 변화하지 않는 극상(極相)에 이른다.

식생천이의 시간은 홍수로 인해 하안이 새로운 유사로 덮인 곳에 개척식물이 들어오고 다른 초본류도 들어오면서 점차적으로 관목, 교목상으로 바뀌는 경우 짧은 수년에서부터, 산불이나 들불이 난 후 천이가 진행되는 수십 년을 생각할 수 있다. 나아가 대량멸종 후 수백만 년에 걸쳐 천이가 일어날 수 있다.

식생천이는 이전에 식물이 전혀 자란 적이 없는 화산이나 매립지 등 신생지에서 시작되는 1차천이와, 기존식생이 파괴되고 매토종자와 식물의 근주 등이 남아 있는 땅에서 시작되는 2차천이로 구분된다.

1차천이와 2차천이는 각각 천이장소가 바위나 토양 등 육상인 건성천이 계열과 하천이나 호소 등 수계인 습성천이 계열로 나뉜다. 1차천이는 빙하후퇴에 의해 새롭게 노출된 땅, 화산활동으로 용암이나 화산재로 덮인 땅 등에서 나타나며, 2차천이는 산불로 피해를 입은 땅이나 큰 홍수 등으로 하안이 새로운 토사로 덮인 땅에서 나타날 수 있다. 하천식생 관리와 복원 차원에서 가장 관심 있는 경우는 홍수로 토사가 새롭게 덮은 하안과 홍수터에서 나타나는 2차 습성천이이다.

천이의 형태나 원인은 여러 가지이나, 천이에 의해 새로운 장소에 들어온 종은 그 서식환경을 변화시켜 다른 종이 새롭게 변한 환경을 선호하도록 한다. 천이의 원인으로서 일반적으로 자생천이(autogenic succession), 타생천이(allogenic succession), 기후요인 등으로 구분한다(Fischer, 1983). 자생천이는 흙속의 미생물이 토양의 화학성분을 변화시키거나, 식물자체의 구성이 군집을 변화시켜 일어난다. 반면에, 타생천이는 외부의 환경요인, 예를 들면 외부에서 유입하는 물 같은 비생물적 요인이나 식물생장에 영향을 주는 종자산포 동물이나 초식동물 등 생물적 요인에 의해 특정종이 선호하는 재생구역을 만들어줌으로써 일어난다. 기후요인은 일반적으로 장기간에 걸친 온도와 강수 양상의 변화 등으로 나타나거나, 화산폭발, 산사태, 홍수, 화재, 강풍 같은 대격변 등 타생적 변화로 나타난다.

(a) 홍수 후 나지단계

(b) 초기식생의 이주단계

(c) 정착단계

(d) 경쟁단계

그림 7.5 **낙동강 하안사주에서 식생(달뿌리풀-갯버들)의 천이** (조형진 촬영, 2009)

천이의 일반적인 과정은 나지단계−이주단계−정착단계−경쟁단계−반응단계−안정화단계 등으로 구분한다(Clements, 1916). 나지화 단계는 교란으로 생지화학적, 지형적으로 새롭게 생긴 땅을 말한다. 예를 들면 대홍수로 인해 홍수터 식생이 모두 사멸하고 그 위를 상류에서 이송된 유사로 덮인 상태이다. 이주단계는 외부에서 새로운 식물종의 씨앗이나 뿌리가 바람이나 물에 이송되어 도착한 상태이다. 정착단계는 식생이 뿌리를 내려 처음으로 생육하는 상태이다. 경쟁단계는 천이가 진행되는 서식처에서 다양한 식물종이 공간, 빛, 양분 등을 위해 다투는 단계이다. 반응단계는 부식토의 퇴적 등 자생적 변화가 서식처에 영향을 미쳐서 한 식물 군집이 다른 군집을 대체하는 단계이다. 마지막으로, 안정화 단계는 안정적인 극상군집이 형성되는 단계이다.

그림 7.5는 낙동강 하안에서 비교적 단기간 내 나타나는 식생천이를 보여준다.

하천식생의 특성

하천식생의 특성을 거시적으로 설명하기 위해서는 하천의 물리적, 화학적, 생태적 특성에 따른 분류가 선행되어야 한다. 하천지형 측면에서 하천의 분류는 Schumm(1977)의 고전적 하천분류(상류역−토사생산, 중류역−토사이송, 하류역−토사퇴적)부터 시작하여 앞서 2장에서 소개한 Rosgen(1997)의 분류 등 다양하다. 여기에 식생과 연계한 하천분류로서 Harris(1988)는 캘리포니아 시에라네바다 산맥 동쪽지역에서 하천의 고도, 하상재료, 평균경사, 저수로 단면형, 하안수림대 특성 등을 기반으로 하천을 유형화 하였다. 한편, 유럽에서는 하천 복원 및 관리 차원에서 식생을 포함한 하천생물과 연계한 하천분류로서 유럽 전역의 하천을 72개로 구분하였다(Pottgiesser와 Birk, 2007). 이들은 다시 독일에 적합한 25개 유형으로 간략화 하였으며(Pottgiesser와 Sommerhauser, 2008), 이는 생태 특성을 기준으로 하고, 여기에 고도, 지질, 하상경사, 하상재료, 유출량 등 수문지형 요소를 고려한 것이다.

국내의 경우 식생 등 하천생물요소와 연계된 하천지형학적 분류는 아직 없다. 다만 김혜주 등(2008, 2014)은 하천의 고도, 위도, 하천규모, 하상재료 등 하천의 지리적, 물리적 특성과 하천식생분포를 연계·조사하여, 이 결과를 수문지형학적 하천유형과 연계하려고 하였다.

여기서는 국내하천을 기준으로 먼저 하천식생의 횡단분포 특성을 알아보고, 다음 종단분포특성을 알아본다. 마지막으로, 하안식생이 지니는 생태적 기능과 서비스에 대해 알아본다.

하천식생의 횡단분포 특성 − 추이대(ecotone)

하천식생은 수목으로부터 침수식물까지 다양한 식물군집을 포함한다(그림 7.6). 하도와 멀리 떨어진 상대적으로 건조한 곳에서는 수림이 형성되고, 이 수림대의 아래쪽에는 초본식물이 우점하는 습생초지가 전개된다. 특히, 물가를 따라서 산소가 부족한 혐기상태가 형성되는 물속이나 다습한 토양에서는 대형수생식물이 생육한다. 대형수생식물은 생육형에 따라서 정수식물, 부엽식물, 침수식물 및 부수식물로 구분된다. 이처럼 하천식생은 하천의 횡단면을 따라서 수체로부터 건조한 육상까지 식물군집이 뚜렷이 변화하는데 이를 식생의 대상분포(zonation)라고 한다. 그림 7.6은 낙동강의 한 구간에서 나타나는 대상분포와 하천식생이다.

그림 7.6 **하천의 횡단면 상 식생의 대상분포(위 : 모식도, 아래 : 사진)** (국토해양부/건설연, 2011)

구체적으로, 그림 7.3에서 홍수터습지나 배후습지에서 각각 좌, 우측 높은 곳으로 올라가면 연중 침수빈도가 달라진다. 연중 거의 항시 물에 잠기는 수생역과 거의 물에 안 잠기는 고지(upland) 사이를 보통 하안추이대(riparian ecotone)라 하며, 각각의 침수빈도에 따른 식생이 출현한다. 하안추이대는 하천지형학적으로 홍수터(범람원)이다. 구체적으로, 하안추이대를 주하도의 수위변동에 따른 침수빈도의 변화를 기준으로 구분하면 다음과 같다.

• 수생역(aquatic zone) : 연중 침수빈도가 360일 이상인 구역으로서, 수생식물만 출현 (부엽식물, 침수식물 및 부수식물 등)

- 정수역(emergent zone) : 연중 침수빈도가 185일 이상 360일 이하인 구역으로서, 갈대, 달뿌리풀 등 출현(정수식물)

- 연수목구역(softwood zone) : 연중 침수빈도가 30일 이상 180일 이하인 구역으로서, 버드나무 등 출현

- 경수목구역(hardwood zone) : 연중 침수빈도가 30일 미만인 구역으로서, 물푸레나무 등 출현

이를 도식적으로 표시하면 그림 7.7과 같다.

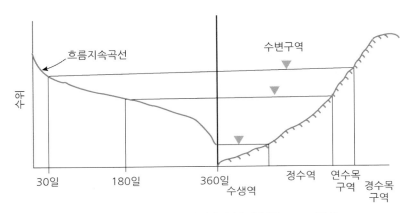

그림 7.7 **수생역과 육지역 사이의 하안추이대** (Bittmann, 1965)

하천식생의 종단분포 특성

하천식생은 상류로부터 하류로 하천의 종적변화에 따라서도 식생구조와 출현종에 변화가 나타난다. 김혜주 등(2014)은 하천복원 및 하천평가의 근거를 마련하기 위하여 다양한 자연상태하천 조사구 95개소를 선정하고, 각 조사구의 지리적, 물리적 식생특성(주로 교목류)을 조사 및 분석하였다. 그들은 95개 조사구를 하천규모(4개 유형), 고도(3개 유형), 하상재료(5개 유형)를 기준으로 모두 24개 유형으로 분류하였다. 다음 각 고도별로 다시 평지(고도 200 m 미만), 산지(고도 200 m 이상 500 m 미만), 고산지(고도 500 m 이상)의 3개 유형으로 크게 구분하여 하천의 물리적 구조와 식생 특성을 비교하였다. 그 결과 평지하천의 대표적인 식생은 버드나무군락으로, 산지하천의 두드러진 식생은 졸참나무 등으로, 고산지하천은 물푸레나무군락 등으로 나타났다. 그러나 그들은 조사에서 수변의 횡적범위를 홍수터라는 수문지형요소를 기준으로 하지 않고 임의로 정한 결과, 소나무 등 다수의 육상식물이 포함되었다.

상하류 수문지형 특성의 변화, 특히 흐름의 변화에 따라 하천식생, 특히 초본류는 상류에서 빠른 유속에 견딜 수 있는 식물이, 하류에서 느린 유속이나 정체수역에서 유리한 식

물이 나타난다. 표 7.1은 이러한 특성을 보여주는 조사표로서, 과학적인 하천분류와 연계되어 있지는 않지만 상류에서는 주로 달뿌리풀과 같은 초본류와 갯버들/선버들 같은 관목/교목류가 주로 나타나고, 중류에서는 달뿌리풀, 명아지여뀌, 물억새 같은 초본류와 왕버들, 선버들 같은 관목/교목류가 주로 나타나며, 하류에서는 갈대, 줄, 기타 정수식물 등이 주로 나타난다. 그림 7.8은 우리나라 대표적인 하천식물종을 보여준다.

그림 7.8 우리나라 대표적인 하천식물종

표 7.1 **하천의 상중하류에 분포하는 대표식물** (조강현, 2000)

구분	환경 특성	주요 식물	식물 특성
상류	유속이 매우 빠르며 홍수의 파괴력이 크고 범람원이 좁다	달뿌리풀	홍수 후 빠르게 복구되며 포복경을 가져 번식이 용이하다.
		갯버들	빠른 유속에도 견디는 관목으로서 물에 잠긴 줄기에서 뿌리가 발생한다.
		선버들, 오리나무, 시무나무	평수위와 고수위 사이의 다습한 토양에서 교목으로 발달한다.
중류	상류보다 하천 폭이 넓고 유속도 완만하며, 사행부의 안쪽에는 모래, 자갈 등이 퇴적되어 보수력이 약하다.	달뿌리풀	상류 쪽의 유속이 빠른 물가를 따라서 정착한다.
		명아자여뀌, 방동사니, 여뀌바늘	하류 쪽의 유속이 느리고 진흙이 퇴적된 습윤하고 비옥한 곳에 정착하는 일년생식물이다.
		바랭이, 사철쑥	지형이 높고 자갈이 많은 곳에서 건조와 고온에 견딘다.
		물억새, 띠	모래가 1 m 이상 퇴적된 건조한 곳에서 생육한다.
		왕버들, 선버들	안정된 하중도나 제방에서 수림을 이룬다.
		갈풀, 고마리	샛강을 따라서 분포하며 토사가 매년 퇴적되어도 적응한다.
하류	유속이 느려지기 때문에 하도에 진흙이 퇴적되어 넓은 범람원이 형성되며, 조류 간만에 의하여 수위가 변동하기도 한다.	갈대	바다로 유입되는 하류의 기수역까지 분포한다.
		줄	대하천이나 호소로 유입되는 곳에서 군집을 이룬다.
		매자기, 애기부들	하류의 제방 부근에 군집으로 발달한다.
		기타 정수식물, 부엽식물, 침수식물	유속이 정체된 곳에서 수생식물의 습지 식생이 발달한다.
		천일사초, 산조풀 등의 염생식물	해수가 유입되는 하구에서 염해에 견딜 수 있다.

하안식생의 생태기능

마지막으로 수변이라는 거시적 관점이 아닌, 그림 7.9와 같이 하안식생이라는 미시적 관점에서 본 하안식생의 생태적 기능과 서비스는 다음과 같다.

- 하안식생은 물에 잎과 가지를 떨어뜨려 수생생태계의 영양(에너지) 공급원 역할을 한다.
- 하안식생은 물에 그늘을 제공하여 하천수온을 유지하게 한다.
- 하안식생은 물속의 질소, 인 등 영양물질을 흡수하여 수질정화에 기여한다.
- 하안식생의 뿌리는 강턱 흙을 움켜잡아 흐름침식에 저항하여 하안안정에 기여한다.
- 하안을 포함한 하천의 식생은 하천의 심미적 서비스 향상에 기여한다.

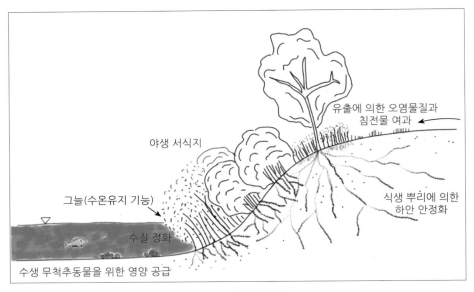

그림 7.9 **하안식생의 순기능**

반면에, 하안과 홍수터를 포함한 하천식생은 흐름에 추가적인 저항으로 작용한다. 한편, 수목이 제방에 자라는 경우 썩은 뿌리를 통해 파이핑(관공현상)을 야기할 수 있고, 홍수시 수목 자체가 뽑히게 되면 제방에 활동, 침식 등의 문제를 야기할 수 있다. 나아가 홍수시 뽑힌 수목은 하류의 협착부나 하천구조물 등에 걸려 2차 피해를 유발할 수 있다.

위와 같은 치수상 이유로 국내에서 하안식생은 물론, 하천식생은 하천관리 차원에서 하천정비사업 등을 통해 대부분 제거되었다. 그럼에도 불구하고 1990년대 이후 '그린리버' 현상에 의해 많은 하천의 홍수터에 크고 작은 식생이 자라게 되었다.

다음 절에서는 하천식생의 흐름저항 효과를 정량적으로 평가하는 방법에 대해 설명한다.

7.2 식생하천의 흐름저항

앞서 설명하였듯이, 하천식생은 생태서식처 제공, 강턱이나 하안 경사의 안정, 영양염류나 오염물 차단에 의한 수질 개선 등의 다양한 생태서비스를 제공하는 반면, 한편으로는 흐름저항 증가와 추가항력 발생으로 인해 홍수강도를 증가시킨다(Rhee 등, 2008; Luhar와 Nepf, 2013; Wang과 Zhang, 2019). 다음 7.3절에서 구체적으로 설명하지만, 특히 기후변화 영향과 토지이용 변화에 따른 수리수문 특성 변화와 유역으로부터 영양염류의 유입 등은 하천 내 식생이 과도하게 퍼지는 원인이 되며, 이로 인해 홍수위 상승과 홍수범람 위험을 높인다. 최근 우리나라 하천 내 식생현황에 대한 조사(국토교통부/한국건설기술연구원, 2016)에 따르면 하천의 상당구간이 식생으로 덮인 것으로 나타났으며, 식생역의 확장속도는 특히 2010년대 이후에 더욱 빨라진 것으로 나타났다. 그림 7.10은 그 한 예로서 낙동강 내성천에서 1980년대 이후 모래사주가 식생으로 덮이는 현상을 보여준다(Lee와 Kim, 2018; 김원과 김시내, 2019).

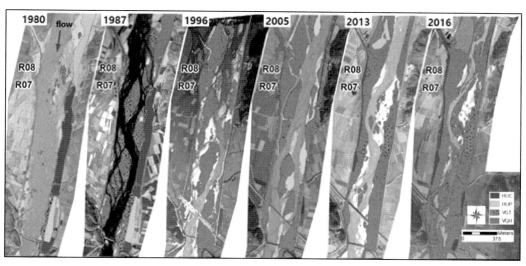

그림 7.10 **내성천 하도 내 식생분포 변화 추이** (Lee와 Kim, 2018)

이와 같은 식생하천에서는 흐름과 유사 및 지형이라는 전통적 삼각관계에 식생인자를 추가적으로 고려할 필요가 있다. 이러한 네 가지 주요 인자 간 상호작용에 대해서는 7.3 절에서 구체적으로 다룰 것이며, 여기서는 그 중 하천수리학에서 전통적으로 다루어온 분야로서 식생으로 인한 흐름저항의 변화나 항력의 증가를 정량적으로 해석한다. 이는 7.3절의 그림 7.14에서 이른바 '유형 I 식생이 흐름에 주는 효과'를 평가하는 것이다. 식생흐름저항을 정량적으로 모의하고 평가하는 것은 하천홍수라는 치수관리와 경관생태라는 환경관리 사이의 적절한 균형을 유지하기 위해서 필요하다(Nikora 등, 2008; Wang과 Zhang, 2019).

식생하천의 흐름저항에 대한 최근 연구는 광범위한 이론적, 개념적 방법을 적용하고 있다. 대부분의 관련연구는 식생하천의 매닝계수, 체지계수, Darcy-Weisbach의 마찰계수가 흐름과 관계된 다양한 매개변수에 의존한다는 일반적인 함의를 기반으로 하고 있다. 식생의 흐름저항과 관계된 매개변수는 프루드 수, 레이놀즈 수, 부등류/부정류, 하상재료 특성, 하상형태, 하상경사, 식물의 줄기/가지/잎 등의 물리적 특성, 식물의 유연성/강도, 식생밀도 등에 관한 것이다. 지금까지 수중식생(aquatic vegetation)과 수변식생(riparian vegetation), 정수상태와 침수상태, 식생의 유연성과 강도에 의한 재구성, 하도구간 내 식생의 점유율 또는 배치 형태(patchiness) 등을 고려한 연구가 주로 수행되었다. 여기서 식생의 재구성(vegetation reconfiguration)이란 식생의 유연성에 따라 형태가 변화하는 것을 의미한다. 식생하도의 흐름저항과 관련된 매개변수의 다양성과 복잡성에 따른 해석상의 한계에도 불구하고 이에 대한 이론적 해석과 수학모형의 개발, 실험실 수로와 하천현장 조사, 수치모형을 이용한 예측 등의 다양한 연구가 꾸준히 진행되고 있다.

위와 같은 식생흐름저항 관련연구는 1) 개별식생이 아닌 식생군으로 경험적으로 접근하여 하상재료의 거친 정도를 나타내는 매닝의 조도계수나 체지계수로 표시하는 식생마찰저항, 2) 개별식생의 흐름저항 효과를 동역학적으로 접근하는 수목항력, 3) 그리고 난류에 대한 식생효과를 미시적으로 접근하여 평가하는 난류식생흐름 등으로 구분할 수 있다. 경험적 방법에 의한 식생마찰저항의 추정은 기존의 하천수리학 관련 책(우효섭 등, 2015)에서 다루고 있고, 난류식생흐름에 대한 것도 다른 책(최성욱 등, 2017)에서 심층적으로 다루기 때문에 이 책에서는 생략한다. 따라서 이 책에서는 식생항력 방법에 의한 흐름저항 추정방법에 초점을 맞추어 설명한다.

하천에 나무, 관목, 덤불 형태로 존재하는 식생은 높은 흐름저항의 주요원인이 되어 유속을 감소시키고 수위를 상승하게 한다. 이는 상대적으로 적은 양의 식생이라도 흐름저항을 상당히 증가시킨다(Nepf, 1999). 식생의 흐름저항은 식생의 물리적 특성, 식생패치의 형태, 흐름조건에 따라 다르며(Nikora 등, 2008) 식생종과 그 계절적 특성에 따라서도 흐름저항 값이 달라진다(Järvelä, 2002a). 식생의 흐름저항을 모의하는 이론적, 실험적 연구는 개별식생을 원통형 모양의 실린더로 가정하고 흐름저항을 평가한 연구(Stone과

Shen, 2002; Jordanova과 James, 2003; Tanino와 Nepf, 2008)가 상당히 많다. 반면, 잎이 많은 나무의 복잡한 물리적 특성을 최대한 고려하여 흐름저항을 평가한 연구 (Järvelä, 2002a와 2002b, Whittaker 등, 2015 등)들도 보고되고 있다. Green(2005)과 Nikora 등(2008)은 현장연구를 통해 수중 식물의 물리적 특성과 물에 잠긴 상대적 비율이 흐름저항에 미치는 영향을 분석하였다. 그럼에도 불구하고 Albayrak 등(2014)과 Biggs 등(2019)이 언급한 바와 같이 이론적 해석모형이나 실험실 실험결과를 실제 현장규모로 확대하여 해석하는 것은 여전히 큰 불확실성이 있다. 식생하천의 실규모 과정은 개별 식생패치 형태의 이질성과 식생자체가 흐름에 의해 그 형태가 바뀌는 재구성 효과 등으로 인해 소규모 과정을 단순히 통합하여 해석할 수 있는 문제는 아니다.

이와 관련한 최근의 연구는 식생의 물리적 특성을 수리특성과 연관시킴으로써 식생에 의한 흐름저항의 역학적 특성을 하천흐름모형에 통합하는 방법을 제시하는데 초점이 맞추어져 있다. Wang과 Zhang(2019)은 총 11개의 식생 흐름저항 모형을 1차원 HEC-RAS 모형에 통합하여 미국의 San Joaquin 강 일부 식생하천 구간에 대해 수리해석을 수행하였으며, 각 예측모형의 성능과 적용성을 평가하였다. 이러한 과정에는 실제현장에서 관측되는 식생의 물리적 특성과 패치성을 식생흐름저항 예측모형에 반영하기 위한 실질적인 매개변수 결정이 필요하다. 지금까지 제시된 예측모형과 소규모 실험에서 단순화된 일부 식생의 매개변수들은 식생하천의 다양하고 복잡한 현장조건을 설명하는데 한계가 있다. 따라서 현장에서 관찰된 복잡한 식물특성과 형태적 특성을 반영하기 위한 일반화된 과정과 방법이 요구된다.

2020년대 들어 소규모 실험실 수로에서 단순화된 식생 구조와 배열이 적용되는 한계성과 상류에서 유입되는 유량과 유속 등의 수리조건을 통제할 수 없는 현장실험의 한계성을 보완하고자 실규모 식생하천실험과 이를 활용한 수치모형의 검증에 관한 연구가 활발히 수행되고 있다(Berends 등, 2020). 식생흐름저항 예측을 위해 제시된 다양한 모형(공식)의 구체적인 형태와 적용범위는 위에서 언급한 문헌을 참고하고, 여기서는 하천식생을 실린더 형태의 아주 단순한 구조로 모의, 해석하는 방법과 잎과 줄기로 구성된 형태로 가정한 운동량 기반의 대표적인 식생흐름저항 예측모형을 간단히 설명한다.

이론적 해석

식생이 분포하는 하천의 흐름저항은 전술한 바와 같이 하상에 의한 흐름저항과 추가적으로 식생에 의한 흐름저항으로 구분할 수 있으며, 두 가지 요소는 모두 흐름저항으로 인한 전단응력에 영향을 미친다. 하상흐름저항은 일반적으로 체지, 매닝, 또는 Colebrook-White의 흐름저항 산정공식에 의해 조도계수로 표현된다. 주하도 흐름에서 수중식물에 의한 하도의 점유가 지배적이지 않다면 흐름저항은 대체적으로 하상의 국부적인 구성 형태 혹은 특성에 의해 결정된다. 그러나 하도 내 식생의 점유가 커질 경우 하천전체의 흐름저항에서 식생의 영향을 무시할 수 없게 된다. 따라서 하천에서 식생의 존재에 따라 흐름저항은 식생-흐름-유사이송-하상변동의 충적하천 연계작용에 의해 결정된다.

식생이 분포하는 하도에서 정상등류 흐름을 가정했을 때 식생에 의한 항력(F_D)은 다음과 같은 식으로 표시된다.

$$F_D = \frac{1}{2}\rho C_D A_v U^2 \tag{7.1}$$

여기서, ρ는 유체(물) 밀도, C_D는 항력계수, A_v는 흐름방향에 수직한 식생투영면적, U는 식생구간 직상류의 유속을 의미한다. 식생에 의한 흐름저항 추정을 위해 등류조건에서 힘의 균형을 운동량원리에 적용하여 점변류에 대해 확장 적용할 수 있다. 즉, 식생밀도가 높아 경계면에서 발생하는 항력이 식생에 의한 항력에 비해 상대적으로 아주 작다고 가정할 경우 식생이 분포하는 구간의 항력은 다음 식으로 표현되는 수체의 중력과 같다 ($F_D = F_g$).

$$F_g = \rho g(A_B h)S_f \tag{7.2}$$

여기서, g는 중력가속도, A_B는 바닥면적, h는 수심, S_f는 마찰(에너지)경사이다. 식 (7.1)과 식 (7.2)가 같다고 놓고, 여기에 마찰속도 $u_* = \sqrt{ghS_f}$와 $U/u_* = \sqrt{8/f}$를 적용하면, 다음과 같은 C_D와 마찰계수인 Darcy-Weisbach f의 관계를 도출할 수 있다.

$$f = 4C_D \frac{A_v}{A_B} \tag{7.3}$$

이 같은 수리모형에서 개별 식생 또는 식생영역에 대한 항력은 등류 평균유속공식의 매닝계수 n, 체지계수 C 또는 Darcy-Weisbach f로 변환되며, 이와 같은 계수들은 다음과 같은 관계에 있다.

$$C = \sqrt{\frac{8g}{f}} = \frac{R^{1/6}}{n} \tag{7.4}$$

여기서, R은 동수반경이다. 하도 내 유속분포에 대한 식생영향이 하도의 다른 특징과 관련된 흐름저항을 변화시키지 않는다고 가정하면, 식생을 포함하는 전체 하도의 흐름저항 계수는 다음과 같이 나타낼 수 있다.

$$f_{total} = f_{bed} + f_{veg} \tag{7.5}$$

식생의 흐름저항 계수를 산정하기 위해서는 식 (7.1)의 C_D와 A_v를 결정해야 한다. 식생의 흐름방향 투영면적을 의미하는 A_v는 식생의 형태와 잠긴 깊이에 따라 다르게 산정될 수 있어 그 결정이 매우 복잡하다. 또한, 잎을 가진 유연한 식생의 경우 유속이 증가함에 따라 식생형태가 유선형의 형태로 변하기 때문에 이러한 결정은 더욱 복잡해진다. 그림 7.11은 식생의 유연성에 따른 연직유속분포의 변화를 나타낸 것이다. 여기서 식생의 재구성은 유속증가에 따른 항력증가 정도를 감소시키는 특징이 있다(Freeman 등, 2000; Shields 등, 2017).

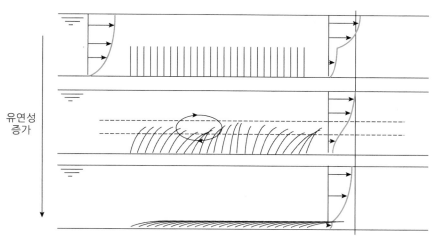

그림 7.11 **식생 유연성에 따른 연직유속 변화**

Baptist 모형

Baptist(2005)는 식생이 분포하는 하도의 흐름저항을 나타내는 체지계수 C를 계산하기 위해 다양한 형태의 공식을 제시하였다. 구체적으로, Baptist는 물에 잠긴 식생의 수심방향 유속의 대수분포를 적용한 유효수심방법과 검사체적의 운동량 평형(흐름방향의 유체중력과 식생항력이 같다는 조건)을 고려한 방법을 각각 적용하여 두 가지 형태의 이론적, 해석적 식생흐름저항 공식을 유도하였다. 또한, Baptist는 해석적 공식에 비해 형태가 보다 단순하고 사용이 용이한 유전프로그래밍 기반의 개선된 식생흐름저항 공식을 다음과 같이 제시하였다.

$$C = \frac{1}{\sqrt{\dfrac{1}{C_b^2} + \dfrac{C_D m D h_v}{2g}}} + \frac{\sqrt{g}}{\kappa} \ln\left(\frac{H}{h_v}\right) \tag{7.6}$$

여기서, m은 단위면적(m^2)당 식생줄기의 개수를 의미하며, D는 식생줄기의 지름(m), h_v는 식생의 높이(m), H는 수심(m), C_b는 하상조도계수, κ는 von Kármán 상수(=0.41)를 의미한다. mD는 단위부피 당 식생의 투영면적인 a (m^{-1})로 나타내기도 하며(Nepf와

Vivoni, 2000), ah_v는 무차원 식생밀도(λ, solidity)를 표현한다(Wu 등, 1999; Stone과 Shen, 2002).

유전프로그래밍 기술은 입력-출력 데이터 집합에서 상호의존성을 찾는데 활용할 수 있는 최적화 기법이며, 여러 매개변수를 포함하는 방정식의 형태를 제공한다. 수자원분야와 관련된 유전프로그래밍 기술에 대한 것들은 Babovic과 Abbott(1997), Babovic과 Keijzer(2000)의 자료를 참고할 수 있다. Baptist가 제시한 유전프로그래밍 공식은 Kouwen 등(1969)이 제시한 식생에 의한 흐름저항 산정공식과 유사한 형태이다(Baptist 등 2007). 식 (7.6)은 침수조건($H > h_v$)에서만 유효하며, 수심이 식생높이와 같은 조건 ($H = h_v$)일 경우 우변의 두 번째 항이 0이 되어 다음과 같은 형태가 된다.

$$C = \frac{1}{\sqrt{\dfrac{1}{C_b^2} + \dfrac{C_D m D h_v}{2g}}} \tag{7.7}$$

만약 위의 식을 이용하여 정수조건($H < h_v$)을 고려한다면 h_v가 식생의 전체높이가 아닌 물에 잠긴 높이가 된다.

Baptist 모형은 식생높이(h_v), 단위부피 당 식생투영면적($a = mD$), 항력계수(C_D) 및 하상의 조도계수(C_b)가 필수 매개변수로 요구된다. Baptist 등(2007)은 실험수로 자료와 1차원 수치모의 결과 등을 이용하여 이론적 해석 공식들과 유전프로그래밍 기반 모형을 비교하였다. 이를 통해 식 (7.6)과 (7.7)의 유전프로그래밍 공식이 이론적, 해석적으로 유도된 공식들보다 양호한 근사치를 산정하는 것을 확인하였으며, 보다 넓은 범위의 식생특성과 흐름조건에 대해 공식 적용이 가능하다는 것을 제시하였다. Baptist 모형은 식생의 정수조건과 침수조건을 모두 고려할 수 있는 반면, 식생을 단단한 실린더 형태로 가정하여 개발되었기 때문에 식생의 복잡한 형태나 유연성에 의한 재구성 특성을 고려할 수 없다는 한계가 있다.

예제 7.1

Baptist 모형을 이용하여 다음 조건에서 식생의 흐름저항 계수를 추정하시오. 하천유량은 2.81 m³/s이며, 수심은 0.86 m, 수리수심은 0.68 m이다. 식생은 버드나무과의 나무들로 전체높이가 1.18 m이며, 단위부피당 식생의 투영면적인 a (또는 mD)는 0.13 m⁻¹이다. 하상조도계수(C_b)는 48.55이고, 항력계수(C_D)는 1.5로 가정한다.

| 풀이 |

나무의 높이가 수심보다 크기 때문에 정수조건이므로 식 (7.7)을 이용하여 다음과 같이 계산한다.

$$C = \frac{1}{\sqrt{\dfrac{1}{48.55^2} + \dfrac{1.5 \times 0.13 \times 0.86}{2 \times 9.81}}} = 10.56$$

Luhar와 Nepf 모형

Luhar와 Nepf(2013)는 그림 7.12(b)와 같이 단일 식생이 아닌 식생패치를 대상으로 침수조건의 식생에 대해 식생높이까지 흐름과 식생높이를 초과하는 영역의 흐름으로 구분하여 운동량방정식에 기초한 흐름저항모형을 제시하였다. 식생패치의 분리된 흐름영역에 대한 유속추정모형은 다음과 같다.

$$U_o = \left(\frac{2gS(H-h_v)}{C_v}\right)^{1/2} \tag{7.8}$$

$$U_v = \left(\frac{2gSh_v + C_v U_o^2}{C_D a h_v + C_f}\right)^{1/2} = \left(\frac{2gSH}{C_D a h_v + C_f}\right)^{1/2} \tag{7.9}$$

여기서, U_o와 U_v는 각각 식생패치 상단흐름의 평균유속과 식생패치 내 흐름의 평균유속이며, S는 수면경사, a는 식생의 투영면적, C_v는 식생패치와 식생패치 상단 흐름 사이의 경계면 마찰계수, C_f는 하상 마찰계수를 의미한다. 전체 수심평균유속은 U_o와 U_v를 이용하여 다음과 같이 나타낼 수 있다.

$$U = \frac{U_o(H-h_v) + U_v h_v}{H} \tag{7.10}$$

Luhar와 Nepf는 과거 여러 연구에서 제시된 실험자료를 이용하여 식 (7.8)~(7.10)을 검증하였다(그림 7.13). 그림 7.13과 같이 Luhar와 Nepf 모형의 예측결과를 비교하는데 활용한 다양한 실험자료는 Cheng(2011)의 문헌에서 정리된 것들이다. 이 자료 또한 모두 단단한 실린더 형태의 식생을 대상으로 하였기 때문에 Luhar와 Nepf 모형에서는 하상의 단위면적당 실린더의 개수를 나타내는 변수인 n_v와 실린더의 지름 d를 이용하여 단위부피당 식생의 투영면적을 $a = n_v d$로 정의하고, 실린더의 항력계수 $C_D = 1$, 식생패치의 경계면 마찰계수 $C_v = 0.04$를 적용하였다. 또한, 실험실의 수로는 상대적으로 매끄러운 특성을 가지고 있기 때문에 식생의 항력이 지배적으로 작용하여 $C_D a h \gg C_f$라고 가정할 수 있었으며, 따라서 하상 마찰계수 C_f를 무시하였다. 그림 7.13의 모형과 실험값의 비교에 사용된 식은 다음과 같다.

$$U_v = \left(\frac{2gSH}{C_D a h_v}\right)^{1/2} \tag{7.11}$$

$C_D a h \gg C_f$ 가정은 실험실 내 수로의 하상마찰계수 C_f가 0.01에 근접하고 식생에 의한 저항계수를 의미하는 $C_D a h_v$가 0.1보다 큰 경우에 유효하다. 또한, Nepf 등(2007)은 침수조건의 식생패치의 경우 조밀하고 성긴 식생밀도의 구분을 다음과 같은 무차원 값으로

제시하였다.

$$C_D a h_v \approx 0.1 \qquad (7.12)$$

식생패치의 $C_D a h_v$가 0.1보다 큰 경우는 식생패치의 밀도가 조밀하고, 0.1보다 작은 경우는 성긴 것으로 판단할 수 있다. 위에서 검토된 식 (7.8)~(7.10)은 $C_D a h_v < 0.1$인 경우 적용이 부적절하다. 따라서 그림 7.13에서 $C_D a h_v < 0.1$에 해당하는 Poggi 등(2004)의 실험자료는 상대적으로 추정치에서 벗어나는 것을 확인할 수 있다.

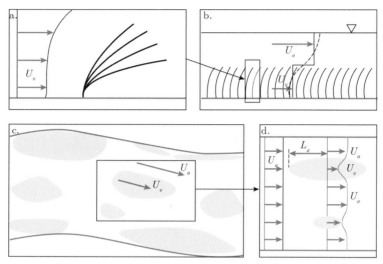

그림 7.12 **식생하도의 유속분포: (a) 식생의 유연성, (b) 침수 조건에서의 완전발달흐름, (c) 자연하천의 식생분포, (d) 유한 길이를 갖는 식생패치의 횡방향 유속분포** (Luhar와 Nepf, 2013)

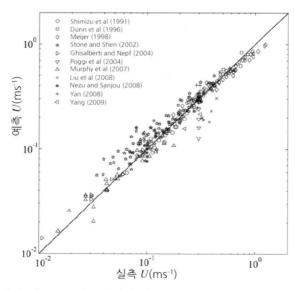

그림 7.13 **Luhar와 Nepf 모형으로 추정된 유속과 실측유속의 비교** (Luhar와 Nepf, 2013)

식 (7.8)~(7.10)은 하폭을 가득 메우는 식생패치에 대해서만 적용이 가능한 반면, 실제 하천의 경우 식생패치는 평면적으로 그림 7.12(c)와 같이 이질적인 형태로 분포되어 있다. 따라서 식생패치 경계면의 측면방향 운동량교환도 고려할 필요가 있다. White와 Nepf(2007)는 정수조건에서 다양한 유속과 식생배치에 대하여 $C_v = 2\tau_w/\rho U_o^2 \approx 0.02$임을 제시하였다. 여기서, τ_w는 식생패치와 흐름구간 사이의 횡방향 경계면에서 전단응력을 의미한다. 식생패치의 평면적 혹은 횡단적 분포의 이질성을 고려하기 위해 사용되는 변수 중 하나는 식생의 차단요소, B_X이다(Green, 2005; Nikora 등, 2008). B_X는 하천의 횡단면 대비 식생에 의해 차단되는 면적의 비율을 의미한다. Luhar와 Nepf는 식생패치의 횡단 분포를 추가로 고려하여 다음과 같은 흐름저항모형을 제시하였다.

$$U_o = \left(\frac{2gS(WH - wh_v)}{C_f L_b + C_v L_v} \right)^{1/2} \qquad (7.13)$$

$$U_v = \left(\frac{2gSwh_v + C_v L_v U_o^2}{C_D awh_v} \right)^{1/2} \qquad (7.14)$$

여기서, W는 수면 폭을 나타내고, w는 식생패치의 폭, L_b는 식생패치를 제외한 흐름과 접촉하는 하상 경계면의 횡방향 길이, L_v는 하상을 제외하고 흐름과 접촉하는 식생 경계면의 횡방향 총 길이를 나타낸다(그림 7.14).

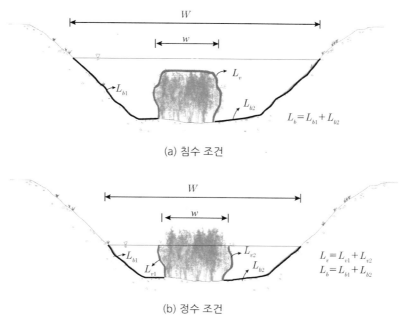

(a) 침수 조건

(b) 정수 조건

그림 7.14 **침수 및 정수 조건의 L_b와 L_v의 정의**

식(7.13)과 (7.14)는 식 (7.8)과 (7.9)와 매우 유사하지만, 좀 더 복잡한 형태의 식생패치 배열에 대해 적용이 가능하다. 위 식에서는 식생패치 내 하상전단응력이 식생에 의한 항력에 비해 상대적으로 작은 것으로 가정하였다. 식 (7.13)과 (7.14)를 각각 무차원 유속으로 표현하면 다음과 같다.

$$U_o^* = \frac{U_o}{(gSH)^{1/2}} = \left(\frac{2\,W(1-B_X)}{C_f L_b + C_v L_v} \right)^{1/2} \tag{7.15}$$

$$U_v^* = \frac{U_v}{(gSH)^{1/2}} = \left(\frac{2\,WB_X + C_v L_v (U_o^*)^2}{C_D a\,WHB_X} \right)^{1/2} \tag{7.16}$$

위 식을 이용하여 무차원 평균유속을 나타내면 다음과 같다.

$$\frac{U}{(gSH)^{1/2}} = U_o^*(1-B_X) + U_v^* B_X \tag{7.17}$$

Luhar와 Nepf 모형을 현장조건에 적용할 경우 하상마찰계수 C_f와 식생에 의한 항력변수 $C_D a$를 직접적으로 측정하거나 추정하는 것이 매우 어렵다. 또한, 현재까지 식생패치의 경계면 마찰계수 C_v와 식생특성 간 관계가 명확하게 제시되지 않아 현장에서는 식 (7.15)~(7.17)을 이용한 유속추정이 실질적인 측면에서 부적절하다고 판단할 수 있다. 이에 대한 대안으로 Luhar와 Nepf(2013)는 흐름저항을 간단하게 표현할 수 있는 매닝계수 n을 사용하여 위 모형을 더욱 단순화 하였다. 이를 위해 하상마찰계수와 식생패치 경계면의 마찰계수가 동일하다고($C_f = C_v = C$) 가정하였으며, 자연하천은 일반적으로 하폭이 넓고 수심은 이에 비해 상대적으로 충분히 얕기 때문에 수로의 단위 길이당 하상 및 식생패치와 흐름의 접촉면이 하폭과 거의 같다고($L_v + L_b \approx W$) 가정하였다. 이와 같은 가정은 하천의 폭이 크고 수심이 충분히 얕을 때, 하천의 동수반경 R이 수심 H와 같다고 가정하는 것과 유사하다. 이러한 단순화 과정을 거치면 식 (7.15)와 (7.16)은 다음과 같이 나타낼 수 있다.

$$U_o^* = \frac{U_o}{(gSH)^{1/2}} = \left(\frac{2\,(1-B_X)}{C} \right)^{1/2} \tag{7.18}$$

$$U_v^* = \frac{U_v}{(gSH)^{1/2}} = \left(\frac{2B_X + (2L_v/\,W)(1-B_X)}{C_D aHB_X} \right)^{1/2} \tag{7.19}$$

여기에 C_D는 1, a는 100 m^{-1}, H는 0.1~1.0 m로 가정하면, 마찰계수 C는 $C_D aH$에 비해 약 100배 작아진다. 따라서 식생패치 내의 무차원 유속 U_v^*가 식생패치 외부의 무차원

유속 U_o^*에 비해 약 10배 작은 것($U_v^* \ll U_o^*$)으로 판단할 수 있다. 따라서 패치 내 유속이 무시될 수 있다고 가정하면 식 (7.17)의 횡단면 평균유속은 다음과 같이 근사치로 나타낼 수 있다.

$$\frac{U}{(gSH)^{1/2}} \approx U_o^*(1-B_X) = \left(\frac{2}{C}\right)^{1/2}(1-B_X)^{3/2} \tag{7.20}$$

$R \approx H$로 가정하고 위 식을 매닝의 평균유속공식을 이용하여 조도계수 n으로 표현하면 다음과 같다.

$$n\left(\frac{g^{1/2}}{KH^{1/6}}\right) = \left(\frac{C}{2}\right)^{1/2}(1-B_X)^{-3/2} \tag{7.21}$$

여기서, K는 매닝의 평균유속공식의 차원을 보정하기 위한 계수로 $1\ \mathrm{m}^{1/3}\mathrm{s}^{-1}$의 값을 갖는다. 식 (7.21)은 하천의 횡단면 대비 식생에 의해 차단된 면적의 비율(B_X)이 높은 경우 식생패치 내 유속을 무시할 수 있다는 가정이 성립하지 않는다. 반면 수로가 식생으로 완전히 가득 찬 정수조건의 경우($B_X = 1$), 식생외부의 유속이 존재하지 않아 식 (7.20)은 식 (7.19)를 이용하여 다음과 같이 표현된다.

$$\frac{U}{(gSH)^{1/2}} = \frac{U_v}{(gSH)^{1/2}} = \left(\frac{2}{C_D a H}\right)^{1/2} \tag{7.22}$$

$R \approx H$로 가정하고 위 식을 매닝의 평균유속공식을 이용하여 조도계수 n으로 다시 표현하면 다음과 같다.

$$n\left(\frac{g^{1/2}}{KH^{1/6}}\right) = \left(\frac{C_D a H}{2}\right)^{1/2} \tag{7.23}$$

위에서 제시된 모형을 하폭이 식생으로 가득 찬 침수조건의 식생하도에 적용하기 위해 더욱 단순화 할 수 있다. 이와 같은 경우에는 식생패치와 흐름 사이 경계면의 총길이가 수면폭과 거의 같다($L_v \approx W$)라고 할 수 있다. 따라서 침수조건($H > h_v$)에서는 식생에 의한 차단요소가 단순화 되어 $B_X = h_v/H$로 나타낼 수 있다. 이를 식 (7.18)과 (7.19)에 적용하면 침수조건의 무차원유속 추정모형을 다음과 같이 나타낼 수 있다.

$$U_o^* = \frac{U_o}{(gSH)^{1/2}} = \left(\frac{2(1-h_v/H)}{C}\right)^{1/2} \tag{7.24}$$

$$U_v^* = \frac{U_v}{(gSH)^{1/2}} = \left(\frac{2}{C_D a h_v}\right)^{1/2} \tag{7.25}$$

마찬가지로 위 식을 $R \approx H$로 가정하고 매닝의 평균유속공식을 이용하여 조도계수 n으로 다시 표현하면 다음과 같다.

$$n\left(\frac{g^{1/2}}{KH^{1/6}}\right) = \frac{(gSH)^{1/2}}{U} = \frac{1}{\left(\dfrac{2}{C}\right)^{1/2}\left(1 - \dfrac{h_v}{H}\right)^{3/2} + \left(\dfrac{2}{C_D a h_v}\right)^{1/2}\left(\dfrac{h_v}{H}\right)} \quad (7.26)$$

위 식은 $H < h_v$인 정수조건일 경우 $h_v = H$가 되어 식생에 의한 차단 요소가 $B_X = 1$임에 따라 식 (7.23)과 같아진다. 또한, 식생항력이 지배적으로 작용하여 $C_D a h_v \gg C$가 되는 경우, $n \propto (1 - h_v/H)^{-3/2}$의 관계가 형성됨을 예상할 수 있으며, 이는 식 (7.21)과 유사하다. 그림 7.15는 $C_D a h_v = 10$이고 $C = 0.06$인 흐름에 대해, $B_X = 1$인 식생으로 하폭이 가득 찬 정수 조건의 흐름저항계수 산정모형인 식 (7.23)과 식생으로 하폭이 가득 찬 침수조건의 흐름저항계수 산정모형인 식 (7.26)을 적용하여 H/h_v과 매닝계수 n의 관계를 나타낸 결과이다. 이 결과는 식생높이가 고정된 h_v에 대해 수심 H를 변화시킨 것으로, 정수조건($H/h_v < 1$)에서는 H/h_v가 증가함에 따라 매닝계수 n이 증가하고, 침수조건 ($H/h_v > 1$)의 경우 H/h_v가 증가함에 따라 매닝계수 n이 감소한다. 이와 같이 표현되는 곡선은 Ree(1949)와 Wu 등(1999)의 문헌에서 관측된 자료와 정성적으로 매우 유사한 것으로 확인되었다. 그림 7.15에서 알 수 있듯이 실제 하천에서 침수조건의 식생에 의한 정확한 흐름저항 추정을 위해서는 식생의 정확한 침수비율(H/h_v)이 요구된다. 그러나 식생의 유연성 및 재구성과 같은 복잡한 물리적 특성으로 인해 정확한 침수비율을 측정하는 것은 매우 어렵다. 이는 식생하도의 흐름저항 추정을 위해 현재까지 제시된 대부분의 모형이 갖는 한계이다.

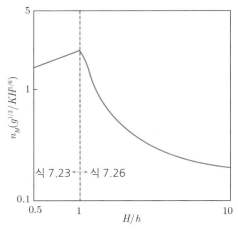

그림 7.15 **식생의 침수비율에 따른 조도계수 변화** (Luhar와 Nepf, 2013)

Luhar와 Nepf 모형을 이용하여 다음 그림과 같은 식생패치가 있는 구간에서의 식생 흐름저항 계수를 추정하시오. 하천유량은 2.81 m³/s이며, 수심은 0.86 m, 수리수심은 0.68 m, 수면경사는 0.0013, 전체 흐름단면적은 4.51 m², 식생패치 구간을 제외한 윤변은 6.48 m이다. 식생패치는 버드나무과의 나무들로 구성되어 있으며, 전체 평균높이가 1.18 m이다. 단위부피당 식생의 투영면적인 a는 0.13 m⁻¹이며, 식생패치의 차단면적($B_A = wh_v$)은 1.81 m²이다. 하상마찰계수(C_f)는 0.008, 식생패치 경계면 마찰계수(C_v)는 0.04, 항력계수(C_D)는 1.5로 가정한다.

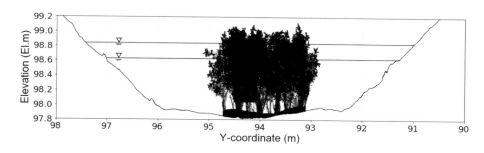

|풀이|

나무의 높이가 수심보다 큰 정수조건이며, 식생이 하폭을 가득 메우는 형태가 아닌 횡단면의 일부에 식생패치가 분포되어 있는 형태이므로 식 (7.13)~(7.17)을 이용하여 다음과 같이 식생패치의 흐름저항을 계산한다. 식 (7.13)과 (7.14)를 이용하여 U_o와 U_v를 계산하면 다음과 같다.

$$U_o = \left(\frac{2 \times 9.81 \times 0.0013 \times (4.51 - 1.81)}{0.008 \times 6.48 + 0.04 \times (0.86 \times 2)} \right)^{1/2} = 0.76 \ [\text{m/s}]$$

$$U_v = \left(\frac{2 \times 9.81 \times 0.0013 \times 0.86 + 0.04 \times (0.86 \times 2) \times 0.76^2}{1.5 \times 0.13 \times 1.81} \right)^{1/2} = 0.42 \ [\text{m/s}]$$

식 (7.15)와 (7.16)을 이용하여 U_o^*와 U_v^*를 계산하면,

$$U_o^* = \frac{0.76}{(9.81 \times 0.0013 \times 0.86)^{1/2}} = 7.26$$

$$U_v^* = \frac{0.42}{(9.81 \times 0.0013 \times 0.86)^{1/2}} = 4.01$$

하천의 횡단면 대비 식생에 의해 차단된 면적의 비율을 나타내는 차단요소 $B_X = 1.81/4.51 = 0.4$이므로 식 (7.17)을 이용하여 U를 계산하면,

$$U = \frac{7.26(1 - 0.4) + 4.01(0.4)}{(9.81 \times 0.0013 \times 0.86)^{1/2}} = 0.624 \ [\text{m/s}]$$

따라서 매닝의 평균유속공식($U = \frac{1}{n} R^{2/3} S^{1/2}$)을 이용하여 매닝의 조도계수를 계산하면 다음과 같다.

$$n = \frac{0.68^{2/3} \times 0.0013^{1/2}}{0.624} = 0.05$$

Järvelä 모형

Järvelä(2004)는 줄기와 가지가 있고 잎이 많으며 유연성을 지닌 목본성 식생의 흐름저항을 추정하는 모형을 제시하였다. 이 모형은 기존 실린더 형태보다는 복잡한 식생형상을 고려하기 때문에 흐름저항 예측 정확도의 향상을 기대할 수 있는 반면, 식생이 흐름에 저항하는 면적을 정확하게 측정 또는 추정하여 입력해야 하는 번거로움이 있다. 이 모형은 수심이 식생의 높이보다 작은 정수조건($H < h_v$)과 상대적으로 느린 유속조건($U \leq 1$ m/s)의 흐름에 대해 적용이 가능하다. 이 모형 또한 식생에 의한 흐름저항을 추정하기 위해 등류 조건의 흐름에 대한 힘의 평형을 점변류에 대해 확장하여 유도하였다.

식 (7.3)에서 Klaassen과 van der Zwaard(1974)는 작고 가지가 있는 과실수류의 평균 항력계수 C_D가 1.5임을 확인하였으며, Järvelä(2002a)는 두 종류의 버드나무 평균항력계수 C_D는 각각 1.55와 1.43임을 제시한 바 있다. 또한, DVWK(1991)는 $C_D = 1.5$의 사용을 권장하였다. 반면 잎이 있고 유연한 목본성 식생의 경우에는 흐름저항을 단순하게 추정할 수 없다. Vogel(1994)은 대부분 나무의 흐름저항에 기여하는 주된 요소는 잎에 의한 항력이며 잎이 가진 형상과는 무관하다고 제시하였다. 또한, 잎이 흐름에 저항하여 재구성하는 특성이 항력을 생성하는 중요한 과정임을 발견하였다. 식 (7.1)에 의하면 강성요소의 항력은 속도의 제곱에 비례할 것으로 예상할 수 있으나, Freeman 등(2000)과 Järvelä(2002b) 등은 이러한 관계가 유연성을 갖는 목본성 식생에는 유효하지는 않음을 밝힌 바 있다. Järvelä(2002a)의 실험에 의해 잎이 있는 버드나무의 항력계수는 잎이 없는 버드나무에 비해 유속에 따라 약 3~7배 차이가 나는 것을 확인하였다. 이와 같이 잎이 있는 목본성 식생에 의한 주요 흐름저항이 잎의 항력에 의한 것임을 고려하기 위해 잎면적지수(Leaf Area Index, LAI)를 매개변수로 채택하였다. 여기서, LAI는 단위 바닥면적 당 잎의 한 쪽 면적(A_L/A_B)으로 정의된다. Fathi-Moghadam과 Kouwen(1997)은 LAI와 마찰계수 f의 선형관계를 제시하였으며, Järvelä(2002b)는 실험을 통해 이러한 관계를 확인하였다. Järvelä(2004)는 식 (7.3)의 식생투영면적 A_v를 잎의 면적 A_L로 대체하고 무차원 식생매개변수 α를 도입하여 다음과 같이 표현하였다.

$$f = 4 C_{D\chi} \frac{A_L}{A_B} \alpha \qquad (7.27)$$

여기서, $C_{D\chi}$는 식생종 고유 항력계수를 의미하며, 무차원 식생 매개변수 α는 흐름 내에서 식생의 변형효과를 의미한다.

Järvelä(2002b)는 침엽수 및 낙엽수 식물 종에 대해 마찰계수가 유속의 멱함수임을 제시하였다. 이러한 실험자료를 기반으로 α는 다음과 같은 유속의 함수로 표현될 수 있다.

$$\alpha = \left(\frac{u}{u_\chi}\right)^\chi \qquad (7.28)$$

여기서, 매개변수 χ는 특정 식생종에 대해 고유 값을 갖는 식생의 재구성 매개변수(또는 Vogel 지수) (Vogel 등, 1994; De Langre, 2008)이며, u_χ는 χ를 결정하는데 적용된 최소 유속이다. $C_{D\chi}$와 χ는 식생이 흐름에 의해 변형되고 재구성되는 효과를 고려하기 위한 변수이다. α와 LAI의 정의를 식 (7.27)에 대입하면 다음과 같이 표현된다.

$$f = 4C_{D\chi}LAI\left(\frac{u}{u_\chi}\right)^\chi \qquad (7.29)$$

LAI가 흐름저항 추정의 대상인 목본성과식생에 포함된 전체 잎을 대상으로 추정된 경우, 위 식 (7.29)는 식생의 높이와 수심이 같은 조건($H = h_v$)에 대해서만 적용이 가능하다. Kouwen과 Fathi-Moghadam(2000)은 수심에 따른 LAI의 추정을 단순화하기 위해 LAI가 식생수관의 높이에 대해 선형분포를 가진다고 가정하였다. 따라서 식생이 흐름에 부분적으로 잠긴 정수조건($H \leq h_v$)에 대해서는 LAI가 식생의 높이에 따라 선형으로 증가함을 고려하여 식 (7.29)를 다음과 같이 나타낼 수 있다.

$$f = 4C_{D\chi}LAI\left(\frac{u}{u_\chi}\right)^\chi \frac{h_v}{H} \qquad (7.30)$$

식 (7.30)은 정수조건과 $u \geq u_\chi$를 만족하는 조건에서 잎이 있는 목본성 식생의 흐름저항 추정에 사용될 수 있다. 특정 식생종의 고유매개변수 $C_{D\chi}$와 χ는 일부 목본성 식생종에 대해 표 7.2와 같이 제시되었다. 식생종의 고유매개변수 $C_{D\chi}$와 χ는 개별식생에 대한 항력과 유속의 멱함수 형 회귀분석을 통해 도출할 수 있다. 식생의 항력측정과 $C_{D\chi}$와 χ 값의 도출방법은 Järvelä(2004)와 Jalonen과 Järvelä(2014)의 문헌을 참고할 수 있다.

표 7.2 Järvelä(2004) 모형 적용을 위한 식생종의 고유 항력계수와 재구성 계수

식생의 종류	$C_{D\chi}$	χ	u_χ (m/s)	LAI	자료 출처
Cedar	0.56	-0.55	0.1	1.42	Fathi-Moghadam(1996)
Spruce	0.57	-0.39	0.1	1.31	Fathi-Moghadam(1996)
White Pine	0.69	-0.50	0.1	1.14	Fathi-Moghadam(1996)
Austrian Pine	0.45	-0.38	0.1	1.61	Fathi-Moghadam(1996)
Willow	0.43	-0.57	0.1	3.2	Järvelä(2002b)

Järvelä 모형을 이용하여 다음 조건의 식생 흐름저항 계수를 추정하시오. 하천유량은 2.81 m³/s이며, 수심은 0.86 m, 수리수심은 0.68 m, 식생구간의 접근 유속은 0.62 m/s이다. 식생은 버드나무과의 나무들로 구성되어 있으며, 전체 평균높이가 1.18 m이다. 해당 식생의 잎면적 지수(LAI)는 0.4, 식생 고유 항력계수($C_{D\chi}$)는 0.43, 재구성 매개변수(χ)는 -0.47, χ를 결정하는데 적용된 최소유속(u_χ)은 0.1 m/s이다.

| 풀이 |
나무의 높이가 수심보다 큰 정수조건이며, 식 (7.29)를 이용하여 다음과 같이 계산한다.

$$f = 4 \times 0.43 \times 0.2 \times \left(\frac{0.62}{0.1}\right)^{-0.47} = 0.29$$

Västilä와 Järvelä 모형

Västilä와 Järvelä(2014) 모형은 기존의 Järvelä(2004) 모형의 접근방법과 유사하나 기존 모형과는 달리 잎과 줄기에 의한 항력과 흐름저항을 분리하고자 하였다. 목본성 식생의 마찰계수 추정을 위해 식생의 줄기와 잎에 의한 항력이 선형 중첩관계에 있다고 가정하면 잎이 있는 식생의 정수 조건($H < h_v$)에 대한 마찰계수 f''_{tot}은 다음과 같이 잎에 의한 마찰계수 f''_F와 줄기에 의한 마찰계수 f''_S의 합으로 표현할 수 있다.

$$f''_{tot} = f''_F + f''_S \tag{7.31}$$

또한, f''_F와 f''_S는 각각 식 (7.30)과 유사한 형태로 표현될 수 있으며, 식 (7.30)의 모든 통합 매개변수를 잎과 줄기에 대해 각각 분리하는 것을 고려할 수 있다. 잎과 줄기에 대한 분리된 마찰계수의 추정모형은 다음과 같다.

$$f''_F = 4\frac{A_L}{A_B} C_{D\chi,F}\left(\frac{u_m}{u_{\chi,F}}\right)^{\chi_F} \tag{7.32}$$

$$f''_S = 4\frac{A_S}{A_B} C_{D\chi,S}\left(\frac{u_m}{u_{\chi,S}}\right)^{\chi_S} \tag{7.33}$$

여기서, 각 변수에 포함된 첨자 F와 S는 해당 변수가 잎과 줄기의 고유 매개변수임을 의미한다. A_S는 식생줄기의 정면 투영면적이며, u_m은 평균유속이다. 식 (7.32)와 (7.33)을 식 (7.31)에 대입하면 식생에 대한 마찰계수 f''_{tot}의 추정모형을 다음과 같이 나타낼 수 있다.

$$f_{tot}^{''} = \frac{4}{A_B}\left[A_L C_{D\chi,F}\left(\frac{u_m}{u_{\chi,F}}\right)^{\chi_F} + A_S C_{D\chi,S}\left(\frac{u_m}{u_{\chi,S}}\right)^{\chi_S}\right] \qquad (7.34)$$

Västilä와 Järvelä 모형은 잎과 줄기에 대한 식생의 마찰계수를 분리하여 접근하며, 이때 식생의 줄기와 잎의 투영면적(A_v)을 결정하기 위해 식생 잎의 면적 A_L과 줄기의 면적 A_S을 분리해서 사용한다. 또한, 유속에 의한 식생의 형태변형을 의미하는 재구성 특성은 실험실 및 현장 자료를 기반으로 결정되며, 이 때 적용되는 참조유속($u_{\chi F}$, $u_{\chi,S}$)은 약 $0.05 \sim 0.2$ m/s로 제시된다. 항력과 마찰계수의 관계를 나타낸 식 (7.1)을 이용하면, 식생에 대한 항력의 추정모형은 다음과 같이 나타낼 수 있다.

$$F_D = \frac{\rho u_m^2}{2}\left[A_L C_{D\chi,F}\left(\frac{u_m}{u_{\chi,F}}\right)^{\chi_F} + A_S C_{D\chi,S}\left(\frac{u_m}{u_{\chi,S}}\right)^{\chi_S}\right] \qquad (7.35)$$

식 (7.34)와 (7.35)는 정수조건($H < h_v$)과 침수조건($H = h_v$), 잎이 있는 경우와 없는 경우 모두에 적용 가능하며, 잎이 없는 경우($A_L = 0$)에는 식 (7.34)가 식 (7.33)과 같아진다. 따라서 Västilä와 Järvelä 모형은 나무의 잎이 여름에는 무성하고 겨울에는 거의 없는 계절적 특성을 반영하여 비교하고자 할 때 효과적일 수 있다.

본 모형은 식생잎의 밀도인 LAI 또는 A_L/A_B가 3.2보다 작은 경우와 식생줄기 면적에 대한 잎의 면적 비인 A_L/A_S가 72보다 작은 경우에 대해 검증되었다. Västilä와 Järvelä) 모형 적용을 위한 식물종에 따른 잎과 줄기의 항력계수, 재구성 매개변수, 참조유속은 표 7.3을 참고할 수 있다.

Västilä와 Järvelä 모형은 식 (7.1)에 기초하여 항력과 식생밀도의 함수로 다음과 같이 나타낼 수 있다.

$$C_D a = C_{D\chi,F}\left(\frac{u_m}{u_{\chi,F}}\right)^{\chi_F} a_L + C_{D\chi,S}\left(\frac{u_m}{u_{\chi,S}}\right)^{\chi_S} a_S \qquad (7.36)$$

여기서, a_L과 a_S는 $A_L/(A_B z)$와 $A_S/(A_B z)$와 동일하며, z는 검사 층의 두께를 의미한다. 따라서 수심 평균된 모델에서 식생의 항력을 특성화하는데 사용되는 항력과 식생면적의 매개변수($C_D a h_v$)를 다음과 같이 나타낼 수 있다.

$$C_D a h_v = C_{D\chi,F}\left(\frac{u_m}{u_{\chi,F}}\right)^{\chi_F}\frac{A_L}{A_B} + C_{D\chi,S}\left(\frac{u_m}{u_{\chi,S}}\right)^{\chi_S}\frac{A_S}{A_B} \qquad (7.37)$$

Västilä와 Järvelä 모형을 식생의 Darcy-Weisbach 마찰계수($f^{''}$)로 나타내면 다음과 같다.

$$f'' = \frac{4}{A_B}\left[A_L C_{D\chi,F}\left(\frac{u_m}{u_{\chi,F}}\right)^{\chi_F} + A_S C_{D\chi,S}\left(\frac{u_m}{u_{\chi,S}}\right)^{\chi_S}\right] \qquad (7.38)$$

표 7.3 Järvelä와 Järvelä 모형 적용을 위한 식생종의 고유항력계수와 재구성계수

식물의 종류	$C_{D\chi,F}$	χ_F	$C_{D\chi,S}$	χ_S	$u_{\chi F},\ u_{\chi,S}$ (m/s)	자료 출처
유럽 오리나무 Alnus glutinosa(Common Alder)	0.18	-1.11	0.89	-0.27	0.2	Västilä와 Järvelä(2014)
자작나무 Betula pendula (Silver Birch)	0.20	-1.06	1.02	-0.32	0.2	Västilä와 Järvelä(2014)
털자작나무 Betula pubescens (White Birch)	0.10	-1.09	0.82	-0.25	0.2	Jalonen과 Järvelä(2014)
양버들 Populus nigra (Black Poplar)	0.13	-0.97	0.95	-0.27	0.2	Västilä와 Järvelä(2014)
흰버들×균열버드나무 Salix alba×Salix fragilis (hybrid Crack Willow)	0.19	-1.21	0.96	-0.25	0.2	Västilä와 Järvelä(2014)
호랑버들 Salix caprea (Goat Willow)	0.09	-1.09	0.84	-0.27	0.2	Jalonen과 Järvelä(2014)
육지꽃버들 Salix viminalis (Common Osier)	0.11	-1.12	1.03	-0.20	0.2	Västilä와 Järvelä(2014)
블랙베리 Blackberry XX	0.4	-1.00	1.20	0.16	0.2	Niewerth 등(2019)

예제 7.4

Västilä와 Järvelä 모형을 이용하여 다음 조건의 식생 흐름저항 계수를 추정하시오. 하천유량은 2.81 m³/s이며, 수심은 0.86 m, 수리수심은 0.68 m, 평균유속은 0.62 m/s이다. 식생은 버드나무과의 나무들로 구성되어 있으며, 전체 평균높이가 1.18 m이다. 식생 잎의 면적(A_L)은 0.4 m²이고, 줄기의 면적(A_S)는 0.05 m², 바닥면적(A_B)은 1 m²이다. 식생종의 고유 항력계수와 재구성계수는 잎과 줄기에 대해 각각 $C_{D\chi,F}=0.39$, $\chi_F=-0.72$, $C_{D\chi,S}=0.91$, $\chi_S=-0.1$이고, χ_F와 χ_S를 결정하는데 적용된 최소유속($u_{\chi F},\ u_{\chi,S}$)은 0.1 m/s이다.

| 풀이 |
나무의 높이가 수심보다 큰 정수조건이며, 식 (7.38)을 이용하여 다음과 같이 계산한다.

$$f'' = \frac{4}{1}\left[0.4\times0.39\times\left(\frac{0.62}{0.1}\right)^{-0.72} + 0.05\times0.91\times\left(\frac{0.62}{0.1}\right)^{-0.1}\right] = 0.32$$

기존의 소규모 실험실에서 수행된 결과를 활용하여 식생의 흐름저항계수 산정 모형을 검증할 경우 식생의 복잡한 물리적 특성을 반영하기 어렵다. 더욱이 실제현상에 가까운 수리조건과 물리적 스케일을 구현하는데 한계가 있다. 이러한 한계를 보완하고자 2015~2020년까지 한국건설기술연구원의 안동하천연구센터에서 실규모 하천 실험 수로를 이용한 식생하도실험을 수행하였다. 수로 길이 약 600 m, 하폭 11 m, 깊이 2 m 규모의 실규모 하도 일부 80 m 완경사 구간에 식생패치를 설치하고 구간 수면경사를 실측함으로써 식생하도의 흐름저항을 직접 산정하는 실험을 수행하였다. 실험에 적용된 식생의 규모와 수리조건은 예제 7.1~7.4에서 언급한 조건들과 유사하다.

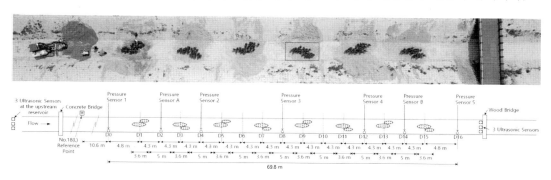

본 실규모 실험에서는 피에조미터 형식의 정밀 압력식 센서를 이용하여 수위와 수면경사를 계측하였으며, 실험구간의 접근 수로에서 ADCP를 이용하여 유입유량에 대한 정보를 수집하였다. 또한 흐름 전/후의 지형 측량과 식생패치 또는 개별식생의 물리적 형태 정보를 수집하기 위해 지상라이다(LiDAR)를 이용한 포인트 클라우드 데이터를 수집하여 분석하였다(장은경 등, 2020; 안명희 등, 2020). 본 실험은 네덜란드의 Deltares와 핀란드의 Aalto 대학교의 연구팀과 국제매칭공동연구의 일환으로 수행하였으며, 실규모 식생하도 실험 결과는 본 장에서 설명한 식생 흐름저항 산정 모형을 검증하는데 직접 활용될 뿐만 아니라 수치모형을 검증(Berends 등, 2020)하고 개선하는데도 활용하였다.

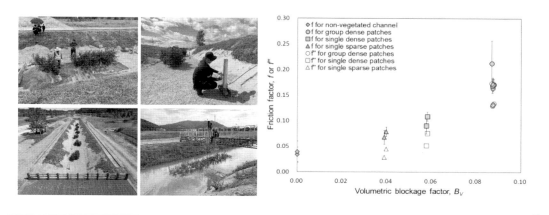

7.3 식생, 수문, 지형 간 상호작용

앞 절에서도 설명하였지만, 충적하천기술 관련 고전적 저술 중 하나인 Sedimentation Engineering(ASCE, 1977)에서 '충적하천은 조각가인 동시에 조각품'이라 하였다. 충적하천의 흐름(물)은 하천형태를 만드는 조각가이면서 동시에 조각된 하천형태에 의해 흐름 자체도 변화한다는 의미이다. 이는 고전적 수문지형학의 범주에서 이야기하는 것이다. 20세기 후반부터 흐름과 하천형태의 관계에서 추가적으로 식생이라는 제3의 요소를 고려한 삼각관계에 대해 연구가 시작되었다(Gurnell, 2013). 이른바 식생-수문-지형 간 상호작용이다.

구체적으로 하천 내 사주나 홍수터 위 식생은 흐름과 유사이송에 영향을 주고, 지표아래 뿌리는 저층(substratum)의 수리, 기계적 성질에 영향을 주어 그에 따라 지표면의 습윤 및 침식성에 영향을 준다. 또한 하천을 구성하는 사립자의 크기와 혼합특성이 달라서 흐름에 주는 효과가 다르듯이, 식생도 초본류와 목본류 차이, 패치와 군락의 분포, 여름철과 겨울철 등 계절에 따라 그 효과가 달라진다. 이와 같은 식생-수문-지형 간의 상호작용으로 인한 하천변화는 기후라는 독립적 영향요인의 변화나 하천이 인위적인 충격을 받는 경우 더 커지게 되며, 이에 따른 하천의 보전과 관리에 부정적 영향을 줄 수 있다.

또 다른 예로, 하천정비, 댐이나 보 건설, 골재채취, 영양물질 유입 등 하천에 미치는 인위적인 충격은 유황, 유사이송, 지형 등에 직접적인 영향을 주어서 모래, 자갈 등 '하얀' 재료로 구성된 하천이 '푸른' 식생으로 덮인 하천으로 변할 수 있다. 이른바 화이트리버의 그린리버 화 현상이다(우효섭, 2008). 국내하천의 경우 특히 댐 건설 등으로 1980년대와 비교하여 화이트리버의 60%가 그린리버로 바뀌었다(박봉진 등, 2008). 이는 우리나라 국토환경의 중요한 축을 차지하는 하천의 상당부분이 전통적인 모래/자갈 하천에서 식생이 가득한 하천으로 바뀌었다는 것이다.

위와 같은 화이트리버가 그린리버로 바뀌는 현상은 공학적, 생태적, 경관적으로 여러 변화를 야기할 수 있다. 구체적으로, 하천에 과다한 식생 이입과 활착은 치수측면에서 흐름저항을 높이고 홍수터 통수능을 줄여서 홍수위험을 높이고, 수로의 안정성을 해치며, 나아가 홍수터 표고를 높일 수 있다. 환경측면에서는 하천지형 및 흐름을 다양화하여 물리적 서식처 특성이 다양해지고, 나아가 종 다양성을 높일 수 있다. 영산강 상류 담양습지, 한강 하류 장항습지, 낙동강 중상류 구담습지 등 인위적인 유황 및 유사이송 변화로 하천에 습지가 형성되어 국가에서 습지보호구역으로 지정하는 것이 대표적인 예라 할 수 있다. 그러나 경관 측면에서 넓은 모래밭과 자갈밭을 특징으로 하는 우리 하천의 고유한 경관특성은 '영원히' 변모하게 된다.

이 절에서는 위와 같은 다양한 요소의 복잡한 상호작용에 대한 많은 연구성과를 종합적으로 검토한 이른바 총설논문들을 기준으로, 세 인자 간의 관계를 개념적으로 보여주는 다양한 모식도를 소개한다. 더불어 우리나라를 포함한 전 세계적으로 나타나고 있는 화이트리버의 그린리버 화 현상을 설명한다.

상호작용의 개념적 모형화

앞서 2장에서 자세히 설명하였듯이, 하천의 흐름과 형태의 상호작용에 관한 하천의 수문지형학은 사실상 1950~60년대 미국에서 정립되었다. 여기에 식생이라는 제3의 요인이 처음 고려된 연구는 놀랍게도 같은 시기의 Mackin(1956)의 연구이다. 그는 미국 아이다호 주의 Wood River에서 다지하천과 사행하천의 변화는 목본류와 초본류라는 홍수터 식생의 유형변화에 직접 연관되어 있음을 관찰하였다. 그 후 Williams(1978)는 네브래스카 주 Platte River에서 모래하천에 댐이 건설되어 홍수가 조절되면 하류하천의 하폭이 대폭 줄어들고 식생이입 기회가 대폭 커지는 현상을 최초로 문헌에 보고하였다. 이러한 연구는 Williams와 Wolman(1984)에 의해 미국 전역을 대상으로 확대하였다. 동시에 그들은 댐에 의한 상류에서 토사공급 저감과 지하수위 감소는 홍수터 기존 식생성장에 부정적인 영향을 주는 것을 확인하였다. 이후 생물지형학(bio-geomorphology)라는 용어가 처음 등장하였지만(Viles, 1988), 이 용어는 하천 외에 다양한 지형 현상에도 적용되므로 하천식생과 수문지형 간 상호작용을 꼭 집어 설명하기에는 그 의미가 너무 넓어 보인다.

위와 같은 연구 이후 식생수문지형학 관련 연구는 비교적 활발하게 진행되었으며, 1990년대까지는 주로 현장조사 위주였으나 2000년대 들어와 현장과 실험실은 물론, 물리 및 수치 모형 연구로 발전하였다(Gurnell, 2013).

Osterkamp와 Hupp(2010)는 저지대 식생은 하천지형 과정에 의해 조절되면서 동시에 지형과정을 조절하는 효과가 있음을 강조하였다. 여기서 저지대(bottomland)는 주수로 바깥의 평상시 고수위보다 1 m 안팎 높은, 수문영향을 자주 받는 평탄지역으로서, 육상식생의 영향을 받는 상대적으로 높은 홍수터 구역은 제외된다. 그들은 결론적으로 수변식생 현상과 하천지형 간 관계는 서로 밀접히 연결되어 있으며, 물은 흐름이든 지하수이든 수변식생의 분포특성에 가장 중요한 영향요인임을 강조하였다. 동시에 수변식생은 하천에서 침식과 퇴적에 큰 영향을 주고 하천안정에 중요한 역할을 한다는 점을 강조하였다. 위와 같은 수문(물, 흐름), 지형, 식생 간의 상호작용에서 수문현상은 하천의 지형 및 과정은 물론 식생형태에 중요한 영향을 주며, 동시에 유일한 독립변수임을 강조하였다. 여기서 수문현상은 지표수 흐름 및 유사이송과 지하수(흐름)를 망라한다.

Bendix와 Stella(2013)는 하천지형과 하안식생 간 생물지형적 상호작용에 대한 1990년
부터 2010년 동안 20년 간 연구사례를 검토하여 이러한 상호작용의 주요인자로 홍수에너
지, 유사, 지속적인 침수, 지하수위, 토양화학, 주아(propagules) 분산 등을 꼽았다. 여기
서 토양화학은 생지화학으로서, 구체적으로, 토양 내 영양분 유무와 식물생장 간 관계와
미립토사와 영양분 관계 등을 다룬다. 이러한 제 인자 간 상호작용을 도식적으로 표시하
면 그림 7.16과 같다.

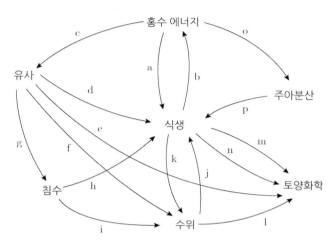

그림 7.16 **식생-수문-지형 간 상호작용에 주요인자 간 관계 모식도** (Bendix와 Stella, 2013)

그림 7.16에 나와 있는 제 관계를 설명하면 다음과 같다.

a: 흐름(홍수) 에너지가 식생에 미치는 물리적 영향(세굴, 매몰)
b: 식생이 주는 흐름저항
c: 흐름에너지가 유사이송에 미치는 영향(입경분포, 분급화/sorting, 퇴적의 시공간 분포)
d: 유사가 식생에 미치는 영향: 유식물의 매몰, 발아에 좋은 토양표면 형성(신선한 유
   사공급)
e: 유사가 토양화학에 미치는 영향: 퇴사 및 유사입자 조절 등을 통해
f: 유사퇴적을 통해 지하수위 높이 및 토양습윤에 미치는 영향
g: 유사퇴적을 통해 사주의 침수빈도 변경
h: 침수는 산소결핍을 통해 식생에 직접영향
i: 침수는 지하수위에 영향을 주어 지하수위 깊이에 직접영향
j: 지하수위와 거동은 식생에 직접영향
k: 식생은 증산을 통해 지하수위에 직접영향
l: 지하수위는 산화환원작용을 통해 토양화학에 직접영향
m: 토양화학은 영양분 공급을 통해 식생에 직접영향

n: 식생은 뿌리에 식생사후 유기물공급과 광물화작용 등을 통해 직접영향

o: 흐름에 의한 씨앗 이동

p: 씨앗분산은 식생 확장에 직접영향

Noe(2013)는 하천홍수터에서 수문지형, 식생, 생지화학의 제 과정은 상호작용하고, 이러한 상호작용을 공간적으로 종방향, 횡방향, 수심방향 및 시간축 등 4차원 경사로 설명하였다. 여기서 종방향경사는 하천의 구조와 기능에 대한 종방향 모형인 하천연속체 개념(river continuum concept, RCC)으로 (Vannote 등, 1980), 횡방향경사는 Junk 등(1989)의 홍수맥박개념(flood pulse concept, FPC)으로, 연직방향경사는 Holmes 등(1994)의 연직하상대교환(vertical hyporheic exchange, VHE) 개념으로, 마지막으로 시간에 따른 흐름과 유사이송의 변화는 유황(Poff 등, 1997)으로 대표된다.

이들은 식생-수문-지형 간 상호작용에서 그 동안 상대적으로 덜 관심을 가져온 생지화학 인자의 중요성을 강조하였다. 구체적으로, 그림 7.17과 같이 식생-수문지형-생지화학 세 인자 간 상호작용 중에서 가장 덜 알려진 생지화학이 수문지형에 미치는 영향에 대해 식물영양소인 인과 질소는 식물생산성과 군집구성 등에 영향을 주지만, 생산성은 꼭 그러한 영양소에 제한적이지는 않다는 점을 강조하였다. 나아가 식물은 토양 속 영양소의 흡착과 토양미생물에 유기물을 공급하는 과정에서 결과적으로 토양생화학에 직접적인 영향을 주게 되며, 동시에 질소와 인의 순환에 관한 생지화학은 홍수터 습윤/퇴사 등을 통한 수문지형의 시공간변화에 민감하다는 점을 강조하였다. 결론적으로 그들은 수문지형, 식생, 생지화학 간 위계적, 비균형적, 물리적, 생물적 과정을 충분히 이해하기 위해서는 예측모형으로 사용할 수 있는 기계적-정량적인 홍수터모형이 필요하지만 아직 충분한 신뢰도를 가지고 적용할 수 있는 모형은 가용하지 않음을 강조하였다. 다만 Gergel 등(2005) 일부 연구자들이 수문지형, 식생, 생지화학 상호작용을 해석하여 댐이나 제방이 홍수터 질소순환에 미치는 효과를 모의하였다.

Gurnell 등(2012)과 Gurnell(2013)은 하천식생을 '물리적 생태계 기술자(physical ecosystem engineer), 또는 하천시스템 기술자(river system engineer)'라 명명하였다. 이는 식생은 생태적으로 작용하면서 동시에 물리적 존재로 작용하여 수문지형과 상호작용을 한다는 점을 강조한 표현이다. 구체적으로, 하천의 지형, 수문, 유사공급, 지표수-지하수 연결성 등의 특성에 따라 식생 조각이나 모자익 등 하천의 수생/수변 식생의 특성은 변하게 된다. 그러나 이러한 물리적, 식물적 특성은 일방향 관계가 아니며, 일단 만들어지면 하천식생은 물리적 생태기술자 역할을 하여 유사, 유기물, 다른 종의 주아 등을 포착하거나 안정화 하고, 지형 및 관련 서식처 개발을 유도한다. 이에 따라 식생은 국부퇴적이나 형태적 환경을 변화시킴으로써, 또한 다른 식물종을 유입하게 함으로써 하천강턱, 식생하중도, 홍수터 등의 지형을 변화시킨다.

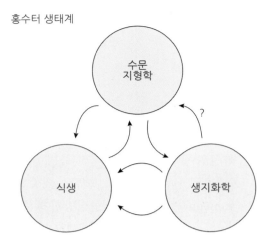

홍수터 생태계

그림 7.17 **수문지형, 식생, 생지화학 간 상호작용**
(이 그림에서 가장 덜 확인된 과정은 '?'로 표시된 생지화학이 수문지형에 미치는 영향임) (Noe, 2013)

Gurnell 등(2012)은 온대습윤, 혼합유사, 자갈하천에서 식생이 주는 저항요소와 흐름이 주는 교란요소를 고려함으로써 식생이라는 '물리적 생태계 기술자'가 서식처변화 및 형태조성에 어떻게 영향을 주는지를 다음 그림 7.18과 같은 모식도로 설명하였다. 이 그림에서 우측으로 가면 저수로, 좌측으로 가면 홍수터/고지이며, 점선은 식물생체량을, 실선은 상호작용의 강도를 보여준다. 단 좌측으로 가면서 지표면 고도가 커지면서 토양습윤 공급정도가 식생 이입 및 생장에 영향을 준다. 마찬가지로 우측으로 가면서 홍수 주기와 규모가 물리적 교란정도를 지배하게 된다.

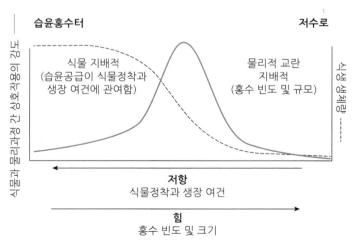

그림 7.18 **식생이 지배적인 구역과 홍수교란이 지배적인 구역의 연결부에서**
식생과 물리과정 간 상호작용 모식도 (Gurnell 등, 2012)

나아가 Gurnell(2013)은 그 시대 기준으로 과거 반세기 정도의 식생 수문지형학 분야의 연구성과를 집약하였다. Gurnell은 이 분야 연구를 1) 충적하천 거동의 조절자로서 식생, 2) 수변에서 식생에 대한 물리·환경적 조절, 3) 다양한 하천여건에서 식생이 관여하는 지형변화, 4) 하천형태와 동역학에 미치는 식생의 영향 등으로 나누어 300개 가까운 기존 관련 연구성과를 분석하여 소개하였다. 결론적으로 이 연구는 한 하천에서 수생 및 하안 식생은 그 하천의 환경, 특히 기후특성과 수문 및 하천관련 제한조건을 반영한 결과이며, 식생은 수중이건 육상이건 하천유사를 포착하고 안정하게 하여 새로운 초기지형을 만들어 주며, 이렇게 형성된 초기지형과 식생은 다시 다른 식생종의 이입과 성장을 촉진하는 과정을 거쳐 식생은 하천지형을 변화하게 한다고 하였다.

마지막으로, Gurnell(2016)은 온난습윤한 기후특성을 가지고 있는 유럽하천 조사를 바탕으로 그 동안의 연구성과를 집대성하여 식생과 수문지형 간의 상호작용에 대한 개념적 모형을 개발하였다. 이에 대해서는 다음 절에 구체적으로 설명한다.

Solari 등(2016)은 식생-수문-지형 인자 간 상호작용에 관한 연구는 수리-지형 과정 (마찰, 유사이송, 강턱침식 등)과 생태과정(씨앗 분산, 식생의 생존/생장/천이/사멸 등)으로 크게 둘로 나눌 수 있으며, 여기에 식생-지형-지하수 연계모형이 추가될 수 있다고 하였다. 구체적으로 그들은 다음과 같이 유형화하였다(그림 7.19).

- 식생 → 수문지형 : 흐름저항, 유사이송, 강턱역학(여기서 식생은 비생물 성격 임)
- 수문지형 → 식생 : 씨앗분산, 이입, 생장, 천이, 사멸
- 식생 ↔ 수문지형(상호작용) : 식생형태와 하천평면형의 동역학
- 식생과 지하수의 상호작용 : 지하수 흐름, 식생 생장과 상호작용, 생지화학과정
- 식생 동역학 : 식생 간 경쟁 및 공생, 외래종

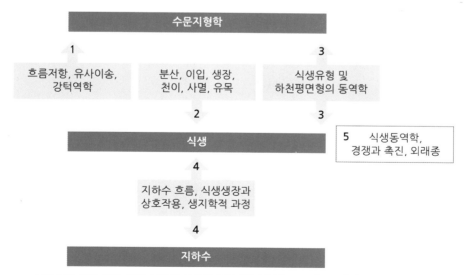

그림 7.19 **흐름, 유사, 형태, 식생 간 상호작용 모식도(지하수는 보조적으로 추가)** (Solari 등, 2016)

우효섭 등(2019)은 식생–수문–지형 간 상호작용 또는 하천에서 식생수문지형 과정의 지배적인 인자들을 중심으로 상호 인과관계를 그림 7.20과 같이 표시하였다. 이 그림에서 수문지형동역학은 흐름–유사–지형 간 동적 과정을 의미하는 것으로서, 흐름, 유사, 지형이라는 세 인자를 각각 구분하여 그렸기 때문에 각 인자를 아우르도록 표기한 것이다. 이 개념도에 나타난 유형별 각각의 영향이나 상호작용을 구체적으로 설명하면 다음과 같다.

- 유형 Ⅰ. 식생이 흐름에 주는 효과 : 이 경우 식생은 7.2절에서와 같이 비생물로 간주되며, 식생유형별(초본류, 목본류) 수심과 상대크기, 차단면적, 유연성(강성) 등에 따라 마찰저항, 항력, 난류특성 등이 달라진다.
  - ‣ 식생마찰저항(초본류에 의한 마찰저항을 매닝의 조도계수로 경험적으로 표시)
  - ‣ 식생항력(개별식생 및 식생패치의 흐름저항을 동역학적으로 모형화)
  - ‣ 식생과 난류(식생에 의한 난류 및 흐름구조 변화)

위의 효과 중 수목항력을 모형화 하여 흐름저항을 평가하는 방법론에 대해서는 이미 7.2절에서 상세히 설명하였다.

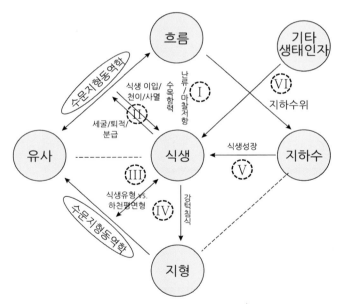

그림 7.20 **식생, 흐름, 유사, 지형, 지하수 간 상호작용에 관한 개념도** (우효섭 등, 2019)

- 유형 Ⅱ. 식생과 유사흐름 간 상호작용 : 유사흐름(sediment-laden flow)은 씨앗을 분산시키고, 식생의 이입, 성장, 천이, 사멸에 영향을 준다. 반대로, 식생은 난류에 영향을 주어 유사이송에 교란을 주고, 이는 세굴 및 유사의 퇴적/분급을 촉진한다.
  - ‣ Ⅱ-1 : 유사흐름은 씨앗의 분산, 세굴, 매몰 등을 통해 식생이입에 직접적인 영향을 줌
  - ‣ Ⅱ-2 : 식생은 난류교란을 통해 흐름과 유사이송에 영향을 줌

- 유형 Ⅲ. 식생과 유사·지형 간 상호작용 : 식생(군락)은 하천지형의 평면형(단일, 사행, 망상 하천)을 변화시키고(4.3장), 동시에 지형은 수변에 서식하는 식생군락의 유형을 변화시킨다(그림 7.7).

- 유형 Ⅳ. 식생이 지형에 주는 효과 : 이 경우도 비생물적 영향이며, 식생뿌리는 강턱(하안)을 보호하여 하천지형을 안정하게 한다(4.1장).

- 유형 Ⅴ. 지하수가 식생생장에 주는 효과 : 지하수위는 바로 토양습윤에 영향을 주고 그에 따라 식생 생장 및 사멸에 영향을 준다.

- 유형 Ⅵ. 생태적 효과 : 식물종 간 관계나 식물과 영양물질 간 관계 같은 생태학적 상호작용을 의미하는 것으로서, 이 책의 주제에서 벗어나지만 식생-수문-지형 상호작용에 영향을 줄 수 있으므로 이 그림에서 외곽에 표시하였다.

마지막으로. 이 그림에서 충적하천에서 하도흐름은 하천수위를 결정하며, 그에 따라 지하수위에 직접 영향을 준다.

여기서 유형 Ⅰ은 이미 7.2절에서 구체적으로 다루었다. 유형 Ⅱ와 Ⅲ은 기본적으로 식생-수문-지형 간 상호작용을 대상으로 한 것이다. 또한 엄밀한 의미에서 흐름(물)과 유사, 지형 세 인자 중 어느 두 인자만 상호작용을 하는 경우를 상정할 수 없기 때문에 식생-수문-지형 간 상호작용을 유형 Ⅱ(식생-물-유사 간 상호작용)와 Ⅲ(식생-유사-지형 간 상호작용)으로 구분하는 것은 자의적으로 보일 수 있다. 그럼에도 불구하고 여기서는 다양한 인자 간 상호작용을 지배적으로 관련된 인자들끼리 집합화 하여 분석, 개념화하는 접근방식이 이해하기 쉽기 때문에 두 유형을 구분하여 표시하였다.

식생에 의한 흐름저항 변화에 초점을 맞춘 유형 I의 사례로 2020년 8월 초 발생한 섬진강 홍수사례를 들 수 있다. 홍수 직후 섬진강 본류의 몇 지점에서 하천수리, 식생, 지형 등 다학제간 조사결과(이철호 등, 2021), 식생에 의한 홍수위는 식생이 없는 경우보다 1~2 m 정도 상승한 것으로 추정되었다. 2020년 대홍수는 조사구간에서 식생 분포면적의 78~80 %를 쓸고 지나가(그림 7.21) 광범위한 식물피해를 가져왔다. 특히 높이가 비교적 낮은 상수리나무와 키 작은 버드나무에 비하여 키 큰 버드나무류가 심한 피해를 입었다.

그림 7.21 **2020년 8월 섬진강 대홍수에 의한 수목피해**
(하한지점, 이철호 등, 2021)

이 조사에서 식생하천의 흐름계산은 이차원 비정상흐름 모형을 이용하였다(Shimizu 등, 2015). 초본류, 목본류 등 식생패치별 조도계수는 7.2절 방법이 아닌 전통적, 경험적 방법을 이용하여, 기준조도계수에 식생패치별 부가조도계수를 합하여 산정하였다(Arcement and Schneider, 1989). 그림 7.22는 수목식생이 없다고 가정하고 계산한 홍수위(점선)와 실제 홍수위(실선)를 비교한 것으로서, 지난 대홍수시 홍수위는 식생이 없었을 경우보다 최대 2 m까지 상승한 것으로 나타나 홍수시 하천수목관리의 중요성을 극명하게 보여준다.

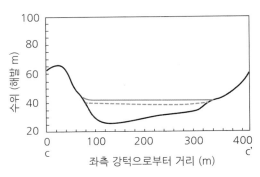

그림 7.22 **수목에 의한 수위상승**
(점선: 식생 없는 경우 홍수위, 실선 : 이번 홍수위)

화이트리버와 그린리버

몬순기후의 영향을 받는 한반도는 그림 7.25(a)에서 보는 바와 같이 여름철 비가 많이 내리고 그 밖의 계절에는 상대적으로 적게 내려 하천의 유량변화가 다른 지역의 하천에 비해 매우 심하다. 최대 강수월과 최소 강수월의 강수량 비를 월평균 강수량으로 나누면 0.28~3.0 정도로 편차가 매우 크다. 이에 따라 유황계수라 불리는 하천의 최대유량과 최소유량의 비는 대륙의 하천이 수십 정도라면 우리나라 하천은 수백으로서(이진원 등, 1993) 홍수시 그만큼 상대적으로 넓은 하폭에 흐르지만 평상시에는 좁은 하폭에 흐르게 된다. 구체적으로, 하폭 W는 식 (2.2)와 같이 유량 Q의 지수함수적으로 표시할 수 있으므로(Leopold와 Maddock, 1953), 연중 유량변화가 큰 하천에서 홍수시 하폭은 매우 커지나 갈수시에는 상대적으로 매우 적어지게 된다. 이 식을 다시 쓰면,

$$W = a\,Q^b \tag{7.39}$$

이에 따라 평상시 물가부터 자연/인공 제방까지 넓은 사주와 홍수터는 과거부터 하상재료가 그대로 노출된 이른바 '화이트리버'였다(우효섭, 2008). 이렇게 모래, 자갈, 진흙 등으로 이루어진 홍수터나 사주에 식생이 이입하지 않고 그대로 유지되는 것은 국내에 보편적인 하천식생인 갈대, 달뿌리풀, 갈대 등의 씨앗이 바람에 날려 토양수분이 있는 홍수터나 사주에 떨어져서 3월에 발아(갯버들 등 목본류는 4~6월)하여 유식물로 자라다가 7~8월 홍수로 소류력(하상전단응력)에 쓸려내려 가거나 토사에 덮여 고사하기 때문이다. 이 장의 표지에 나온 좌측 사진은 1980년대 임하댐 건설 전 하천유황이 인위적으로 크게 변하지 않은 상태(안동댐은 건설되어 있었음)의 하회마을 사진으로 우리나라 전형적인 모래하천을 보여준다.

그러나 상류에 댐개발이나 대규모 하천취수, 그밖에 다른 이유로 유황이 변하고 그에 따라 소류력이 급격히 줄어들면 그전까지 식생이 없던 곳에 식생이 이입하고 활착하여 홍수터나 사주가 식생으로 덮이게 된다. 이른바 '그린리버'가 된다. 이렇게 식생이 하천에 활착하게 되면 그 지역은 육역화가 진행되고, 그에 따라 흐름은 식생이 없는 좁은 하도에 집중되면서 유속이 커져 하상을 깎아내려 하상저하 현상이 나타난다. 여기서 육역화(陸域化, terrestrialization)란 원래 지질학에서 쓰이는 용어로서 지질시간대에 걸쳐 과거 수역이었던 곳이 육역으로 바뀌는 현상을 말한다. 다만 여기서는 사주, 홍수터 등 하천의 일부로서 홍수시에 물에 잠기던 곳이 자연적, 인위적 이유로 식생이 이입, 활착, 번성하고 부유사가 지속적으로 쌓여 표고가 높아져서 홍수시에도 잠기지 않는 육지가 되는 현상을 말한다.

그림 7.23은 이러한 육역화 현상을 현지에서 경년관측한 것이다(이태희와 김수홍, 2021). 식생에 의한 사주의 육역화로 나타나는 현상 중 하나가 하상저하 현상이다. 그림 7.24는 같은 연구팀에 의해 조사된 것으로서, 2015년까지 큰 변화가 없다가 2016년부터

서서히 하강하여 2019년 말에 약 25 cm 내려간 것을 알 수 있다. 내성천은 2016년 상류에 영주댐이 건설되었으나, 2019년까지 조절방류 없이 상시 방류하여 그 때까지 사실상 비조절하천으로 남아있었다. 이 하천은 2013∼2015년 연속가뭄으로 식생활착이 시작하여 그림 7.23과 같이 2016년부터 식생활착이 본격화 되었다.

이로 인한 하천흐름상태의 변화는 수위–유량관계곡선에서 잘 나타나서, 같은 수위에 대해 저수위에서 유량이 커지게 된다. 반면에, 식생 생장 및 확대에 따라 고수위에서 통수단면적의 감소 및 흐름저항의 증가로 같은 수위에 대해 유량이 적어진다(이태희와 김수홍, 2021).

그림 7.23 모래하천에 식생 이입/활착에 따른 하도육역화 현상
(예천군 내성천 고평교. 좌상단으로부터 시계방향으로 2013년 사주하도, 2016년 식생이입으로 인한 저수로 하상침식 및 사주식생 활착, 같은 해 저수로 강턱, 2019년 사주식생 확대 및 사주표고 상승)

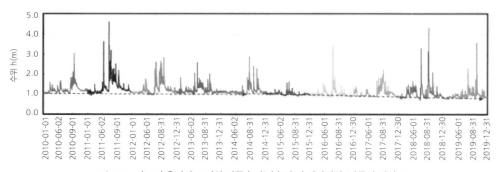

그림 7.24 하도의 육역화로 인한 기준수위(저수위)의 저하현상 (영주시 석탑교)

반면에 서안해양성기후의 영향을 받는 서부유럽지역은 그림 7.25(b)에서 보는 바와 같이 연중 강수가 고르게 오고 그에 따라 하천유출량도 우리만큼 크지 않다. 이에 따라 최대 강수 월과 최소강수 월의 강수량을 월평균 강수량으로 나누면 0.85~1.17 정도로 편차가 상대적으로 적다. 이에 따라 이 장의 표지에 나온 우측 사진과 같이 연중 비교적 고른 하천유량은 비교적 변하지 않는 하폭을 형성하고 나머지 하안과 홍수터는 자연스럽게 식생으로 덮이게 된다.

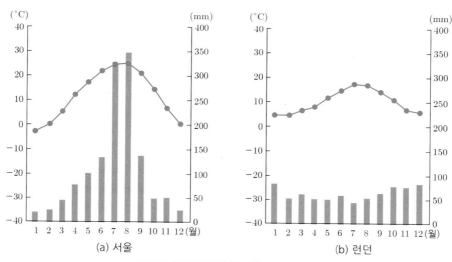

그림 7.25 **월평균강수량 분포** (출처 : URL #2)

위와 같이 화이트리버가 그린리버로 바뀌는 현상에 대한 연구는 문헌상에 1984년 미지질조사국이 처음 시작하였다(우효섭, 2009). 앞서 설명한 대로 Williams와 Wolman (1984)은 미국 중서부 하천의 10개 댐을 대상으로 하류하천의 식생이입현상을 조사한 결과 대부분의 하천에서 식생역이 증가하고 육역화가 진행되어 물이 흐르는 하도가 매우 좁아진 것으로 나타났다. 특히 과거 다지하천이었던 곳이 주위 식생띠 사이로 좁고 깊은 단일하천으로 변하는 것이 확인되었다. 이러한 하천의 흐름, 식생, 지형 변화현상은 기본적으로 댐에 의해 홍수가 줄어들고 그에 따라 소류력이 줄어들어서 식생 이입 및 활착을 위한 발아 및 유식물 생육에 유리한 환경이 조성되었기 때문으로 보았다.

그림 7.26은 스페인의 조절하천에서 식생활착과 그에 따른 하도변화를 보여준다 (Garofano-Gomez 등, 2013). 이 하천은 스페인 동부 지중해로 유입하는 Mijares 강으로서, 하천중류에 세 개의 댐이 1962, 1968, 1972년에 각각 건설되었다. 동시에 유역에 탈농경화와 도시화도 진행되어 댐 하류유역의 토지이용도 크게 변화하였다. 첫 댐이 건설되기 전 1965년 수변지도를 보면 수변은 수역과 식생이 없는 맨 사주가 지배적이었고, 식생은 하도변에서 물러서 있었다. 1976년 수변지도를 보면 세 댐의 건설 하천유량의 감소로

사주영역이 일부 확장되어 보인다. 더해서 1967년에 극한홍수가 와서 사주역을 확장하고 농경지를 황폐화시킨 결과이기도 하다. 그 후 식생이입이 가속화되어 그림 7.26의 1997, 2007년 수변지도에서 보는 것과 같이 처음에는 초본류가, 다음에 성긴 식생, 마지막으로 조밀한 식생이 수변을 덮음으로써 초기 사주와 초본류는 거의 사라졌다. 동시에 식생이 교목류로 단순화되어 서식처의 다양성도 사라졌다. 그 원인으로서 우선적으로 상류 댐들에 의해 비조절하천에서 조절하천으로 바뀌었기 때문으로서, 극한홍수를 포함하는 자연 유황의 교란을 꼽으며, 다음 유황이 조절됨에 따른 육상식생이 홍수터로 확장되었기 때문이다. 이른바 화이트리버의 그린리버 화 현상이다.

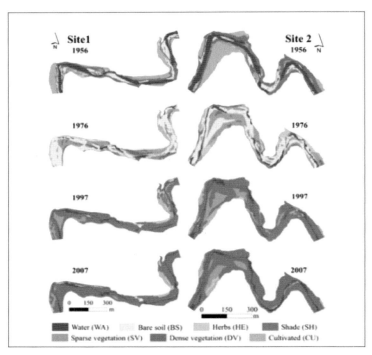

그림 7.26 **댐건설 전(1960년대)과 후(1976, 1997, 2007)의 수변지도 비교**
(스페인, Garofano-Gomez 등, 2013)

댐이 없는 비조절하천에서도 위와 비슷한 현상이 나타날 수 있다. Okabe 등(2001)은 일본 시코쿠의 요시노 천에서 항공사진 조사를 통해 과거 50년 동안 나타난 세 개의 교호 사주 위 버드나무 군락의 형성을 조사한 결과 1970년대부터 버드나무가 이입하기 시작하였지만 버드나무 군락의 활착은 식생이입 후 2~3년 동안 흐름의 무차원소류력이 0.06 이하로 지속되는 경우로 제한되는 것을 확인하였다. 그러나 한번 활착한 버드나무 군락은 육역화가 진행되면서 부유사가 퇴적되어 표고는 높아지고 좁은 하도는 더 깊어져서 강턱 침식을 가속화 하여 인근 저수호안시설 안전에 위협을 주게 되었다.

국내에서 이 같은 현상은 처음으로 낙동강 지류 황강의 합천댐 하류구간(우효섭 등, 2002)에서 확인되었다. 그들은 댐 하류하천의 사주 상 식생이입과 식생하중도의 침식현상을 현장 관찰하여 댐에 의한 여름철 홍수 소멸(합천댐의 경우 1989년 준공 이후 사실상 조절방류를 하지 않았음)에 의한 결과로 보았다. 이른바 화이트리버와 그린리버 현상이다. 그림 7.27은 황강에서 고립된 식생사주와 침식에 의해 소멸하는 현상을 보여준다.

그림 7.27 **침식에 의한 식생사주의 고립화(좌), 사주토양(유사)의 완전침식(황강)** (우효섭 등, 2002)

나아가, Choi 등(2005)은 이러한 현상을 정량적으로 분석하였었다. 그들은 낙동강 합류점까지 약 30 km 하류구간에 대해 황강댐 건설로 인한 식생 이입과 활착 현상을 조사하고 1차원 수치모형을 이용하여 하상저하현상을 모의하였다. 그 결과 합천읍부터 낙동강 합류점까지 식생의 사주점유율이 댐건설 전 2.3%에서 건설 후 80%로 무려 33배나 증가한 것으로 나타났다.

그림 7.28은 1989년 완공됨 황강댐에 의한 낙동강 지류인 황강의 수변변화를 보여준다(Choi 등, 2005). 이 경우 역시 댐에 의해 하천유황이 조절되면서 생긴 하류수변의 피복변화이다. 황강댐은 이 사진의 좌측상단에 위치하여 보이지 않는다. 이 비교사진에서 분명한 것은 댐이 완공되고 불과 7년 후 찍은 항공사진에는 댐건설 전 1982년 찍은 항공사진에 비해 하얀 색(모래사주) 구역이 급격히 줄어들었다는 것이다. 댐에 의해 홍수가 사실상 사라지면서 하류하천 사주에는 달뿌리풀 등 초본류부터 시작하여 버드나무류까지 식생이입이 시작되어 활착된 것이다. 표 7.4는 이 같은 수변피복의 변화를 자료로 보여주는 것으로서, 조사구간의 반에 해당하는 상류구간은 약 60%, 나마지 반인 하류구간은 80%가 식생으로 덮었다. 이 사례는 국내에서 최초로 보고된 화이트리버의 그린리버 화 현상이다.

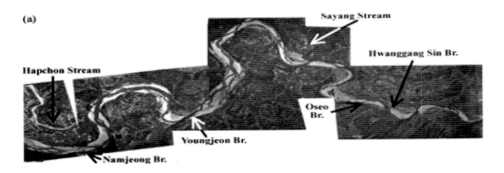

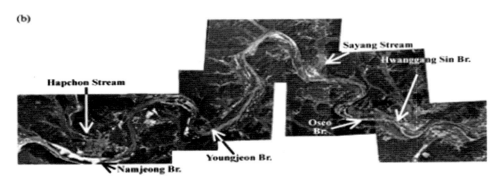

그림 7.28 **황강댐에 의한 하류하천의 피복변화** (a) 1982년 항공사진, (b) 1996년 항공사진(흐름은 좌에서 우) (Choi 등, 2005)

표 7.4 **황강댐과 남정교 하류구간의 댐 건설전후 식생이입 비교** (Choi 등, 2005)

연도		모래사주 면적(km^2)	식생사주 면적(km^2)	점유율(%)	비고
황강댐	1982	5.7	0.2	3.4	
	1996	2.4	3.5	59	16배 증가
남정교	1982	4.4	0.1	2.3	
	1996	0.9	3.5	80	33배 증가

이 같은 조절하천에서 수변피복의 변화현상은 낙동강 상류 안동/임하 댐 하류구간에서도 잘 나타난다(우효섭 등, 2010).

그림 7.29는 북한강의 지류인 홍천강에서 같은 구간을 같은 방향으로 찍어 비교한 것으로서, 이 그림에서와 같이 사진의 우하단부 일부를 제외하고는 수변 대부분이 식생으로 덮여있다. 이 구간 상류에는 유황을 조절하는 댐이나 기타 시설이 없음에도 불구하고 이러한 비조절하천, 유황면에서는 사실상 자연하천에서도 화이트리버가 그린리버로 바뀌고 있다(Lee 등, 2019).

그림 7.29 **홍천강 한 구간에서 수변변화 비교** (좌 : 1998년 촬영, 우 : 2015년 촬영)

이와 같은 현상을 기본적으로 비조절하천인 몇 개의 중규모 하천에서 정량적으로 검토하면, 2016~2017년을 기준으로 하천 전체면적 대비 섬강은 55%(2016년), 청미천은 78%(2016년), 내성천은 50%(2017년) 식생이 이입한 것으로 나타났다(김원과 김시내 2019). 이 결과는 2010년 이후 청미천과 섬강에서 약 2배, 내성천에서 약 17배로 급격하게 식생역이 증가한 것이고, 그에 따라 사주나 수 면적은 그만큼 감소한 것이다.

위와 같은 하천 내 식생의 이입, 활착 현상은 공학적 측면과 환경적 측면에서 여러 문제를 가져온다. 공학적으로는 먼저 하천 내 과도한 식생번성은 홍수터의 흐름저항을 증가시켜 홍수위가 상승하여 하천관리에 문제를 일으킨다. 극단적인 식생번성과 그에 따른 육역화 현상은 통수능 자체를 대폭 감소시킨다. 두 번째, 홍수터와 사주에 식생이 활착하여 육역화가 진행되면 하도는 좁고 깊어지면서 주변에 강턱침식을 가속화 하여 이 역시 하천관리에 지장을 줄 수 있다. 환경적 측면에서 식생이입은 수생 및 수변 서식처를 기본적으로 변화시킨다. 즉, 얕고 넓은 모래/자갈 하천 주변은 식생으로 덮이면서 좁고 깊은 하도가 형성된다. 그에 따라 '단조로운' 모래/자갈 하천서식처는 여기저기 습지와 연결수로가 생기면서 '복잡한' 서식처로 변하게 된다(그림 7.30 참조). 경관적으로는 하얀 '금모래' 하천이 푸른 식생하천으로 바뀐다. 특히 인위적으로 조성되거나 원래의 자연상태로 복원된 하천홍수터는 원하지 않는 식생의 이입으로 당초 기대한 조성효과를 무효화 할 수 있다.

그림 7.30 **황강댐 건설 전 모래로 가득 찬 하천구간(좌)과 건설 후 식생으로 가득 찬 구간(우)** (두 그림의 위치는 서로 다름)

이 같은 식생이입에 영향을 주는 요인은 종자의 퍼짐(분산), 발아, 유식물의 생장 단계에서 작용하는 물리적, 화학적 환경변화이다. 구체적으로(우효섭, 2009), 1) 식생 발아 및 유식물 성장 단계에서 기계적 교란을 주는 소류력, 2) 하상재료 자체와 지하수위에 관련된 토양습윤, 3) 식생 발아 및 성장에 영향을 주는 침수시기 및 기간, 4) 매우 춥거나 더운 극단적인 기후, 5) 오염물의 형태로 하천에 들어오는 영양물질 등이다.

한편 우효섭과 박문형(2016)은 위와 같은 연구성과 고찰을 바탕으로 국내 관련자료, 특히 경년 별 항공사진자료의 비교분석과 제한된 범위의 현장조사 등을 통해 사주 상 하천 식생이입의 원인 별 유형을 보완, 제시하였다.

- 유형 1: 유량과 유사량 흐름의 변화(그림 7.20에서 관계 Ⅱ)
  - 유형 1-1N: 상류댐에 의한 봄철 홍수억제로 하류 홍수터에 신선한 토사 및 습윤 공급이 중단되어 홍수터에 식생 발아 및 생장 억제(미국 중서부, 태평양 연안 북서부 등)
  - 유형 1-1P: 강우양상 변화로 인한 비조절하천에서 늦봄–초여름 작은 홍수 저감으로 발아된 유식물 활착기회 향상(국내, 일본 등 몬순기후 지역)(가설)
  - 유형 1-2 (조절): 몬순기후 지역에서 상류댐에 의한 여름철 홍수저감으로 하류하천 사주에 식생활착 기회 대폭 향상

- 유형 2: 하도의 인위적 교란(골재채취, 하천정비, 보건설, 경작지 홍수터 편입 등)으로 하천 내 식생 이입 촉진

- 유형 3: (중소)하천에 영양물질 유입증가(비점오염물질 형태로 유입) 하천식생 생장 촉진(그림 7.20에서 관계 Ⅵ)

위 유형들 중에서 우리나라에 가장 흔히 나타나는 것들은 유형 1-2와 유형 2이다. 특히 유형 1-2는 황강댐(Choi 등, 2005), 안동댐(우효섭 등, 2010) 등 대부분의 댐 하류에서 나타나고 있다. 그러나 하천 내 식생활착현상은 앞서 홍천강 사례와 같이 댐이 없는, 이른바 비조절하천인 낙동강 지류 내성천에서도 급속히 나타나고 있다(이찬주와 김동구, 2017).

이와 같은 하천식생활착 현상의 가속화는 앞서 설명하였듯이 하천관리 차원에서 다양한 긍·부정적 영향을 준다. 치수 측면에서 부정적 영향은 이미 안동·임하댐 하류 하천 내 수목림으로 인해 과거 홍수위 상승 문제를 가져왔으며, 이 밖에 하천사주의 육역화 현상, 자연사주의 소멸로 인한 하천경관 가치의 변화 등의 문제를 주고 있다.

따라서 하천의 사주나 홍수터 상 식생관리를 위해서는 식생의 이입, 활착, 천이, 퇴행 및 순환이라는 생태과정을 이해하고 예측하는 것이 중요하다. 이러한 생태과정은 지배적인 물리, 화학, 생태 조건을 고려하여 수치모형화 할 수 있다. 이러한 접근을 CaSiMiR

모형(Benjankar 등, 2011)에서는 동적 홍수터식생 모형(Dynamic Floodplain Vegetation Model, DFVM)이라 하였으며, 보통 동적 수변식생 모형(Dynamic, Riparian Vegetation Model, DRVM)이라고 한다. 국내에서 홍수터는 사실상 대부분 인위적으로 변경되어 제내지와 제외지로 나뉘었기 때문에 DFVM 보다는 DRVM이 더 적합한 용어로 들린다. 또한 Woo 등(2014)은 같은 구간에서 소류력과 토양습윤 인자만 가지고 하회마을 앞 사주 상 식생활착현상을 모의하였다. 한편, Baniya 등(2020)은 식생모의에서 영양물질의 영향도 고려한 DRVM을 제시하였다.

한편, 유형 3은 일본(Asaeda와 Rashid, 2014) 등에서도 연구된 현상이다. Woo 등(2016)은 실험실 수로에서 질소비료를 섞은 물과 순수한 물을 1년 동안 하천흐름을 모의하고 초본류 식생의 생장 효율을 확인하였다.

마지막으로 유형 1-1P는 아직 가설단계로서, 특히 국내에서 조절하천과 비조절하천에 관계없이 나타나는 현상으로 간주된다. 김원과 김시내(2019)는 식생이 발아하여 생장을 시작하는 5~7월에 사주상 유식물을 쓸어내리는 '작은' 홍수가 발생하지 않으면 식생생장이 계속되면서 정착하게 된다는 가설을 내성천 등 비조절하천의 강우자료를 분석하여 제기하였다.

여기서 강조할 것은 그림 7.20은 식생수문지형학에서 다루는 관련 주요인자 간의 상호작용을 유형화한 것이고, 위에서 제시한 유형(1, 2, 3)은 이 중 특히 수변식생 생장에 직접적인 영향을 주는 요인을 유형화 한 것이다.

하천식생 억제를 위한 실질적인 대책은 아직 물리적 제거 이외에는 가용하지 않다. 상류댐에서 유량을 증가하는 이른바 '인공홍수'를 이용하는 식생제거는 대부분의 경우 비현실적이다.

다음 절에서는 하천식생 이입 및 소멸을 모의하고, 나아가 예측하는 모형들에 대해 설명하고, 다음 동적 수변식생 모형의 국내외 적용사례를 소개한다.

7.4 예측모형과 사례연구

하천수변의 식생관리와 나아가 수변복원의 계획, 설계를 위해서는 우선 식생의 이입, 활착, 천이, 퇴화 및 순환이라는 생태과정을 이해하고 예측하는 것이 중요하다. 수변의 식생생태과정을 이해하기 위해서는 수변의 수문지형적 특성이 식생에 미치는 영향을 이해하고, 다음 식생이 수변의 수문지형 과정에 '피드백'하는 과정을 이해하는 것이 필요하다.

수변의 식생생태 과정과 피드백 과정은 곧 식생-수문-지형 간 상호작용의 과정이다. 이러한 제 과정과 결과를 모의하는 예측모형은 크게 개념적/정성적 모형과 해석적/정량적 모형으로 구분할 수 있다. 전자로는 앞서 2절에서 설명한 다양한 개념적 모형을 들 수 있으며, 후자로는 이른바 동적 수변식생 모형을 들 수 있다.

앞 절에서 설명한 다양한 개념적 모형들은 관련 인자들 간 상호작용을 정성적으로 설명하는 수준이나, 다음에 설명하는 Gurnell(2016)의 모형은 다양한 환경조건에 적용 가능한 구체적인 모형으로서 특별한 의미가 있다. Gurnell은

1) 지역(region)에서 구간(reach)에 이르기까지 공간적 규모에 따른 수변식생에 대한 수문지형적 제한조건을 고려하고,
2) 식생과 물리적 과정 간 상호작용이 서로 다른 5개의 동적수변구역을 설정하고,
3) 식생에 관련된 지형이 지배적인 수문지형과정의 범주 내에서, 각 구역 내 자가 조직 (self-organization) 과정과 물리적 생태기술자로서 특정 식생종의 역할을 반영하고,
4) 특별히 식생-수문지형 과정 간 상호작용이 활발한 임계구역에 초점을 맞추며(여기서 임계구역은 유수에 의해 연중 잠겨있는 하안이나, 자주 물에 잠기고 유사 침식이나 퇴적 활동이 활발한 홍수터임),
5) 임계구역 내에서 식생으로 덮인 초기지형을 고려하고, 식생에 의한 지형적 영향을 어떻게 하천규모로 확대할 것인지 등을 검토하여,

다음 그림 7.31과 같은 개념적 모형을 개발하였다. 이 그림은 특히 습윤환경(기후적으로 온난습윤지역)에 대한 것이다. 이 그림의 우측단은 하도의 중심이며, 좌측단은 수변(홍수터)의 가장자리이다. 이 그림에서 구역 1은 항시 물에 잠기는 구역이며, 구역 2는 하천교란이 지배적인 구역으로서 모래/자갈 등의 유사이송이 활발하고, 구역 3도 하천교란이 지배적인 구역이지만 실트질의 퇴적활동이 있으며, 구역 4는 침수는 되지만 유사이

송은 활발하지 않은 구역이며, 구역 5는 침수는 거의 되지 않고 토양습윤이나 지하수위가 식생생장에 지배적인 영향을 주는 구역이다.

그림 7.31에서 상단 그림 A는 우기, 건기, 연평균 별 지하수위(토양습윤)의 하천 횡단 분포를 특징적으로 보여주며, 그림 B는 대홍수, 중간홍수, 일반흐름 별 하천교란의 횡단 분포를, 그림 C는 마찬가지로 각 흐름별 식생피복과 식물량의 횡단분포를, 그림 D는 각 흐름별 임계구간의 크기와 상호작용의 강도 분포를 특징적으로 보여준다.

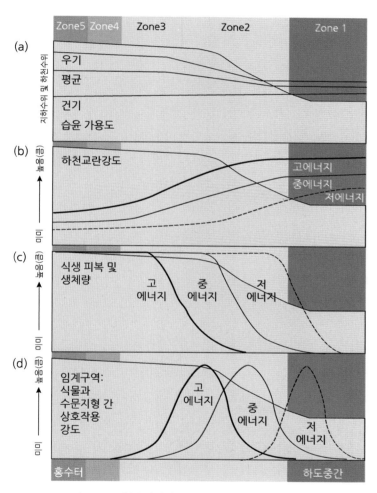

그림 7.31 **온난습윤지역 하천에서 각 구간에 따른 습윤, 교란,**
식생피복/식물량, 임계구역(식생-수문지형 상호작용의 강도)의 변화 (Gurnell, 2016)

동적 수변식생 모형

수변식생의 생태과정에 영향을 주는 수변의 수문지형 인자 중에서 가장 기본적인 것은 하천흐름의 변동을 나타내는 유황이다. 유황은 사주와 홍수터의 물리적 교란, 침수시간, 지하수위, 토양습윤, 영양분 공급 등에 직접적인 영향을 준다(Egger 등, 2013).

평균유량은 사주와 홍수터의 수위지속시간에 영향을 주어서 하안 침수−정수 식물의 서식처를 결정한다. 낙동강에서 조사한 결과 하천의 식생분포에 큰 영향을 주는 요소는 평수위 기준 지표면의 상대고도인 것으로 나타났다(김혜주 등, 2014).

강턱유량은 하폭, 수심 등 하천형태에 직접적인 영향을 주어서 물리적 서식처 형태를 결정한다. 매우 큰 홍수는 사주나 홍수터에 식생이입을 일차적으로 차단한다. 반면에 보통 홍수는 홍수터에 신선한 토사를 공급하고 기존 식생을 소멸하여 새로운 유식물의 활착을 유도한다. 또한 하도와 홍수터를 연결시켜 홍수터 지하수위와 토양습윤을 높여서 새로운 식생이입환경을 만들어준다.

수심변화는 식생의 뿌리부분과 식생 전체의 침수에 직접적인 영향을 준다. 이에 따라 긴 침수시간에 견디는 식생과 그렇지 않은 식생은 이러한 환경에 맞추어 서식하게 된다. 홍수는 물 자체의 용존산소와 뿌리를 통한 호흡에 부정적 영향을 주며, 특히 휴면기보다는 생장기에 더 그렇다.

지하수위 변화는 토양습윤에 직접적인 영향을 주어 식생의 강우 의존도를 줄인다. 토양습윤은 지하수위뿐만 아니라 토양의 입경분포와 조직 등에 영향을 받는다. 일반적으로 모래, 자갈 등 조립질 기층보다는 실트, 진흙 등 세립질 기층에서 모관대가 높아서 식생활착에 유리한 조건을 형성한다.

마지막으로, 홍수로 인한 수변의 침식, 퇴적 등 지형변화는 식생서식처를 직접적으로 교란하여 1) 잎이 넓은 초본류의 파괴, 2) 교목이나 관목의 부분 파괴, 3) 뿌리를 포함한 모든 식생의 파괴를 순차적으로 일으킨다.

이러한 동적수변식생모형의 개발은 1970년대 말부터 시작되었으나 초기 모형은 수변식생과 물리적 서식처 특징 간의 기능적 관계를 가지고 부분적으로 모의한 것들이다. 이러한 모형은 대상하천의 특수한 경계조건에 맞춘 것으로서, 다른 하천에 쉽게 적용하기 어려웠다(Merritt 등, 2010).

Egger 등(2007)은 처음으로 수변 식생군락의 이입, 활착, 천이 및 퇴화 과정에 대해 흐름의 기계적 교란효과를 소류력으로 모의하고, 나아가 천이 및 퇴화 등 생태적 변화까지 모의하는 컴퓨터모형을 개발하였다. 앞서 설명한 대로 동적 홍수터식생 모형(DFVM)이라고 명명된 이 모형은 북미 Kootenai강의 댐건설, 하천정비, 토지이용 등으로 하류 습지가 사라지고 북미산 포플러의 신규이입이 극적으로 감소된 사례에 대해 적용되었다.

이 모형에서는 기본적으로 하천을 하도, 하안, 홍수터 등 세 구역으로 나누어서 흐름모의는 기존 수치모형인 MIKE11을 이용하고, 수문, 물리과정, 수변 생태계 및 식생군락과의 관계는 GIS를 이용하여 모의하였다. 처음 개발된 후 지속적으로 보완되어 '환경유량과 수변에 대한 컴퓨터지원 모의모형, CASiMiR'(Benjankar 등, 2011)라는 이름으로 소개된 이 모형은 알프스 하천, 미국 북태평양 연안 하천, 스페인 하천, 그리고 한국의 낙동강에 대해 적용되어 부분적으로 검증되었다. 낙동강의 경우 안동/임하 댐 하류 윗절 구간에서 댐에 의한 유황변화가 식생천이에 미치는 현상이 모의되었다(Egger 등, 2012). 이 모형은 수변복원의 평가, 기후변화가 홍수터에 미치는 영향, 환경유량 및 댐 운영 등 이용될 수 있다.

DFVM의 개요

CASiMiR-vegetation은 10×10 m 격자를 기준으로 식생의 천이와 퇴행을 모의하는 격자 기준의 ArcGIS 기반 모형이다. 이 모형은 그림 7.32와 같이 기본적으로 시작, 동적, 시각화 모듈 등으로 구성된다. 이모형에서 기본적으로 사용하는 물리인자, 즉 입력변수는 소류력, 홍수지속시간, 저수위(base flow level) 기준 표고차, 평수위 기준 표고차, 지형, 그리고 모형구간이다. 출력변수는 공간적으로 분포하는 식생유형이다. 여기서 홍수지속시간은 식생이 물에 잠겨있는 시간과 관련 있다. 여기서 모형구간은 기본적으로 하도구간, 강턱구간 및 홍수터 구간으로 이루어진다.

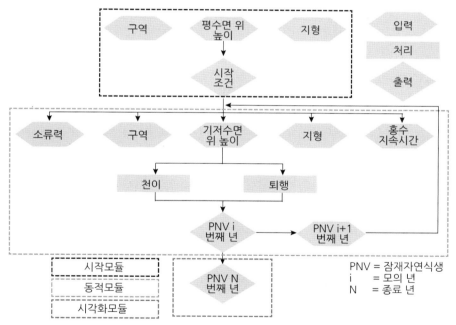

그림 7.32 **CASiMiR-vegetation모형의 구조** (Benjankar 등, 2012)

시작모듈은 평수위기준 표고차, 표고, 세 구간 등의 자료를 가지고 자연상태에서 기대되는 식생, 즉 잠재자연식생(potential natural vegetation, PNV)을 예측하는 것이다. 이렇게 예측된 PNV는 다음 단계의 초기조건으로 사용된다.

동적모듈은 PNV나 전 단계 예측식생을 가지고 다음 단계의 식생 유형과 분포를 모의하는 것이다. 이 때 이용되는 물리인자는 지형, 저수위 기준표고차, 구역, 소류력, 홍수지속시간 등이다. 식생이입 부모듈은 철저하게 경험에 바탕을 둔 규칙(rule-of-thumb)에 바탕을 둔다. 천이 부모듈은 소류력이나 홍수지속시간 등 물리조건이 특별히 임계조건을 넘지 않는 경우 자연적으로 다음 단계로 천이된다고 가정한다. 퇴행 부모듈도 소류력과 홍수지속시간이 임계조건을 넘는 경우 발생한다고 모의한다. 마지막으로 시각화 모듈은 모의결과를 시각적으로 보여주는 모듈이다.

적용사례

이 사례는 미국 아이다호 대학 연구팀(Benjankar 등, 2011; Egger 등, 2013)이 개발한 DFVM을 미국 북서부 Kootenai 강에 적용한 사례이다(Benjankar 등, 2012). 이 하천은 1972년에 건설된 Libby 댐과 제방축조로 홍수 주기와 크기가 바뀌어 하류 홍수터 식생과 수문지형 과정간 상호작용에 직접 영향을 주었다. 이 사례에 적용된 모형은 CASiMiR-vegetation이라 불리는 모형으로서, 소류력, 홍수 주기 및 크기, 평수위에 대한 홍수터 표고 차 등과 같은 물리적 인자들의 교란에 따른 초기 식생분포양상의 변화를 연단위로 모의하였다.

구체적으로, 이 모형은 먼저 댐 건설 전후의 흐름자료를 가지고 연구대상 구간하천의 소류력 및 수위 분포를 모의한다. 다음, 특정 식생에 대해 관련 물리인자가 임계조건 이상이 되면 식생군집은 교란되고, 그렇지 않으면 극상으로 천이가 일어난다고 가정한다.

Kootenai 강은 그림 7.33에서 보는 바와 같이 캐나다에서 발원하여 미국으로 내려왔다 다시 캐나다로 올라가서 종국적으로 컬럼비아 강으로 합류하는 하천으로서, 유역면적은 41,910 km^2, 연평균유량은 390 m^3/s이다. 연구대상 하천구간의 하상경사는 0.019이며 하상재료는 주로 자갈과 조약돌이다.

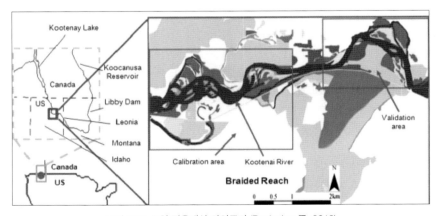

그림 7.33 **모형 적용대상 하천구간** (Benjankar 등, 2012)

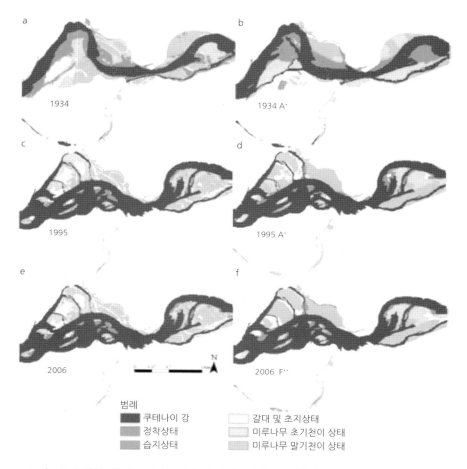

그림 7.34 **모형의 적용결과**(좌 : 모의결과, 우 : 현장조사 및 항공사진 결과) (Benjankar 등, 2012)

이 사례연구 지역의 식생은 갈대, 버드나무, 북미산 포플러 등 총 14개 유형으로 구분하였으며, 이들은 기본적으로 이입, 천이, 극상화 등 3 단계로 구분하였다.

이모형을 Kootenai 강에 적용한 결과 보정 및 검증 구간 모두에서 각 개별식생의 분포를 기준으로 보면 그림 7.34와 같이 모형의 정확도는 상대적으로 떨어지나, 개별식생을 하나로 묶어서 비교하면 결과는 상당히 좋아지는 것으로 나타났다. 여기서 모형의 정확도가 떨어지는 이유는 수변생태와 물리과정 간 상호작용의 정확한 임계상태를 정량화하는 것이 어렵기 때문이다. 구체적으로, 소류력에 의한 하상교란이나 홍수지속시간 등의 영향으로 어느 상태의 식생이 어느 조건에서 사멸되어 새로운 식생이입 상태로 바뀌는 지에 대한 임계기준이 불명확하기 때문이다. 더욱이 이 모형에서는 식생에 의해 가속화 되는 유사의 침식, 세굴 현상과 그에 따른 지형변화까지는 정확히 모의하지 못하고 있다.

위와 같은 모형의 한계 등으로 수변에서 식생의 이입, 천이, 퇴행을 모의하고 예측하는 동적 수변식생 모형은 문헌상에 매우 드물다. 사실 이 분야 연구는 지형학이나 지리학에서 상당한 수준에 달했음에도 불구하고 그러한 학문적 특성 때문에 특히 계산수리모형을 이용하려는 시도가 적어 보인다. 반면에, 수리기술자들은 하천에서 흐름과 유사이송 및 지형변화 모의, 나아가 식생이라는 이른바 '물리적 생태계 기술자'가 수문지형에 미치는 영향의 정량적 검토 등에서는 상당한 수준에 도달해 있다. 문제는 수리기술자들은 식생의 생태적 특성을 이해하고 고려하는 면에서는 매우 어둡다는 점이다. 이러한 점에서 식생-수문-지형 간 상호작용, 또는 간단히 식생과 물리과정에 대한 이해와 적용 가능한 모형개발에는 두 분야 전문가들의 공동노력이 요구된다.

7.1 2000년대 이후 건설된 국내 중규모 댐을 대상으로 댐 건설 직전과 건설 후 10년 이상 경과된 하류하천의 항공사진 등을 이용하여 하천 내 식생이입 정도를 구간별로 비교 검토하고, 그 결과를 토의하시오.

7.2 아래 그림의 좌측과 같이 자갈/호박돌 사주를 걷어내는 골재채취를 하면 우측 사진과 같이 사주에 식생이 가득 차게 되는 현상을 정성적으로 설명하시오(만경강 사례 : 좌측 그림에서 좌우가 바뀐 것을 고려할 것).

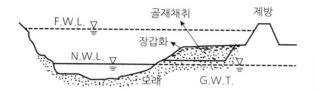 

7.3 이 장에서 설명한 수변(stream corridor), 수변완충대(riparian buffer strip), 수변구역(xx강수계 상수원수질개선 및 주민지원 등에 관한 법률에 근거한 수질보호를 위한 특별대책) 등의 유사성과 차별성을 각각 설명하시오.

7.4 아래의 금강사진과 그림 7.9를 비교하여 하안의 수목생장이 하천관리에 미치는 긍부정적 영향을 설명하시오.

자연상태 하천과 식생(한국하천협회 하천사진공모전, 유지훈, 2007)

7.5 예제 7.4와 동일한 조건에서 해당 식생이 잎이 없는 조건이라고 가정하고 Västilä와 Järvelä 모형을 이용하여 식생의 흐름저항계수를 계산하시오. 잎이 있는 조건의 예제 7.4의 결과와 비교하시오.

7.6 이 장에서 설명한 식생의 흐름저항을 산정하는 네 가지 모형을 실제 현장에 적용할 경우 각각의 모형에서 필요로 하는 식생의 물리적 특성과 관련된 입력변수를 나열하고 자료 수집 및 획득 방법에 대해 설명하시오.

7.7 한 동적 수변식생 모형에서 무차원 하상소류력을 계산하여 Shields의 무차원 한계소류력인 0.06이 나왔다. 이를 기준으로 유사이송에 의한 유식물(seedling)의 세굴, 매몰로 모의하는 것에 대한 문제점을 제시하시오. (힌트) Shields 곡선에서 무차원 한계소류력 0.06은 하상토가 움직이기 시작하는 단계임(weak movement).

7.8 아래 사진은 2020년 10월 강원도 설악산 입구 쌍천이며, 하상이 거의 다 자갈 이상 호박돌 등으로 덮여 있으며, 식생은 보이지 않는다. 쌍천 상류는 인위적인 유황/유사량 조절시설이 사실상 없다. 이 하천이 이른바 화이트 리버로 남아있는 이유를 추론하시오. (힌트: 급경사 산지자갈하천이며, 상류 오염물 유입은 사실상 없음)

설악산 입구 쌍천 (2020년 10월)

국토교통부/한국건설기술연구원. 2016. 친수·환경가치 제고를 위한 하천관리 기술 개발. KICT 2016-107.

국토해양부/한국건설기술연구원. 2011. 하천복원통합매뉴얼. Ⅱ-14.

김원, 김시내. 2019. 중규모 하천에서의 식생 증가 현황에 대한 분석. 한국수자원학회 논문집, 52(S-2): 875-885.

김혜주, 신범균, 유영한, 김창환. 2008. 홍수터복원을 위한 국내 현재잠재자연하천 식생에 대한 연구. 한국환경생태학회지, 22(8).

김혜주, 신범균, 김원. 2014. 국내 자연하천의 유형별 물리적 구조 및 식생 특성 연구. 한국환경생태학회지, 28(2): 215-234

박봉진, 장창래, 이삼희, 정관수. 2008. 댐 하류하천의 사주와 식생 면적 변화에 관한 연구. 한국수자원학회 논문집, 41(11).

안명희, 장은경, 배인혁, 지운. 2020. 3차원 포인트 클라우드 기반 복셀화에 의한 식생의 물리적 구조 재구현. 대한토목학회 논문집, 40(6): 571-581.

우효섭. 2008. 화이트리버, 그린리버?. 한국수자원학회지, 41(12): 38-47.

우효섭. 2009. 하천에서 식생활착 연구 문헌조사(1, 2)-화이트리버가 그린리버로 변하는 과정의 연구, 물과 미래, 한국수자원학회. 42(8).

우효섭, 유대영, 안홍규, 최성욱. 2002. 황강댐 하류하천의 사주 식생활착과 침식 현상의 기초 조사·연구. 대한토목학회 학술발표회: 1693-1694.

우효섭, 박문형, 조강현, 조형진, 정상준. 2010. 댐하류 충적하천에서 식생이입 및 천이 - 낙동강 안동/임하 댐 하류하천을 중심으로. 한국수자원학회 논문집, 43(5): 455-469.

우효섭, 김원, 지운. 2015. 하천수리학(개정판). 청문각.

우효섭, 박문형. 2016. 하천식생 이입현상의 원인 별 유형화 및 연구 방향. Ecology and Resilient Infrastructure, 3(3): 207-211.

우효섭, 조강현, 장창래, 이찬주. 2019. 하천과정과 식생-연구동향과 시사점. Ecology and Resilient Infrastructure, 6(2): 89-100.

이진원, 김형섭, 우효섭. 1993. 댐 건설로 인한 5대 수계의 유황변화 분석. 대한토목학회 논문집, 13(3): 79-91.

이찬주, 김동구. 2017. 영주댐 운영 전 내성천에서 하도 형태의 단기 변화, Ecology and Resilient Infrastructure, 4(1): 12-23.

이철호 등. 2021. 2020 여름 섬진강 대홍수시 하안식생과 수리 특성의 상호관계. Ecology and Resilient Infrastructure, 8(2).

이태희, 김수홍. 2021. 내성천 하도 내 식생활착에 의한 단면 및 유량변화 분석. 한국수자원학회지, 54(3): 203-215.

장은경, 안명희, 지운. 2020. 하도 내 식생의 물리적 구조를 산정하기 위한 3차원 지상 레이저 스캐닝의 도입 및 활용. Ecology and Resilient Infrastructure, 7(2): 90-96.

조강현. 2000. 하천복원을 위한 하안식생의 구조와 기능에 대한 이해. 한국수자원학회지, 33(6): 29-40.

최성욱, 강형식, 류권규, 백중철, 이승오. 2017. 난류수리학. 씨아이알.

Arcement, G. J. and Schneider, V. R. 1989. Guide for selecting Manning's roughness coefficients for natural channels and flood plains. https://ton.sdsu.edu/usgs_report_2339.pdf. Accessed 31 January 2021.

Albayrak, I., Nikora, V., Miler, O., and O'Hare, M. T. 2014. Flow–plant interactions at leaf, stem and shoot scales: drag, turbulence, and biomechanics. Aquatic sciences, 76(2): 269–294.

ASCE. 1977. Sedimentation engineering, Vanoni, V. A. edited. ASCE Manual and Report # 54, Washington DC.

Asaeda, T. and Rashid, H. O. 2014. Modeling of nutrient dynamics and vegetation succession in midstream sediment bars of a regulated river. International Journal of River Basin Management 70(4)

Babovic, V. and Abbott, M. B. 1997. The evolution of equations from hydraulic data Part I: Theory. Journal of hydraulic research, 35(3): 397–410.

Babovic, V. and Keijzer, M. 2000. Genetic programming as a model induction engine. Journal of Hydroinformatics, 2(1): 35–60.

Baniya, M. B. et al. 2020. Mechanism of riparian vegetation growth and sediment transport interaction in floodplain: A dynamic riparian vegetation model (DRIPVEM) approach. Water, 12(77).

Baptist, M. J. 2005. Modelling floodplain biogeomorphology. Ph.D. dissertation, Delft University of Technology, Delft, Netherlands.

Baptist, M. J., Babovic, V., Rodríguez Uthurburu, J., Keijzer, M., Uittenbogaard, R. E., Mynett, A., and Verwey, A. 2007. On inducing equations for vegetation resistance. Journal of Hydraulic Research, 45(4): 435–450.

Bendix, J. and Stella, J. C. 2013. Riparian vegetation and the fluvial environment: A biographic perspective. Treatise on Geomorphology 12, Elsevier

Benjankar, R., Egger, G., Jorde, K., Goodwin, P., and Glenn, N. F. 2011. Dynamic floodplain vegetation model development for the Kootenai River, USA. J. of Environmental Management, 92: 3058~3070.

Benjankar, R. Jorde, K., Yager, E. M., Egger, G., Goodwin, P., and Glenn, N. F. 2012. The impact of river modification and dam operation on floodplain vegetation succession trends in the Kootenai River, USA. Ecological Engineering, 46: 88–97.

Berends, K. D., Ji, U., Penning, W. E., Warmink, J. J., Kang, J., and Hulscher, S. J. 2020. Stream–scale flow experiment reveals large influence of understory growth on vegetation roughness. Advances in Water Resources, 143: 103675.

Biggs, H. J. et al. 2019. Flow interactions with an aquatic macrophyte: a field study using stereoscopic particle image velocimetry. Journal of Ecohydraulics, 4(2): 113–130.

Bittmann, E. 1965. Grundlagen und Methoden des biologischen Wasserbaus. In: Bundesanstalt f. Gewaesserkunde(Hrsg.): Der biologische Wasserbau an den Bundesstrassen. Stuttgart

Cheng, N. S. 2011. Representative roughness height of submerged vegetation. Water Resources Research, 47(8).

Choi, S. U., Yoon, B. M., and Woo, H. 2005. Effects of dam-induced flow regime change on downstream river morphology and vegetation cover in the Hwang River, Korea. River Research and Applications, John Wiley & Sons 21: 315-325.

Clements, F. E. 1916. Plant succession: An analysis of the development of vegetation, Publication No. 424, Carnegie Institute, Washington D. C.

De Langre, E. 2008. Effects of wind on plants. Annu. Rev. Fluid Mech., 40: 141-168.

Dunn, C., Lopez, F. and Garcia, M. 1996. Mean flow and turbulence in a laboratory channel with simulated vegetation. Hydraulic engineering Series Rep. 1, Univ. Illinois at Urbana-Champaign.

DVWK. 1991. Hydraulic computation of streams. DVWK Merkblätter zur Wasserwirtschaft, Parey, Hamburg, Germany. 0722-7167.

Egger, G., Benjankar, R., Davis, L., and Jorde, K. 2007. Simulated effects of dam operation and water diversion on riparian vegetation of the lower Boise River, Idaho, USA. Proceedings of the biennial congress of IAHR.

Egger, G., Politti, E., Woo, H. Cho, K. H. Park, M. H., Cho, H. J., Benjankar, R., Lee, N. J., and Lee, H. 2012. Dynamic vegetation model as a tool for ecological impact assessments of dam operation. Journal of Hydro-environment Research 6: 151-161.

Egger, G., Politti, E., Garófano-Gómez, V., Blamauer, B., Ferreira, T., Rivaes, R., Benjankar, R., and Habersack, H. 2013. Embodying interactions between riparian vegetation and fluvial hydraulic processes within a dynamic floodplain model: concepts and applications. Ecohydraulics: An Integrated Approach, Maddock I., Harby, A., Kemp, P., and Wood, P. edited, ch. 24.

Fathi-Moghadam, M. 1996. Momentum absorption in non-rigid, non-submerged, tall vegetation along rivers. Ph.D. dissertation, University of Waterloo, Canada.

Fathi-Maghadam, M. and Kouwen, N. 1997. Nonrigid, nonsubmerged, vegetative roughness on floodplains. Journal of Hydraulic Engineering, 123(1): 51-57.

Federal Interagency Stream Restoration Working Group (FISRWG). 1997. Stream corridor restoration – principles, processes, and practices. USDC, National Technical Information Service, Springfield, VA, USA..

Fischer, S. G. 1983. Succession in streams in stream ecology-application and testing of a general ecological theory. Barnes, J. R. and Minshall, G. W. (edited). Plenum Press.

Freeman, G. E., Rahmeyer, W. H., and Copeland, R. R. 2000. Determination of resistance due to shrubs and woody vegetation. Tech. Rep. No. ERDC/CHL-TR-00-25. U.S. Army Corps of Engineers Engineer Research and Development Center, Vicksburg, MS.

Garofano-Gomez, V., Martínez-Capel, F., Bertoldi, W., Gurnell, A., Estornell, J., and Segura-Beltrán, F. 2013. Six decades of changes in the riparian corridor of a Mediterranean river: a synthetic analysis based on historical data sources. Ecohydrology 6(4): 536-553.

Gergel, S. E., Carpenter, S. R., and Stanley, E. H., 2005. Do dams and levees impact nitrogen cycling? Simulating the effects of flood alterations on floodplain denitrification. Global Change Biology 11: 1352-1367.

Green, J. C. 2005. Comparison of blockage factors in modelling the resistance of channels containing submerged macrophytes. River research and applications, 21(6): 671-686.

Gurnell, A. 2013. Plants as river system engineers. Earth Surfaces Processes and Landforms 39: 4-25.

Gurnell, A. 2016. A conceptual model of vegetation-hdyrogeomorphology interactions within river corridors. River Research and Application, 32: 142-163.

Gurnell, A. Bertoldi, W., and Corenblit, D. 2012. Changing river channels: The role of hydrological processes, plant, and pioneer fluvial landforms in humid temperate, mixed load, gravel bed rivers. Earth Science Review. 111: 129-141.

Harris, R. R. 1988. Associations between stream valley geomorphology and riparian vegetation as a basis for landscape analysis in eastern Sierra Nevada, California, USA. Environmental Management 12: 219-228.

Holmes, R. M., Fisher, S.G., and Grimm, N. B., 1994. Parafluvial nitrogen dynamics in a desert stream ecosystem. Journal of the North American Benthological Society13: 468-478.

Jalonen, J. and Järvelä, J. 2014. Estimation of drag forces caused by natural woody vegetation of different scales. Journal of Hydrodynamics, 26(4): 608-623.

Järvelä, J. 2002a. Flow resistance of flexible and stiff vegetation: a flume study with natural plants. Journal of hydrology, 269(1-2): 44-54.

Järvelä, J. 2002b. Determination of flow resistance of vegetated channel banks and floodplains. In River flow, 2002: 311-318.

Järvelä, J. 2004. Determination of flow resistance caused by non-submerged woody vegetation. International Journal of River Basin Management, 2(1): 61-70.

Jordanova, A. A. and James, C. S. 2003. Experimental study of bed load transport through emergent vegetation. Journal of Hydraulic Engineering, 129(6): 474-478.

Junk, W. J., Bayley, P. B., and Sparks, R. E., 1989. The flood pulse concept in river-floodplain systems. Canadian Special Publication of Fisheries and Aquatic Sciences 106: 110-127.

Klaassen, G. J. and van der Zwaard, J. J. 1974. Roughness coefficients of vegetated flood plains. Journal of Hydraulic Research, 12(1): 43-63.

Kouwen, N., Unny, T. E., and Hill, H. M. 1969. Flow retardance in vegetated channels. Journal of Irrigation and Drainage Division, 95(2): 329-342.

Kouwen, N. and Fathi-Moghadam, M. 2000. Friction factors for coniferous trees along rivers. Journal of Hydraulic Engineering, 126(10): 732-740.

Lee, C. and Kim, D. 2018. Analysis of the changes of the vegetated area in an unregulated river and their underlying causes: A case study on the Naeseong Stream. Ecology and Resilient Infrastructure, 5(4): 229-245. (in Korean)

Lee, C., Woo, H., and Jang, C. L. 2019. Effect of flow regime on accelerated recruitment and establishment of vegetation in unregulated sandy rivers-a case study at Naeseong-cheon stream in Korea. Proceedings of the 38th IAHR World Congress, Panama City, Panama, Sept. 1-6.

Leopold, L. B. and Maddock Jr., T. 1953. The hydraulic geometry of stream channels and some physiographic implications. USGS Professional Paper 252.

Luhar, M. and Nepf, H. M. 2013. From the blade scale to the reach scale: A characterization of aquatic vegetative drag. Advances in Water Resources, 51: 305−316.

Mackin, J. 1956. Causes of braiding by a graded river. Bulletin of the Geological Society of America 37: 1717-1718.

Meijer, D. G. 1998. Modelproeven overstroomde vegetatie. Tech. Rep. No. PR121, HKV Consultants, Lelystad, the Netherlands.

Merrit, D. M, Scott, M. L., Poff, N. L., and Auble, G. T. 2010. Theory, methods and tools for determining environmental flows for riparian vegetation: Riparian vegetation−flow response guilds. Freshwater Biology 55(1): 206−225.

Nepf, H. M. 1999. Drag, turbulence, and diffusion in flow through emergent vegetation. Water Resources Research, 35(2): 479−489.

Nepf, H., Ghisalberti, M., White, B., and Murphy, E. 2007. Retention time and dispersion associated with submerged aquatic canopies. Water Resources Research, 43(4).

Nepf, H. M. and Vivoni, E. R. 2000. Flow structure in depth-limited, vegetated flow. Journal of Geophysical Research: Oceans, 105(C12): 28547−28557.

Niewerth, S., Aberle, J., and Folke, F. 2019. Determination of flow resistance parameters of blackberry for hydraulic modeling considering plant flexibility. In Proc., 38th IAHR World Congress, 5564−5573.

Nikora, V., Larned, S., Nikora, N., Debnath, K., Cooper, G., and Reid, M. 2008. Hydraulic resistance due to aquatic vegetation in small streams: field study. Journal of hydraulic engineering, 134(9): 1326−1332.

Noe, G. B. 2013. Interactions among hydrogeomorphogy, vegetation, and nutrient biogeochemistry in floodplain ecosystems. Treatise on geomorphology, edited by Shroder J. F., published by Elsevier Inc.

Okabe, T., Anase, Y., and Kamada, M., 2001. Relationship between willow community establishment and hydrogeomorphologic process in a reach of alternate bars. Proceedings of IAHR, Beijing, China.

Osterkamp, W. R. and Hupp, C. R. 2010. Fluvial processes and vegetation − Glimpses of the past, the present, and perhaps the future. Geomorphology 116: 274−285.

Poff, N. L., Allan, J. D., Bain, M. B., and Karr, J. R. 1997. The natural flow regime: a paradigm for river conservation and restoration. BioScience 47: 769−784.

Poggi, D., Porporato, A., Ridolfi, L., Albertson, J. D., and Katul, G. G. 2004. The effect of vegetation density on canopy sub−layer turbulence. Boundary−Layer Meteorology, 111(3): 565−587.

Pottgiesser, T. and Birk, S. 2007. River basin management tools: River typologies−harmonisation of DRB typologies−umweltburo essen Bolle & Partner Gbr, Rellinghauser Str. 334 F, 45136 Essen, Germany: 32.

Pottgiesser T. and Sommerhäuser, M. 2008. Beschreibung und Bewertung der deutschen Fließgewässertypen − Steckbriefe und Anhang (engl.: Description and evaluation of German river types), German Federal Environment Agency.

Ree, W. O. 1949. Hydraulic characteristics of vegetation for vegetated waterways. Agricultural Engineering, 30(4): 184−189.

Rhee, D. S., Woo, H., Kwon, B. A., and Ahn, H. K. 2008. Hydraulic resistance of some selected vegetation in open channel flows. River Research and Application, 24: 673−687.

Rosgen, D. L. 1997. A geomorphological approach to restoration of incised rivers. Proceedings of the conference on management of landscapes disturbed by channel incision. Center For Computational Hydroscience and Bioengineering, Oxford Campus, University of Mississippi: 12−22.

Schumm, S. A. 1977. The fluvial system. New York, John Wiley & Sons.

Shields Jr, F. D., Coulton, K. G., and Nepf, H. 2017. Representation of vegetation in two−dimensional hydrodynamic models. Journal of Hydraulic Engineering, 143(8): 02517002.

Shimizu, Y. et al. 2015. Nays2DFlood Solver Manual. The International River Interface Cooperative, Hokkaido, Japan: 1−51.

Solari, L., Oorschot, M. van, Belletti, B., Hendricks, D., Rinaldi, M., and Vargas−Luna, A. 2016. Advances on modelling riparian vegetation − hydromorphology interactions. River Research and Applications, 32(2): 164−178.

Sparks, R. 1995. Need for ecosystem management of large rivers and their floodplains. Bioscience, 45(3): 170.

Stone, B. M. and Shen, H. T. 2002. Hydraulic resistance of flow in channels with cylindrical roughness. Journal of hydraulic engineering, 128(5): 500−506.

Tanino, Y. and Nepf, H. M. 2008. Laboratory investigation of mean drag in a random array of rigid, emergent cylinders. Journal of Hydraulic Engineering, 134(1): 34−41.

Vannote, R. L., Minshall, G. W., Cummins, K. W., Sedell, J. R., and Cushing, C. E. 1980. The river continuum concept, Canadian J. of Fisheries and Aquatic Sciences, 37(1).

Västilä, K. and Järvelä, J. 2014. Modeling the flow resistance of woody vegetation using physically based properties of the foliage and stem. Water Resources Research, 50(1): 229−245.

Viles, H. A. 1988. Cyanobacterial and other biological influences on terrestrial limestone weathering on Aldabra: implications for landform development. Bulletin of the Biological Society of Washington 8: 5-13.

Vogel, S. 1994. Life in moving fluids: the physical biology of flow. Princeton University Press.

Wang, J. and Zhang, Z. 2019. Evaluating riparian vegetation roughness computation methods integrated within HEC−RAS. Journal of Hydraulic Engineering, 145(6): 04019020.

White, B. L. and Nepf, H. M. 2007. Shear instability and coherent structures in shallow flow adjacent to a porous layer. Journal of Fluid Mechanics, 593: 1−32.

Whittaker, P., Wilson, C. A. and Aberle, J. 2015. An improved Cauchy number approach for predicting the drag and reconfiguration of flexible vegetation. Advances in water resources, 83: 28−35.

Williams, G. P. 1978. Case of the shrinking channels − the North Platte and Platte Rivers in

Nebraska. US Geological Survey, Circular 781, Department of the Interior, Washington, D. C., USA.

Williams, G. P. and Wolman, M. G. 1984. Downstream effects of dams on alluvial channels. USGS Professional Paper 1286, Department of the Interior, Washington, D. C., USA.

Woo, H., Kim, J. S., Cho, K. H., and Cho, H. J. 2014. Vegetation recruitment on the 'white' sandbars on the Nakdong River at the historical village of Hahoe, Korea. Water and Environment Journal 28(4): 577-591.

Woo, H., Kang, J. G., Cho, H. J., Choi, Y. S., and Park, M. H. 2016. Possible causes for vegetation recruitment on riverine bars and an experiment on the effect of nutrients inflows on rapid growth of vegetation in Korea. Proceedings of River Flow 2016, Saint Louis, USA.

Wu, F. C., Shen, H. W., and Chou, Y. J. 1999. Variation of roughness coefficients for unsubmerged and submerged vegetation. Journal of hydraulic Engineering, 125(9): 934-942.

Yang, W. 2009. Experimental study of turbulent open-channel flows with submerged vegetation. Ph.D. dissertation, Yonsei University, South Korea.

URL #1: http://ecomedia.co.kr/news/newsview.php?ncode=1065617847910351 (이코미디어). 2022년 2월 24일 접속

URL #2: http://cont.n-os.com/chunjae/lesson2/ops/content/Page040.xhtml 2022년 2월 24일 접속

이 장은 앞서 설명한 다른 장들과 달리 순수 충적하천 변화가 아니라, 바다의 영향을 받는 하구부에서 하천변화에 대한 것이다. 즉, 하구부 동수역학이다. 이를 위해 첫 번째 절에서 하구의 지형적 특성에 따른 하구분류부터 시작하여 해수와 담수의 혼합특성에 따른 분류 등에 대해 알아보고, 하구의 생태특성에 대해 간단히 알아본다. 다음, 두 번째 절에서 하구의 수리특성, 즉 동수역학 특성에 대해 관련 무차원지수를 이용하여 설명한다. 하구부의 혼합특성에 대해서는 조석류와 하천류의 상호작용을 통해 알아보고, 위 사진에 보이는 조석해일에 대해서도 살펴본다. 다음, 하천흐름 해석의 중요한 대상인 감조하천에서 홍수전파에 대해 알아본다. 세 번째 절에서 하구부 변동의 주요요인과 현상을 관측치를 통해 설명하고, 하구막힘, 염수침입 등 실무적인 사항에 대해 알아본다. 마지막으로, 하구에서 중요한 구조물인 하굿둑에 대해 간략히 살펴본다.

8

하구변화

8.1 하구의 분류와 생태환경

하구(河口, river mouth)는 문자 그대로 하천의 어귀이다. 'river mouth'는 일반적인 용어이며, 학술적으로는 'estuary'라 하지만 우리말로는 둘 모두 '하구'라 한다.

하구를 조금 더 학술적으로 정의하면, 육지로 부분적으로 에워싸인 기수(汽水, brackish water)의 해안역으로서, 한 두 개의 하천이 유입하고 개방해역과 자유스럽게 연결된 곳이다(Pritchard, 1967). 하구는 생태적으로 담수와 해수가 만나며, 하안과 해안이 만나는 천이역이다. 해안역은 해수로서 조석, 파랑을 발생하며, 하천역은 담수와 유사를 공급함으로써 하구에 영양물질을 풍부하게 하여 지구상에서 가장 생산적인 자연서식처 중 하나로 만든다(McLusky와 Elliot, 2004).

하구에서는 하천수, 파랑, 바람, 조석 등 다양한 요인으로 비정상 부등류 상태의 복잡한 흐름양상을 보인다. 이러한 흐름을 통해 물속의 생물운동은 물론, 유기물, 영양분, 염분, 용존산소, 유사 농도의 변화가 활발하다. 이 중에서 특히 중요한 것은 염분변화이다. 하천은 담수를 하구로 보내고, 반대로 바다는 해수를 하구로 보내기 때문에, 두 물이 만나면 상대적으로 밀도가 작은 담수가 밀도가 큰 해수의 위로 흐르게 된다. 이러한 층상흐름 (stratified flow), 또는 밀도류(density current)는 외부환경의 변화가 없거나 크지 않으면 상당한 거리에 걸쳐 나타난다. 그러나 보통 하구에는 하천유량, 파랑, 바람, 조석 및 지형 등의 영향으로 염분농도 분포는 복잡하게 나타난다. 한 예로 한강의 경우 현재 신곡수중보가 설치되어 있음에도 불구하고 대조시에는 조류와 염분이 하구에서 수십 km 떨어진 잠실수중보까지 나타난다. 잠실수중보가 없었을 때에는 지금의 천호대교까지 조류가 올라갔다고 한다. 낙동강의 경우 하굿둑 건설 전에는 40 km 상류에 위치한 삼랑진까지 나타났다(Ji 등, 2011). 한 예로 하굿둑 건설 전 상류 28 km 물금지점에서 염분이 관측되어 취수가 중단된 경우도 있었다(김도훈, 2010). 미국 뉴욕 주의 허드슨 강의 경우 상류 200 km까지 조류 영향이 미친다(NOAA, URL #1).

위와 같이 바다의 조석영향이 하천흐름 및 하천수염분에 직접 영향을 주는 하천을 감조하천(感潮河川, tide-affected stream)이라 한다. 감조하천의 특징 중 하나는 겨울철에 강이 얼어도 일반하천의 결빙상태와 달리 조석에 의해 그림 8.1과 같이 성엣장(流氷)으로 덮인다는 점이다.

그림 8.1 **겨울철 한강하류부의 성엣장 결빙** (일산대교에서 상류방향으로 촬영, 2010. 1. 17)

하구의 분류

하구는 다양한 기준으로 분류할 수 있으나(이강현 등, 2011), 여기서는 미국 국립해양대기청 기준(NOAA, URL #1)에 따라 지질적 생성원인과 물순환 관점에서 분류한다.

생성원인에 따른 분류

하구는 플라이스토세(250만~1만 년 전), 홀로세(1만 년 전) 등 지질시간대에 걸쳐 나타나는 생성원인을 기준으로 해안평야, 사주형성, 델타, 피오르드, 그리고 판구조생성 하구형태 등으로 나뉜다.

해안평야하구(coastal plain estuary)는 충적세에 걸쳐 빙하의 후퇴와 해수면 상승으로 하곡이 서서히 침수되어 생성된 것으로서(Hardisty, 2007), 다른 표현으로 '물에 잠긴 하곡(drowned rive valley)'이라 한다. 이 형태의 하구는 일반적으로 쐐기형을 띠며, 하구자체 규모와 상류하천 규모는 꼭 상관성이 있지 않다. 이러한 하구는 이른바 리아스식 해안으로 일컫는 우리나라 남서해안에 특징적으로 나타나며, 탐진강이 유입하는 강진만이 그 한 예(그림 8.2좌)이다.

사주형성하구(bar-built estuary)는 해안에서 연안류 등에 의해 사주가 발달하여 해안의 일부를 완전, 또는 부분적으로 에워싸서 형성된 하구로서(그림 8.3우), 완전히 에워싸게 되면 석호(lagoon)가 된다. 외해에서 강한 파랑이 밀려오거나, 하구로 나가는 하천수가 매우 큰 경우 사주나 보초도 등은 파괴되고 하구는 외해에 그대로 노출된다. 우리나라에서는 동해안의 석호나 동해안의 중소하천 하구부가 이에 해당한다. 여기서 보초대(barrier beaches/islands)는 바다에서 밀려오는 파랑이나 연안류에 의해 모래가 해안과 평형으로 쌓여 만들어진 좁고 긴 모래섬이다.

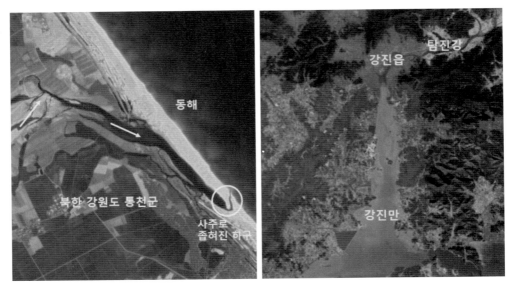

그림 8.2 **해안평야하구(좌, 북한 통천군)와 사주형성하구(우, 전남 강진군)**
(구글위성사진, 2021년 2월 15일 입력)

삼각주하구(delta estuary)는 하천에서 유입하는 유사량이 파랑과 조류에 의해 씻겨가는 유사량보다 많은 경우 형성되며, 나일 강, 미시시피 강, 메콩 강(그림 8.3좌) 등 대륙의 대하천 하구 삼각주가 이에 해당한다. 우리나라에서 대표적인 삼각주는 하굿둑 건설 전 낙동강이다. 그림 8.3(우)는 북한 함경남도 단천군 북대천의 삼각주 하구를 보여준다.

피오르드하구(fjords estuary)는 해수면이 상승하여 빙하에 의해 침식된 계곡 안으로 해수가 들어온 경우이다. 노르웨이 해안이나 캐나다 해안에서 흔히 볼 수 있다.

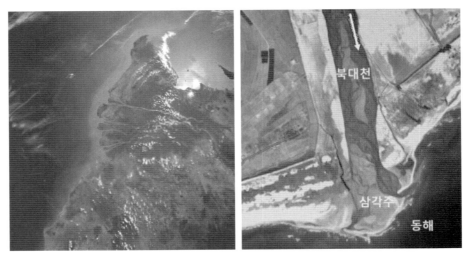

그림 8.3 **삼각주 하구(좌, 메콩 강 하구 : 우, 북한 북대천 하구)**
(구글위성사진, 2021년 2월 15일 입력)

마지막으로, 판구조하구(tectonic estuaries)는 지각운동에 의해 어느 한 판이 다른 판 밑으로 들어가거나 두 판이 서로 접힌 경우 낮아진 곳에 해수가 차서 형성된 것으로서, 미국 샌프란시스코 만의 하구가 이에 해당한다.

위의 설명한 형태 중에서 피오르드 형태나 판구조 형태 등은 우리나라에서 잘 나타나지 않으며, 본 장에서는 해안평야하구, 사주형성하구 및 삼각주하구에 초점을 맞춘다.

물순환 관점에서 분류

전술한 바와 같이 하구는 담수와 염수가 만나는 곳이다. 밀도가 서로 다른 유체가 만나서 섞이지 않게 되면 액체이건 기체이건 두 유체는 뚜렷한 경계면을 가진 층을 이루어 공존 하며 흐르게 된다. 밀도류를 도식적으로 보여주면 그림 8.4와 같다.

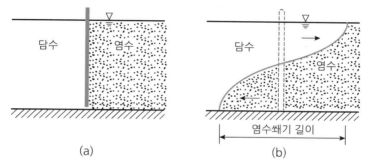

그림 8.4 **담수와 염수(해수)의 밀도 차에 의한 염수의 저면유입과 담수의 수면부상 흐름**

이러한 물순환 관점에서 하구를 분류하면 염수쐐기형, 피오르드형, 약층형, 연직혼합형, 담수형 등으로 나뉜다(NOAA, URL #1). 이러한 분류는 하구수리학 관점에서 중요하다.

염수쐐기(salt-wedge) 형은 하천의 유입수량이 해양의 조석 등 영향보다 상대적으로 큰 경우 나타나며, 그림 8.5(a)와 같이 하천수는 밀도가 상대적으로 적어(비중≒1.0) 해수 면 위를 따라 상당한 거리로 진행한다. 반면에, 해수는 상대적으로 밀도가 커서(비중 > 1.0) 하천의 민물 아래로 하천을 따라 상류로 상당한 거리까지 쐐기형태로 올라간다.

- 피오르드(fjord) 형, 또는 강성층(strongly stratified) 형은 피오르드 지형조건에서 바 닥에 낮은 둔덕(sill)이 형성되기 때문에 눈 녹은 물이 협곡을 통해 수면가까이 쉽게 외해로 나가지만 바닷물은 상대적으로 협곡 안으로 들어올 수 없어 강한 성층류가 형 성된다. 피오르드 형은 세계적으로 노르웨이, 알라스카, 칠레, 뉴질랜드 등에서 볼 수 있다.

- 약성층(slightly stratified) 형, 또는 부분혼합형은 그림 8.5(b)와 같이 부분적으로 성층 류를 이루는 형태로서, 조석 등으로 하구전역에 걸쳐 두 층의 혼합은 일어나지만 여전히 바닥에 가까운 깊은 곳에서 염분농도는 크고, 수면가까이에서 농도는 작게 나타난다.

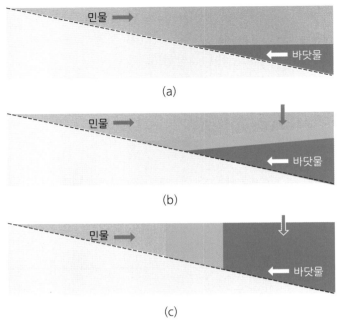

그림 8.5 **혼합특성에 따른 하구개념(위로부터 쐐기형, 약성층형, 연직혼합형)** (Dyer, 1973)

- 연직혼합(vertically-mixed) 형, 또는 완전혼합(well-mixed) 형은 조석의 영향이 하천 유량의 영향을 능가하여 밀도류가 형성되지 못하고 해수와 담수가 연직방향으로 바로 섞여서 농도가 일정해지는 형태이다(그림 8.5c). 반면에 물의 밀도는 하천에서 바다 방향으로 1,000~1,030 kg/m^3 정도로 담수에서 해수로 변하게 된다. 이러한 유형은 간만의 차이는 상대적으로 큰 데 하천유량은 상대적으로 적은 경우 나타난다. 실측자료는 가용하지 않지만, 우리나라의 서남해안 하구는 조석 간만의 차가 크기 때문에 이 유형일 것으로 추정된다.

- 담수(freshwater) 형은 하천이 큰 호소나 저수지 등 민물 수체로 유입하는 경우이다. 이 경우 염수와 담수의 성층류는 없고, 주로 바람에 의해 두 물이 섞이게 된다. 이러한 형태는 우리나라에서 하천을 막아 만들어진 저수지에 유입하는 상류하천의 유입부에 해당하며, 받아들이는 수체가 파랑이나 조석이 없기 때문에 일반 기수하구역보다 동역학적 거동이 상대적으로 단순하다. 그러나 이 경우도 상류에서 물과 유사가 유입하기 때문에 기수하구와 비슷한 모양의 삼각주는 형성되며, 이는 앞선 5장의 저수지 퇴사문제에서 다루게 된다. 또한 부유사농도가 상당하고 상대적으로 수체교란이 적은 경우 저수지 바닥에 긴 밀도류가 형성된다.

위와 같은 담수형을 제외한 네 가지 하구형태를 물순환 관점에서 도식적으로 다시 표시하면 그림 8.6과 같다.

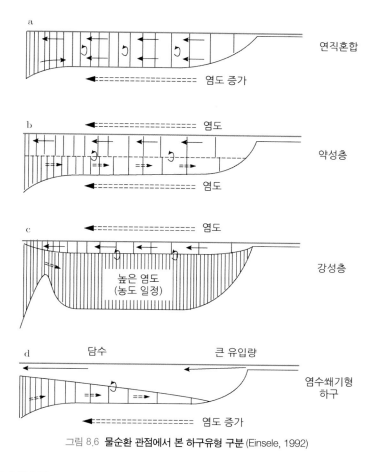

그림 8.6 **물순환 관점에서 본 하구유형 구분** (Einsele, 1992)

국내하구의 유형분류

이강현 등(2011)은 항공사진 및 지형도를 바탕으로 GIS를 이용하여 국내 463개 하구를 체계적으로 분류하였다. 분류기준은 1) 하구순환, 2) 지형적 특성, 3) 자연서식지 특성, 4) 이용개발 특성 등이다. 이 중 하구순환 관점에서 '열린하구' 235개는 다시 지형특성에 따라 산지/절벽형, 사취형, 깔대기형 등으로 구분하고, 각각에 대해 자연서식지 특성과 이용개발 특성에 따라 3가지 유형을 다시 나누어 총 9개의 유형으로 구분하였다. '닫힌하구'의 경우 배수갑문에 의한 직접차단과 하굿둑에 의해 하구호가 형성된 간접차단으로 구분하고, 직접차단의 경우 자연서식지와 이용개발 특성에 따라 다시 3가지 유형으로 구분하였다. 간접차단의 경우 그대로 한 유형으로 나두어 닫힌하구의 경우 총 4개의 유형을 제시하였다.

자연 하구순환이 이루어지는 이른바 열린하구 235개는 주로 동해안, 남해안, 제주 등지에 많이 분포하며, 배수갑문이나 하굿둑 등으로 하구순환이 차단된 이른바 닫힌하구는 228개로 주로 서해안, 남해안에 많이 분포하는 것으로 나타났다. 이러한 분류체계는 조사대상과 구체성 측면에서 국내에서 유일한 자료로 보인다. 다만 하구의 역동성을 고려하려면 열린하구 중 물순환 관점에서 담수와 염수의 혼합특성을 보여주는 평가가 필요하다.

그림 8.7 강원도 양양 남대천 하구('열린하구'로서 사주형성 /사취형을 보임)
(출처 : 오마이뉴스 모바일, URL #3)

그림 8.8 낙동강 하굿둑('닫힌하구'로서. 사진 위가 바다 쪽이며, 가운데 섬은 을숙도이며,
좌안에 10개, 우안에 5개 배수문이 설치되어 있음) (출처 : 환경부)

하구의 생태환경

하구는 해수와 담수가 만나고, 상류에서 이송된 유사가 파랑과 만나 독특한 바닥지형을 형성하기 때문에 바다나 강에서는 보기 어려운 생물이 자생한다. 특히 유역에서 물에 녹거나 미립토사 표면에 붙어 씻겨 내려온 영양물질이 하구에 도달하면 수생식물의 영양분으로서 수생 먹이사슬의 귀중한 1차 공급원이 된다. 또한 철새들의 월동 서식처나 중간 휴식처로도 중요하다. 예로서 한강하구의 경우 복어, 뱀장어 등 바다와 강을 오가면서 사는 물고기 등과 게, 조개 등 갑각류, 그리고 멸종위기종인 큰기러기, 대두루미, 저어새 등이 서식한다. 낙동강은 하굿둑으로 상하류가 차단되어 있지만, 하굿둑 밖으로 쇠기러

기, 청둥오리 같은 겨울철새, 쇠백로, 쇠물닭, 뜸부기 등 여름에 날아오는 새를 포함하여 물속에는 재첩, 백합, 달랑게 등이 서식한다(KIOST, URL #2).

하구는 또한 생태계 서비스가 주는 공급적 가치, 즉 경제성 측면에서도 중요하다 (NOAA, URL #1). 한 예로 미국의 경우 하천에서 나오는 상품성 물고기의 75% 정도가 하구에서 잡히며, 취미낚시(recreational fish)의 경우 그 이상의 비중이다. 우리나라에서 섬진강 하구의 재첩은 이 지역의 귀중한 경제자원이다. 관광측면에서도 하구는 해안이나 하천만큼 중요한 비중을 차지한다. 미국의 경우 뱃놀이, 수영, 새나 기타 야생동물 관찰, 낚시 등을 위해 해마다 수많은 사람들이 찾아든다. 우리나라의 경우 여건이 달라 비교하기 어렵지만 낙동강 하굿둑, 금강 하굿둑 등은 시민들이 자주 찾는 관광지가 되었다.

하구 자체는 다양한 미소서식처가 모여 하나의 큰 하구서식처를 이룬다. 이러한 서식처는 지형, 저질, 기수역 등 일반적인 해수역이나 담수역과 다른 독특한 특성을 보인다. 하구에서 보이는 대표적인 서식처로서 천수개방역, 담수 및 해수 초본습지, 모래해변, 진흙 및 모래 갯벌, 암석해안, 맹그로브 숲, 하천삼각주, 석호, 해초역 등 매우 다양하다 (USEPA, URL #4).

위와 같이 보이는, 잡히는 생태계의 공급 및 문화 서비스 이외에도 하구는 생태계의 조절 서비스가 특히 중요하다. 하구의 염습지나 맹그로브 숲 등은 식물의 뿌리, 진흙, 바닥에 쌓인 죽은 식물 잔재 등을 통해 제초제, 살충제, 중금속 등 물에 섞여 있는 각종 오염물질을 거르는 기능을 한다.

또한 하구는 외해에서 밀려오는 폭풍해일이나 나아가 쓰나미 같은 자연재해로부터 하구부와 해안을 보호하는 일종의 자연방파제 역할을 한다. 열대나 아열대 지방의 하구부나 해안에 흔히 자생하는 맹그로브 나무숲이 쓰나미나 폭풍해일에 대한 완충역할은 잘 알려진 사실이다(Alongi, 2008; Dahdouh-Guebas 등, 2005).

생태관점에서 하구를 하천의 연장선상에서 보면 7장에서 소개한 하천연속체 개념을 확장할 수 있을 것이다. 이 개념은 유역규모의 차원에서 하천 상류에서 하류로 가면서 어떻게 서식처 물리특성이 달라짐에 따라 생물군집 특성이 달라지는가를 설명한다. 이에 대해서는 다른 책(우효섭 등, 2018, 그림 1.14)을 참고할 수 있다. 하구에서는 조석에 의한 탁도의 증가와 기수역이라는 독특한 수생서식처 특성으로 수생생태계는 일반 담수하천과 크게 달라진다.

한강하구는 한반도에서 얼마 남지 않은 자연상태의 대하천 하구로서, 다양한 생태환경에서 다양한 생물종이 서식한다. 우리나라의 낙동강, 금강, 영산강은 모두 하굿둑으로 막혀있어 자연하구 특성을 상실했지만, 한강만은 특별한 지정학적 여건으로 자연하구에서 볼 수 있는 물리적, 화학적, 생물적 환경특성을 유지하고 있다. 다만 하천상류부에 댐, 보 등의 건설로 과거에 없었던 기수역 습지가 형성되는 등 인위적인 영향으로 하천변화가 나타난다.

구체적으로, 한강하구에는 총 356 km^{2}의 광활한 자연적, 반자연적 습지가 분포하여 국제적인 보호종인 재두루미, 노랑부리백로 및 저어새를 포함하여 20종의 천연기념물과 7종의 멸종위기종의 채식지 및 휴식처로서의 기능을 담당하고 있다(이창희 등, 2003). 대표적인 생물상으로는 뱀장어, 황복, 중공치 같은 회유성 물고기를 위시해서 가숭어, 강주걱양태, 두우쟁이, 민물두줄망둑, 점 농어 등 기수역 고유 물고기가 있다. 참고로 뱀장어는 강하성 어류라 하여, 연어 같은 소하성이 아니고, 민물에서 살다고 산란하러 외해로 내려가는 어종이다. 한강하구에서 서식하거나 월동하는 조류로는 재두루미, 저어새, 큰기러기, 황조롱이 등 다양한 새들이 서식한다. 한편, 상류 신곡수중보 등 인위적인 영향으로 1990년대 이후 점차적으로 형성되고 확대된 장항습지에는 고라니, 삵, 족제비 같은 포유류 등이, 게, 민물담치 등 저서생물, 그리고 선버들 군락에 문모초, 세모고랭이 등 식물이 서식한다(한동욱과 김웅서, 2011).

장항습지와 고라니   뱀장어(강하성 물고기)

8.2 하구의 수리특성

수리관점에서 하구의 특징은 서로 밀도가 다른 두 유체, 즉 비중이 1.0인 담수와 비중이 1.0보다 조금 큰 해수가 만난다는 점이다. 그 다음, 강은 흐름영향이 하구의 하류방향으로 미치는 반면에, 바다는 조류영향이 강의 상류방향으로 미친다는 점이다. 추가적으로 바다는 파랑과 해일의 영향이 강 상류방향으로 미친다. 여기에 일반적으로 하구는 하천보다 수면적이 훨씬 크기 때문에 하구에서는 바람의 영향이 중요하다. 따라서 하구수리학에 영향을 주는 인자는 하천흐름, 조석, 파랑, 바람 등과 수온과 염분 차이에 의한 밀도류 등이다. 여기에 지형(수심)이라는 경계조건과 고체입자(유사)라는 물 이외에 추가적인 이송물질이 기본적으로 고려된다.

그림 8.9는 하구의 평면형과 측면형을 도식적으로 표시한 것이다. 이 그림에서 Q_t는 해수(조류) 유출입량을, Q_r는 하천유량을 의미한다. 여기서 하구를 단면 ①과 ② 사이의 한 검사체적으로 보면, 흐름과 유사는 이러한 지배체적 상류단 ②에서 기본적인 입력요소이다. 이는 하천수리학의 영역이다. 반면에 파랑과 조류(tidal current)는 하류단 ①에서 기본적인 입출력요소이다. 이는 통상 해안수리학의 영역이다.

하구바닥 지형, 또는 수면을 기준으로 2차원적 수심은 하구의 3차원 경계조건을 결정한다. 하구는 일반적인 충적하천이나 해안과 같이 지속적인 유사의 퇴적, 세굴 등으로 바닥형태가 수시로 변한다.

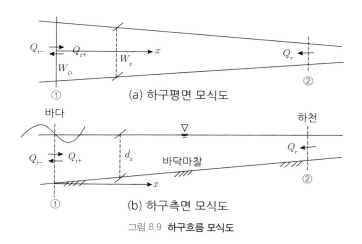

(a) 하구평면 모식도

(b) 하구측면 모식도

그림 8.9 **하구흐름 모식도**

그림 8.9에서 하구 한 기준점 ① $(x = 0)$에서 하구폭을 W_0이라 하면 하천방향으로 $x = x$에서 하구폭 W_x는 다음과 같은 지수함수적으로 감소하는 경험식으로 표시할 수 있다(Wright 등, 1973). 이 식에서 L은 하구의 길이이며, a는 경험계수이다.

$$W_x = W_0 e^{-a(x/L)} \tag{8.1}$$

마찬가지로, 하구 한 기준점 ① $(x = 0)$에서 하구 평균수심을 d_0라 하면 하천방향으로 $x = x$에서 하구수심 d_x는 다음과 같은 지수함수적으로 감소하는 경험식으로 표시할 수 있다. 여기서 b는 경험계수이다.

$$d_x = d_0 e^{-b(x/L)} \tag{8.2}$$

조석은 달과 태양의 인력 관계에 의해 발생한다. 이에 대해서는 해양과학이나 해안공학 등 관련자료를 참고할 수 있다. 조석의 영향을 받는 하구 한 지점에서 조석에 의한 기준수위는 그림 8.10과 같이 고조, 저조를 포함하여 아주 세분화 되어 있으며, 조석에 의한 간만의 차이는 하구수리에 결정적인 영향을 준다.

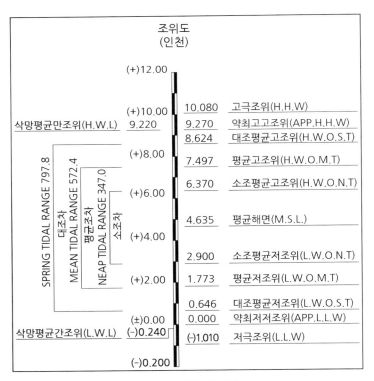

그림 8.10 **조위표(인천항)**

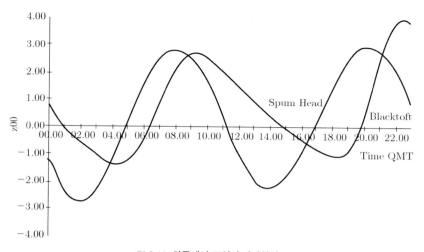

그림 8.11 하구에서 조위의 비대칭성

(영국 Humber estuary의 하류 Spum Head 지점과 상류 Blacktoft 지점별 작도) (Hardisty, 2007, Fig. 5.8 인용)

수심이 깊은 곳 어느 한 바다지점에서 시간에 따른 조석의 수위변화를 그려보면 일반적으로 사인함수와 같이 대칭이다. 그러나 수심이 점차 작아지는 하구에 조류가 들어오면 비대칭이 된다. 그림 8.11은 그러한 예를 보여준다. 영국 Humber estuary의 하류 한 지점 Spum Head의 조위변화도(그림의 맨 좌측 가장 낮은 수위에서 시작하는 그래프)는 비교적 대칭을 보이는 반면, 상류로 올라갈수록 비대칭성이 강해지면서 Blacktoft (그림의 맨 우측 가장 높은 수위로 끝나는 그래프)에서는 상당한 비대칭성을 보여주고 있다. 그 이유로 창조(밀물)시 조석이 하구로 들어오면 수심이 작아지고 그에 따라 하구바닥의 마찰이 조석파의 진행에 저항을 주기 때문이다(Pugh, 2004). 즉 바닥마찰이 지배적이 되면, 조류의 파속은 다음과 같은 미소진폭장파의 파속 c가 된다. 이 식에서 g는 중력가속도, y는 수심이다.

$$c = \sqrt{gy} \qquad (8.3)$$

그런데 조석파의 파장 λ는 주기 T와 파속 c의 곱이므로,

$$\lambda = cT \qquad (8.4)$$

따라서 수심이 줄어들고 파속이 줄어듦에 따라 조석파의 파장도 짧아진다. 더욱이 깊은 수심에 있는 조석파의 마루는 골보다 파속이 크므로 점차 골에 다가가며 이에 따라 조석파는 비대칭성이 커진다.

구체적으로, 일반 해역에서 조석주기는 12.42시간이므로 창조지속시간 및 낙조지속시간은 각각 6.21시간이 된다. 그러나 식 (8.3)에서와 같이 수심이 클수록 조석류의 파속이 커지므로 창조시 하구상류에 도착하는 시간이 더 짧게 된다. 결과적으로 하구상류에 도착하는 조석파의 파형은 급하게 올라가서 완만하게 내려가는 형태를 보인다. 이렇게 창조지

속시간이 낙조지속시간보다 짧게 되면(하천유량이 조석유량보다 상대적으로 적은 경우) 창조시 최대 조류속도가 낙조시 최대 조류속도보다 커지게 되며 이를 창조우세라 일컫는다. 국내외 대부분의 감조하천은 이와 같은 창조우세가 일반적이다(강주환과 김양선, 2020).

흐름은 조석변화에 의한 조류와 하천수에 의한 하천흐름 등이 있다. 조류는 중력파의 흐름이다. 중력파는 중력에 의해 시간에 따라 수면형이 변화하고 이동하는 진행파(progressive wave)와 이에 반해서 수면형은 시간에 따라 변하지만 파형자체는 이동하지 않고 정지상태인 정지파(standing wave), 또는 진동파(oscillatory wave)가 있다. 하구에서 조류는 처음 조류가 밀려와서 하구를 모두 채우기 전까지는 진행파로, 하구 상류단까지 도달하여 반사파의 영향을 받기 시작하면 정지파의 특성을 가진다.

그림 8.12(a)는 깊은 바다에서 조위와 유속을 동시에 표시한 것으로서, 이 그림에서와 같이 조위가 최대일 때 해안방향으로 최대유속이 발생하며, 최저일 때 그 반대방향으로 최대유속이 발생한다. 즉 창조시 하천방향으로 흐르는 창조류(flood tide)와, 낙조시 바다방향으로 흐르는 낙조류(ebb tide) 등은 조위와 유속이 같은 위상을 보인다. 그러나 하구와 같이 한 쪽 끝이 막힌 경계조건의 경우 조석은 마치 긴 욕조에 반 쯤 담긴 물과 같아서 한 쪽 끝에서 갑자기 수위를 변화시키면 그 영향이 전진하다가 다른 끝에 닿아 반사파가 생겨 서로 충돌하면서 그림 8.12(b)와 같이 조류속도는 조위파와 그 위상을 달리한다. 여기서 하구에서 조류의 최대속도는 보통 창·낙조의 중간시점에 발생한다(Hardisty, 2007).

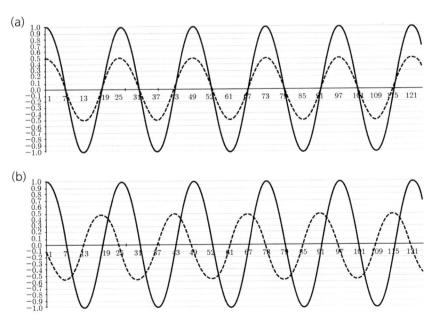

그림 8.12 깊은 바다에서 진행파의 위상(a)과 하구에서 정지파의 위상(b) (실선 : 조위, 점선 : 조류속도)
(Hardistry, 2007 그림 7.4에서 인용)

마지막으로, 순유량은 Q_n는 다음과 같이 표시된다.

$$Q_n = Q_t \pm Q_r \qquad (8.5)$$

위 식에서 부호는 조류가 하천으로 진행하면 −, 바다방향으로 진행하면 +가 된다. 여기서 조류가 하천으로 진행하는 경우 하구에서 순 유속 V_n은

$$V_n = \frac{Q_n}{A_x} = \frac{Q_t - Q_r}{W_x d_x} \qquad (8.6)$$

하구의 한 지점$(x=x)$에서 하구상류 한 지점$(x=L)$까지 지배체적으로 보고 단위시간당 수위변화량을 $\triangle h$라고 하면, 순 유속 $V_n(x,t)$는 다음과 같이 표시된다.

$$V_n(x,t) = \frac{1}{W_x d_x} \left(\int_{x=x}^{x=L} W_x \triangle h_t \, dx - Q_r \right) \qquad (8.7)$$

위 식에서 W_t, d_t는 각각 하구의 폭과 수심으로, 식 (8.1)과 (8.2)를 이용하여 표시할 수 있다. 따라서 하구 종단방향으로 단위시간당 수위변화를 알면 위 식에서 순 조류유속을 구할 수 있다.

하구에서 수온은 보통 일 및 계절로 변하며, 위치로도 변한다. 이는 특히 조류와 하천흐름의 규모에 따라 달라진다. 온대지방에서는 일반적으로 겨울철에 하천수가 해수보다 차갑기 때문에 수면 아래로 가게 되고, 이에 따라 수온은 바다방향과 수표면 방향으로 모두 조금씩 증가한다. 여름철에는 그림 8.13(a)처럼 바다방향으로 가면서 13.5℃에서 10℃로 감소하는 것을 볼 수 있다.

바닷물에는 소금(NaCl)이 녹아 있다. 농도는 해역별로 다르지만 보통 34~36 psu 정도이다. 여기서 psu(practical salinity unit)는 전기전도도로 표시된 해수염분농도 단위로서, 과거 통용된 염분농도 단위 ‰(또는 g/kg)와 사실상 같다. 하구에서는 상류하천에서 내려오는 담수의 영향으로 담수와 해수가 혼합되면서 지점별로 다르게 된다. 그림 8.13(b)와 같이 염분은 상류하천에서 0에서 바다방향으로 가면서 35 ‰까지 증가하는 것을 볼 수 있다.

유사, 특히 부유사는 하구에서 특별한 거동을 보인다. 상류유역에서 떠내려 온 실트나 진흙 등 미립토사는 하천흐름을 따라 하구로 진입하여 복잡한 하구흐름에 의해 주변과 혼합된다. 그림 8.13(c)는 하구방향으로 측정한 수표면 부유사농도로서, 하구로 가면서 점차 증가하다가 어느 지점부터 다시 감소하는 것으로 나타난다.

하구의 혼합특성

지금까지 하구는 지형적 특성과 혼합특성 등을 기준으로 분류하였다. 여기서 하구에서 수

리특성을 이해하기 위해 그림 8.9의 좌측에서 우측으로 진행하는 조류의 관점과 우측에서 좌측으로 흘러가는 하천흐름의 관점을 모두 고려하자. 하구에서 조류흐름을 Q_t이라 하고 하구단면적 A와 평균 조류속도 V_t를 이용하면

$$Q_t = A\,V_t \tag{8.8}$$

여기서 하천유량을 Q_r이라 하면 하천흐름과 조석류와의 비 P는 다음과 같이 표시된다.

$$P = \frac{Q_r}{A\,V_t} \tag{8.9}$$

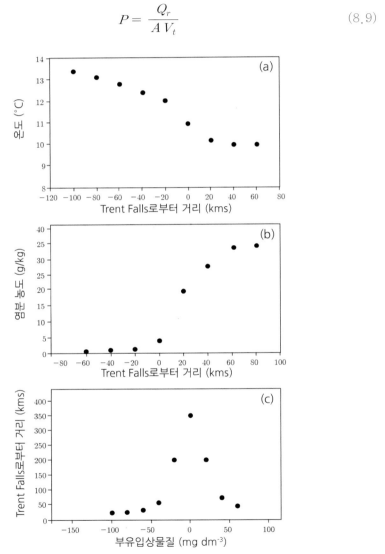

그림 8.13 영국 Humber 하구 상하류에 따른 수온, 염분, 부유사농도 변화
(이 그림의 Trent Falls에서 우측이 바다방향, 좌측이 하천방향임) (Hardisty, 2007, Fig. 1.11 인용)

따라서 하구에서 수리특성은 단순하게 생각하여 P값이 매우 큰 경우(예를 들어 1.0 이상)이 경우와 매우 작은 경우(예를 들어 0.01 이하)와 그 중간인 경우로 나누어 생각할 수 있을 것이다. 즉 하천유량이 지배적인 경우 조류영향은 하천상류로 전파되지 못하게 되고, 반대로 조류가 지배적인 경우 조류영향은 하천상류로 전파될 것이다.

마찬가지로 하천유량이 지배적인 경우 상대적으로 가벼운 하천수는 해수 위로 흘러가서 성층화될 가능성이 크며, 반대로 조류가 지배적이면 하천수가 조석에 의해 바로 섞이게 될 것이다. Simons(1955)는 P가 1.0 이상이면 강한 성층흐름, 0.25 정도이면 부분적으로 혼합된 흐름, 0.01 이하이면 잘 혼합된 흐름으로 분류하였다.

위와 같은 하구밀도류의 정량적 접근을 위해서 파랑이 없는 하구를 상정한다. 이 경우 하천수는 바닷물에 비해 염분농도가 낮고 그에 따라 밀도가 적기 때문에 부력을 받게 되며, 그 크기는 해수와 담수의 밀도차 $\triangle \rho$와 중력가속도 g를 이용하여 $(\triangle \rho) g\, Q_r$로 표시할 수 있다. 이 값과 조석에 의한 혼합력의 비 R을 '리처드슨 수'라 하며 다음과 같이 표시된다.

$$R = \frac{(\triangle \rho)\, g\, Q_r}{\rho_s\, W\, V_t^3} \tag{8.10}$$

위 식에서 ρ_s는 바닷물의 밀도, V_t는 rms로 표시된 조류유속이다. 조류유속을 rms로 표시한 것은 유속방향이 조석에 따라 바뀌기 때문에 대표절댓값을 취하기 위함이다. Fischer(1972)는 위식을 '하구 리처드슨 수'라고 불렀다. 이 식은 일종의 성층화의 척도로서, R값이 크면 담수의 부력이 커서 혼합이 안 되어 성층류가 되며, 반대로 작으면 조석에 의한 혼합작용이 커서 담수와 염수가 잘 섞이게 된다. 자연하구에서 R값은 일반적으로 0.08~0.8 정도로 알려져 있다(Fischer 등, 1979).

문제를 단순하게 하기 위해 한 하구단면에서 단면평균 유속을 V, 단면평균 밀도를 ρ_0, 수심을 h라고 하면, 식 (8.10)은 다음과 같이 쓸 수 있다.

$$R_1 = \frac{(\triangle \rho)\, g\, h}{\rho_0\, V^2} \tag{8.11}$$

이를 '층상 리처드슨 수'(layered Richardson number)라 하며(Mackay and Schumann, 1990), Dyer와 New(1986)은 $R_1 < 2.0$이면 바닥마찰에 의한 난류가 혼합작용을 주로 유발하며, $R_1 > 20$인 경우 수체기둥은 안정적이 되며 바닥마찰은 혼합작용에 영향을 미치지 않는다고 하였다.

위 식의 물리적 의미를 확인하기 위해 밀도류의 특성을 나타내는 밀도 프루드 수에 대해 알아본다. 저수지 탁수에 대한 밀도 프루드 수에 대해서는 5.2절에서 이미 다루었다. 하구에서 밀도 프루드 수, 또는 하구 프루드 수 Fr_d는 부력류의 유속, 즉 하천유속 V_r을 이용하여 다음과 같이 표시된다.

$$Fr_d = \frac{V_r}{\sqrt{(\triangle \rho / \rho_0) g \, h}} \tag{8.12}$$

따라서 식 (8.11)로 표시되는 층상 리처드슨 수 R_1과 식 (8.12)로 표시되는 하구 프루드 수는 단면평균유속으로 하천유속을 그대로 쓰는 경우 다음과 같이 표시된다.

$$R_1 = \frac{1}{Fr_d^2} \tag{8.13}$$

마지막으로, 하구 수(Estuary number) N_e는 위에서 소개한 두 흐름 간 비율 P와 조석 주기 T를 이용하여 다음과 같이 정의된다(Dyer, 1973).

$$N_e = \frac{P \, Fr_d^2}{T \, V_r} \tag{8.14}$$

Dyer는 하구 수 N_e를 이용하여 $N_e < 0.1$ 이면 잘 혼합된 하구, $N_e > 0.1$이면 성층화 된 하구로 분류하였다.

$P > 1.0$이거나 $N_e > 0.1$ 이어서 성층화된 하구의 염분농도 분포를 도식적으로 표시하 면 그림 8.14와 같다. 이 그림에서 C는 염분농도이다. 부분적으로 성층화된 상태에서 등 염분선(isohaline)은 통상 바다 쪽으로 기울어지게 된다. 완전 성층류인 경우 등염분선은 수평이 된다. 부분적으로 성층화된 경우 밀도가 높은 바닷물은 바닥에서 하천방향으로 흐 르고, 반대로 밀도가 낮은 하천수는 수표면에서 바다방향으로 흐르면서 자연스럽게 순환 류가 생긴다.

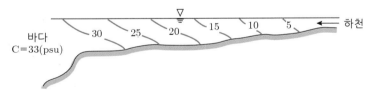

그림 8.14 **성층화된 하구에서 염분분포 모식도**

하구혼합 특성의 예측

지금까지 하구의 혼합특성에 대해 몇 가지 무차원수를 가지고 검토하였다. 실제 하구의 지형과 흐름 특성을 이용하여 혼합특성을 추정하기 위해서는 이러한 지수를 이용한 혼합 특성의 유형화가 필요하다. Hansen과 Rattray(1966)은 하구에서 횡방향으로 변화가 없 는 중력순환, 또는 성층순환 현상을 그림 8.15와 같이 세 개의 유형으로 나누었다.

유형 1은 완전 혼합된 경우로서, 하천수는 전 수심에 대해 바다방향으로 순 흐름이 있으며, 그림 8.15의 첫 번째 경우에 해당한다. 유형 2(그림에서 중간부분)는 부분 혼합된 경우로서, 수표면에서는 민물이 바다방향으로 흐르고, 바닥에서는 염수가 하천방향으로 침입하며, 그림 8.15의 두 번째 유형에 해당한다. 유형 3(음영부분)은 성층화가 매우 강한 경우로서, 염수층은 깊고 전반적인 하구 순환작용에 영향을 받지 않으며, 8.15의 세 번째 유형에 해당한다.

그림 8.15에서 F_m은 하구의 평균유속과 평균수심을 이용한 밀도 프루드 수, 즉 식 (8.12)이다. 이 값은 하천수의 관성력과 해수와 담수의 밀도차에 의한 부력의 비를 나타내는 것으로서, 하천유량이 크면 밀도 프루드 수는 커지며, 하구수심이 깊으면 작아진다. 한편 R은 식 (8.11)로 표시되는 하구 리처드슨 수이다. 이 두 값을 알면 그림 8.15의 종축에서 염분농도 차, $\triangle\rho/\rho_0$ (대상 하구의 수심평균 농도에 대한 수표면과 바닥에서 농도차이의 비율)와 횡축에서 유속 비율, V_{res}/V_r (여기서 V_{res}은 수표면에서 '남은' 유속)를 추정할 수 있다. 그림 8.15에 있는 v는 중력순환에 의한 염분운송을 제외한 기타요인에 의한 운송률을 의미한다.

따라서 그림 8.15에서 일반적으로 하구 리처드슨 수 R 값이 커지면 성층류가 잘 되고, 밀도 프루드 수 F_m 값이 작아져도 성층류가 잘 된다. 마찬가지로 그 반대가 되면 혼합이 잘 된다.

지금까지 이상적인 2차원 상태를 상정하여 해석하였다. 그러나 실제 하구는 지형의 변화가 심하여 수심, 하폭 등 지형특성에 따른 염분혼합이 지배적으로 된다. 따라서 실제 하구에서 염분혼합 현상을 해석하기 위해서는 밀도류와 조석작용은 물론 바람과 파랑, 하구지형 조건 등 염분혼합에 영향을 주는 물리적 요인들을 고려한 수치해석에 의존하게 된다.

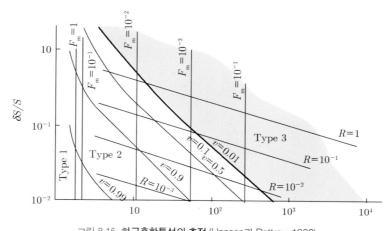

그림 8.15 **하구혼합특성의 추정** (Hansen과 Rattray, 1966)

한강하구의 한 단면에서 홍수시 하천유량 6,000 m³/s, 평균수심 4.0 m, 하폭 1,000 m, rms 조석유속 1.5 m/s라 하고, 그 단면에서 염분농도를 구하시오. 여기서 해수와 담수의 염분농도는 각각 30 psu, 2 psu로 가정한다.

| 풀이 |

(1) 단면 평균유속 $V_r = \dfrac{Q_r}{(Wh_0)} = \dfrac{6{,}000}{(1{,}000 \times 4)} = 1.5 \,(\text{m/s})$

식 (8.12)에서 밀도 프루드 수는

$$Fr_d = \frac{V_r}{\sqrt{(\triangle\rho/\rho_0)g\,h}} = \frac{1.5}{\sqrt{(1{,}030 - 1{,}002)/1{,}000\,(9.8 \times 4)}} = 1.37$$

따라서 층상 리처드슨 수는 식 (8.13)에서

$$R_1 = \frac{1}{Fr_d^2} = \frac{1}{1.37^2} = 0.53$$

(2) 위 두 지수를 이용하여 그림 8.15에서 종축을 읽으면

$$\frac{\triangle\rho}{\rho_o} = 0.7$$

따라서 수면과 바닥에서 염분농도 차는 단면평균 염수농도의 70% 수준으로 상하로 혼합이 잘 안된 부분적인 성층류를 보여준다.

한편, 조석유속을 이용하여 리처드슨 수를 구하면 식 (8.10)에서

$$R = \frac{(\triangle\rho)\,g\,Q_r}{\rho_s W V_t^3} = \frac{(1{,}030 - 1{,}002)(9.8)(6{,}000)}{(1{,}030)(1{,}000)(1.5)^3} = 0.49$$

가 되어 앞서 식 (8.13)으로 구한 값과 큰 차이가 없다. 실제로 한강 하구부는 홍수시 조석의 영향이 점차 줄어줄어 하천유량이 약 6,000 m³/s이 되면 하류 전류수위표에 조석의 영향이 상당히 사라진다.

조석해일

조석해일(tidal bore), 또는 해소(海嘯)는 폭이 점차 좁아지는 얕은 하구(깔대기형)에서 일정크기, 6 m, 이상의 조차가 있는 조류가 밀려오면서 발생하는 해일이다. 조석해일은 조류의 선단부가 바닥마찰에 의해 지체되어 하나의 단파(monoclinal wave) 형태로 이동하는 조류이다. 조석해일은 선단부의 형태에 따라 마치 도수(hydraulic jump)가 이동하는 것처럼 롤러 형태의 단파(이 장의 표지사진)와 부드러운 조류파 뒤로 몇 개의 파동(undular)이 뒤따라오는 whelps (그림 8.16) 등이 있다.

그림 8.16 **복수의 파도(whelps)가 뒤따라오는 조석해일**
(Dordogne 강, 프랑스, Sept. 27, 2000, Chanson, H. 촬영, URL #5)

조석해일은 세계적으로 흔하지 않으며, 우리나라에서는 한강하구부에서 간혹 관찰된다. 이 장의 첫 쪽에 나오는 사진이 한강하구부 일산에서 관찰된 조류해일로서, 높이는 약 1.5～2 m 정도이다.

조석해일에 관한 가장 오래된 기록은 중국 항조우의 Qiangtang 강으로서, 기원 전 7세기에 처음 언급되었고, 8세기에 기록으로 남겨져 있다. 유럽에서는 프랑스의 Seine 강에서 7세기와 9세기부터 언급되었다가, 11세기부터 16세기까지 기록이 남아 있다(Malandain, 1988).

조석해일은 지역별로 달리 불리어져서, 중국 Quingtang 강의 경우 은룡, 또는 흑룡으로(아래 기사 참조), 프랑스 센 강의 경우 mascaret, 인더스 강의 경우 hoogly, 브라질 아마존 강의 경우 pororoca 등으로 알려져 있다.

Qiantang 강 조석해일은 세계에서 가장 큰 보어가 발생하는 강이다. 이 강은 역사적으로 1056년부터 관련자료가 내려오고 있으며, 연중 가장 큰 조석해일이 발생할 때가 되면 과거부터 많은 사람들이 이를 보러 모여들었다. 조석해일이 가장 클 때는 높이 9 m, 파속 40 km/시 규모로서, 웅장한 소리와 함께 바다에서 하구 쪽으로 전파된다. 이 지역에서는 '은룡', 또는 '흑룡'으로 불리는 이 조석해일은 항조우시를 지나 상류로 올라가며, 항행하는 선박의 안전을 위협한다.

그림 8.17 **중국 Zhejiang 성 Jiaxing 시의 보어**(2015. 9. 30) (China Daily, 2016)

기본이론

조석해일은 서지(surge)의 일종으로서 대표적인 부정류이다. 또한 어느 순간에도 연속방정식과 운동량방정식을 만족한다. 서지는 부정류이므로 해석을 용이하기 위해 관찰자의 시점을 바꾸어 정류로 보고 접근할 수 있다(우효섭 등, 2015, pp. 21~22). 그림 8.18에서 조석해일, 또는 단순히 보어와 같은 부정류를 관찰자가 보어의 이동속도, c로 같은 방향으로 이동한다고 보면 보어는 부정류에서 정류로 보일 것이다. 여기서 서지, 또는 보어의 전단부가 급히 높아진 형태인 경우 순방향 서지(positive surge), 그 반대로 급히 낮아진 형태인 경우 역방향 서지(negative surge)라 한다.

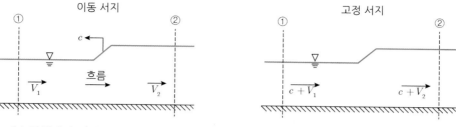

<table>
<tr><td>이동 서지</td><td>고정 서지</td></tr>
<tr><td>(a) 강둑에서 관찰자가 본 부정류</td><td>(b) 서지와 같이 이동하는 관찰자가 본 정상류</td></tr>
</table>

그림 8.18 **조석해일-서지의 부정류에서 정류로 관찰** (우효섭 등, 2015, 그림 1.7 인용)

순방향 서지의 선단부는 서지 앞뒤의 무작위적인 교란을 흡수하면서 진행하기 때문에 그 형태를 안정하게 유지하는, 이른바 '자가영속적'이다. 이에 대해서는 다음에 구체적으로 설명한다. 한 예로 모잠비크에 있는 Punge 강의 보어는 하구에서 50km 상류까지 높이 0.7 m의 보어를 유지하며, 80km 상류까지 전파되는 것으로 알려져 있다(Chanson, 2004, p. 158).

순방향 서지의 경우 그림 8.18(b)에 연속방정식을 적용하면,

$$h_1(c+V_1) = h_2(c+V_2) = q \tag{8.15}$$

위 식에서 h_1, h_2는 각각 상하류 단면에서 수심이며, q는 단위폭당 유량이다. 다음 운동량 방정식을 적용하면,

$$\frac{1}{2}h_1\rho g(1 \times h_1) - \frac{1}{2}h_2\rho g(1 \times h_2) = \rho(1 \times q)(c+V_2) - \rho(1 \times q)(c+V_1) \tag{8.16}$$

위 식은 다음과 같이 간략화 된다.

$$\frac{2}{3}(h_1^2 - h_2^2) = \frac{q}{g}(V_2 - V_1) \tag{8.17}$$

위 식을 다시 정리하면,

$$\frac{(c+V_1)^2}{g h_1} = \frac{1}{2}\frac{h_2}{h_1}\left(\frac{h_2}{h_1}+1\right) \tag{8.18}$$

따라서 이용 가능한 식은 식 (8.15)와 식 (8.18) 2개이므로, 미지수 5개 중에서 적어도 3개만 알면 다른 미지수를 알 수 있다. 보통 상류단 ①에서 수심과 유속은 상대적으로 쉽게 구할 수 있으므로 하류단 ②에서 수심을 알면 유속과 보어의 전파속도 c를 구할 수 있다.

식 (8.18)을 살펴보면, 우선 $c+V_1$은 보어 상류의 하천흐름에 대한 보어의 상대파속이다. 일반적인 보어의 경우 $h_1 < h_2$이므로 식 (8.18)에서 $(c+V_1) > \sqrt{g h_1}$ 가 되어 상대파

속은 미소진폭 장파의 전파속도보다 크다. 반면에 보어의 높이가 매우 작은 경우, 즉 $h_1 \cong h_2$인 경우 식 (8.18)에서 우변은 1.0이 되어 $c + V_1 = \sqrt{g\,h_1}$이 된다. 즉, 상대파속은 미소진폭 장파의 전파속도가 된다. 역으로, $\sqrt{ghy_1}$은 작은 서지(보어)의 물에 대한 상대 전파속도임을 알 수 있다.

다시 보어의 높이가 상류하천 수심보다 큰 일반적인 경우, 즉 $(c + V_1) > \sqrt{g\,h_1}$인 경우 보어 등 하천수면에서 발생하는 교란은 하천흐름이 사류($V_1 > \sqrt{ghy_1}$)이어도 상류로 전파될 수 있다. 다만 일반적으로 작은 교란, 즉 $y_1 \cong y_2$인 경우 우리가 아는 바와 같이 사류에서는 수표면 교란은 상류로 전파될 수 없다. 여기서 중요한 것은 하천수면보다 '상당히' 높은 서지(보어)의 경우 그대로 상류(上流)로 전파될 수 있다는 점이다. 이 경우 깊어진 수심에 의해 서지는 결국 상류(常流)로 변할 것이다.

나아가 $(c + V_1) > \sqrt{g\,h_1}$인 경우 보어는 상류 하천수면의 어느 교란도 흡수하여 보어 형태를 유지할 것이다. 그러나 $(c + V_2) < \sqrt{g\,h_2}$의 경우 보어의 상대파속은 하류에서 발생하는 교란파보다 느리기 때문에 교란은 보어선단부에 도달하여 흡수될 것이다. 즉, 보어선단부 상하류에서 모두 교란파를 흡수하기 때문에 보어는 안정되고 자가영속적이다 (Henderson 1966, p. 77).

실제 보어를 포함한 하천흐름은 개수로에서 1차원부정류 방정식인 Saint-Venant 식을 특성법으로 접근할 수 있다. 보어의 형태는 보어의 프루드 수에 따라 달라진다. 프루드 수가 1.0보다 조금 큰 1.3~1.5 정도에서는 그림 8.16과 같은 '복수파'(undular wave)의 형태를 띠나, 이보다 커지면 그림 8.17과 같은 보어선단부가 급상승하는 형태를 띤다. 이 경우 그림 8.17에서와 같이 선단부에서 큰 와류가 일어나 에너지 소산이 발생하고 와류에 공기가 유입하여 하얗게 보이나, 복수파의 경우 사실상 에너지 소산이 없게 된다 (Chanson, 2001).

혼합작용 및 하구생태영향

하구에서 보어의 진행은 통상 매우 큰 확산 및 분산 작용을 일으킨다. 보어는 진행하면서 하구바닥에서 수표면에 걸쳐 수심규모의 난류를 유발하기 때문에 보통 알려진 하천 난류 흐름, 조석, 바람 등에 의한 하구혼합작용보다 훨씬 더 크다. 특히 보어는 바닥마찰력 증가에 의한 부유사 발생과 이송을 크게 촉진한다. 보어에 의한 하천교란은 상당기간 동안 지속된다. Chanson(2001)은 프랑스의 Dordogne 강에서 보어가 지나간 후에도 약 20분간 강한 파동현상을 관찰하였다. 이러한 교란작용으로 보어 진행시 하구의 횡방향 혼합계수는 $10^{-1} \sim 1.0\,(m^2/s)$ 차원으로서, 일반적인 하천 난류흐름에서 나타나는 혼합계수 $10^{-2}\,(m^2/s)$보다 수십 배 이상 크게 나타난다(Chanson, 2003).

보어가 전파된 하류는 강한 혼합작용으로 바닥의 미립토사가 부유하고, 동시에 바닥에 가라앉았던 각종 유기물, 무기물 등이 수생생태계 먹이망의 각종 소형/대형 무척추동물 등과 같은 1, 2차 소비자들과 같이 부유하여 물고기, 새, 포유류 등 3차 소비자들을 유혹한다. 전 세계적으로 브라질의 아마존 강을 비롯하여 호주, 영국, 캐나다 등 많은 지역에서 보어 발생시 다양한 서식활동이 관찰되었다(Chanson, 2011).

보어는 결국 그 지역의 조석차와 하구의 기하형태에 크게 관계된다. 조석 차가 크면 클수록, 하구수심이 얕으면 얕을수록, 하구가 깔때기 모양으로 생겨서 파가 진행하면서 수면교란을 축적할 수 있을수록 보어의 규모는 커진다. 국내에서 보어가 관찰되는 한강하구는 이와 유사한 특징을 가지고 있다. 다만 하폭이 점차 줄어드는 형상이 두드러지지 않아 대형보어는 발생하지 않고 1~2 m 규모의 보어가 관찰된다.

이런 보어발생 하구가 인간활동에 의해 형태적으로 변하는 경우, 즉 조석차가 변하지 않는 상태에서 경계조건이 변하면 보어 발생과 전파는 영향을 받게 된다. 한 예로서 프랑스 Seine 강의 경우 하구준설이나 하구정비 등으로 보어발생이 사라졌다. 프랑스의 Couesnon 강과 캐나다의 Petitcodiac 강은 상류에 보의 설치로 보어 발생이 거의 사라졌다. 반대로 대규모 홍수발생과 같은 자연적인 현상으로 하구바닥이 세굴되어 보어발생이 사라진 경우도 있다(Chanson, 2011).

감조하천의 흐름해석

지금까지 하구에서 흐름해석을 바다를 중심으로 조류해석에 부수적으로 하천흐름을 고려하는 접근방식을 취했다. 이러한 접근방식은 그림 8.9에서 좌측 바다의 연장선상에서 우측으로 하천을 고려하는 것으로서, 해안해양 전문가들의 일반적인 접근방식이다. 그러나 하천기술자들은 하구도 하천의 연장으로 보며, 다만 하류(여기서 그림 8.9의 단면 ①) 단의 경계조건이 일반하천과 다르다는 점을 강조한다. 이 책은 하천중심의 동역학을 다루는 것이므로, 이제부터 하천흐름 해석을 상류하천에서 하류하구부로 확대하는 접근방식을 택한다.

그림 8.9와 같은 하천 하류단이 하구부 바닷쪽 끝인 하구흐름도 일반적인 하천 흐름과 같이(식 3.6과 식 3.7) 물의 1차원 연속방정식과 운동량 방정식을 따른다. 여기에 측방유입을 고려하고 마찰경사 대신 매닝식을 이용하면,

$$\frac{\partial A}{\partial t} + \frac{\partial Q}{\partial x} = q_l \qquad \text{(연속방정식)} \quad (8.19)$$

$$\frac{1}{gA}\frac{\partial Q}{\partial t} + \frac{2Q}{gA^2}\frac{\partial Q}{\partial x} - \frac{Q^2}{gA^3}\frac{\partial A}{\partial x} + \frac{\partial y}{\partial x} + S_f - S_0 = 0 \;\text{(운동량방정식)} \quad (8.20)$$

위식에서 A는 하천단면적, q_l은 측방유입유량, h는 수심, S_f, S_0는 각각 마찰경사와 하상경사이다. 위 식들에서 유량 Q와 식 (8.6)에 나오는 순유량 Q_n는 같다.

위 식을 푸는 데 중요한 것이 경계조건이다. 상류단의 경계조건으로는 여타의 하천흐름 해석과 같이 시간에 따른 수위변화곡선 등을 이용할 수 있다. 하류단은 하구의 바닷쪽 끝이 바람직하나 통상 시간에 따른 조위변화곡선을 구할 수 있는 지점, 즉 조위관측소 자료를 이용한다. 국내에서 하구부가 개방되어 있는 대하천으로는 한강과 섬진강이 유일하다. 한강의 경우 임진강을 포함한 하구전체의 흐름해석을 위해서는 하류단 경계조건으로 인천항 조위자료를 이용하나, 한강자체의 홍수추적을 위해서는 보통 행주대교 하류에 위치한 전류수위표 자료를 이용한다.

여기서는 국내에서 거의 유일하게 자연상태의 하구부를 유지하고 있는 한강 하구부의 흐름해석 관련연구를 중심으로 소개한다.

그림 8.19는 한강하구부 지도이다. 이 지도에서 서해의 조석은 한강 유량이 평수위 이하로 내려가면 가장 멀리는 천호대교까지 미쳤으나, 1980년대 중반 잠실수중보 설치 이후 수중보 직하류까지 미친다. 이러한 조류의 상류전파는 신곡수중보에서 잘 관찰된다. 하천관리상 한강하류부의 중요성은 다음과 같다.

- 서울을 관류하는 한강의 홍수예경보에 서해조류는 직접적인 영향을 줌
- 조류는 평상시 잠실수중보 하류까지 하천수위에 직접적인 영향을 줌
- 조류는 하천수질에 직접적인 영향을 줌
- 우리나라 대표적인 자연상태 하구로서 독특한 하구생태계를 유지함

그림 8.19 **한강하구부 지도** (네이버맵 지형도)

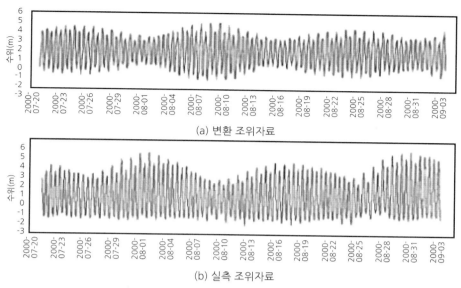

(a) 변환 조위자료

(b) 실측 조위자료

그림 8.20 **한강하류부 월곶지점의 변환조위와 실측조위**
(김상호와 김원, 2002, 그림 13 인용)

한강하구부에 대한 동역학적 연구는 1990년대 초부터 시작되었다(이종태 등, 1993). 그 당시 주요관심은 한강 홍수시 서해조위가 홍수위에 미치는 영향을 분석하는 것이었다. 이 연구에서는 NETWORK 모형을 가지고 상류단 경계조건은 팔당댐 방류량, 하류단 경계조건은 인천조위를 끌어온 월곶조위를 이용하였다. 그 결과 팔당댐 기준 홍수량 2,000 m^3/s 이하에서는 한강대교(구 인도교) 지점에서 조위의 영향은 최대 50 cm 까지 나타나나, 홍수량 7,000 m^3/s 이상에서는 수 cm 정도로 무시할 만한 것으로 나타났다.

2000년대 들어와서 외국에서 개발된 1, 2차원 동역학적 하천흐름 수치모형이 보급되면서 한강과 임진강을 비롯한 하구부를 대상으로 다양한 조사·연구가 수행되었다(해수부/건설연, 2001, 2002). 그 중 한 연구는 미국 기상청(NWS)에서 개발한 DWOPER 모형을 팔당댐부터 월곶까지 91.35 km 한강하류부 구간 전체에 적용한 사례이다(김상호와 김원 2002). 특히 임진강을 포함 왕숙천, 탄천, 중랑천, 안양천 등 대상구간에 유입하는 주요 지천들을 모두 고려하였다. 그 결과 그 동안 하류단 경계조건으로 이용되어왔던 인천항 조위자료를 조화분석하여 예측한 월곶지점의 수위자료는 그림 8.20과 같이 관측자료와 파형을 비롯하여 만조위는 최대 2.5 m, 간만조 발생시간은 약 3~4시간 정도 차이가 있음이 확인되었다. 따라서 이 같이 부정확한 자료를 하류단 경계조건으로 이용하여 수치해석을 하면 한강하류부 홍수위에 미치는 조위영향이 과다하게 나타난다.

이 같이 한강 홍수시 서해가 만조가 되면 과연 홍수위가 얼마나 커질 것인가는 홍수통제와 관련하여 실무적으로도 중요하고, 나아가 일반인들의 관심사가 될 수 있다. 이에 대한 연구는 2000년대 중반 이후 FLDWAV 모형을 이용한 수치해석(김상호 등, 2005; 이정

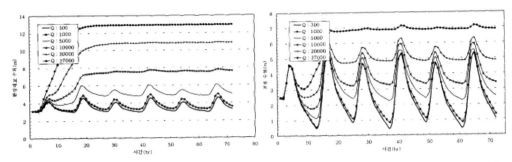

그림 8.21 **월곶의 만조위를 5.5 m로 상정한 경우 한강대교(좌) 지점과 전류(우) 지점에서 조류가 홍수위에 미치는 영향**
(김상호 등, 2005, 그림 14 인용)

규와 이재홍, 2010)을 통해 수행되었다. 그림 8.21은 한강과 서해가 만나는 월곶지점의 만조위를 5.5 m로 상정하였을 때 한강하구의 하류부에 위치한 전류(우측 그림)와 상류부에 위치한 한강대교(좌측 그림) 지점에서 가상홍수량 별 수위변화를 도시한 것이다. 이 그림에서와 같이 서해 만조위시 한강에 20,000 m³/s 규모의 홍수가 발생하면 하류 전류 지점에서는 1.5 m 정도 홍수위가 상승하는 것으로 나타나나, 200년 빈도 계획홍수위 37,000 m³/s에서는 25 cm 정도로 나타나 사실상 미미한 것으로 나타났다. 더욱이 한강대교 지점에서는 각각 6 cm, 1 cm 정도로 나타나 조위영향은 사실상 없어지는 것으로 나타났다. 하구부에서 또 다른 관심은 염분을 포함한 오염물 등 이물질의 혼합현상이다. 앞서 일부 설명하였듯이 한강하류부에서 조석의 영향은 과거 자연상태에서 더 극명하게 나타났다. 구체적으로, 하천유량이 매우 적은 갈수기에 조석은 가장 멀리 천호대교까지 미쳤으나, 한강상류에 댐이 건설되어 갈수량이 커지고, 특히 1980년대 한강개발 이후 상하류에 각각 잠실수중보와 신곡수중부가 설치된 이후 크게 달라졌다. 지금은 조석영향이 상류 잠실수중보 직하류에 머물고 있으나, 신곡수중보에서는 하천유량과 조석크기에 따라 흐름방향이 달라지는 현상이 나타나고 있다. 그림 8.22는 창조시 신곡수중보에서 역류가 발생하는 장면이다.

조석에 의한 염분이송은 상류로 갈수록 희석효과로 그 농도는 줄어든다. 한강유역이 본격적으로 개발되기 전 1966년 5~8월 조사에 의하면(김정균, 1972), 염분농도는 행주지점에서 15.8~35.5 psu, 노량진(한강대교 근처) 지점에서 12.1~20.1 psu 정도로 나타났으며[1], 조위에 따라 연동되어 변하는 것으로 나타났다. 반면에, 1980년대 한강유역개발 이후 염분농도는 전류지점에서 0.2~1.7 psu, 신곡수중보 지점에서 0.5 psu 정도로 나타나, 완연한 차이가 나는 것으로 나타났다. 실제로, 한강하구부의 흐름과 혼합거동을 연구한 결과에 의하면(서일원 등, 2008), RMA 유형의 모형으로 상류 신곡수중보부터 하류

---

1) 이 자료에서 감조하천의 염분농도가 해수의 평균치인 35 psu에 근접하거나 초과하는 것으로 나타나서, 자료의 신뢰성에 의문이 감

유도(김포반도 좌단 한강하구 시작점) 지점까지 총 36.8 km 구간에 대해 2차원 수치해석을 수행한 결과 상류 신곡수중보의 유량 1,000~1,300 m³/s, 하류 유도지점의 염분농도 11 psu, 조위변화 -2.7~+2.6 m 수준에서 4.8시간 만에 가장 멀리는 전류 하류 2km 지점까지 올라갔다 다시 밀려가는 것으로 나타났다.

(a) 순방향 흐름   (b) 역방향 흐름

그림 8.22 **신곡수중보 흐름** (고양시에서 김포시를 바라보고 좌측이 상류, 우측이 하류. 해수부/건설연, 2001, 2002)

8.3 하구변화와 염수침입

하구부에서는 하천흐름과 조류, 기타 연안류, 파랑, 바람 등이 하구흐름의 동수역학을 지배한다. 이 중 파랑(폭풍해일 포함)이나 바람 등의 영향이 상대적으로 적은 경우 보통 하천흐름과 조류(조석흐름) 간의 상호작용이 동수역학을 지배하게 되며, 이 책에서 먼저 두 인자에 의한 하구변화 현상을 설명한다. 다음 하구폐색 문제와 하굿둑 설치에 따른 하구변화 현상 등을 간단히 다룬다.

하천흐름과 조류에 의한 하구변화

일반적으로 하천변화는 하천의 종적, 횡적 변화를 망라한다. 하구부의 경우 그 형태에 따라 하천변화 영역이 다르다. 우리나라 하구는 형태적으로 해안평야하구가 주종을 이루며, 그밖에 사주형성하구와 삼각주하구 등이 있다. 더욱이 하구로 갈수록 좌우 안 충적토는 대부분 농경지 등으로 개발되고 제외지는 제방으로 단절되어 있다. 따라서 횡적 하천변화는 제한적이다. 따라서 여기서는 하구부의 종적 하천변화, 조금 더 직접적으로 지칭하여 종적 하상변동에 한정하여 설명한다.

하구부에서 하상변동은 일반하천에서 보이는 일방향 흐름에 의한 하상변동과 기본적으로 다르다. 그 이유는 조석과 파랑에 의한 추가적인 하상변동 요인 때문이다. 일반적으로 쐐기형 하구부에서 홍수시 하천흐름은 하상세굴을 가져오며, 평수시 조석은 하상퇴적을 가져온다. 한강하류부의 경우 신곡수중보 하류에서 하상변동 경향은 홍수기 하상저하(2000~2004) → 비홍수기 하상상승(2004~2005) → 홍수기 하상저하(2005~2006) 현상을 반복하는 것으로 나타났다(황승용 등, 2007; 한홍/건설연, 2009). 구체적으로, 신곡수중보 하류구간에서 2009년 홍수로 깎인 저수로하상은 홍수 후 2010년까지 매일 2회 반복되는 조석의 영향으로 되메우기 진행된 것으로 보고되었다(황승용과 이삼희, 2018).

하구부의 퇴적과 세굴은 유사이송에 따른다. 하구부 유사이송 현상은 일반 충적하천과 달리 일방향 하천흐름 이외에 양방향 조류에 의해 지배된다. 국내에서 하구부의 유사이송을 실측한 사례는 많지 않다. 한강하류부의 경우 전류수위표 부근에서 2002년 연구목적으로 수행되었다(오영민 등, 2003). 구체적으로, 평시 대조기에 조석 1주기(13시간)에 걸쳐 측정한 결과 그림 8.23과 같이 창조기에 부유사 수심평균농도는 최대 2,500 ppm까지 올라갔다고 정조기에 500 ppm으로 줄어들었다 다시 창조기에 증가하였다. 다만 전류지

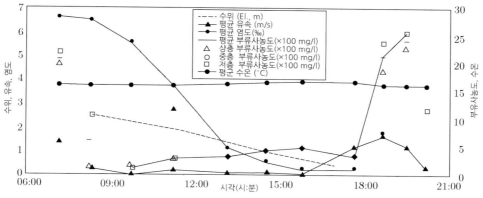

그림 8.23 **창조기와 낙조기의 하구부 측정자료** (한강하구부 전류수위표 지점, 오영민 등, 2003, 그림 3에서 인용)

점에서는 창조기는 약 3시간, 낙조기는 9시간 정도 지속되므로 창조기 유속이 매우 빨라 1 m/s 이상 되어 부유사 농도도 급히 높아지는 것으로 나타났다. 염분농도도 창조기에 가장 높아 6.5 psu까지 올라갔다가, 낙조기에 0.5 psu로 떨어지는 것으로 나타났다.

부유사구성 또한 조류변화와 밀접한 관련이 있는 것으로 나타났다. 구체적으로, 점토와 실트질로 구성된 미립토사의 구성은 창조시 80% 수준에서 낙조시 95%까지 올라가는 것으로 나타났다. 나머지는 아주 가는 모래로서, 상대적으로 무거운 모래이송은 유속이 가장 빠른 창조시에만 발생하게 된다.

조석에 의한 부유사의 순유출입 특성은 창조시 상류로 이송되는 토사량과 낙조시 하류로 이송되는 토사량을 비교하면 알 수 있다. 이 조사에서는 창조시 97% 정도가 상류로 이송되는 반면에, 낙조시 단지 3% 정도만이 하류로 이송되어 전체적으로 대부분의 부유사가 상류로 이송되어 퇴적되는 것을 알 수 있다. 이는 창조기간이 3시간 정도 지속되고 낙조기간이 9시간 지속되는 점을 감안하여도 매우 큰 차이이다.

그러나 홍수기에 측정한 결과를 보면 창조기에 부유사농도가 적은 반면에 낙조기에 커지는 반전현상이 나타났다. 이는 홍수지속시간이 12시간 이상 되는 상태에서 창조기와 낙조기 모두 하천흐름이 상대적으로 지배적인 경우 창조기에 하천흐름과 조류가 상충하여 유속이 작으나, 낙조기에 두 흐름이 모두 하류방향이 되어 유속이 커지기 때문이다. 따라서 부유사 이송도 낙조기에 커지고 창조기에 적어지게 된다.

2003년 7월에 약 보름간에 걸쳐 같은 장소에서 측정한 결과도 위와 비슷하게 나타났다 (Hwang 등, 2005). 그림 8.24에서 SSC로 표시된 평균 부유사이송량은 상류방향이 +, 하류방향이 −가 된다. 따라서 하천유량이 비교적 일정한 비홍수기에는 조류에 의한 부유사 이송이 지배적이며, 이때에 순 유사이송은 하천상류를 향하며, 결과적으로 하상퇴적을 유발한다. 반면에 홍수시(이 그림에서는 팔당댐 기준 첨두홍수량이 3,400 m^3/s, 지속시간 약 30시간)에 상승기에는 하천흐름이 커져서 상류방향의 순 유사이송량은 줄어들고, 하강기에는 커진다. 이 그림에서는 상류방향의 순 이송량이 전체 이송량의 80% 정도로

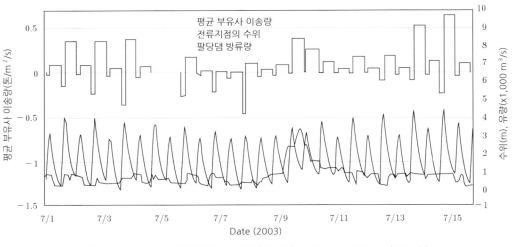

그림 8.24 **각 창조기, 낙조기의 평균 유사이송량 변화** (Hwang 등, 2005, 그림 8.7 인용)

나타났다. 이에 따라 앞서 설명한대로 일반적으로 첨두홍수량과 홍수지속시간, 조류세기에 따라 두 흐름 간 동역학적 거동은 복잡하게 되므로 정확한 하상변동을 알기 위해서는 장기간에 걸친 모니터링과 점착성 유사이송을 모의할 수 있는 정교한 수치모형이 요구된다.

하구막힘

하구막힘(river-mouth closure), 또는 하구 폐색(閉塞)이란 해안과 만나는 하구끝부분에서 여러 가지 원인으로 토사가 퇴적되어 하구흐름이 불안정하게 되는 현상이다. 하구막힘은 홍수시 홍수소통에 직접적인 영향을 주고, 평수시에도 수질악화와 수생태환경 저하 문제를 유발할 수 있다. 구체적으로, 하구막힘은 유수소통에 장애를 주고 그에 따라 하구부 배후지의 내수배제를 불량하게 하고, 오염물질의 세척효과를 저해하고, 어패류 산란장 및 치어서식처에 부정적 영향을 주고, 나아가 근처 하구부 취수장 운영에 지장을 줄 수 있다. 하구를 통해 배가 다니는 가항수로의 경우, 선박의 정박 및 운행에 지장을 준다.

하구막힘의 주요 원인은 1) 하천상류의 댐건설 등으로 하천유량이 감소하여 하구부에 쌓이는 토사를 충분히 밀어내지 못하거나, 2) 파랑과 조류에 의해 토사가 한 방향으로 지속적으로 퇴적되거나, 3) 연안류에 의해 하구사주가 형성되기 때문이다.

그림 8.25는 하구에서 파랑과 조류, 그리고 하천류에 의한 토사퇴적 현상을 도식적으로 보여준다. 먼저 하구부를 향해 진행하는 파랑이 세고 하천류가 약하면 그림 8.25에서와 같이 파랑에 의한 해안표사가 하구부에 쌓이게 된다. 이에 따라 하구부의 단면은 적어지며 쌓인 토사는 점차 상류로 이동하게 된다. 다음, 하천류가 충분히 강하지 못하면 그림 8.26에서와 같이 토사퇴적은 완전히 하구를 막게 된다. 이 때 퇴적된 토사의 높이는 만조시 조위만큼 높아질 수 있다. 그러나 시간이 감에 따라 하구가 막힌 하천의 수위가 높아지면서 퇴적된 토사위로 하천류가 넘치면서 하구는 일부 다시 열리게 된다.

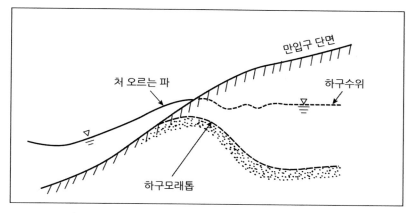

그림 8.25 **하구에서 모래톱의 형성 및 하구막힘** (Pandit translated, 1994)

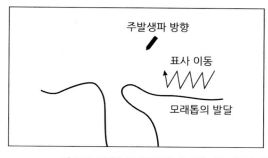

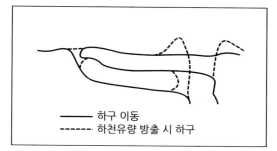

그림 8.26 **연안류 및 해안표사에 의한 하구막힘의 진행과 하천류에 의한 하구열림** (Pandit translated, 1994)

그림 8.26의 좌측 그림과 같이 파랑이나 연안류에 의한 해안표사는 해안과 하천이 만나는 한 경계점에서 토사퇴적을 시작하여 점차 하구단면 중심을 향해 진행한다. 이에 따라 그림 8.26의 우측 그림과 같이 하천흐름은 그에 대응하여 한 쪽으로 휘게 되고, 진행하는 토사퇴적이 하구 다른 쪽 경계점을 만나게 되면 하구막힘은 완성된다. 그러나 하천류가 지속하면서 수위가 올라가게 되면 원래 하도방향으로 넘치면서 하도는 복원된다.

하구막힘 현상은 특히 모래해안에서 파랑에 의한 해안표사 이동이 활발한 우리나라 동해안 중소하천에서 흔히 볼 수 있다. 그림 8.27은 강원도 양양남대천의 하구부 항공사진으로서, 파랑에 의한 하구막힘과 새로운 하천출구를 잘 보여준다.

하구막힘 현상은 특히 홍수시 하구부 주변지역에 홍수피해를 줄 수 있다. 2005년 겨울과 봄에 스페인 Daro 하천하구 막힘현상 조사에 의하면(Barriocanal 등, 2006), 총 7회의 하구막힘 현상 모두 하루 전에 저기압 상태에서 발생하였다. 그 중 특히 4회는 막힘 전 며칠에 걸쳐 16 m/s 이상의 북서풍이 푼 것으로 나타났다. 나머지 3회는 봄 철 하구부 상류에서 관개목적의 하천취수로 하구부로 들어오는 하천유량이 대폭 감소하여 발생한 것으로 나타났다.

그림 8.27 **양양남대천 하구** (구글위성사진, 2020년 12월 31일 입력)

하구막힘 현상을 억제하는 대책으로 제티(jetty) 공법, 즉 긴 수제공법이 많이 사용된다. 이는 주로 연안류에 의한 해안표사가 하구부에 퇴적되어 막힘현상이 발생하는 하천에 많이 이용된다. 제티와 같은 해안구조물의 설치가 아니더라도 해안개발이나 구조물설치 등 다른 이유로 연안류와 해안표사 이동이 감소하는 경우 하구막힘 현상을 억지할 수 있다.

하구처리계획 – 하천설계기준해설(2019) 소개

하구처리에 대한 기술기준은 하천설계기준해설(2019)에 간단히 제시되어 있다. 우리나라에서 하구는 설계기준에 제시된 이름, '…처리'에서 알 수 있듯이 내륙의 하천계획의 연장선 상, 또는 마무리 성격으로 다루고 있다. 하천설계기준 · 해설(수자원학회/하천협회, 2019)에 제시된 하구계획 시 고려사항은 일반적인 내용으로서, 다음과 같다.

- 계획홍수량이 체류되지 않고 안전하게 소통되도록 결정한다.
- 장래 유지관리가 용이한 하도로 한다.
- 갈수시 하구부근의 취수 및 이수에 지장이 없도록 한다.
- 하구의 생태계 및 어류에 대한 환경문제를 최소화한다.
- 하구의 주운 및 지역개발(하구의 용수이용, 경관개발)을 고려한다.

하구처리계획에는 크게 하구의 계획홍수위 결정, 하구의 계획단면 결정, 하구처리대책 결정, 하구막힘과 처리공법의 검토 등이 고려된다. 특히 하구에서 발생할 수 있는 환경생태 문제에 대비하기 위해 현 하천설계기준해설은 다음과 같은 선언적으로 제시하고 있다.

"염수 및 파랑침입, 해안침식, 하구 환경문제, 그리고 생태계 및 어류에 미치는 영향 등 부수적으로 발생할 수 있는 영향을 충분히 고려하고 장래에 이러한 문제가 발생할 경우 충분히 대응할 수 있도록 계획한다."

하구계획홍수위 결정은 태풍에 의한 폭풍해일 또는 지진해일의 내습이 예상되지 않는 지역에 대해서는 일반 하천설계기준에 준한다. 그러나 해수위 상승이나 파랑, 지진해일의 내습이 예상되는 경우, 계획제방고는 계획고조위에 파고(도파)와 여유고를 추가하여 고려한다.

마지막으로, 하천설계기준해설은 일반적인 하구처리방안으로 도류제, 암거, 수문, 인공굴착 및 준설 등을 제시한다. 여기에 추가하여, 갈수량공급, 제방증고, 방수로나 댐 건설, 유수지나 배수펌프 건설, 하도굴착 등도 넓은 의미의 하구처리방안에 포함하고 있다.

염수침입

하구에서 밀도가 서로 다른 물이 섞이는 현상은 앞서 설명한 대로 자연적이다. 해수는 담수보다 무거워서 일반적으로 하구부의 바닥으로 깔려서 하구상류부에 미치는 정도는 앞서 설명한 대로 하구부의 경계조건에 따라 다르다.

그러나 인위적인 경계조건의 변화로 염수침입이 자연상태와 비교하여 상대적으로 적거나 크게 되면 그에 따라 부정적인 환경영향이 나타날 수 있다. 이를 장단기로 나누어 보면 다음과 같다.

지구온난화로 해수면이 상승하면 하구부의 수위도 상승하여 염수는 그 전보다 상류로 더 크게 영향을 미칠 수 있다. 최근 연구결과 지구상 해수면은 1993년부터 2017년 사이에 평균 7.5 cm 정도 상승한 것으로 나타났다(WCRP, 2018). 이 경우 다른 요인이 없다면, 하구부의 평균하천경사를 1/5,000~1/10,000이라 가정하고 약 375~750 m 정도 상류로 염수영향이 더 미칠 수 있을 것이다.

그러나 이러한 장기적 영향보다 당장 문제가 되는 것들은 인위적인 상류 댐건설이나 하구부 지형변경에 따른 염수침입 문제이다. 우리나라에서 그 대표적인 예가 섬진강 하구부 재첩서식처 영향 문제일 것이다. 이는 아래 기사에서 별도로 구체적으로 소개한다.

하구부 염수침입 문제에 대한 대책은 그 원인을 제공한 요인들을 교정하는 것이다. 우리나라에서는 1960년대 일찍부터 하천법에 유지유량이라 하여 하천의 정상상태를 유지하기 위해 필요한 유량이라고 조금 막연히 정의하였다. 지금의 하천법(2018)에는 구체적으로 명시되어 있지 않지만, 당시에는 하천의 정상상태의 기준에 하구폐색방지 항목이 있어 갈수시 하구막힘을 방지하기 위해 하천에 일정유량 이상을 보장하도록 하였다. 그러나 하천유량과 하구막힘과의 관계를 정량적으로 모의, 예측하는 기술은 아직 문헌에 소개되지 않고 있다. 이는 앞으로 중요한 연구과제가 될 것이다. 이러한 모의를 위해서는 앞서 설명한 하구막힘의 원인이 되는 다양한 요인을 정량적으로 고려하여야 할 것이다.

하천유량 감소 이외에 하구부 염수침입 현상을 가속하는 것은 하구부 하상준설 등으로 인한 하상저하 문제이다. 이러한 문제는 아래 기사에 있는 섬진강 하구부 사례에서 바로 나타나고 있다.

섬진강하구부 서식처환경 변화문제

섬진강하구는 우리나라 대하천 중에서 한강하구와 함께 하구가 인위적으로 막혀있지 않는 몇 안되는 하구이다. 그러나 이 하구는 상류하천유역의 수자원개발과 하구부의 연안개발로 하구부의 유황과 조류가 변하여 하구부의 물리적, 생태적 변화가 큰 하구가 되었다. 생태적 변화증거로 섬진강하구를 대표하는 전형적인 기수역 패류인 재첩 대신 해수역 패류인 홍합의 서식지가 커지고 있다는 점이다. 나아가 하구부상류로 해수침입 영향이 커져서 지표수는 물론 지하수 취수에도 장애를 주고 있다.

그림 8.28은 섬진강하구부 지도로서, 재첩생산 중심지는 진월포구와 하동포구이다. 상류에는 2005년에 준공된 다압취수장(일 취수량 40만 m^3)이 있다.

섬진강하구부의 재첩생산량은 2000년에 304톤을 시작으로 2001~2002년에 연 600톤 이상을 보이더니, 그 이후 지속적으로 감소하여 2016~2017년에 연 200톤 수준에 머물고 있다(환경연, 2005; 중앙일보, 2018).

섬진강하구부의 생태적 환경영향에 대한 과학적 연구조사는 아직 이루어지지 않았으며, 지금까지 일부 자료나 언론에 보도된 환경영향은 대부분 현지주민들의 의견과 관련자료를 기초적으로 분석한 결과이다.

섬진강하구부 유황에 직접적인 영향을 주는 인위적 환경영향은 수자원개발이다. 1965년에 준공된 섬진강댐을 비롯하여 다수의 크고 작은 댐들이 상류에 위치하고 있어 하구부의 유황에 직접적인 영향을 주고 있다. 한편 섬진강 본류와 지류에 있는 크고 작은 취수장들은 댐과 같이 하구부 유황에 영향을 준다. 다음으로 영향을 주는 인자는 하구부를 포함한 하천준설이다. 이 지역에서는 과거부터 상당량의 건설용 골재를 채취하여 하상이 상당히 낮아졌다. 그림 8.29는 이 같은 댐개발로 인한 하천유량의 감소와 골재채취로 인한 하상저하에 따른 해수침입의 확대현상을 보여준다.

그림 8.28 **섬진강 하구부**

이에 따라 염수침입의 확대는 필연적으로 기수역의 염분농도를 증가시키게 된다. 섬진강하구부에서 이상적인 재첩 서식처로서 염분농도는 3.5~10.5 psu 정도이어야 하나, 하동포구나 진월포구 지점의 염분농도는 11~20 psu 수준이다(중앙일보, 2018). 참고로, 2004~2005년 한 관측에서 대조기 만조시 광양대교 지점의 염분농도는 32.8 psu 수준, 소조기 만조시는 32.4 psu 수준이며, 상류 섬진교 지점에서는 각각 6.7과 9.0 psu 수준으로 관측되었다. 이 당시 하천유량은 송종수위표 기준 13.0 m^3/s 이었다. 여기서 대조시보다 소조시 상류 섬진교지점에서 염분농도가 크게 나온 것은 측정치의 대표성에 의문을 가게 한다.

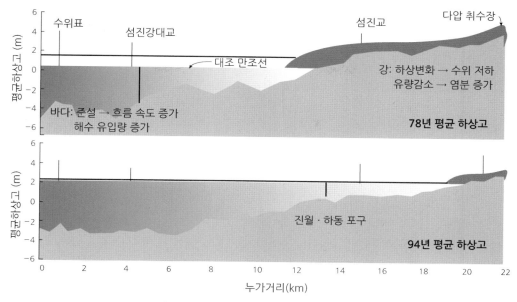

그림 8.29 **섬진강하구 평균하상고 변화** (조양기, 2005)

　댐이나 취수장 같은 수자원개발사업은 하천홍수량을 감소시켜 과거 사주였던 곳에 식생이 이입, 활착하는 기회를 준다. 이에 대해서는 7장에 자세히 설명하였다. 그림 8.30(a)는 사주가 온전하게 보전된 상태로서, 지역주민들이 재첩을 채취하는 것을 볼 수 있다. 반면에 그림 8.30(b)는 식생이 사주에 이입, 활착한 상태를 보여준다. 7장에서 설명한 화이트리버의 그린리버 화 현상이다. 이렇게 과거 모래사주에 식생이입이 가속화 되면 사주자체는 물론 얕은 만의 소멸 등 수생서식처가 훼손된다. 이러한 하천의 식생이입 및 녹화 현상을 보고 새롭게 '푸른'습지가 생겼다고 긍정적으로 보는 것은 하천의 동적변화를 충분히 이해 못한 결과라 할 수 있다.

그림 8.30(a) 온전히 보전된 사주(지역주민들이 재첩을 채취함. 2009. 6. 30) (우측사진과 다른 위치)　그림 8.30(b) 상류 수자원개발로 인해 하천사주가 식생으로 덮인 섬진강하구부 사진 (하동군/연합뉴스 2018. 6. 8)

8.4 하굿둑

하굿둑(estuary barrage)은 다목적댐과 같이 다양한 목적으로 하구에 가로질러 설치된 저낙차 댐이다. 우리나라에서 하굿둑, 또는 한자어로 하구언(河口堰)의 주 용도는 바다로부터 염수침입방지, 수자원확보, 홍수조절, 홍수터 간척, 교량기능, 위락/어메너티 등이다. 이는 일본의 경우와도 유사하다.

일반적으로 다양한 목적으로 하구나 만을 가로질러 만들어진 구조물을 통칭하여 방벽(barrier)이라 한다. 방벽의 목적과 형태에는 크게 폐쇄댐(closure dam) 형, 조석둑(tidal barrage) 형, 폭풍해일방벽(storm surge barrier) 형이 있다(Mooyaart 등, 2014).

폐쇄댐 형은 보통 해안간척지와 담수호 보호를 위해 외해로부터 조석이 들어오지 못하게 간척지 주변을 둘러쌓은 방조제를 칭한다. 여기에는 보통 방조제 전체규모에 비해 작은 내수배제 목적의 배수문과 선박출입 목적의 갑문 등이 설치된다. 새만금 방조제 등 우리나라 방조제는 대부분 폐쇄댐 형이다.

조석둑은 둑을 쌓아 조류이동을 조절하여 조력발전, 염수침입 방지 등 주로 이수목적과 하구준설을 통한 홍수조절 목적으로 만들어진 둑이다. 낙동강, 영산강, 금강 등 우리나라의 하굿둑은 모두 이 목적으로 만들어진 일종의 조석둑이다.

폭풍해일방벽은 외해로부터 오는 폭풍해일로 인한 연안피해를 막기 위해 만들어진 방벽으로서, 보통 일련의 가동수문으로 구성되어 있다. 이 형태는 역사적으로 북해의 폭풍해일로부터 많은 피해를 받아온 영국, 네덜란드(화란), 독일 등에 흔히 설치된 시설물이다(Rijkswaterstaat/Deltares, 2018). 이 형태의 시설물은 2014년 기준 전 세계적으로 15개가 건설되었다(Mooyaart 등, 2014). 이 형태의 시설물은 우리나라에는 없다.

외국의 하구/해안 방벽

유럽에서 염수침입방지와 수자원확보 만을 위한 우리 같은 하굿둑은 흔하지 않다. 대신, 하구에 폭풍해일 방지와 내륙수운을 위한 폭풍해일방벽이나, 조력발전을 위한 조석둑이 있다.

프랑스의 Britanny 지방의 Rance 강 하구에 만들어진 랭스 조석둑(콘크리트 저낙차 댐)은 길이가 700 m이며, 시설용량 240 MW인 세계최초 조력발전소의 기본시설물이다. 영국 탬즈 강 하구에는 고조나 폭풍해일에 의한 탬즈 강 범람을 막기 위해 1982년 만들어진, 높이 20.1 m, 길이 520 m의 Thames Barrier라는 콘크리트 구조물과 반구형 수문의 폭풍해일방벽이 있다(그림 8.31). 네덜란드(화란)는 역사적으로 북해의 폭풍해일로 많은 피해를 입어왔다. 이 점에서 화란의 역사는 한마디로 폭풍해일과의 싸움과 간척의 역사라 할 수 있다.

그림 8.31 영국 탬즈강 하구의 Thames Barrier　　　그림 8.32 네덜란드 라인강 하구의 Maeslant Barrier

(Rijkswaterstaat/Deltares, 2018)

화란은 특히 1953년 폭풍해일로 인한 홍수로 무려 1,835 명의 생명이 희생되었으며, 70,000명 이상의 이재민과 10억 더치길더의 재산피해를 입었다. 그 후 화란정부는 Rhine-Meuse-Scheldt delta 지역 곳곳에 댐, 수문, 갑문, 수제, 제방을 비롯하여 대형 폭풍해일방벽을 설치하였다. 화란정부의 '인프라 및 물관리 부' 산하 Rijkswaterstaat 기관은 Maeslant Barrier 등 6개의 폭풍해일방벽을 운용한다. 그림 8.32는 그 중 하나인 Maeslant Barrier로서 길이 210 m, 높이 22 m의 사분형의 2개의 sector gate로 구성되어 있다.

계획단계이지만, 하굿둑 규모로 세계최대는 영국 Severn 강 하구에 구상 중인 약 16 km의 Severn Barrage이다. Severn 강은 브리스톨 해협을 지나 잉글랜드와 웨일즈 사이의 Severn Estuary를 통해 서해안으로 흐르는, 길이 354 km의 영국에서 가장 긴 강이다. Severn Barrage의 가장 중요한 목적은 조력발전이며, 그 다음 부수적으로 하구 안쪽에 있는 브리스톨 수로의 가항성 증진, 폭풍해일에 의한 홍수예방, 항만조성 등이다. 구상중인 조력발전 시설용량은 8,640 MW로서, 영국 전체 발전량의 5~6%를 차지하며, 우리나라 시화호 조력발전 시설용량 254 MW의 34배 규모이다. 이 프로젝트는 2008~2010년 타당성조사 등을 거쳤으나, 2013년 영국의회 '에너지 및 기후변화 위원회'는 경제적 타당성 및 환경영향 문제를 극복하지 못했다고 보류하였다(URL #6).

일본의 하굿둑은 도네가와 하굿둑, 나가라가와 하굿둑 등이 대표적이다. 일본 하굿둑은 조석둑 형으로서, 그 건설목적은 우리와 비슷하여 염수침입방지와 수자원확보, 그리고 홍수조절 등이다. 일본의 하굿둑 중 특히 환경영향문제로 장기간 건설여부를 놓고 진통을 겪은 것이 나가라가와 하굿둑이다. 이 둑은 나고야 시가 있는 일본 중부지방을 관류하는 나가라가와(長良川)의 하구에 건설된, 길이 661 m(가동둑 구간은 555 m)의 대형 시설물이다. 이 하굿둑은 1960년대부터 건설계획이 수립되었으나 그 동안 환경영향문제 등으로 무려 30년이 지난 1995년에 공식 가동을 시작하였다. 하굿둑의 목적은 홍수조절과 수자원확보로서, 두 목적이 공사비의 33 : 67의 비율을 차지한다. 나가라가와는 일본 중부지방의 대표적인 하천으로서, 하천변에는 나고야 시를 포함하여 많은 주민과 재산이 밀집되어 있으나 해마다 큰 홍수피해를 입어왔다. 홍수조절 대안으로서 가장 효과적인 것이 하상을 준설하는 것이나 하상이 준설되어 수위가 낮아지면 염수가 더 많이 침입하여 하천에 부정적 영향을 주기 때문에 하구에 둑을 쌓고 준설하고자 하였다. 그러나 이 하굿둑은 준공 당시는 물론(유권규, 1995) 지금도 시설물의 당위성과 환경영향 문제 등으로 논쟁이 지속되고 있다. 그 당시 둑건설 찬성론의 요지는 이수안전도 확보를 위한 수자원확보, 홍수위험저감, 염수침입방지 등이며, 환경단체나 지역시민단체를 중심으로 하는 반대론의 요지는 회유성 물고기의 멸절, 수질악화, 수문오작동 가능성 문제 등이었다.

국내의 하굿둑

국내의 하굿둑은 일본과 같이 모두 조석둑 형이다. 국내 하굿둑의 시효는 1981년 준공된 영산강 하굿둑이다. 그 다음에 1987년 낙동강 하굿둑이, 1991년에 금강 하굿둑이 만들어졌다. 영산강과 금강의 하굿둑은 염수침입 방지와 농업용수 확보가 주목적이며, 낙동강 하굿둑(그림 8.33)의 경우 염수침입 방지, 농업용수 및 생공용수 확보가 주목적이다. 반면에 북한 대동강 하구에 있는 서해갑문(그림 8.34)은 대동강의 수운활동과 수자원확보가 주목적이다(최성원, 2016).

그림 8.33 **낙동강 하굿둑**
(출처 : 한국대댐회)

그림 8.34 **서해갑문**
(NK chosun, 2002. 5. 23)

하굿둑의 환경영향 - 일반

일반 댐이 하천의 물리적, 화학적, 생태적 환경특성을 완전히, 또는 상당부분 변화시키듯이 하굿둑은 하구의 환경특성을 같은 정도로 변화시킨다.

하굿둑의 환경영향은 주로 조력발전을 위한 조석둑에 준하여 설명할 수 있다. Hodd(1977)는 캐나다 Fundy 만 프로젝트에 대한 환경영향을 이 분야에서 최초로 논하였다. 이어서 Baker(1991), Matthews와 Young(1992) 등은 조력발전에 따른 일반적인 환경영향을 다루었다. 특히 영국의 Severn 조석둑 프로젝트에 대해 BERR(2008)은 프로젝트 대안별로 종다양성 및 야생생물, 홍수관리(폭풍해일), 지형변화, 수질 및 기타 이슈 등으로 나누어 검토하였다. 여기서 조석둑에 의한 환경영향을 하굿둑에 준하면 다음과 같다(Burrows 등, 2009).

- 물리적 변화 : 하굿둑에 의해 사실상 물리적으로 외해와 차단된 내수호와 하천은 기수역이 담수역으로 바뀌게 된다. 이에 따라 담수호는 파랑과 조석이 사라지며, 염분도 사실상 0이 된다. 일반적으로 하굿둑에 의해 담수호 바닥은 퇴적되며, 하굿둑 바깥 해역은 세굴된다. 세굴현상은 특히 평상시에 개폐되는 수문 직하류에 두드러진다. 조석이 없는 담수호에서 연직혼합은 사실상 사라지게 되며, 탁도 또한 감소한다. 하굿둑에 의해 평상시 하구흐름의 중단은 상류에서 이송된 토사의 담수호 내 퇴적을 가져오며, 토사가 오염된 경우 이는 수질악화로 이어질 수 있다. 다만 평상시 담수호 수위의 유지는 주변 토지의 지하수위 유지효과를 가져오며, 이는 염수침입 방지효과와 더불어 이수측면에서 유리하다.

- 환경 및 생태 영향 : 기수역이 담수역으로 변화하게 되면 필연적으로 기수서식처는 담수서식처로 변하며, 그에 따른 수생생태계 변화는 피할 수 없다. 이는 댐에 의해 유수생태계가 정수생태계로 변하는 것 이상의 환경 및 생태 영향을 가져온다. 그 대표적인 것이 갯벌에 서식하는 크고 작은 무척추동물 등을 기반으로 하는 갯벌생태계의 변화이다. 그 다음 회유성 어류와 갑각류의 서식처 영향은 어도나 기타 인위적인 보조시설로는 피할 수 없다. 특히 삼각주나 간석지에 하굿둑이 만들어지면 그에 따른 갯벌 등 연안서식처의 변화는 피할 수 없으며, 이에 따라 하구생태계에서 먹이망의 최상위에 있는 조류, 특히 철새 서식처변화를 가져온다.

- 경제적, 심미적 영향 : 바다와 연결된 하구에 하굿둑 건설은 필연적으로 하구경관의 변화를 가져온다. 이러한 변화는 보통 주관적이다. 하굿둑에 의한 교통 및 관광 효과는 지역경제에 도움을 줄 수 있다.

위와 같은 하굿둑 건설에 따른 부정적 영향은 댐에 의한 영향과 같이 그 특성상 상당부분 피할 수 없는 것들이다. 시대적으로 하굿둑에 대한 가치평가가 변함에 따라, 우리나라에서 2010년대 들어 과거 1980~90년대 이치수 목적 위주로 건설된 하굿둑 가치에 대한 재검토 논의가 대두되었다. 이는 궁극적으로 하굿둑 수문개방을 통한 하굿둑 가동중단 이슈로 귀결된다. 이 책에서는 특별기사로 낙동강 하굿둑 수문개방 이슈에 대해 간단히 소개한다. 현재 낙동강 하굿둑은 원래 기능 이외에 부산시를 동서로 잇는 교량역할을 하기 때문에 물리적 철거는 사실상 불가능하며, 현실적으로 검토 가능한 범위는 수문전면 개방, 즉 가동중단 수준일 것이다.

낙동강하굿둑 수문개방 이슈

낙동강 하굿둑은 부산광역시 사하구 하단동과 을숙도를 잇는 조석둑이다. 이 둑은 1970년대 화란 NEDECO의 타당성 검토를 받아 한국수자원공사가 1983년 9월에 착공하여 1987년 11월에 준공한 길이 2,230 m, 최대높이 18.7 m의 토언제와 콘크리트 수문 등으로 구성된 시설물이다(그림 8.35 참조). 당초 건설목적은 일차적으로, 김해평야의 염수침입 문제를 차단하고, 낙동강하구의 수위를 높여 부산시 등에 생공용수를 안정적으로 공급하는 것이었다. 또한 하구바닥을 안정적으로 준설하여 홍수소통능력도 제고하고, 부수적으로 낙동강 하구양안을 메워 산업단지를 조성하고, 부산시 동서를 연결하는 교량역할도 꾀하였다.

그러나 이러한 이치수적 효과 뒤에는 앞서 설명한 환경적, 생태적으로 부정적인 영향도 나타났다(연합뉴스, 2015). 우선, 하굿둑 건설로 세계적인 철새도래지이자 민물과 바닷물이 만나는 낙동강 기수역(汽水域) 생태계는 크게 변형되었다. 구체적으로, 하굿둑이 연결된 사하구 을숙도는 매년 11월부터 4월까지 알래스카나 시베리아 북반구에서 날아온 수만 마리의 철새가 찾는 동양최대 철새도래지이다. 또한 민물과 바닷물이 만나 0.5~3%의 염분농도를 보였던 낙동강 기수역은 다양한 어종이 서식해 '생태계의 보고'라고 불렸다. 그러나 하굿둑 건설 이후 기수생태계에서 자라는 생물 60여 종을 모니터링 한 결과 절반가량이 없어졌다고 한다. 용존산소농도도 건설 전에 비해 낮아졌으며, 둑 바깥 바다에서 통발어업 생산량도 줄어들었다. 추가적으로, 담수호의 녹조현상도 증가하여 식수원으로서 가치도 줄어들었다. 이후 2010년대 '4대강살리기사업'이 사회적 문제로 대두되면서 지역 시민단체를 중심으로 2012년부터 '하굿둑 개방'이라는 이슈가 제기되었다. 즉 하굿둑 가동중지(decommissioning)를 주장한 것이다. 이러한 시민단체의 요구에 정부와 부산시도 동의하여 하굿둑 시험개방을 통해 생태계 복원효과를 확인하면서 전면개방을 검토하기로 하였다.

이에 따라 2019년 5월 6일 만조시 수문 1개를 잠시 열어 바닷물을 담수호 안으로 흘러 보내고, 다음 날 간조시 수문 2개를 열어 혼합된 기수를 바다로 내보내는 시험개방을 하였다. 여기서 시민단체들의 하굿둑 가동정지, 즉 수문개방의 목적은 하굿둑 건설로 상실된 기수역 생태계를 복원하고, 동시에 수질개선을 꾀하자는 것이다. 그러나 하굿둑 건설로 농경지 염해문제를 해소한 농민단체들은 수문개방에 대해 강력히 반대하면서 찬반론이 팽팽한 지역사회 환경이슈가 되었다(중앙일보, 2019). 그 후 시험개방은 2019년 9월 17일에 2차로 시행되었다.

그 결과(환경부 보도설명, 2019),

- 1차 시험에서 최저층에서 고염분(5 psu 내외)의 얇은 층(0.5~1 m)이 밀도류의 형태로 하굿둑 상류로 이동하는 것이 확인되었으며,
- 2차 시험에서 염분층은 하굿둑 상류 8.8 km까지 침투한 것으로 나타났으며(그림 8.35 참조),
- 바닷물 유입에 따른 하굿둑 주변지역 지하수의 단기간 염분변화를 관측한 결과 1, 2차 실험 모두 주변 지하수관정에서 유의미한 염분변화는 나타나지 않았으며,
- 수온, 용존산소량, 산성도, 퇴적물 구성 등에서 큰 변화는 나타나지 않았으나, 최저층의 탁도(염수)는 담수 탁도에 비해 크게 낮은 것으로 나타났다.

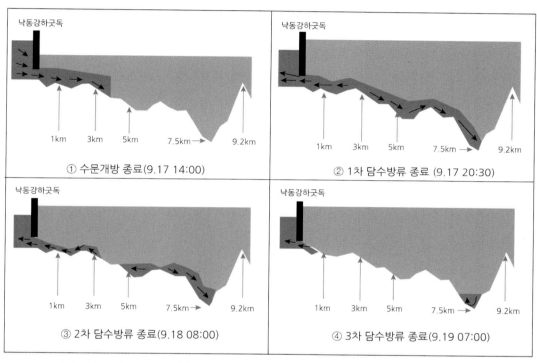

그림 8.35 **낙동강 하굿둑 2차 시험수문개방에 따른 염수층의 상류전파와 후퇴 모식도** (출처 : 환경부, 2019)

　　낙동강 하굿둑 관리기관은 앞으로 지속적인 부분적 수문개방시험을 통해 결과를 보고 전면개방을 고려하겠다고 한다. 전면개방에 앞서 농업용수 염분피해 방지책과 생공용수 취수원 이전검토 등 선결되어야 할 문제가 남아있다. 이 문제는 결국 기존 댐의 가동정지나 철거 이슈와 사실상 같다. 세계적으로 기존 댐의 철거를 통한 하천생태계 복원사업은 비교적 큰 규모로서 2011~2014년 시행된 미국 Elwha 강 댐철거(5.3절 참조) 사례 등이 있다. 그러나 보통은 높이 15 m 미만의 소규모 댐철거 이슈가 쟁점이 된다. 쟁점이 되는 댐들은 더 이상의 이·치수적 가치가 없으면서 환경적 문제가 지속되거나, 댐 철거나 가동정지로 상실된 가치의 현실적인 대안이 있는 경우에 한해서 검토된다.

8.1 하구의 델타형성 요건에 대해 지형관점과 조석관점에서 우리나라 남서해안과 동해안 환경을 비교하여 검토하시오.

8.2 한강하구에서 하천유량 700 m³/s, 하구단면적 2,000 m² 평균 조류유속 2 m/s 라면 하천흐름과 조류흐름의 비 P를 구하고 Simons 기준으로 혼합상태를 평가하시오.

8.3 한강하구 한 지점에서 창조시 조류의 염분농도 15 psu, 하천유량 600 m³/s, 하폭 900 m, 조류유속 1.9 m/s, 단면평균유속 1.0 m/s, 평균 수심 1.8 m, 조석주기 11시간 30분이라면 1) 리처드슨 수 R, 2) 층상리처드슨 수 R_1, 3) 하구 프루드 수 Fr_d, 4) 하구 수 N_e를 각각 구하시오. 계산된 하구 수를 이용하여 Dyer (1977)의 기준으로 혼합상태를 평가하시오.

8.4 어느 하구의 한 단면에서 홍수시 하천유량 2,000 m³/s, 평균수심 2.5 m, 하폭 400 m, rms 조석유속 1.0 m/s라 하고, 그 단면에서 염분농도를 구하시오. 여기서 해수와 담수의 염분농도는 각각 30 psu, 1 psu로 가정한다.

8.5 그림 8.18에서 상류하천의 수심 2.5 m, 유속 1.2 m/s 이고 하류에서 올라오는 서지의 수심 4.0m 인 경우 서지의 파속(정지한 관찰자가 보는)과 유속을 구하시오.

8.6 바다와 만나는 하천에서 홍수가 나면 '마침 만조 때라 물이 안 빠져서 홍수피해가 더 커졌다'라는 표현이 언론이나 일반인들 사이에 자주 인용된다. 이 표현을 하구수리학 관점에서 하구의 지형특성(좁고 길거나, 넓고 짧은 하구 형태 등), 홍수규모, 조석규모 등을 가정하고 정성적으로 평가하시오.

8.7 골재채취나 기타 홍수시 통수능 확대 목적으로 하구의 하상을 준설하게 되면 같은 수리조건에서 바다의 조석류가 하구 안쪽으로 더 멀리 침투하는 이유를 가상적인 하구측면도를 그려서 설명하시오.

강주환, 김양선. 2020. 무안만의 조석비대칭적 특성 분석. 한국해안·해양공학회 논문집, 32(3): 170-179.

김도훈. 2010. 낙동강 하구역에서의 염분도 거동에 관한 조사 및 분석 연구. 부산대학교 토목공학과 박사학위 논문.

김상호, 김원. 2002. 한강하류부 흐름해석을 위한 수리학적 모형의 구축. 한국수자원학회논문집, 35(5): 485-500.

김상호, 김원, 이을래, 최규현. 2005. 한강하류부 신곡수중보의 수리학적 영향분석. 한국수자원학회 논문집, 38(5): 401-413.

김정균. 1972. 하계한강하류의 식물성 플랑크톤의 분류와 해수 지표성. 한국육수학회지, 15: 31-41.

서일원, 송찬근, 이명은. 2008. 한강 감조구간에서의 흐름 및 혼합거동. 대한토목학회논문집B, 28(6B): 731-741.

오영민, 황승용, 김성은. 2003. 한강 하류부에서의 탁도 및 유속 관측. 한국수자원학회 학술발표회: 851-854.

우효섭, 김원, 지운. 2015. 하천수리학(개정판). 청문각.

우효섭, 오규창, 류권규, 최성욱. 2018. 자연과 함께하는 하천공학. 청문각.

유권규. 1995. 일본의 장량천 하굿둑을 둘러싼 논쟁. 대한토목학회 학회지. 일반기사. 43(10).

이강현, 노백호, 조현정, 이창희. 2011. 하구의 지형적·자연서식지·이용개발 특성에 따른 유형분류. 바다, 16(2): 53~69.

이정규, 이재홍. 2010. 팔당댐 방류량과 황해(서해) 조석영향에 따른 팔당댐 하류부 수위상승도달시간 예측. 한국방재학회 논문집, 10(2): 111-122.

이종태, 한건연, 서병하. 1993. 한강의 홍수규모에 따른 인도교수위의 조석영향분석. 한국수문학회지, 26(2): 66-77.

이창희. 2003. 하구역 환경보전 전략 및 통합환경관리 방안수립 - 한강하구역을 중심으로. 한국환경정책평가연구원(KEI), RE-02 연구보고서.

조양기. 2005. 영산강과 섬진강 하구의 환경변화. 세미나 자료. 환정연.

최성원. 2016. 북한 수운의 중심, 서해갑문의 현황. 유라시아북한교통물류 이슈페이퍼 9호, 제2016-9호.

한강홍수통제소(한홍)/한국건설기술연구원(건설연). 2009. 2009 한강하류부 하상변동조사 연구보고서. 11-11611492-000042-01.

한국수자원학회/한국하천협회(수자원학회/하천협회). 2019. 하천설계기준·해설

한국환경정책평가연구원(환정연). 2005. 지속가능한 하구역 관리방안(II). 경제인문사회연구회 협동연구총서.

한동욱, 김웅서. 2011. 자연습지가 있는 한강하구 - 황해와 한강의 생명이 깃든 곳. 지성사.

해양수산부(해수부)/한국건설기술연구원(건설연). 2001, 2002. 한강·임진강 유역에 대한 조위영향 연구(I, II).

환경부 보도설명. 2019. 낙동강 하굿둑 개방 실험 결과.

    http://me.go.kr/home/web/board/read.do?boardMasterId=1&boardId=1069870&menuId=286

황승용, 이삼희, 박재민. 2007. 한강 하구 하상변동에 대한 홍수와 조석의 영향. 대한토목학회 정기학술대회: 4149–4152

황승용, 이삼희. 2018. 한강 하구 신곡수중보 하류에서 하상변동 – 2009년부터 2010년까지. 대한토목학회논문집, 38(6): 819–829.

연합뉴스. 2015. 11. 16. https://www.yna.co.kr/view/AKR20151113093100051.

중앙일보. 2018. 3. 17. https://news.joins.com/article/22449227.

중앙일보. 2019. 5. 16. https://news.joins.com/article/23489244.

Alongi, D. M. 2008. Mangrove forests: Resilience, protection from tsunamis, and responses to global climate change. Estuarine, Coastal and Shelf Science, 76(1): 1–13.

Baker, A. C. 1991. Tidal power. Peter Peregrine.

Barriocanal, C. et al. 2006. Preliminary assessment of factors responsible for periodic river mouth closure, river Daró (Costa Brava, Girona). Journal of Coastal Research.

BERR. 2008. Severn tidal power feasibility study: strategic environmental assessment. April. (www.berr.gov.uk/files/file46064.pdf).

Burrows, R. et al. 2009. Environmental impacts of tidal power schemes. Maritime Engineering, 162(4): 165–177.

Chanson, H. 2001. Flow field in a tidal bore: a physical model. Proc. 29th IAHR Congress, Beijing, China: 365–373.

Chanson, H. 2003. Mixing and dispersion in tidal bores. A review. Proc. Intl conf. on estuaries & coasts ICEC 2003, Hangzhou, China, Nov. 8–11: 763–769.

Chanson, H. 2004. Environmental hydraulics for open channel flows. Elsevier.

Chanson, H. 2011. Tidal bores, aegir, eagre, mascaret, pororoca: Theory and observations. Ch. 6, World Scientific, Singapore.

China Daily, 2016. 9. 18.

    https://www.chinadaily.com.cn/travel/2016-09/18/content_26819407_5.htm. 2020. 4. 1 접속.

Dahdouh-Guebas, F. et al. 2005. How effective were mangroves as a defence against the recent tsunami? Current Biology, 15(14): 1337–1338.

Dyer, K. R. 1973. Estuaries: A physical introduction. Wiley, Chichester: 195

Dyer, K. R. and New, A. L. 1986. Intermittency in estuarine mixing. In: Wolfe, D. A. (ed.), Estuarine Variability. Academic Press, Orlando: 321–39.

Einsele, G. 1992. Sedimentary basins-evolution, facies, and sediment budget, Springer-Verlag, Berlin, Germany.

Fischer, H. B. 1972. Mass transport mechanism in partially stratified estuaries. J of Fluid Mechanics, 53: 672–687.

Fischer, H. B., List, E. J., Imberger, J., and Brooks, N. H. 1979. Mixing in inland and coastal waters. Academic Press, Inc.: 243

Hansen, D. V. and Rattray, M. Jr. 1966. New dimensions in estuary classification. Limnology and Oceanography, 11(3).

Hardisty, J. 2007. Estuaries, monitoring and modeling. The physical system. Blackwell Publishing.

Henderson, F. M. 1966. Open channel flow. MacMillian Publishing Co., New York.

Hodd, S. L. 1977. Environmental considerations of a Fundy tidal power project. in 'Fundy Tidal Power and the Environment', proceedings of a workshop on the Environmental Implications of Fundy tidal power. Ed. by G. R. Daborn, Wolfville, Nova Scotia, Nov 4−5.

Hwang, S.−Y., Oh, Y.−M., and Woo, H. 2005. A field observation on the suspended sediment concentration in the Han River estuary affected both by tide and river runoff. J. of Civil Engineering, KSCE, 9(1): 13−18.

Ji, U., Julien, P. Y., and Park, S. K. 2011. Sediment flushing at the Nakdong River Estuary Barrage. Journal of Hydraulic Engineering, 137(11): 1522−1535.

Mackay, H. M. and Schumann, E. H. 1990. Mixing in Sundays river estuary, South Africa. Estuary. Coast. Shelf Sci. 31: 203−16.

Malandain, J. J. 1988. La Seine au temps du mascaret, ('The Seine river at the time of the mascaret.'), Le Chasse−Marée, 34: 30−45 (in French).

Matthews, M. E. and Young, R. M. 1992. Environmental impacts of small tidal power schemes. In 'Tidal power: trends and developments, Proceedings of the 4th conference on Tidal Power, organized by the Institute of Civil Engineers, 19−20 March: 197−214.

McLusky, D. S. and Elliott, M. 2004. The Estuarine ecosystem: Ecology, threats and management. New York: Oxford University Press.

Mooyaart, L. F. et al. 2014. Storm surge barrier: overview and design considerations. Coastal Engineering Proceedings, January.

Pandit, V. (translated). 1994. Coastal fishery projects − construction, maintenance and development. All−Japan Association for the development and promotion of coastal industries, translated from Japanese, Routledge, CRC Press.

Pritchard, D. W. 1967. What is an estuary: physical viewpoint. In Lauf, G. H. (ed.). Estuaries. A.A.A.S. Publ. 83. Washington, DC. pp. 3−5.

Pugh, D. 2004. Changing sea levels: Effects of tides, weather and climate. Cambridge University Press.

Rijkswaterstaat / Deltares. 2018. Overview storm surge barrier.

Simons, H. B. 1955. Some effects of upland discharge to estuarine hydraulics. Proceedings of ASCE, 81(792).

WCRP Global Sea Level Budget Group. 2018. Global sea−level budget 1993−present, Earth Syst. Sci. Data, 10: 1551−1590. https://doi.org/10.5194/essd−10− 1551−2018.

Wright, L. D., Coleman, J. M. and Thom, B. G. 1973. Processes of channel development in a high−tide range environment: Cambridge Gulf−Ord Ord River Delta, Western Australia.

J. Geol. 81(1).

URL #1: NOAA. Estuaries. National Ocean Service website. https:// oceanservice. noaa. gov/education/tutorial_estuaries/. 2020. 2. 24. 접속

URL #2: KIOST (Korea Institute of Oceanic Science and Technology).

http://blog.naver.com/postView.nhn?blogId=kordipr&logNo=221598687670&categoryNo= 56&parentCategoryNo=0&viewDate=&currentPage=1&postListTopCurrentPage=1&from=po stView. 2020. 2. 24. 접속

URL #3: 오마이뉴스 모바일.

http://m.ohmynews.com/NWS_Web/Mobile/img_pg.aspx?CNTN_CD=IE002329564&atcd = A0002431934. 2020. 2. 24. 접속

URL #4: USEPA 2020. https://www.epa.gov/nep/basic-information-about-estuaries#whatis. 2020. 2. 24. 접속

URL #5: http://staff.civil.uq.edu.au/ h.chanson/tid_bore.html. 2020. 2. 24. 접속

URL #6: https://en.wikipedia.org/wiki/Severn_Tidal_Power_Feasibility_Study. 2020. 2. 24. 접속

부록
(용어설명)

- 고홍수(paleo flood) : 현대적인 관측이 이루어지지 않았던 과거, 또는 고대의 홍수

- 기상(氣象, meteorological phenomena) : 대기 중에 일어나는 여러 가지의 물리 현상. 일반적으로 대기의 상태와 그 속에서 일어나는 모든 대기현상을 말함(기상의 구체적인 범위는 기압, 기온, 습구온도, 증기압, 이슬점온도, 상대습도, 바람, 강수량, 눈 덮임, 구름, 대기의 투명도, 증발량, 일조시간, 일사량, 강수현상, 응결현상, 동결현상, 대기의 광 현상, 대기의 소리현상 등임)

- 기후(氣候, climate) : 장기간의 대기현상을 종합한, 대기-수계-지표면계의 아주 느리게 변화하는 양상

- 기후변화(climate change) : 기후 평균값을 크게 벗어나지 않는 자연적인 움직임인 기후변동(climate variation)의 범위를 벗어나는 상태

- 기후변화 적응(climate change adaptation) : 기후변화의 영향으로 발생하는 손실을 최소화하고 이를 기회로 삼기 위하여 행해지는 자연과 인간의 조정행위

- 기후시스템(climatic system) : 기후요소에 영향을 미치는 모든 것을 포함하는 틀(대기권, 수권, 빙설권, 암석권, 생물권으로 구성)

- 기후요소(climate element) : 기후를 구성하는 요소(계측기를 사용하여 직접 측정하는 요소로서, 기온, 강수량, 증발량, 풍향과 풍속, 습도, 구름, 일사량, 일조시간 등이 포함)

- 기후인자(climatic factor) : 어떤 지역의 기후상태를 결정하는데 관련되는 주요 영향을 미치는 인자(예를 들어 도시지역에서 발생하는 미세먼지의 양이 그 지역의 기후에 영향을 줌으로써 기후를 결정하는 인자가 됨)

- 돌발홍수(flash flood) : 짧은 시간 폭우로 많은 비가 내려서 유출량이 급증하여 하도나 골을 넘어 발생하는 홍수(봄철의 눈 녹음, 강한 폭풍이나 뇌우, 그리고 짧은 시간동안 많은 양의 비를 내리는 폭우에 의해서 발생)

- 무능하천(無能河川, underfit stream) : 유량이 적고 상대적으로 계곡에 비해 하도가 작아 침식작용을 계속하지 못하는 하천(계곡크기와 하천파장에 비해 하도가 매우 작은 하천)

- 밀란코비치 주기 : 수천 년 이상의 기후변화를 유도하는 지구공전운동의 변화와 연관된 주기운동을 의미함(지구자전축의 경사도, 세차운동, 그리고 공전궤도의 이심률 변화가 각각 4만 1천년, 2만 6천년, 그리고 2만 3천년으로 주기로 바뀌며 이로 인해 공명하는 주기는 대략적으로 10만년으로서, 지구에 도달하는 태양 복사에너지의 변화를 설명함)

- 방사기원법(radiometric (age) dating) : 방사성 동위원소의 핵붕괴를 기반으로 하는 연대측정 방법으로서, 방사성 원소와 그 붕괴생성물을 측정하여 연대를 측정함

- 상대연대 측정법 : 주로 고고학적 자료의 선후관계를 밝히는 방법으로서, 층서법(層序法), 형식학적 방법(形式學的方法), 순서배열법(順序配列法), 교차연대법(交叉年代法) 등이 있음

- 역사시대 : 문자로 기록되어 문헌상으로 그 내용을 알 수 있는 시대(반면에 문헌상으로는 정확히 알 수 없고, 고고학적인 방법, 예로서 유물 등을 사용해 알아낼 수 있는 시대를 선사시대라 함)

- 연륜연대학(dendrochronology) : 수목의 나이테를 이용한 연대 측정법

- 유물지형(relict landform) : 현재는 진행되지 않는 이전의 지형형성 과정에 의해 형성된 지형

- 이전하천(prior streams) : 현재보다 이전 시기에 어느 홍수터를 흘렀던 강

- 절대연대 측정법 : 상대연대 결정법과 달리 고고학적 자료의 연대를 서력기원으로 표시하는 것

- 조상 강(ancestral rivers) : 대규모 지각변동이나 빙하기 전에 존재했던 하천으로서, 현재는 하천흐름 방향 자체가 변하여 단지 흔적만 보이거나 일부만 하천시스템으로 남아있는 구 하천

- 지질시대 : 태양계의 한 행성으로 지구가 탄생한 이후 지구의 역사에 해당되는 시기를 말하며, 지질시대는 지층과 화석을 근거로 한 상대연대와 방사성 동위원소를 통해 밝혀진 암석의 절대연대로 엮어짐

- 하천시스템(fluvial system) : 한 유역에서 침식 및 유사의 생산구역(1구역), 유사가 이송하는 운반구역(2구역), 퇴적작용이

발생하는 퇴적구역(3구역)으로 구성되는 충적하천의 과정을 포함한 하천의 시공간적 영역

- 홀로세(Holocene Epoch) : 약 1만 년 전부터 현재까지 지질시대(충적세(沖積世) 또는 현세(現世)라고도 함). 플라이스토세 빙하가 물러나면서부터 시작된 시기로서, 신생대 제4기의 2번째 시기(고고학 상으로 구석기시대가 끝나고 중석기시대에서 신석기대로 들어간 시대)

CHAPTER 2 하천지형의 이해

- 감입하천(incised river) : 지질시간대에 걸쳐 하상이 깎이고 낮아지면서 형성된 하천
- 감입곡류하천(incised meandering river) : 과거 구불구불했던 하곡이 지각변동으로 융기하여 그 형태를 그대로 유지하면서 하방침식이 시작되어 형성된 곡류형태의 하천
- 강턱유량(bankfull discharge) : 하천의 횡단면에서 홍수터로 월류하지 않고 하도를 가득 채우는 유량(하도형성유량을 산정하기 위한 방법 중 하나임)
- 고수류 영역(upper-flow regime) : 유사이송이 큰 평탄하상, 반사구, 슈트와 풀 등을 만드는 일련의 흐름(유사이송은 소류와 부유가 같이 나타나며 연속적이고, 그 농도는 2,000~6,000 ppm이며, 하상 사립자에 의한 사립조도가 지배적이고, 수면파와 하상파는 같은 위상의 흐름)
- 균형하도(graded channel) : 상당기간 동안 유역으로부터 공급되는 유사가 유효한 유량조건에서 이송되는데 필요한 유속이 발생하도록 하천경사가 변화하여 유사공급과 이송이 균형을 이루는 하도(지형학적 개념의 안정하도 또는 평형하도)
- 다지하천(anastomosing river) : 2개 이상의 여러 갈래의 하천으로 구성되며, 망상하천보다 더 평탄한 경사에서 발생하고 사행도가 더 크며 하폭에 비해 하중도가 매우 큰 하천
- 만곡도(sinuosity) : 하도의 구부러진 정도를 나타내는 지수로서, 최심선의 길이와 하곡의 직선길이의 비로 정의됨
- 망상하천(braided stream) : 하천흐름의 감소나 유사량의 증가로 인하여 하도중앙에 사주가 형성되면서 만들어지는, 수심이 얕은 여러 줄기의 그물 모양의 하도로 이루어진 하천
- 배후습지(backswamp, backmarsh) : 홍수시 홍수터로 유입한 물이 자연제방 뒤에 갇혀서 다시 하도로 유입하지 못하여 형성된 습지
- 범람원(floodplain) : 하천 양안의 평탄한 충적지형으로서, 홍수시에만 물이 흐르는 지형(홍수터)
- 사행하천(meandering stream) : 하도의 선형이 곡선을 이루는 하천(곡류하천이라고도 함)
- 삼각주(delta) : 강물에서 떠내려 온 토사가 하구에 쌓여 이루어진 충적지의 한 종류(대개 삼각형을 이룸)
- 선상지(alluvial fan) : 급경사 산지에서 완경사 평지로 흘러나오는 산골짜기 어귀에 자갈이나 모래가 퇴적하여 이루어진 부채꼴 모양의 지형
- 수리기하관계(hydraulic geometry relations) : 유량의 변화에 따른 하도의 기하학적 특성의 변화를 나타내는 관계
- 안정하도(stable channel) : 하천에 유사이송은 있으나 퇴적과 침식이 균형을 이루는 하도(유사공급과 이송이 균형을 이루는 하도)
- 유효유량(effective discharge) : 해당 하천구역에서 수년에 걸쳐 연유사량의 대부분을 이동시키는 구간대 유량
- 저수류 영역(lower-flow regime) : 유사이송이 없는 평하상, 사련, 사구 등을 만드는 일련의 흐름(유사이송은 소류사가 지배적이고, 단편적이며, 그 농도는 2,000 ppm 이하이고, 하상형태에 의한 형상조도가 지배적이며, 수면파와 하상파는 같은 위상이 아닌 흐름)
- 천이주변구역(transitional upland fringe) : 홍수터 또는 범람원과 배후산지 사이에 두 지형을 연결하는 구역
- 직류하천(straight river) : 하도가 비교적 직선을 이루는 하천
- 충적하천(alluvial river) : 하상이 흐름에 의해 이송되는 재료, 즉 자갈, 모래, 실트/점토 등으로 구성된 하천(대부분의 자연

하천은 충적하천임)

- 하도진화모형(Channel Evolution Model, CEM) : 교란이 발생한 후 하천이 겪는 일련의 순차적 변화(하도진화) 과정을 개념적으로 설명하는 모형
- 하도형성유량(channel forming discharge) : 하천의 형태와 크기 및 변화 과정을 제어하는 유량으로서, 일정한 유량이 지속적으로 흐르는 경우 현재 하도형태를 만드는 가상적인 유량을 의미(지배유량이라고도 함)
- 하류하천 수리기하(downstream hydraulic geometry) : 상류로부터 하류 방향으로 가면서 강턱유량이 흐르는 조건에서 서로 다른 위치의 하폭, 수심, 유속, 경사 등의 하도 수리기하 특성을 나타낸 것
- 하방침식(downward erosion) : 하도 양안의 토사가 제거되어 하폭이 커지거나 다량의 조립물질이 하상 위를 통과하면서 연직방향으로 하곡을 깎는 침식작용
- 하상절개(incision) : 하도이동이 횡적으로 제한되어 하상이 깎이는 현상
- 하안단구(fluvial terrace) : 하곡과 하천 연안에 융기와 침식의 반복으로 평탄면이 계단 모양으로 여러 단을 이루며 분포하는 옛 하천의 잔존지형
- 하천지형학(fluvial geomorphology) : 흐르는 물의 작용에 의해 시작되고 진화되는 지형을 연구하는 학문으로서, 하천의 지형발달, 지형형성 과정, 그리고 제반 특성을 다루는 학문
- 한 지점 수리기하(at-a-station hydraulic geometry) : 하천의 한 지점에서 유량의 변화에 따른 하도의 기하특성 변화를 나타낸 것
- 흐름저항(flow resistance) : 유체흐름과 하도경계 간의 상호작용에서 중력에 반하는 힘이 흐름에 지속적으로 작용하는 것. 충적하천의 흐름저항은 하상표면의 조도에 의한 표면 마찰저항과 하상형태에 따라 추가적으로 발생하는 형상저항으로 구성됨. 이 밖에 거시적으로 하도형태에 의한 저항도 있음

CHAPTER 3 하천의 종적변화

- 국부세굴(local scour) : 국부적인 하천흐름 변화에 의해 국부적인 영역에서 집중적으로 나타나는 하상침식 현상
- 두부침식(head-cutting) : 하상저하나 준설과 같은 인위적 요인에 의해 본류의 수위저하가 지류의 침식기준면 저하와 에너지경사 증가를 유발하여 하상침식이 지류상류로 진행하는 현상
- 수정아인슈타인 절차(Modified Einstein Procedure, MEP) : 부유사 채취기를 이용하여 하상 가까이까지 채취한 실측 부유사 자료를 이용하여 미채취구간의 유사량을 추정하여 총유사량을 산정하는 방법
- 조도계수 : 하천의 흐름저항에 영향을 주는 요소인 다양한 조도를 정량적인 값으로 나타낸 것
- 천급점(knickpoint) : 두부침식이 발생하는 지점의 종단면에서 볼 수 있는 불연속적인 변환점(이 지점에서 하류 쪽은 급경사를 이룸)
- 최심하상선(thalweg line) : 하상단면에서 가장 낮은 지점으로 하도를 따라서 종적으로 이은 선(하천 흐름방향으로 최심하상고를 이은 선)
- 표준축차법(standard step method) : 수로의 상하류 두 단면에 에너지 식을 적용하여 비선형 방정식으로 표시되는 미지수를 시행착오법이나 수치해석으로 푸는 방법
- 하상상승(streambed aggradation) : 인위적인 요인에 의해 비교적 장거리에 걸쳐 하상에 유사가 퇴적되고 이에 따라 하상 종단경사가 커지는 현상
- 하상변동(riverbed-level change or riverbed change) : 하도에서 유사의 퇴적이나 세굴로 하상이 상당한 구간에 걸쳐 변하는 것
- 하상장갑화(bed armoring) : 흐름의 선택적 침식에 의해 침식에 강한 자갈과 같은 굵은 입자들이 하상을 덮어 그 밑

세립자의 침식을 막는 현상

- 하상저하(streambed degradation) : 인위적인 요인에 의해 비교적 장거리에 걸쳐 하상이 침식되고 하류에 퇴적됨으로써 하상 종단경사가 작아지는 현상

CHAPTER 4 하천의 평면변화

- 간극수압(pore water pressure) : 토양이나 암석의 공극을 채우고 있는 간극수(공극수)에 작용하는 압력(공극수압)
- 강제사주(forced bar) : 하도에서 만곡 또는 사행, 하도합류, 하폭변화와 같이 물리적 제약 또는 구속에 의하여 생겨서 거의 이동하지 않는 사주
- 교호사주(alternate bar) : 하도의 좌안과 우안에 번갈아 가며 교대로 생기는 기다란 형태의 사주(사주 폭은 하폭보다 작으며, 평균유속보다 아주 느리게 하류로 이동함)
- 복렬사주(multiple bar) : 하폭방향으로 사주의 수(모드)가 2개 이상인 사주(망상하천의 특성이 나타남)
- 사주(bar) : 길이가 하폭과 같거나 더 크고 높이가 평균수심 규모인 중규모 하상형태(위치와 모양에 따라 점사주, 교호사주, 중간사주, 지류사주 등으로 나뉨)
- 수제 : 흐름의 방향과 유속을 제어하여 하안 또는 제방을 유수의 침식으로부터 보호하기 위해, 또는 하도중앙의 수심을 유지하기 위해서 하안 전면부에 설치하는 시설물
- 안식각(angle of repose) : 자연상태에서 사립자나 인위적으로 깬 돌이 안정적으로 쌓일 수 있는 원추형의 밑면과 측면과의 각
- 자유사주(free bar) : 하상이 불안정하여 자연적으로 만들어져서 하류로 이동하는 사주
- 점사주(point bar) : 만곡부 안쪽에서 반원형으로 생기는 모래둔덕
- 중앙사주(mid-channel bar) : 하도의 가운데 섬처럼 생기는 모래둔덕
- 지류사주(tributary bar) : 지류가 본류에 유입하는 합류점 직하류에서 생기는 모래둔덕
- 횡단사주(transverse bar) : 하도 폭 전체에 걸쳐 발생하는 사주(고립된 상태로 발생하거나 하천을 따라 흐름방향으로 주기적인 형태로 발생하며, 하류로 이동)

CHAPTER 5 댐 상하류 하천변화

- 강제배사(sediment flushing) : 이미 퇴적된 저수지내 퇴사를 강한 흐름을 이용하여 댐 하류로 씻어내는 방법
- 고지대 토양침식(upland soil erosion) : 유역의 최상류 산지와 같이 배수망 발달이 미약한 곳에서 침식에 의해 토양이 유실되는 현상
- 구곡침식(溝谷浸蝕, gully erosion) : 골의 규모가 커서 보통의 인력으로 되메울 수 없을 정도로 큰 침식
- 대댐 : 댐높이(댐체 하단부터 마루까지)가 15 m 이상 되거나, 높이가 5 m에서 15 m 사이라도 저수용량이 3백만 m^3 이상인 댐
- (댐) 가동종료(decommissioning) : 댐 안전이나 환경 등 여러 가지 이유로 댐의 저수 및 낙차 기능을 끝내는 것(은퇴 /retirement라고도 함)
- 박층침식(薄層浸蝕, sheet erosion) : 표면이 비교적 고르고 형상이 일정한 구역에서 수심이 일정하고 넓게 흐르는 박층류에 의한 침식
- 보(weir) : 하천이나 호소의 수위를 높여서 상하류 낙차를 얻거나, 흐름을 좁혀 유량을 측정하기 위해 댐과 같이 흐름을

가로질러 설치된 수리구조물. 보통 소형댐의 형태를 지님

- 비유사량(sediment yield rate) : 한 지점의 유사유출량을 상류유역의 면적과 유출시간으로 나누어준 것

- 비침식량(erosion rate) : 박층, 세류, 구곡침식 등 유역에서 침식되어 유실되는 토사량을 그 유역의 면적과 침식되는 기간으로 나누어준 것

- 비퇴사량(sediment deposition rate) : 하곡, 홍수터 또는 저수지 등에 쌓인 퇴사량을 그 상류유역의 면적과 퇴적시간으로 나누어준 것.

- 빈수(貧水, hungry water) : 유사를 이송시킬 수 있는 능력은 있으나 유사가 거의 없는 댐에서 방류된 물

- 생태통로(ecological corridor) : 도로, 철도, 댐 등과 같은 인공적인 구조물로 인하여 야생동식물의 서식처가 단절되거나 파편화됨에 따른 생태계에 미치는 부정적 영향을 저감하도록 야생동식물의 이동을 도와주기 위해 과학적으로 설치되는 교량, 터널 같은 인위적 공간

- 선구식물(pioneer plant) : 자연적, 인위적인 나지에 초기에 이입하는 천이 초기종

- 세류침식(細流浸蝕, rill erosion) : 유수가 집중되어 작은 골을 이루며 발생하는 침식

- 수온약층(thermocline) : 깊이에 따라 수온이 급격하게 낮아지는 층

- 심수층(hypolimnion) : 온도나 밀도의 차에 의하여 깊이가 5미터 이상인 저수지나 호수의 아랫부분에 형성된 차갑고 비중이 큰 물의 층

- 우회배사(sediment bypassing) : 홍수시 저수지로 유입되는 흐름을 우회시켜서 저수지퇴사를 제어하는 방법

- 유량-유사량 곡선(sediment-rating curve) : 한 하천지점에서 유량과 유사량 간 관계를 곡선으로 표시한 것

- 유량지속곡선(유황곡선, flow duration curve) : 일정시간 동안 하천수의 양적 변화를 추적하여 그래프에 나타낸 곡선으로서, 하천의 일유량을 1년에 걸쳐 크기순으로 나열한 곡선(유황곡선이라고도 함)

- 유사유출량(sediment yield) : 배수로나 하천의 한 지점에서 상류유역에서 침식된 토사가 흐름에 의해 하류로 이송되어 그 지점을 통과하는 유사량

- 유사전달비(sediment delivery ratio) : 상류유역에서 침식되어 유실된 토사량과 하류에 전달된, 또는 하류 일정지점에 도달한 토사량의 비율

- 유사환원(sediment augmentation) : 댐하류 하천에서 하상저하 현상을 줄이고, 서식처를 복원하기 위하여 하천에 인위적으로 토사를 공급하는 것

- 유수형(lotic) : 하천이나 수로와 같이 상대적으로 흐르는 수체

- ESSD (Environmentally Sound and Sustainable Development) : 환경적으로 건전하고 지속가능한 개발('개발'을 '발전'이라고도 씀)

- 저사(貯砂)댐(sand deposit dam, check dam) : 상류에서 유입되는 유출토사를 저류하고 조절하기 위해 설치하는 댐

- 저수지 밀도류(density current) : 흐름이 매우 약한 저수지 상류에서 고농도의 미립토사 흐름이 유입하는 경우 유입한 물-유사 혼합물의 밀도가 주변 물보다 밀도가 약간 커져 중력에 의해 하류로 흐르는 현상(저수지 밀도류는 흔히 탁류, turbidity current, 라고 함)

- 저수지 잔류수명 : 저수지가 퇴사로 완전히(상시만수위) 채워지는데 예상되는 기간(연)

- 저수지 준설 : 저수지에서 저류용량 확보와 퇴적된 유사를 제거하기 위해 물리적이고 기계적인 방법으로 퇴사를 제거하는 방법

- 정수형(lentic) : 호소나 저수지, 보 상류와 같이 상대적으로 흐르지 않는 수체

- 즉시배사(sediment sluicing) : 홍수시 유입유사를 여수로나 방류수로로 바로 배사하는 저수지퇴사 제어방법

- 증가방류(flushing flow) : 댐에 의한 하류하천의 환경영향을 저감하기 위하여 저수지 물을 인위적으로 방류하는 것(보통 하류하천에 퇴적된 토사를 세척하여 통수능을 개선하거나, 하류하천에 토사를 공급하여 사주나 서식처를 복원하기 위하

여 시행됨)

- 토양유실량(soil erosion rate) : 통상 강우와 지표면 유출에 의해 지표면 토양이 침식되어 그 자리를 떠나는 토양의 양
- 침강점(plunge point) : 상류에서 유입한 미립토사의 유사흐름이 델타를 지난 저수지 상류부에서 댐으로부터 위로 거슬러 올라오는 순환류와 만나는 지점(합류 후 저수지 바닥으로 향함)
- 포착률(trap efficiency) : 상류에서 유입되는 유사 중 댐을 통해 하류로 유출되지 않고 저수지 바닥에 퇴적되는 유사의 비율
- 표수층(epilimnion) : 온도와 바람의 영향을 쉽게 받는 저수지나 호수의 표면층(산소공급이 잘 되고, 온도가 거의 일정하게 유지됨)
- 하안서식처 조성흐름(Beach Habitat Building Flow) : 미국 콜로라도 강 그랜드캐니언의 수생/육상 서식처 복원을 위하여 1996년부터 시행한 상류 글랜캐니언 댐의 증가방류. 댐 하류하천의 훼손된 서식처를 복원하는 하안서식처 조성유량(beach habitat building flow, BHBF)과 댐 발전방류량 이내에서 시행하는 서식처 유지유량(habitat maintenance flow, HMF)으로 구분함
- 하안침식(bank erosion) : 하안을 구성하는 토립자가 유수에 깎이면서 침식되어 흙덩이가 무너지는 현상
- 환경영향조사(Environmental Impact Statement, EIS) : 어느 한 개발사업이 주변환경에 미치는 영향을 조직적, 해석적으로 나타낸 보고서
- 환경영향평가(Environmental Impact Assessment, EIA) : 특정사업이 생활 및 자연 환경에 미칠 수 있는 각종 부정적 요인에 대해 그 부정적 영향을 제거하거나 최소화하기 위해 사전에 환경영향을 분석하여 검토하는 것(우리나라에서는 1977년 환경보전법이 제정되면서 환경영향평가가 최초로 도입되었음)
- 회유성 어류(migratory fish) : 먹이와 산란을 위해 규칙적으로 이동하는 물고기(시간과 거리는 물고기 별로 서로 다름). 회유성 어류는 민물과 짠물을 기준으로 크게 소하성 어류(anadromous fish)와 강하성 어류(catadromous fish)로 나뉨

CHAPTER 6 하천교란과 적응관리

- 건천화 : 도시 불투수층의 확대로 빗물이 땅속으로 스며들지 못해 지하수 충진이 적어져서 하천이 마르는 현상
- 그레이인프라 : 콘크리트 등 토목재료를 이용하는 전통적인 인프라(사회기반시설)로서, 그린인프라 용어에 대비하여 일컫는 말
- 그린인프라 : 도시 비점오염물질 관리, 지하수 충진, 도시어메너티 향상, 홍수저감 등 다양한 목적으로 식생, 토양, 저류지 등을 이용하여 발생원에서 비점오염물질과 빗물을 처리하는 기술을 일컫는 말(협의)
- 내생적 교란(endogenous disturbance) : 관층을 이루는 나무가 외부적인 힘과 관계없이 노쇠하여 죽는 현상이나, 해충의 피해와 같은 많은 생물적 교란
- 블루그린인프라 : 조성환경과 주변 자연/반자연 환경에서 물과 식생 축으로 이루어진 생태적 네트워크를 일컫는 말로서, 이의 보호, 복원을 통해 사회환경 문제를 해결하고자 하는 것
- 생태계 과정(ecosystem process) : 한 서식처에서 기초적인 영양물질 및 에너지의 순환과 이동(생태계 '구조'와 대응되는 '기능'이라는 용어의 다른 표현임)
- 생태계 기능(ecosystem function) : 생태계가 지니는 고유한 역할로서, 생산, 조절, 정보, 서식처 기능으로 구분할 수 있음
- 생태기술(공학)(ecological engineering) : 인간사회와 자연생태계 모두에게 이익이 되도록 인간사회와 자연환경을 통합하는, 지속가능한 생태계를 설계하는 것
- 외생적 교란(exogenous disturbance) : 생물적 교란과 같은 내성적 교란이 아닌 외부 물리적 교란

- 유역교란 : 유역의 토지이용 변화에 따른 하천 영향과 그에 따른 교란
- 육역화(terrestrialization) : 하도 내 수역(水域)의 일부가 식생역(植生域)으로 천이가 진행되면서 최종적으로 수생태계에서 육지생태계로 변화하는 현상
- 인위적 교란 : 하천 정비, 하천 구조물 설치 등 인위적인 요인에 의해 발생하는 하천교란
- 자연기반해법(Nature-based Solutions, NbS) : 생태계 기능을 이용하여 사회환경적 문제를 해결하기 위해 자연을 지속 가능 하게 관리하고 이용하는 것(여기서 자연은 원 자연뿐만 아니라 자연에 가깝게 꾸민 것도 포함됨)
- 자연적 교란 : 홍수, 가뭄, 산불, 산사태, 태풍 등 자연적인 요인에 의하여 발생하는 하천교란
- 자연형 하천기술(공법)(close-to-nature river technology) : 독일어권의 '근자연형 하천공법'과 같이 자연형 재료를 이용하여 하천을 자연스럽게 꾸미는 기술/공법(재료와 형태의 자연형)
- 자연인프라 : 자연적으로 나타나는 경관 그 자체로서, 자연적 생태기능을 이용하여 인간사회에 혜택을 주는 것(인공인프라에 대응하여 사용되는 용어). 예를 들면 삼림이 저수지 기능을 하는 것을 두고 자연인프라라 함
- 재사행(re-meandering) : 사행하천에서 새로운 사행을 만들거나 퇴화된 사행을 재연결하여 흐름과 유사의 거동을 새롭게 형성하는 현상(하천의 지형과 생태계의 다양성을 복원함)
- 재해위험저감(disaster risk reduction, DRR) : 재해위험 정도를 확인, 평가, 저감하려는 노력
- 적응관리 : 생물이 관련된 하천복원사업에서 나타나는 불가피한 불확실성에 대응하기 위한 관리기법으로서, 복원사업으로 인한 예상치 못한 결과나 부작용, 당초 목표의 미달성, 주위 여건의 급격한 변화에 따른 새로운 현상의 발생 등에 현실적으로 대응하는 관리 방식
- 정상유량(normal discharge) : 하천에 있어서 흐르는 물의 정상적인 기능을 유지하기 위하여 필요한 유량(유지유량과 기본적으로 같은 의미)
- 제방물림(levee setback) : 하천통수능을 확대하거나 홍수터복원 등을 위해 기존 제방을 철거하고 하도에서 더 먼 곳으로 제방을 이전하는 것(제방후퇴라고도 함)
- 조성환경(built environment) : 인간을 위해 인간에 의해 만들어진 주변환경을 말하며, 도시공간이 대표적임
- 종다양성(habitat diversity) : 어느 생태계에서 서식하는 생물종의 다양한 정도(유전자 다양성, 생태계 다양성과 같이 생물종 다양성의 중요 구성요소 임)
- 최적관리실무(Best Management Practice, BMP) : 도시나 비도시 지역의 호우관리를 위해 화학비료나 살충제 사용의 제한 등을 포함하여 습지 같은 비구조물적 대책 등을 일컬음(이 용어는 당초 산업폐수나 하수 처리를 위한 주 처리과정에 더하여 운용자 교육이나 시설관리 등 보조적인 대책을 일컫는 데서 시작하였음)
- 편수위(superelevation) : 만곡부 흐름에 원심력이 작용하여 만곡부 외측에서 수위가 상승하고 만곡부 내측에서 수위가 낮아지는 현상
- 하상간극수역, 혼합대(hyporheic zone) : 하도와 사주의 지하부에서 하천수와 지하수가 상호 작용하면서 물리적, 화학적, 생물적 특성이 변하는 곳
- 하천교란 : 물리적, 화학적, 생물적 외부 요인이 하천과 유역에 작용하여 하천의 생태적 기능이 부분적, 또는 전체적으로 훼손되는 현상
- (하천)유지유량(maintenance flow) : 하천에서 각종 이수목적의 용수에 서식처 보전, 수질정화 등 환경개선용수 등을 고려하여 하천의 정상적인 기능 및 상태를 유지하기 위해 필요한 최소한의 유량(실무용어)
- 환경유량(environmental flow) : 하천이나 하구 지역의 생태계와 이 생태계에 영향을 받는 사람들의 삶을 지속하기 위하여 필요한 수량과 수질 조건을 만족하는 하천유량(국제통용 학술용어)

- 경관생태학(landscape ecology) : 개별 생태계 분석을 통해 전체상을 파악하기 보다는 생물공동체와 그것을 둘러싸고 있는 환경조건 사이에 존재하는 거시적, 복합적 상호작용을 규명하는 학문(종합적 접근을 통한 전체지역의 이해에 목표를 둠)

- 고지(upland) : 하천홍수터가 끝나고 주변 지형이 점차 높아지는 지점이나 사면

- 그린리버 : 원래 '하얀' 하천 사주와 홍수터가 식생으로 뒤덮여서 푸르게 된 하천경관을 상징적으로 부르는 말

- 동적 수변식생 모형(Dynamic, Riparian Vegetation Model, DRVM) : 식생의 이입, 활착, 천이, 퇴행 및 순환이라는 생태과정을 지배적인 물리, 화학, 생태 조건을 고려하여 수치모형화 한 것. 동적 홍수터식생 모형(Dynamic Floodplain Vegetation Model, DFVM)이라고도 함

- 식생 이입(recruitment) : 바람이나 물을 따라 외부에서 식물의 씨앗이 하천에 들어와 사주와 홍수터에 발아하여 자라는 현상

- 식생 천이(succession) : 하천식생이 환경변화에 따라 어느 군락(초본류)에서 다른 군락(목본류)로 점차적으로 바뀌는 현상

- 식생 퇴행(retrogression) : 자연적, 인위적인 환경교란 등으로 천이현상이 반대로 진행되는 것

- 식생 활착(establishment) : 식생이 발아와 유식물기를 거쳐 새로운 환경에 정착하는 현상

- 모자익(mosaic) : 경관생태 관점에서 서로 이질적인 토지형태의 집합체

- 바탕(matrix) : 경관생태 관점에서 지배적으로 나타나는 토지형태(초원, 침엽수림지 등)

- 부목(large woody debris, LWD) : 홍수 등으로 하천으로 떠내려 와서 일시적, 영구적으로 놓인 큰 나무더미로서, 주변의 미세지형을 변화시키고, 다양한 생물 서식처 역할을 함

- 생물수문지형학(bio-hydrogeomorphology) : 생물, 수문, 지형 간 상호작용을 다루는 지형학의 한 분야. 생물 중 특히 식생에 초점을 맞춘 것을 식생수문지형학이라 함

- 생태천이(ecological succession) : 생물군락이 환경의 변화에 따라 새로운 생물군락으로 변해가는 현상을 특히 생태계 관점에서 본 것

- 수문지형학(hydro-geomorphology) : 물의 순환과정과 지형 간의 상호작용을 연구하는 지형학의 한 분야. 물의 순환과정에서 하천과정이 지배적인 경우 특히 하천지형학이라 함

- 수변(river corridor) : 경관생태 관점에서 하도를 따라 길고 좁게 형성된 생태계 조각(띠). 하도와 직간접적으로 연결되어 있는 홍수터, 샛강, 자연제방, 배후습지 등을 망라하며, '하천회랑'이라고도 함

- 수변완충대(Riparian Buffer Strip, RBS) : 하천유역에서 유입하는 비점오염물질을 차단·저감 하고, 그밖에 홍수조절, 생물 서식처 기능을 꾀하기 위해 하도를 따라 조성된 일련의 식생 띠

- 식물천이(plant succession)/식생천이 : 식물군락이 시간이 감에 따라 일정한 방향성을 갖고 변화해 가는 현상을 말하며, 생태천이의 일종임

- 연직하상대 교환(Vertical Hyporheic Exchange, VHE) : 하상표면 아래 약 1m 저층과 하도흐름 사이에서 일어나는 물, 영양물질, 생물의 연직교환 현상

- 잠재자연식생(Potential Natural Vegetation, PNV) : 그 지역이 자연상태라는 가정 하에서 기대되는 식생

- 저지대(bottomland) : 주수로 바깥의 평상시 고수위보다 1 m 안팎 높은, 수문영향을 자주 받는 평탄지역(육상식생의 영향을 받는 상대적으로 높은 홍수터 바깥지역은 제외됨)

- 저층(substratum) : 하상을 구성하는 층. 하상재료의 층

- 조각(patch) : 경관생태 관점에서 비교적 균일하게 되어 있어 주변과 차별화되는, 상대적으로 작은 토지형태(특정생물이 선호하는 비교적 작은 서식지; 초원의 수목림이나 연못 등)

- 추이대(ecotone) : 두 개의 상이한 생물군계, 또는 생태계 사이의 천이구역. 하천에서는 하안(물가)이 대표적임
- 파이핑(piping, 관공현상) : 제방 내 침윤선을 따라 지하수 흐름이 발생하면 흐름주변 흙입자가 이탈하여 흐름에 연행되어 바깥으로 빠져나가면서 제내지 지표면에 용출 구멍이 확대되어 궁극적으로 제방이 붕괴되는 현상(학술적 용어는 내부침식)
- 하천시스템 기술자(River System Engineer) : 하천식생이 수문지형과 생태적으로 상호작용하면서, 동시에 물리적 존재로 상호작용한다는 점을 강조한 표현
- 하천연속체 개념(River Continuum Concept, RCC) : 하천차수가 낮은 상류하천에서 차수가 높은 하류방향으로 물질교환과 생물이동 특성을 정성적으로 설명한 개념
- 하천지형학(fluvial geomorphology) : 하천의 지형발달, 지형형성 과정, 그리고 제반 특성을 다루는 (수문)지형학의 한 분야
- 하천회랑(corridor) : 수변
- 홍수맥박 개념(Flood Pulse Concept, FPC) : 주기적인 홍수와 가뭄을 통한 주수로와 홍수터 간 물, 영양물질, 생물 등의 측면교환 현상
- 화이트리버 : 하천 사주와 홍수터가 '하안' 유사(모래, 자갈)로 덮인 하천경관을 상징적으로 부르는 말

CHAPTER 8 하구변화

- 감조하천(tide-affected river) : 바다의 조석영향이 하천흐름 및 하천수 염분에 직접 영향을 주는 하천
- 강하성(catadromous) : 민물에서 살다가 산란을 위해 바다로 내려가는 서식특성(뱀장어 등)
- 기수(汽水, brackish water) : 하천수가 바닷물과 만나는 하구나 석호 등에서 염분농도가 민물과 짠물의 중간 정도인 물
- 낙조(落潮, 썰물, ebb) : 조석에 의해 조류가 빠지는 현상
- 리처드슨 수(Richardson number) : 부력과 조석에 의한 혼합력의 비(하구 리처드슨 수)
- 밀도류(density flow/current), 층상류(stratified flow) : 밀도가 서로 다른 두 유체집단이 중력에 의해 이동하는 현상. 자연에서 부유사농도가 서로 다른 저수지 밀도류와 염분농도가 서로 다른 하구밀도류 등이 있음
- 보어(bore) : 하도나 해안에서 여러 원인에 의해 파의 선단부가 단사파의 형태로 이동하는 파
- 보호대(barrier beaches/islands) : 바다에서 밀려오는 파랑이나 연안류에 의해 모래가 해안과 나란히 쌓여 만들어진 좁고 긴 모래섬
- 복수파(undular wave) : 하구에서 보어가 상류로 이동하면서 다수의 유사한 보어를 수반하는 조석해일
- 석호(lagoon) : 연안류 등에 의해 사주가 발달하여 해안의 일부를 완전, 또는 부분적으로 에워싸서 형성된 호소로서, 보통 기수역임
- 소하성(anadromous) : 바다에서 살다가 산란을 위해 하천으로 올라가는 서식특성(연어 등)
- 순방향 서지(positive surge) : 이동파의 진행방향으로 파가 높은 서지
- 실용염분(practical salinity unit, psu) : 전기전도도로 표시된 해수염분농도 단위(과거 통용된 염분농도 단위 ‰(또는 g/kg)와 사실상 같음
- 염수쐐기(salt-wedge) : 하구에서 하천수와 해수가 만나게 되면 상대적으로 밀도가 큰 해수가 하천수 아래에서 상류로 상당한 거리까지 쐐기형태로 올라가는 현상
- 조류(tidal current) : 달과 태양의 인력에 의해 지구의 바닷물이 당겼다 풀어졌다 하면서 발생하는 민물과 썰물의 해수흐름
- 조석둑(tidal barrage) : 조력발전, 염수침입 방지 등 주로 이수목적과 하구준설을 통한 홍수조절 목적으로 만들어진 둑으로서, 조류이동을 제한함

- 조석주기 : 창조기와 다음 창조기, 또는 낙조기와 다음 낙조기 간 시간간격

- 조석해일(tidal bore) : 폭이 점차 좁아지고 수심이 얕은 하구(깔대기형)에서 일정크기(6 m 이상)의 조차가 있는 조류가 밀려오면서 발생하는 해일

- 조위표 : 민물과 썰물 등에 의한 한 지점의 해수위 변화를 측정하거나 예측하여 기록한 표

- 역방향 서지(negative surge) : 이동파의 진행방향으로 파가 낮은 서지

- 염수침입 : 하구나 석호의 입구에서 상대적으로 농도가 큰 바닷물이 강바닥에 치우쳐서 상류로 올라가는 현상

- 창조(漲潮, 밀물, flood) : 조석에 의해 조류가 밀려오는 현상

- 층상 리처드슨 수(Layered Richardson Number) : 하구에서 평균 유속, 폭, 수심 등을 이용하여 나타낸 리처드슨 수

- 폐쇄댐(closure dam) : 해안간척지와 담수호 보호를 위해 외해로부터 바닷물이 들어오지 못하게 간척지 주변을 둘러쌓은 방조제

- 폭풍해일방벽(storm surge barrier) : 외해로부터 오는 폭풍해일로 인한 연안피해를 막기 위해 만들어진 방벽(보통 일련의 가동수문으로 구성)

- 하구막힘 : 해안과 만나는 하구 끝부분에서 여러 가지 원인으로 토사가 퇴적되어 하구흐름이 불안정하게 되는 현상(하구폐색)

- 하구 수(Estuary Number) : 하구에서 담수와 염수의 성층화 정도나 혼합수준을 나타내는 무차원량

- 해일(surge) : 폭풍, 해저지진 등에 의해 생기는 해수의 중력파로서, 태풍이나 저기압 등에 의해 생기는 것을 폭풍해일, 지진이나 화산 활동 등에 의해 생기는 것을 지진해일이라 함

저자 소개

우효섭

1985년 미국 콜로라도 주립대 토목공학과 공학박사(하천공학)
1988년 ~ 2015년 한국건설기술연구원 재직
2015년 ~ 2022년 광주과학기술원 지구환경공학부 교수(산학)
2022년 ~ 현재 세종대학교 건설환경공학과 교수(산학)
　　　　〈하천수리학〉, 〈하천공학〉, 〈생태공학〉, 〈하천제방〉 등 공저

장창래

2003년 일본 홋카이도대학(北海道大學) 공학박사(하천공학)
2004년 ~ 2009년 한국수자원공사 수자원연구원 선임연구원
2014년 ~ 2015년 미국 지질조사국(USGS) Visiting Scholar
2009년 ~ 현재 한국교통대학교 건설환경도시교통공학부 교수
　　　　〈하천공학〉 공저

지 운

2006년 미국 콜로라도 주립대 토목공학과 공학박사(하천수리학)
2007년 ~ 2012년 명지대학교 박사후연구원/연구교수
2012년 ~ 현재 한국건설기술연구원 수자원하천연구본부 연구위원
2015년 ~ 현재 과학기술연합대학원대학교 건설환경공학 교수
　　　　〈하천수리학, 개정판〉, 〈유체역학〉 공저

김진관

2011년 일본 쯔쿠바대 생명공존과학과 이학박사(수문지형)
2003년 ~ 2015년 한국지질자원연구원 선임연구원
2015년 ~ 현재 전남대학교 지리교육과 부교수

하천변화와 적응

초판 발행 2022년 6월 15일

지은이 우효섭·장창래·지운·김진관
펴낸이 류원식
펴낸곳 교문사

편집팀장 김경수 | **책임진행** 김선형 | **디자인** 신나리

주소 10881, 경기도 파주시 문발로 116
대표전화 031-955-6111 | **팩스** 031-955-0955
홈페이지 www.gyomoon.com | **이메일** genie@gyomoon.com
등록번호 1968. 10. 28. 제406-2006-000035호

ISBN 978-89-363-2334-9 (93530)
정가 38,000원